新应用·真实战·全案例 信息技术应用新形态立体化丛书

WPS

Office办公软件应用

主编 赵刚 赵秀娟

副主编 石峰 兰小艳 张秋君

微课版

人 民 邮 电 出 版 社

北 京

图书在版编目（CIP）数据

WPS Office办公软件应用 : 微课版 / 赵刚, 赵秀娟主编. -- 北京 : 人民邮电出版社, 2021.10
（新应用·真实战·全案例 : 信息技术应用新形态立体化丛书）
ISBN 978-7-115-56720-8

Ⅰ. ①W… Ⅱ. ①赵… ②赵… Ⅲ. ①办公自动化－应用软件－教材 Ⅳ. ①TP317.1

中国版本图书馆CIP数据核字(2021)第118967号

内 容 提 要

本书主要讲解 WPS Office 2019 办公软件在日常办公中必备的应用方法与技巧，主要包括 WPS 文档的创建和编辑、WPS 文档的编排、WPS 文档的美化、WPS 文档的进阶操作、WPS 表格的创建、WPS 表格的计算与管理、WPS 表格的数据分析、WPS 演示的创建、WPS 演示的美化与放映等内容。此外，本书最后还提供了综合实训和项目实训。读者可通过综合实训巩固所学知识，通过项目实训强化 WPS Office 2019 办公技能。

本书适合作为各院校计算机相关专业的教材或辅导书，也可作为商务办公人员提高办公技能的参考书，还可供备考全国计算机等级考试 WPS Office 的读者使用。

◆ 主　　编　赵　刚　赵秀娟
副 主 编　石　峰　兰小艳　张秋君
责任编辑　许金霞
责任印制　王　郁　马振武

◆ 人民邮电出版社出版发行　　北京市丰台区成寿寺路 11 号
邮编　100164　　电子邮件　315@ptpress.com.cn
网址　https://www.ptpress.com.cn
大厂回族自治县聚鑫印刷有限责任公司印刷

◆ 开本：787×1092　1/16
印张：15.5　　2021 年 10 月第 1 版
字数：464 千字　　2024 年 9 月河北第10次印刷

定价：59.80 元

读者服务热线：(010)81055256　印装质量热线：(010)81055316
反盗版热线：(010)81055315
广告经营许可证：京东市监广登字 20170147 号

前言
PREFACE

党的二十大报告指出：教育、科技、人才是全面建设社会主义现代化国家的基础性、战略性支撑。必须坚持科技是第一生产力、人才是第一资源、创新是第一动力。随着企业信息化的快速发展，办公软件已经成为企业日常办公不可或缺的工具之一。日常办公软件 WPS Office 的功能强大，熟练使用 WPS Office 已是现代职场人士的一项重要技能。例如，使用 WPS 文字进行文本编辑，制作工作简报、员工手册、招聘海报等文档；使用 WPS 表格进行数据的录入和管理，制作员工档案表、员工工资表等电子表格；使用 WPS 演示进行幻灯片的制作和美化，制作工作总结报告、楼盘项目介绍等演示文稿。WPS Office 在企业人事管理、财务管理、营销策划等工作中的应用非常广泛，甚至已成为企业招聘中人才必备的一项重要技能。

■ 本书特点

本书立足于高校教学，与市场上的同类图书相比，在内容的安排与写作上具有以下特点。

（1）结构鲜明，实用性强

本书兼顾高校教学与全国计算机等级考试的需求，结合全国计算机等级考试 WPS Office 2019的大纲要求，各章以“理论知识＋课堂案例＋强化实训＋知识拓展＋课后练习”的架构详细介绍了 WPS Office 2019 的操作方法与技巧，讲解从浅到深、循序渐进，通过实际案例将理论与实践相结合，从而提高读者的实际操作能力。此外，本书还穿插有“知识补充”和“技巧秒杀”小栏目，使内容更加丰富。本书不仅能够满足 WPS Office 办公软件应用相关课程的教学需求，还符合企业对员工办公软件应用能力的要求。

（2）案例丰富，实操性强

本书注重理论知识与实际操作的紧密结合，不仅以实例的方式全面地介绍了 WPS Office 2019 的实际操作方法，还选取了具有代表性的办公软件应用案例作为课堂案例，针对重点和难点进行讲解与训练。同时，各章章末还设置了强化实训、课后练习，不仅丰富了教学内容与教学方法，还给读者提供了更多练习和进步的空间。

（3）项目实训，巩固所学

本书最后一章为项目实训，以企业实际的办公需求为主，提供了 3 个专业的实训项目。每个实训项目都包括实训目的、实训思路、实训参考效果，有助于读者加强对 WPS Office 操作技能的训练，巩固所学。

■ 本书配套资源

本书配有丰富多样的教学资源，具体内容如下。

视频演示： 本书所有实例操作的视频演示，均以二维码的形式提供给读者。读者只需扫描书中的二维码，即可观看视频进行学习，有助于提高学习效率。

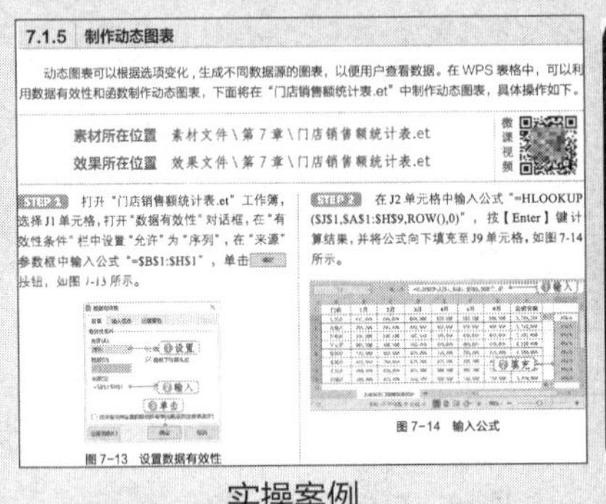

7.1.5 制作动态图表

动态图表可以根据选项变化，生成不同数据源的图表，以便用户查看数据。在 WPS 表格中，可以利用数据有效性和函数制作动态图表，下面将在“门店销售额统计表.et”中制作动态图表，具体操作如下。

素材所在位置　素材文件\第 7 章\门店销售额统计表.et

效果所在位置　效果文件\第 7 章\门店销售额统计表.et

微课视频

STEP 1　打开“门店销售额统计表.et”工作簿，选择 J1 单元格，打开“数据有效性”对话框，在“有效性条件”栏中设置“允许”为“序列”，在“来源”参数框中输入公式“=$B$1:$H$1”，单击　按钮，如图 7-13 所示。

图 7-13　设置数据有效性

STEP 2　在 J2 单元格中输入公式“=HLOOKUP($J$1,$A$1:$H$9,ROW(),0)”，按【Enter】键计算结果，并将公式向下填充至 J9 单元格，如图 7-14 所示。

图 7-14　输入公式

实操案例

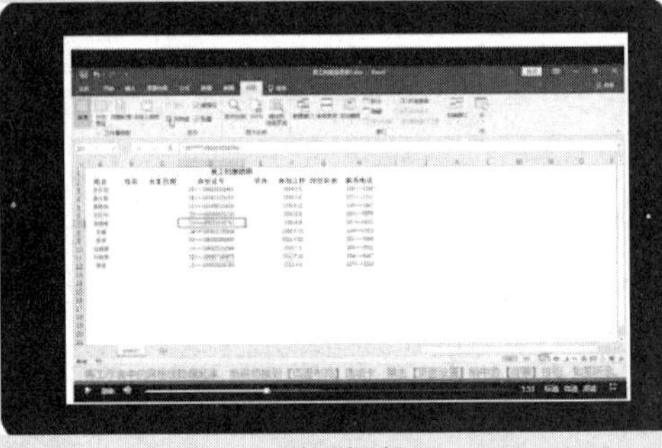

微课视频

素材、效果文件和模板文件： 本书不仅提供了实例操作所需的素材、效果文件，还附赠企业日常管理常用的文档模板、办公表格模板、演示文稿模板及作者精心收集整理的 WPS Office 精美素材。

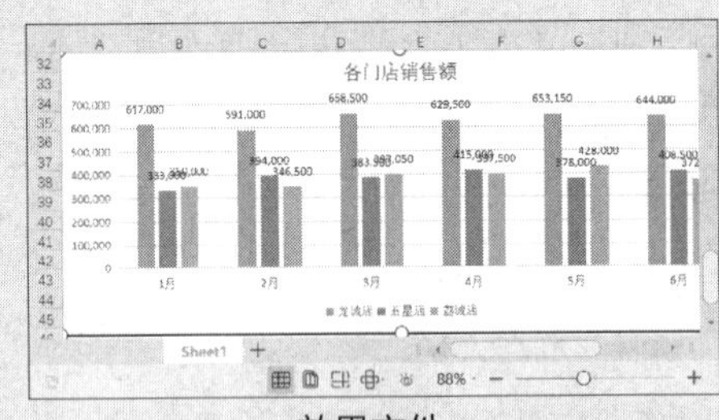

效果文件

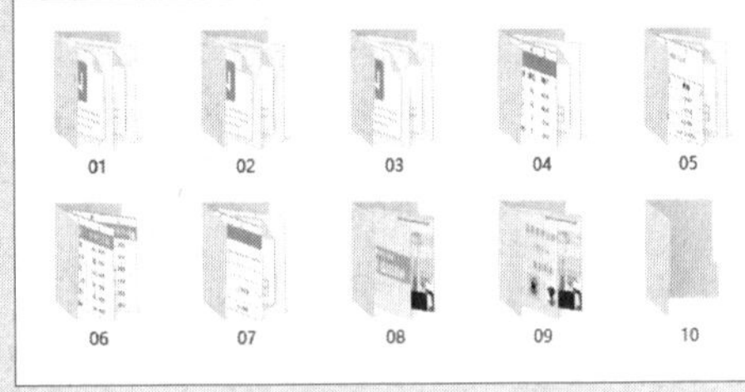

模板文件

以上配套资源中的素材、效果文件、模板文件及其他相关资料，读者可登录人邮教育社区（www.ryjiaoyu.com），搜索本书书名后进行下载使用。

■ 鸣谢

本书由赵刚、赵秀娟担任主编，石峰、兰小艳、张秋君担任副主编。书中疏漏之处在所难免，望广大读者批评指正。

编　者

2021 年 3 月

CONTENTS 目 录

第 1 部分

第1章 WPS 文档的创建和编辑

第2章 WPS 文档的编排

第3章 WPS 文档的美化

第4章 WPS 文档的进阶操作

第 2 部分

第5章 WPS 表格的创建

第6章 WPS 表格的计算与管理

第7章 WPS 表格的数据分析

第 3 部分

第 8 章 WPS 演示的创建

第 9 章 WPS 演示的美化与放映

第 4 部分

第 10 章 综合实训

第 11 章 项目实训

第1部分

第1章 WPS 文档的创建和编辑

/ 本章导读

高水平科技自立自强是我国现代化建设的战略支撑，WPS Office 2019 是金山软件股份有限公司自主研发的一个办公软件套件，可以辅助用户完成各种办公事务。而 WPS 文字是 WPS Office 2019 中的一款文字处理组件，能帮助用户完成日常工作中各种文档的制作，并按要求打印和输出。本章将主要介绍 WPS 文档的创建和编辑操作，如新建 WPS 文档、输入和编辑文本、快速编辑文档、保存与保护文档，以及输出和关闭文档等。

/ 技能目标

掌握新建、保存、保护、输出和关闭文档的方法。

掌握输入与编辑文本的方法。

/ 案例展示

工作计划

一、指导思想

以科学发展为指导，在市委、市人大党组的正确领导下，全力抓好产业扶贫、基础扶贫、劳务扶贫、科教扶贫等方面，开展扶贫工作，向社会主义初级阶段新农村建设方向稳步迈进。

二、工作安排

（一）村级组织建设

加强农村党员教育工作，争取培养发展 5 名党员。

切实配合村两委班子，培养好科技和流通带头人。

（二）调整产业结构

扩大种植优质，完成 5 年工作计划，使栽植的杨桃林达到 1500 亩。

帮助村民推进劳务输出，推进产业扶贫。

积极发展新产业，完善新机制，增加农民收入。

三、基础设施建设

完善村中现有机井的变压器防盗工作，计划在变压器周围修建围墙防护，预计投资 50000 元。

将进入村口的公路增长、扩宽，预计增长至 2000 米、扩宽至 4.5 米，投资 200000 元。

四、科教兴农

从县城的农业科学研究院聘请技术人员来村中进行科教培训，指导村民培育优质种子，学习杨桃树的嫁接和管理技术。

五、医疗卫生

联络县医院的专家，在村中举行义诊，造福村民。

六、精神文明建设

开展创建文明村、文明户活动。

加强法制宣传，确保驻村稳定。

村级管理规范化、民主化，实行村务、财务两公开。

2021 年 1 月 15 日

1.1 新建 WPS 文档

使用 WPS 文字制作和排版文档前，需要先认识 WPS 文字的工作界面和掌握新建文档的方法。下面将介绍 WPS 文字的工作界面和新建文档的方法。

1.1.1 WPS 文字的工作界面

从 WPS 官网下载 WPS Office 2019 专业版并安装到计算机后，该软件会自动在桌面上添加 WPS Office 各组件的快捷图标；单击“WPS 文字”快捷图标，启动 WPS 文字，进入 WPS 文字首页，新建文档后就能进入 WPS 文字的工作界面，如图 1-1 所示。WPS 文字的工作界面主要由 WPS 文字首页、文件标签、按钮区、文件菜单、快速访问工具栏、选项卡、功能区、编辑区、滚动条、状态栏等部分组成。

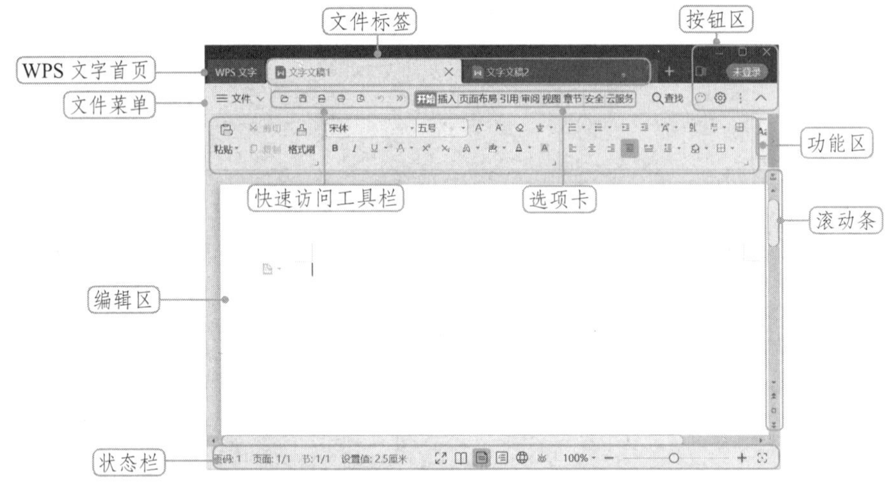

图 1-1　WPS 文字的工作界面

各部分的作用分别如下。

- **WPS 文字首页：**用于管理 WPS 文档，包括新建文档、最近打开的文档、计算机中的文档、查看云端保存的文档等。
- **文件标签：**用于显示当前新建或打开的 WPS 文档名称。单击某个文件标签，即可切换到相应的文档编辑窗口。
- **按钮区：**用于显示窗口控制按钮和查找、登录等一些常用的软件操作按钮。
- **文件菜单：**单击 ≡文件 按钮，可完成文档的新建、打开、保存、打印、输出等操作。单击其右侧的下拉按钮，打开的下拉菜单中提供了多种命令，如文件、编辑、格式、工具等命令，可帮助用户编辑和处理文档。
- **快速访问工具栏：**用于放置一些使用频率较高的工具。默认情况下，该工具栏中包含了打开、保存、输出为 PDF、打印、打印预览、撤销和恢复等按钮，用户也可以根据实际情况添加需要的按钮到该工具栏中。
- **选项卡：**将编排文档时所需要的工具以选项卡的形式集合在一起，不同的选项卡中存放着不同的工具。
- **功能区：**功能区就是选项卡存放工具的位置，每一个选项卡中的工具又被分类放置在不同的组

第1部分

中。某些组的右下角有一个“对话框启动器”按钮⌟，单击该按钮，可打开相关对话框，以便在其中设置相关参数。

- **编辑区：**编辑区是完成文本输入、编辑和排版的空白区域。在编辑区左上角有一个不停闪烁的光标“|”，用于定位当前的编辑位置。
- **滚动条：**当文档内容不能完全显示在窗口中时，可通过拖动文档编辑区右侧的滚动条来查看隐藏的内容。
- **状态栏：**状态栏位于 WPS 文字窗口底部，其左侧显示了当前文档的状态和相关信息，如页码、字数、行数、列数等；右侧则显示的是视图模式切换按钮和视图显示比例调整工具。

1.1.2 新建空白文档

从零开始制作文档，首先需要新建空白文档。在 WPS 文字中，新建文档的方法有很多，但较常用的方法是：启动 WPS 文字后，在 WPS 文字首页单击文件标签中的“新建”按钮，或选择页面左侧的“新建”选项，如图 1-2 所示，即可新建一个名为“文字文稿 + 数字”的空白文档。

图 1-2　新建文档

技巧秒杀

快速新建文档

启动WPS文字后，在工作界面中按【Ctrl+N】组合键，可直接新建空白文档。

1.1.3 根据模板新建文档

WPS 文字中提供了一些常用的文档模板，如果需要制作的文档在 WPS 文字中有模板，那么就可根据模板新建有内容或格式的文档，然后根据需要修改和编辑文档内容，这样不仅可以提高文档的制作效率，也可以让制作的文档更加规范。根据模板新建文档的方法为：在 WPS 文字首页单击左侧的“从模板中新建”选项，在打开的“新建”界面中选择需要的模板，如选择“会议纪要 - 常规会议”模板，如图 1-3 所示；在打开的界面中将显示该模板的效果，单击“使用模板”按钮，开始下载模板；下载完成后，即会新建带内容的文档，如图 1-4 所示。

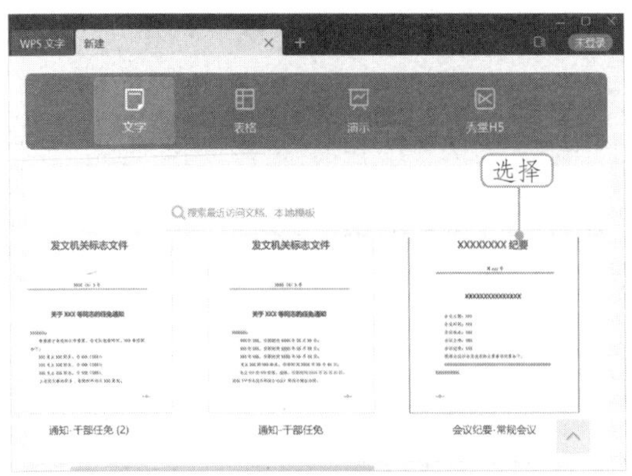

图 1-3　选择模板

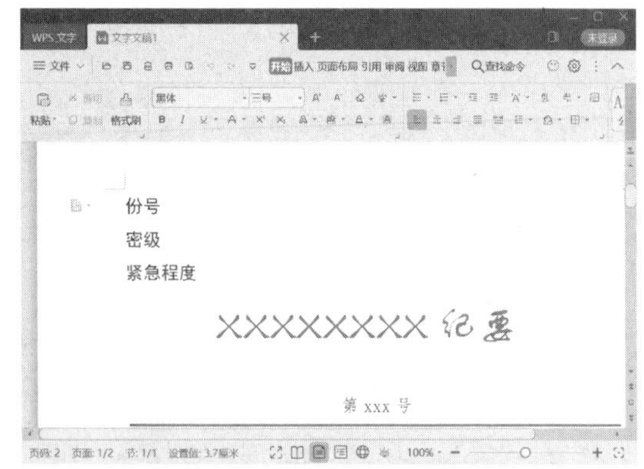

图 1-4　新建带内容的文档

知识补充

更多免费模板

如果WPS提供的模板不能满足用户的需要，那么可在选择“从模板中新建”选项后，在打开的“新建”界面下方单击“查看免费模板”超链接，打开稻壳首页，查看并免费下载更多不同类型的模板。

1.2 输入和编辑文本

新建文档后，就可输入文档中需要的文本内容，并根据实际情况编辑文本内容，以保证文档内容的准确性。

1.2.1 输入基本字符

基本字符通常是指通过键盘可以直接输入的汉字、英文、标点符号和阿拉伯数字等。在 WPS 文字中输入这些字符的方法比较简单，只需先将文本插入点定位到需要输入文本的位置，再切换到需要的输入法，然后通过键盘直接输入字符即可。

1.2.2 输入特殊符号

在制作文档的过程中，有时也会需要输入一些特殊的图形化符号来丰富文档。有些符号可以通过键盘直接输入，如 @、& 等，而有些符号却不能直接输入，如◆和 ※ 等，这些符号就需要通过 WPS 文字提供的符号功能来输入。下面将在“放假通知 .wps”文档中插入特殊符号，具体操作如下。

素材所在位置　素材文件 \ 第 1 章 \ 放假通知.wps

效果所在位置　效果文件 \ 第 1 章 \ 放假通知.wps

微课视频

STEP 1　打开“放假通知.wps”文档，将文本插入点定位到“分公司”后面，单击“插入”选项卡中的“符号”按钮Ω，在打开的下拉列表中选择“其他符号”选项，如图 1-5 所示。

STEP 2　打开“符号”对话框后，在“字体”下拉列表框中选择需要应用符号所在的字体集，不同字体集下包含的符号不同，这里选择“Wingdings 2”选项，在下方的列表框中选择需要插入的“&”符号，单击 插入(I) 按钮，如图 1-6 所示。

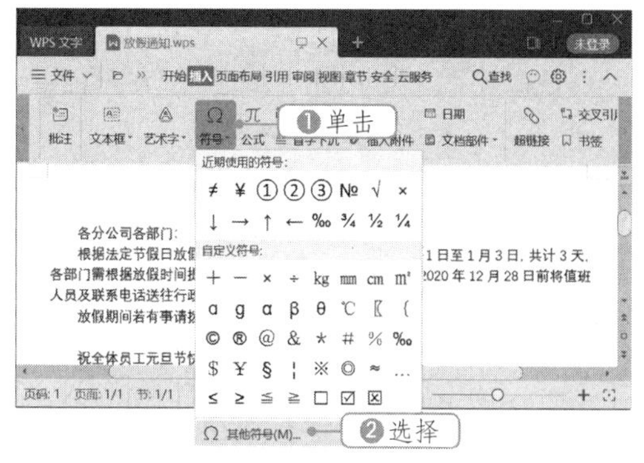

图 1-5　选择“其他符号”选项

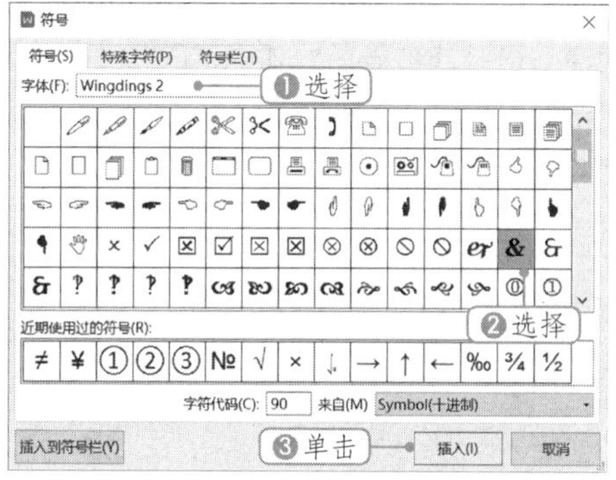

图 1-6　插入符号

STEP 3　选择的符号将插入“各分公司”文本之后，单击关闭按钮，关闭“符号”对话框，返回文档中，即可查看插入的符号效果，如图 1-7 所示。

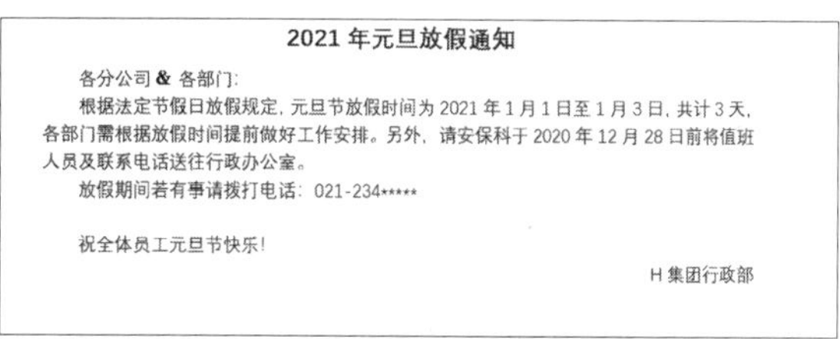

2021 年元旦放假通知

各分公司 & 各部门：

根据法定节假日放假规定，元旦节放假时间为 2021 年 1 月 1 日至 1 月 3 日，共计 3 天。各部门需根据放假时间提前做好工作安排。另外，请安保科于 2020 年 12 月 28 日前将值班人员及联系电话送往行政办公室。

放假期间若有事请拨打电话：021-234*****

祝全体员工元旦节快乐！

H 集团行政部

图 1-7　查看符号效果

知识补充

“符号”对话框

在“符号”对话框中，“符号”选项卡用于插入字体中包含的符号；“特殊字符”选项卡用于插入文档中常用的特殊字符，如长画线“——”、版权所有符号“©”、已注册符号“®”、商标符号“™”等；在“符号栏”选项卡中可指定常用符号的快捷键。

1.2.3　输入日期和时间

当需要在文档中输入系统当前的日期和时间时，可以通过 WPS 文字提供的“日期和时间”功能快速插入，并指定插入日期和时间的格式。下面将继续在“放假通知 .wps”文档中插入系统当前的日期，具体操作如下。

效果所在位置　效果文件 \ 第 1 章 \ 放假通知 1.wps

微课视频

STEP 1　将文本插入点定位到“放假通知.wps”文档中的最后一行，单击“插入”选项卡中的“日期”按钮。

STEP 2　打开“日期和时间”对话框后，在“可用格式”列表框中选择需要插入的日期和时间格式，如选择“2020 年 12 月 21 日”选项，单击确定按钮，如图 1-8 所示。

STEP 3　插入的日期将按照选择的日期格式显示，效果如图 1-9 所示。

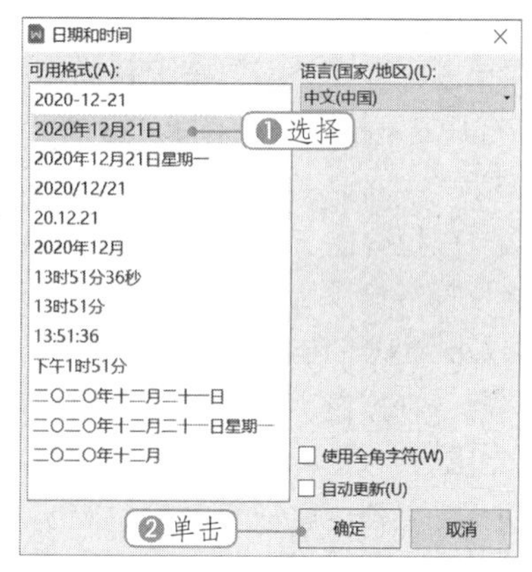

图 1-8　选择日期和时间格式

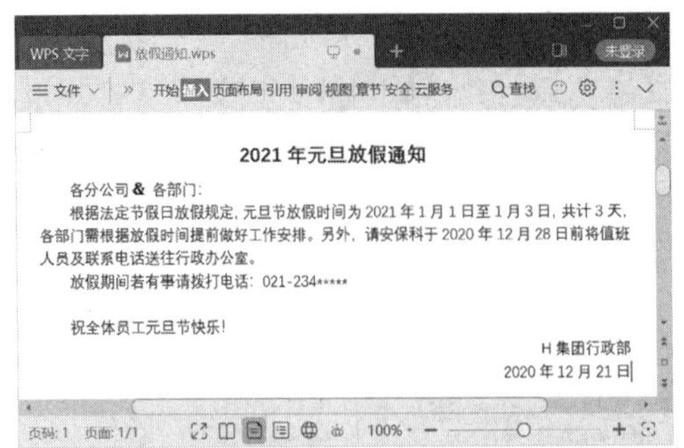

图 1-9　插入的日期效果

知识补充

自动更新日期和时间

如果希望文档中插入的日期和时间能随着系统当前日期和时间的变化而变化，可在插入日期和时间时，在“日期和时间”对话框中单击选中“自动更新”复选框。

1.2.4　选择并修改文本

在输入文本的过程中，可能会出现输入错误的情况，此时，可修改或删除已输入的文本。其方法是：将文本插入点定位到需要删除的文本前，按住鼠标左键不放并向右拖动以选择需要修改或删除的文本，然后按【Delete】键删除文本并重新输入，或直接输入正确的文本。

知识补充

文本的其他选择方法

在文档中，将鼠标指针移动到某一行的左侧，当鼠标指针变成形状时，单击鼠标可选择对应的行，双击鼠标可选择对应的段落，三击鼠标可选择文档中的所有段落。

1.2.5　查找与替换文本

当需要查看文档中多次出现的文本时，可以使用 WPS 文字提供的查找功能；当需要修改文档中多次出现的相同文本时，可通过替换功能批量替换，提高文档编辑效率。下面将在“公司简介.wps”文档中查找和替换文本，具体操作如下。

素材所在位置　素材文件 \ 第 1 章 \ 公司简介.wps

效果所在位置　效果文件 \ 第 1 章 \ 公司简介.wps

微课视频

STEP 1　打开“公司简介.wps”文档，在“开始”选项卡中单击“查找替换”按钮右侧的下拉按钮，在打开的下拉列表中选择“查找”选项，如图 1-10 所示。

STEP 2　在打开的“查找和替换”对话框中默认打开“查找”选项卡，在“查找内容”下拉列表框中输入要查找的内容，如输入“站柜”文本，单击“突出显示查找内容(R)”按钮，在打开的下拉列表中选择“全部突出显示”选项，如图 1-11 所示。

STEP 3　在文档中将以黄色底纹突出显示查找到的文本内容，效果如图 1-12 所示。

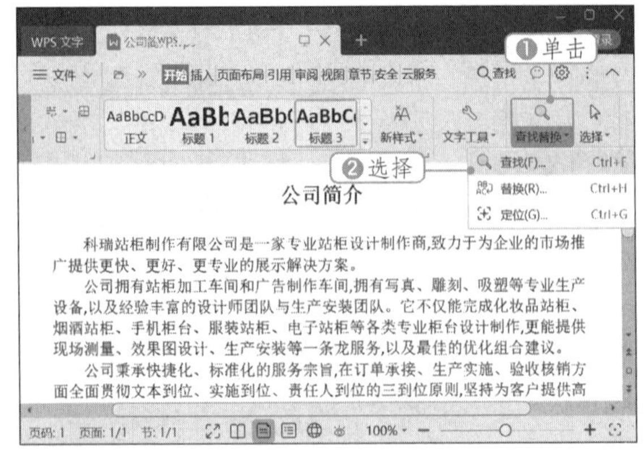

图 1-10　选择“查找”选项

图 1-11　设置查找内容

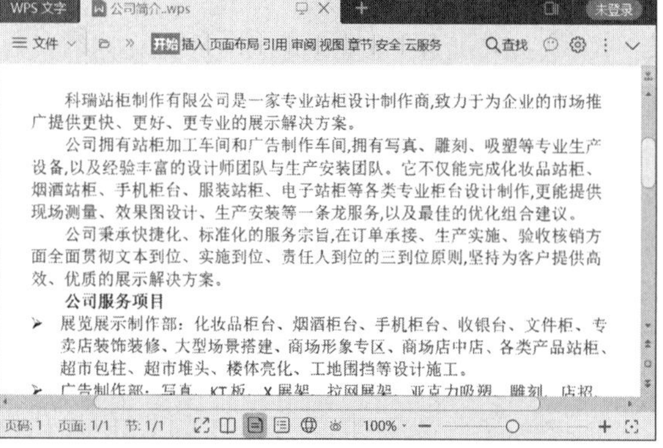

图 1-12　查看突出显示的内容

STEP 4　在“查找和替换”对话框中单击“替换”选项卡标签，在“替换为”下拉列表框中输入替换的内容，如输入“展柜”文本，单击 全部替换(A) 按钮替换查找到的内容；替换完成后，将在打开的提示对话框中显示替换的处数，单击 确定 按钮，如图 1-13 所示。

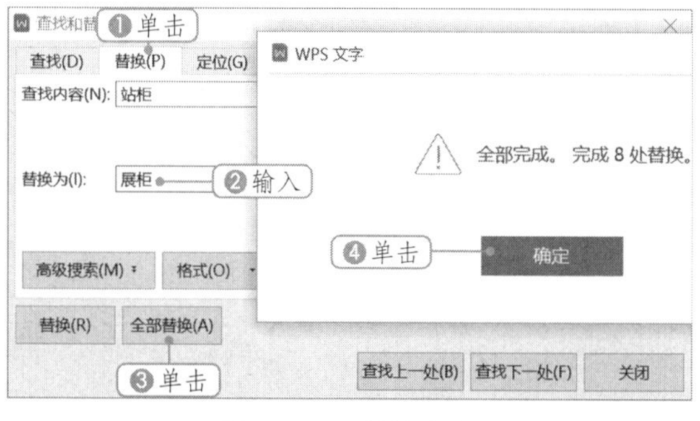

图 1-13　替换内容

STEP 5　在“替换”选项卡中单击 高级搜索(M) 按钮展开对话框，单击选中“区分全 / 半角”复选框，先在“查找内容”下拉列表框中输入英文状态下的“,”，然后在“替换为”下拉列表框中输入中文状态下的“，”，单击 全部替换(A) 按钮，开始查找和替换内容；替换完成后，在打开的提示对话框中显示替换的处数，单击 确定 按钮，如图 1-14 所示。

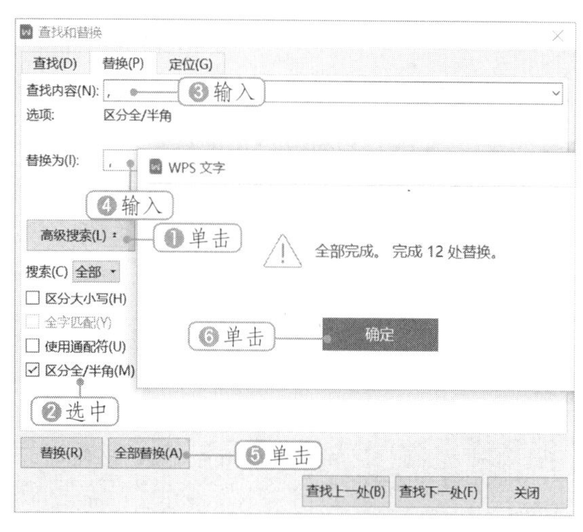

图 1-14　查找和替换设置

知识补充

逐个替换

若是查找和替换文档中有多处相同文本，而用户只需将某几处文本替换掉，则可逐个进行替换。方法是：打开“查找和替换”对话框，在“替换”选项卡中输入需要查找和替换的文本内容，单击 查找下一处(F) 按钮，在文档中查找出第一次出现文本内容的位置，如果要替换，可单击 替换(R) 按钮；如果不需要替换，则可继续单击 查找下一处(F) 按钮进行查找，依此类推。查找和替换完成后，系统会弹出一个提示对话框提示用户已完成对文档的搜索。

STEP 6　单击 关闭 按钮关闭“查找和替换”对话框，返回文档即可看到替换文本和标点符号后的效果，如图 1-15 所示。

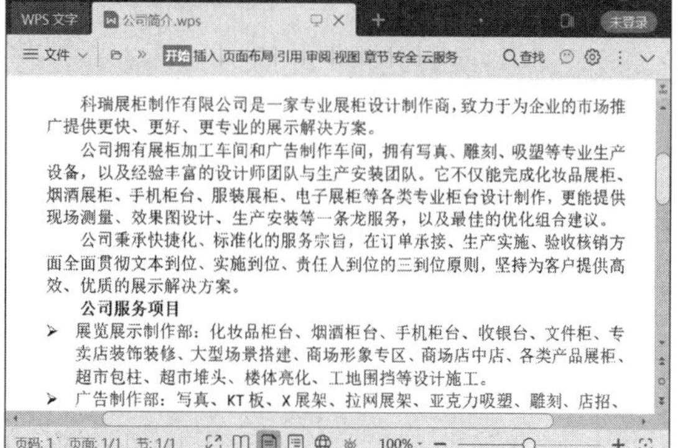

图 1-15　查看文档效果

知识补充

查找和替换格式

在WPS文字中，除了可替换文本、字符外，还可查找和替换字体格式、段落格式和一些特殊格式，如段落标记、分栏符、图形等。其方法是：在“查找和替换”对话框的“替换”选项卡中设置要查找和替换的内容，单击 格式(O) 按钮，在打开的下拉列表中选择“字体”或“段落”选项，打开“字体”或“段落”对话框，在其中设置要查找和替换的字体格式或段落格式等；单击 特殊格式(E) 按钮，在打开的下拉列表中选择相应的特殊格式选项，并将所选格式的代码输入到“查找内容”或“替换为”下拉列表框中，然后查找和替换即可。

1.3 快速编辑文档

对于文档的编辑，不仅仅需要编辑文字内容的准确性，还需要设置文档的格式，让文档内容的结构更加清晰，文档的整体效果更加美观。

1.3.1 设置文档格式

为了使文档更加规范，文档内容便于阅读，需要设置文档的格式。在 WPS 文字中，文档格式设置主要包括字符格式和段落格式设置，字符格式包括字体、字号、文字颜色、字形、字符边框和字符底纹等，而段落格式包括对齐方式、缩进、行距和间距等。下面将在“工作计划.wps"文档中设置需要的字符格式和段落格式，使文档更加规范，具体操作如下。

素材所在位置 素材文件 \ 第 1 章 \ 工作计划.wps

效果所在位置 效果文件 \ 第 1 章 \ 工作计划.wps

微课视频

第1部分

STEP 1 打开“工作计划.wps”文档，选择“工作计划”文本，在“开始”选项卡的“字体”下拉列表框中选择“方正准圆简体”选项，在“字号”下拉列表框中选择“小二”选项，单击“字体颜色”按钮 右侧的下拉按钮，在打开的下拉列表中选择需要的“红色”选项，如图 1-16 所示。

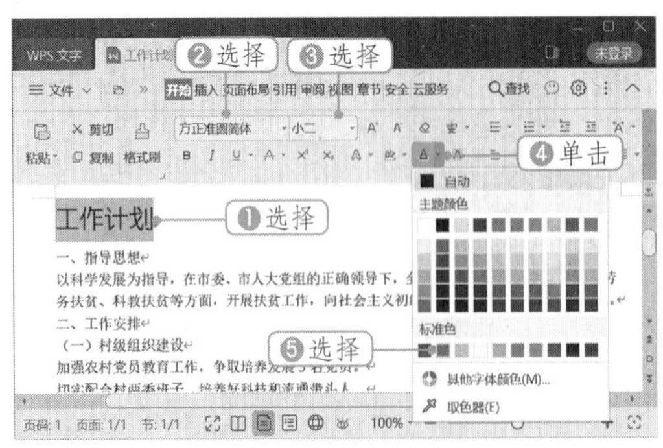

图 1-16 设置字符格式

STEP 2 保持文本的选择状态，单击“开始”选项卡中的“居中对齐”按钮，使标题居中对齐，如图 1-17 所示。

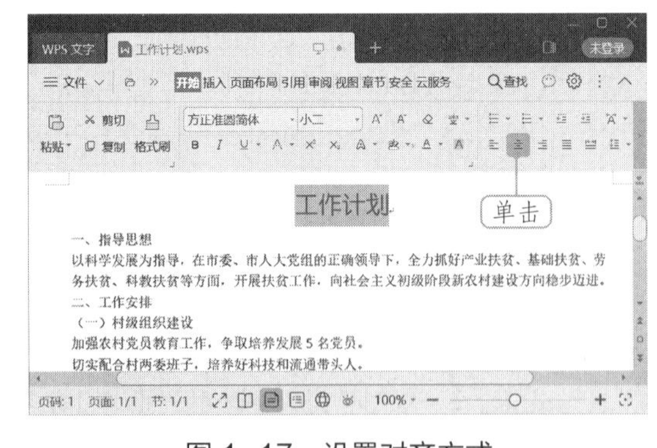

图 1-17 设置对齐方式

STEP 3 按住【Ctrl】键，拖动鼠标选择带“一、二、三、……”编号的文字，单击“加粗”按钮 B 加粗文本，再单击“突出显示”按钮 右侧的下拉按钮，在打开的下拉列表中选择需要的底纹颜色，如选择“灰色 -25%”选项，如图 1-18 所示。

知识补充

使用取色器快速吸取颜色

如果想将其他对象或网页中的颜色设置为字体的颜色，可使用取色器快速吸取需要的颜色应用于文字。其方法是：打开所需颜色所在对象，在WPS文字中选择需要设置字体颜色的文本，单击“开始”选项卡中的“字体”下拉按钮，在打开的下拉列表中选择“取色器”选项，此时鼠标指针将变成形状，将鼠标指针移动到需要的颜色上时会显示颜色的RGB颜色值，单击鼠标即可吸取颜色，并自动将吸取的颜色应用于选择的文本中。

技巧秒杀

快速设置段落对齐方式

选择需要设置对齐方式的段落，按【Ctrl+L】组合键，可设置段落为左对齐；按【Ctrl+E】组合键，可设置段落为居中对齐；按【Ctrl+R】组合键，可设置段落为右对齐；按【Ctrl+J】组合键，可设置段落为两端对齐；按【Ctrl+Shift+J】组合键，可设置段落为分散对齐。

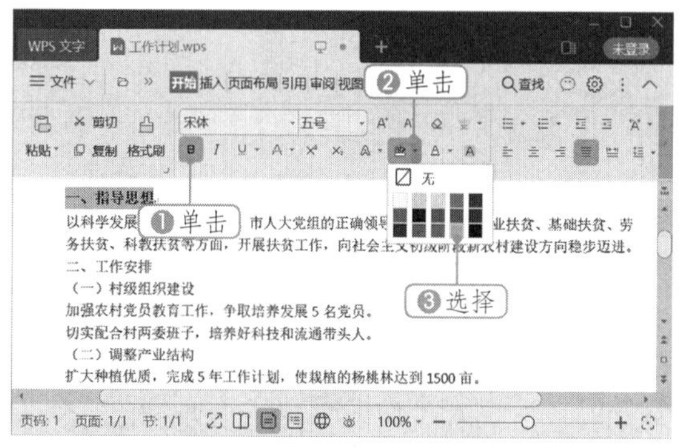

图 1-18　设置突出颜色

STEP 4 单击“加粗”按钮加粗带“(一)(二)”编号的文本，然后选择最后一段文本，并单击“右对齐”按钮，如图 1-19 所示，使文本右对齐。

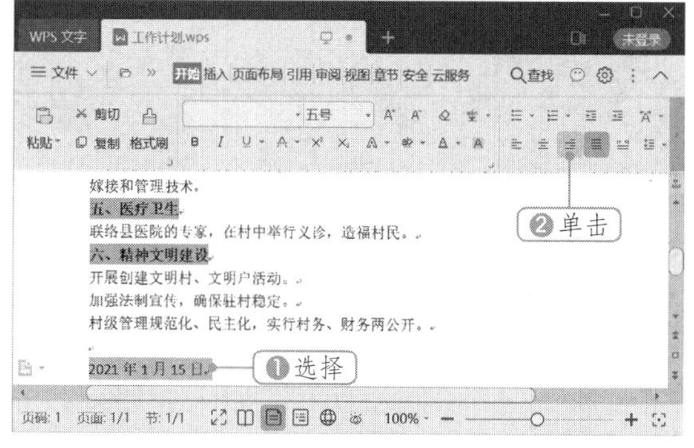

图 1-19　设置右对齐

STEP 5 选择除标题和日期所在段落外的所有段落，单击“段落”对话框启动器按钮，如图 1-20 所示。

STEP 6 打开“段落”对话框后，在“缩进和间距”选项卡的“特殊格式”下拉列表框中选择“首行缩进”选项，在其后的“度量值”数值框中默认输入“2”；在“行距”下拉列表框中选择“多倍行距”选项，在其后的“设置值”数值框中输入“1.2”，单击确定按钮，如图 1-21 所示。

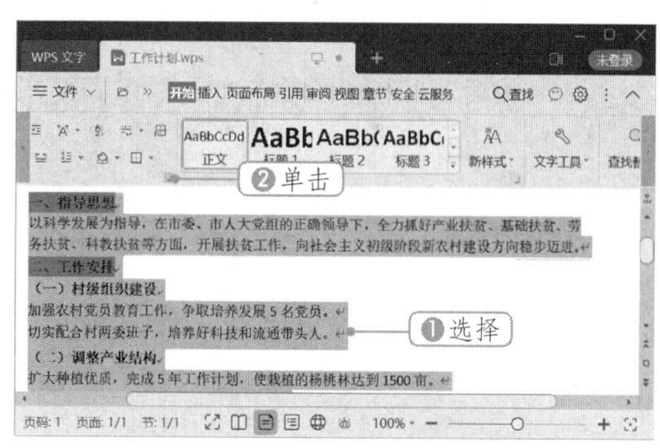

图 1-20　单击对话框启动器按钮

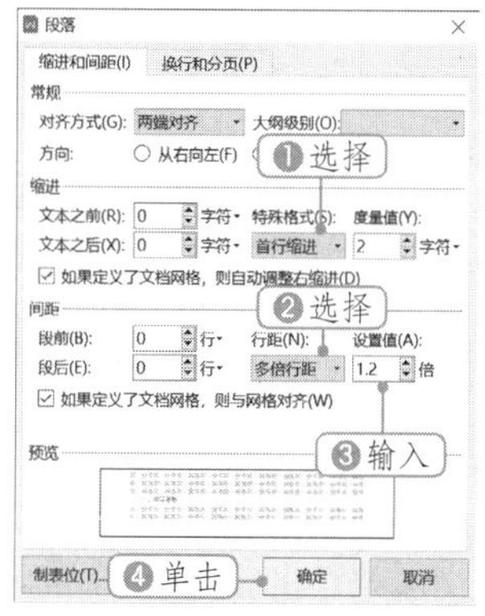

图 1-21　设置段落缩进和行距

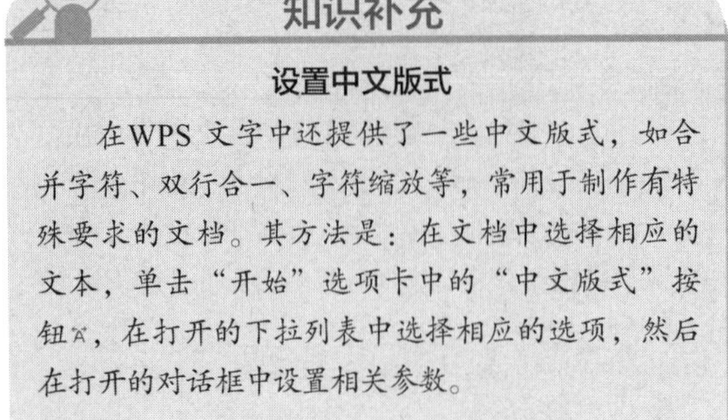

知识补充

设置中文版式

在WPS 文字中还提供了一些中文版式，如合并字符、双行合一、字符缩放等，常用于制作有特殊要求的文档。其方法是：在文档中选择相应的文本，单击“开始”选项卡中的“中文版式”按钮，在打开的下拉列表中选择相应的选项，然后在打开的对话框中设置相关参数。

STEP 7 返回文档中，可查看设置字符格式和段落格式后的文档效果如图 1-22 所示。

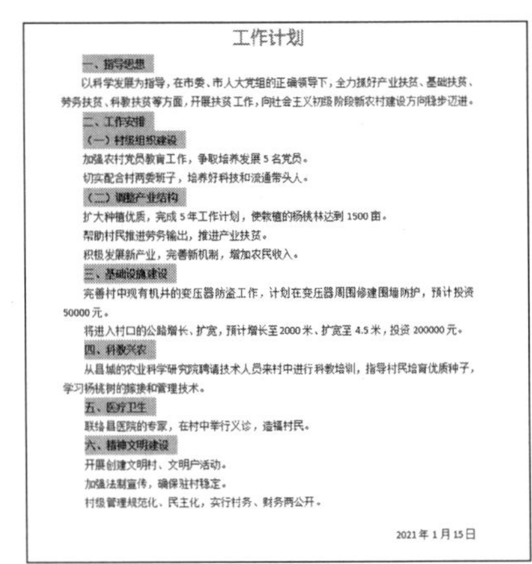

工作计划

一、指导思想

以科学发展为指导，在市委、市人大党组的正确领导下，全力抓好产业扶贫、基础扶贫、劳务扶贫、科教扶贫等方面，开展扶贫工作，向社会主义初级阶段新农村建设方向稳步迈进。

二、工作安排

（一）村级组织建设

加强农村党员教育工作，争取培养发展 5 名党员。

切实配合村两委班子，培养好科技和流通带头人。

（二）调整产业结构

扩大种植优质，完成 5 年工作计划，使栽植的杨桃林达到 1500 亩。

帮助村民推进劳务输出，推进产业扶贫。

积极发展新产业，完善新机制，增加农民收入。

三、基础设施建设

完善村中现有机井的变压器防盗工作，计划在变压器周围修建围墙防护，预计投资 50000 元。

将进入村口的公路增长、扩宽，预计增长至 2000 米、扩宽至 4.5 米，投资 200000 元。

四、科教兴农

从县城的农业科学研究院聘请技术人员来村中进行科教培训，指导村民培育优质种子，学习杨桃树的嫁接和管理技术。

五、医疗卫生

联络县医院的专家，在村中举行义诊，造福村民。

六、精神文明建设

开展创建文明村、文明户活动。

加强法制宣传，确保驻村稳定。

村级管理规范化、民主化，实行村务、财务两公开。

2021 年 1 月 15 日

图 1-22 文档效果

1.3.2 添加项目符号和编号

对于文档中具有并列关系或一定排列顺序的多个段落，可以通过添加项目符号和编号来使文档层次结构更加清晰。

1. 添加项目符号

项目符号一般用于并列关系的段落。在 WPS 文字中，既可以添加内置的项目符号，也可以自定义项目符号，具体设置方法分别介绍如下。

第1部分

- **添加内置项目符号：** 选择需要添加项目符号的段落，并单击“开始”选项卡中“项目符号”按钮右侧的下拉按钮，在打开的下拉列表中内置了 7 种常用的项目符号样式，选择需要的项目符号样式，如图 1-23 所示，即可将样式应用在选择的段落中，如图 1-24 所示。

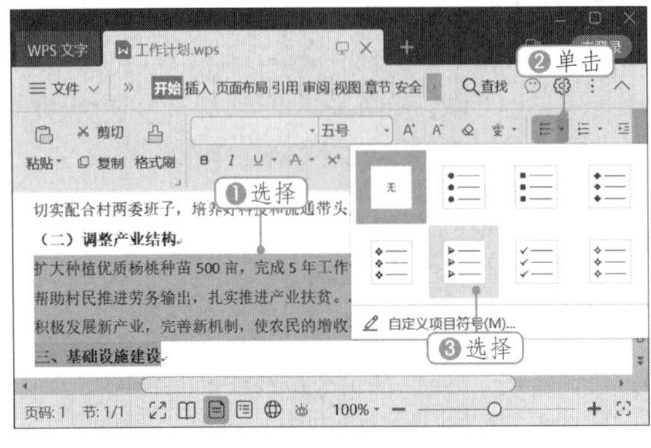

图 1-23 选择内置的项目符号样式

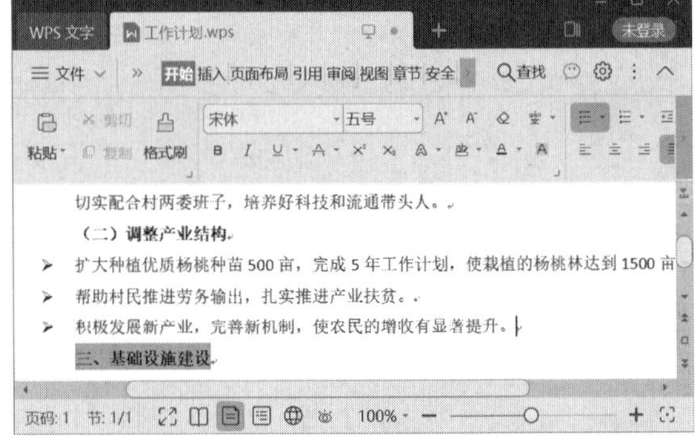

图 1-24 查看项目符号效果

- **添加自定义项目符号：** 如果内置的项目符号不能满足用户的需要，还可根据需要自定义项目符号。其方法是：选择需要添加项目符号的段落，并单击“项目符号”按钮右侧的下拉按钮，在打开的下拉列表中选择“自定义项目符号”选项，打开“项目符号和编号”对话框。在“项目符号”选项卡中单击 自定义(T)... 按钮，如图 1-25 所示，打开“自定义项目符号列表”对话框；单击 字符(C)... 按钮，打开“符号”对话框，选择需要作为项目符号的符号，单击 插入(I) 按钮，如图 1-26 所示；返回“自定义项目符号列表”对话框，选择的符号将作为项目符号，单击 高级(M) 按钮展开对话框，然后设置项目符号的缩进位置、文字位置等，完成后单击 确定 按钮，如图 1-27 所示。

知识补充

设置项目符号字体格式

在“自定义项目符号列表”对话框中单击 字体(F)... 按钮，打开“字体”对话框，在其中可设置项目符号的字体格式。

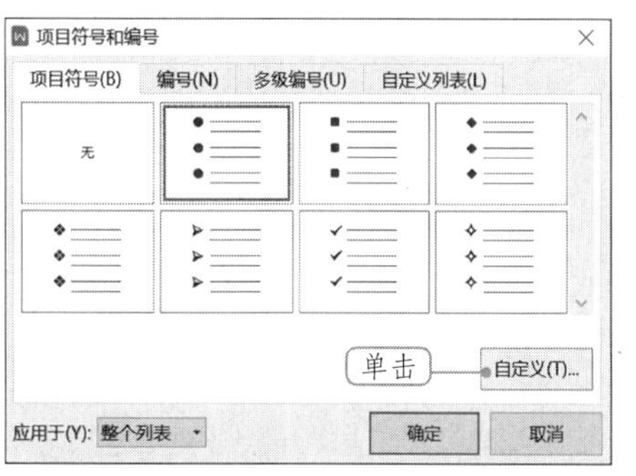

图 1-25　单击“自定义”按钮

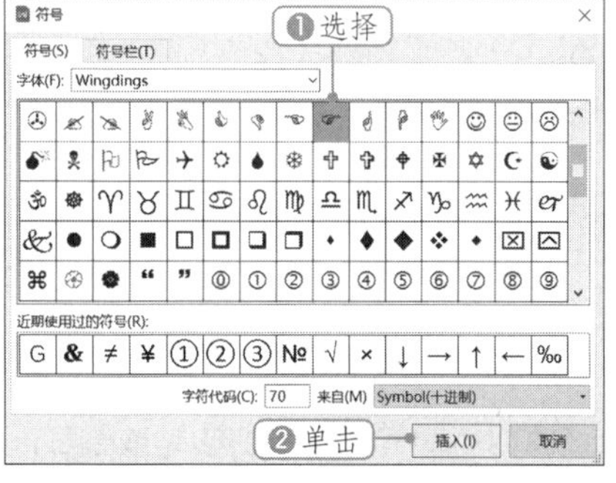

图 1-26　选择符号

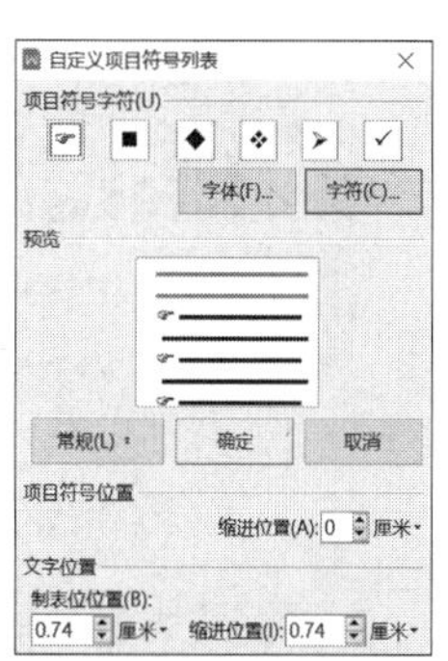

图 1-27　设置项目符号

2. 添加编号

编号一般用于具有层次关系的段落。在 WPS 文字中，既可以添加内置编号，也可以根据需要自定义编号，具体设置方法分别介绍如下。

- **添加内置编号：** 选择需要添加编号的段落，单击“开始”选项卡中的“编号”下拉按钮，在打开的下拉列表的“编号”栏中提供了 9 种编号样式，如图 1-28 所示，选择需要的编号样式将其应用于所选段落。
- **添加自定义编号：** 选择需要添加编号的段落，单击“编号”按钮右侧的下拉按钮，在打开的下拉列表中选择“自定义编号”选项，打开“项目符号和编号”对话框；单击 自定义(T)... 按钮，打开“自定义编号列表”对话框，在“编号样式”下拉列表框中选择需要的编号样式，在“编号格式”文本框中设置自定义的编号效果，设置完成后单击 确定 按钮，如图 1-29 所示。

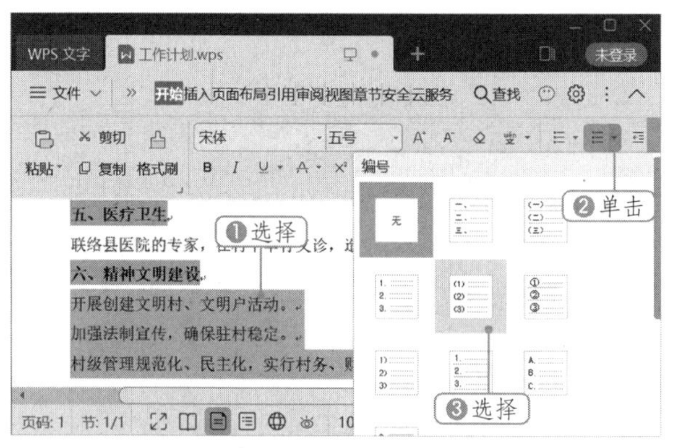

图 1-28　选择内置编号样式

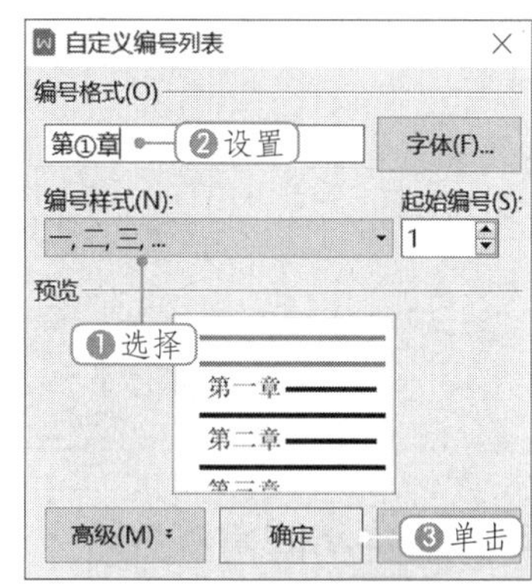

图 1-29　自定义编号

1.3.3 设置边框和底纹

在编辑文档时，可以通过添加边框和底纹来突出显示文档中比较重要的段落。其方法是：选择文档中需要添加边框或底纹的段落，单击“底纹颜色”按钮右侧的下拉按钮，在打开的下拉列表中选择需要的颜色，如图 1-30 所示，为所选段落添加底纹；单击“边框”按钮右侧的下拉按钮，在打开的下拉列表中选择需要的内置边框样式，如图 1-31 所示，为选择的段落添加需要的边框样式。

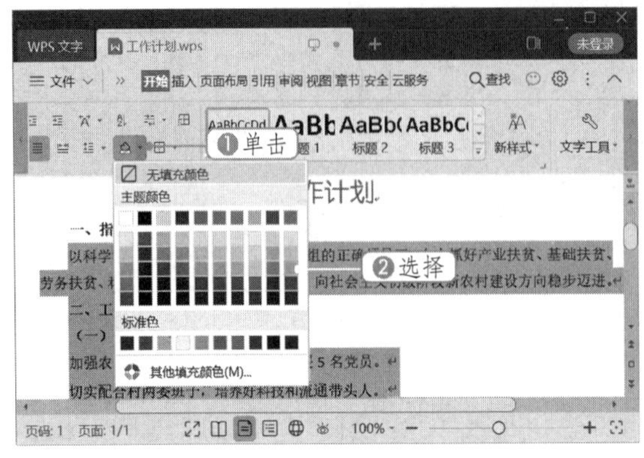

图 1-30　设置底纹颜色

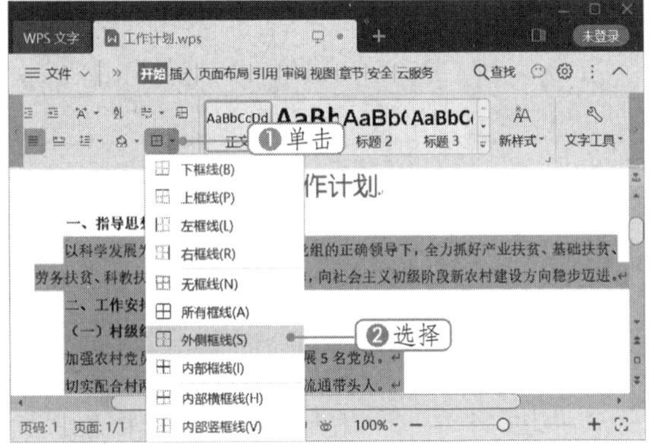

图 1-31　添加边框

如果需要为段落添加其他颜色、其他样式的边框或图案底纹，可以通过“边框和底纹”对话框完成添加。其方法是：单击“边框”按钮右侧的下拉按钮，在打开的下拉列表中选择“边框和底纹”选项，打开“边框和底纹”对话框，在“边框”选项卡中可设置边框的线型、颜色、宽度及应用范围，如图 1-32 所示；单击“底纹”选项卡，在其中可设置填充的样式、颜色和应用范围等，如图 1-33 所示。

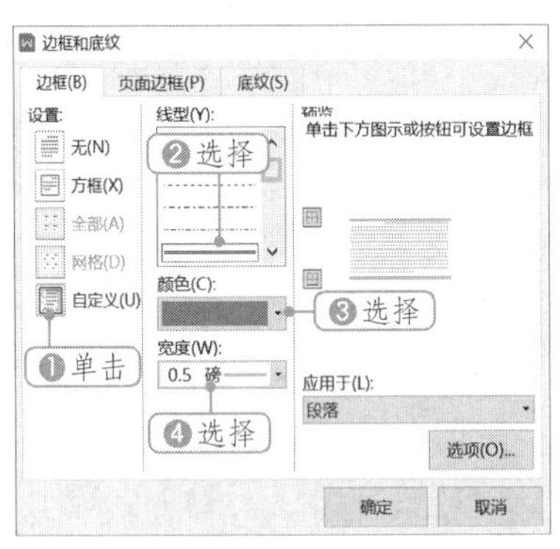

图 1-32　自定义边框

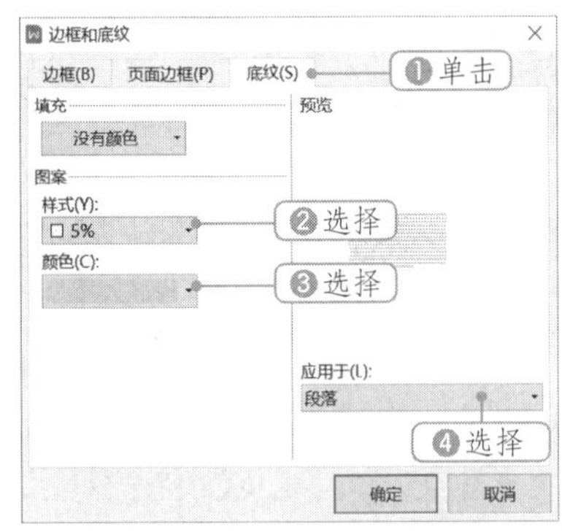

图 1-33　添加图案底纹

知识补充

添加页面边框

在“边框和底纹”对话框中单击“页面边框”选项卡，在其中可设置页面边框的线型、颜色、宽度等，另外，在“艺术型”下拉列表框中提供了很多具有艺术效果的页面边框，可为页面添加艺术边框。

1.3.4　新建和应用样式

在长文档中，需要设置格式的内容比较多，如果一一通过设置字符格式和段落格式的方式完成，则会耗费大量时间。这时为提高文档的编辑效率，可以通过应用样式来设置格式。

样式是一组格式的集合，如字体格式、段落格式、边框、编号、制表位等。它能简化格式设置操作，常用于编辑长文档。下面将在“公司财产管理制度.wps”文档中通过修改、新建和应用样式快速编排文档，具体操作如下。

素材所在位置 素材文件\第 1 章\公司财产管理制度.wps

效果所在位置 效果文件\第 1 章\公司财产管理制度.wps

微课视频

STEP 1 打开“公司财产管理制度.wps”文档，将文本插入点定位到“公司财产管理制度”标题文本后，在“开始”选项卡的“样式”下拉列表框中选择需要应用的内置样式，如选择“标题 1”选项，如图 1-34 所示。

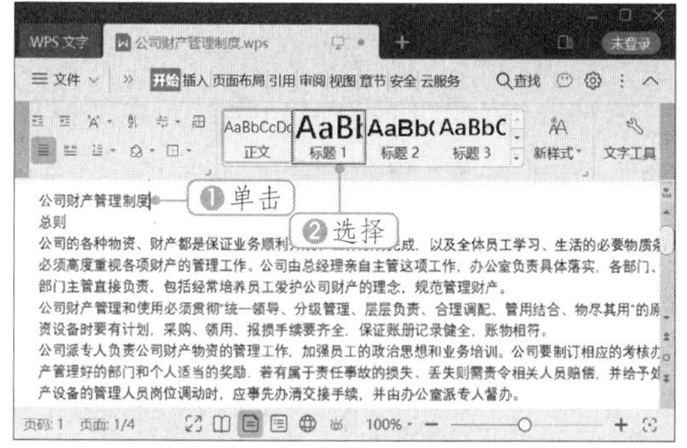

图 1-34 选择内置样式

STEP 2 所选样式应用于标题后，在“样式”列表框中的“标题 1”样式上右击鼠标，并在打开的快捷菜单中选择“修改样式”命令，如图 1-35 所示。

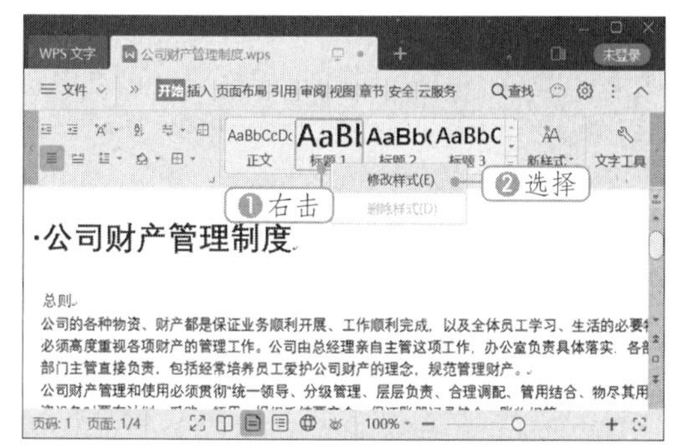

图 1-35 选择“修改样式”命令

STEP 3 打开“修改样式”对话框后，单击“居中”按钮☰，再单击 确定 按钮，如图 1-36 所示。

STEP 4 标题将自动应用样式修改后的效果，然后单击“新样式”按钮A͏A，打开“新建样式”对话框，在“名称”文本框中输入“章节”文本，在“样式基于”下拉列表框中选择“标题”选项，在“格式”栏中设置字体为“方正黑体简体”，单击 格式(O) 按钮，在打开的下拉列表中选择“编号”选项，如图 1-37 所示。

STEP 5 打开“项目符号和编号”对话框后，在“编号”选项卡中选择第一种编号样式，单击 自定义(T)... 按钮，如图 1-38 所示。

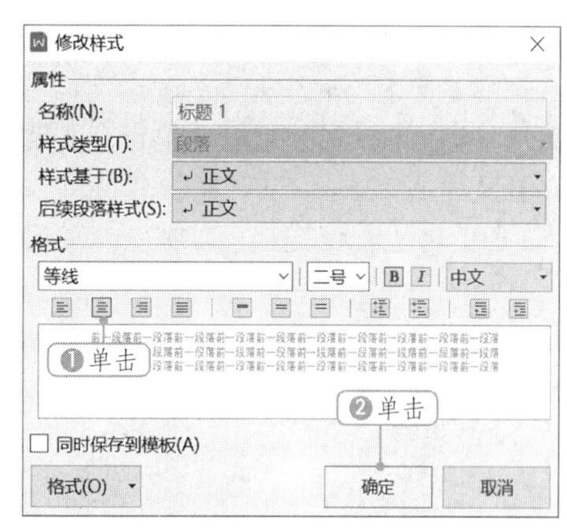

图 1-36 修改样式

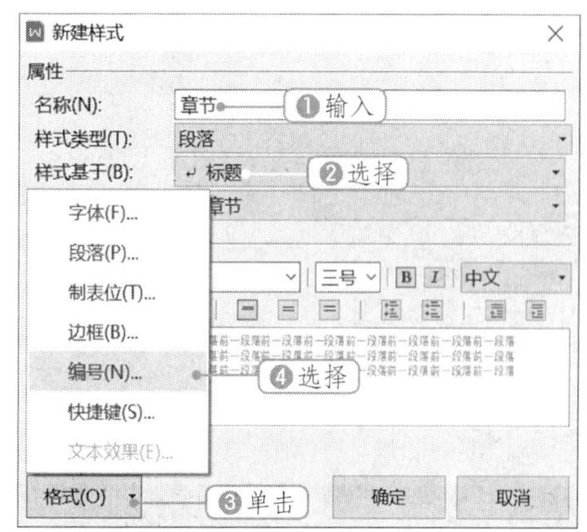

图 1-37 新建样式

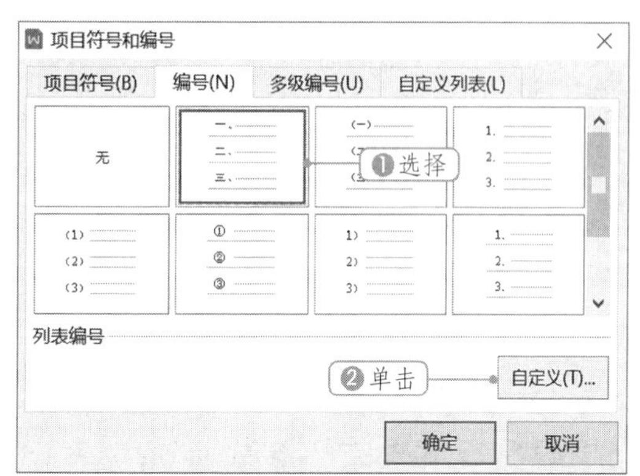

图 1-38 设置样式

知识补充

样式基准

样式基准是新建样式的基础，即在该样式的基础上新建样式。如果选择的样式基准发生了变化，那么新建的样式也会随之变化，所以用户在选择样式基准时，最好选择后期不会修改的样式。

STEP 6 打开“自定义编号列表”对话框后，在“编号样式”下拉列表框中将显示选择的编号样式，在“编号格式”文本框中的编号前后输入需要的编号格式，这里在前后分别输入“第”“章　　”，单击 确定 按钮，如图 1-39 所示。

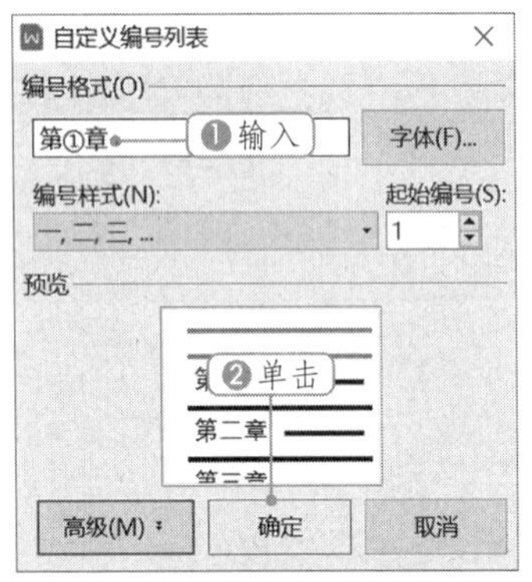

图 1-39　自定义样式编号

STEP 7 返回“新建样式”对话框，并单击 确定 按钮。返回文档中将文本插入点定位到“总则”所在的段落中，在“样式”列表框中选择“章节”样式，如图 1-40 所示，可将选择的样式自动应用到目标段落。

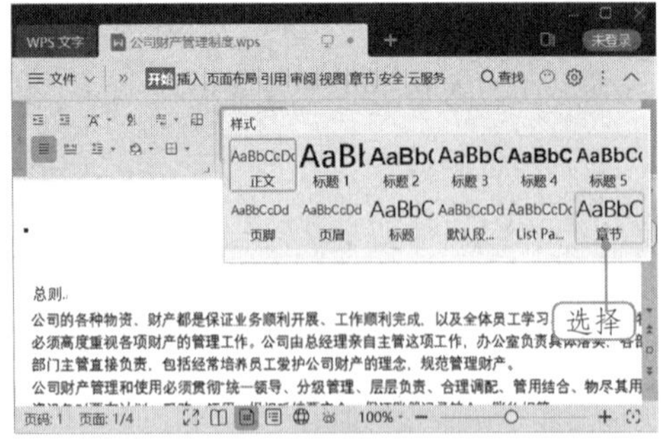

图 1-40　选择“章节”样式

STEP 8 再次打开“新建样式”对话框，在“名称”文本框中输入“条款”文本，单击 格式(O) 按钮，在打开的下拉列表中选择“编号”选项，如图 1-41 所示。

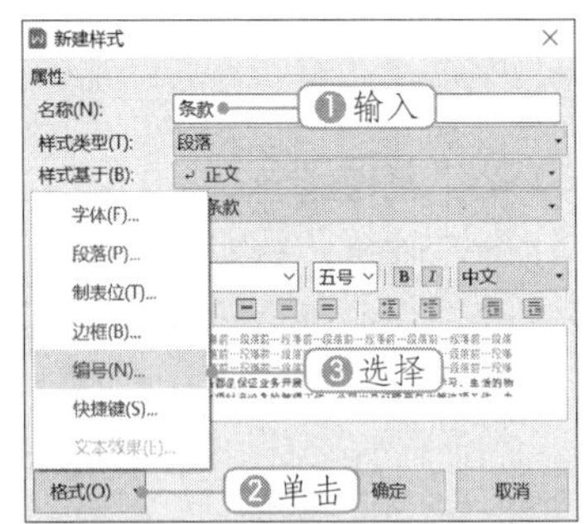

图 1-41　新建“条款”样式

STEP 9 打开“项目符号和编号”对话框后，单击 自定义(T)... 按钮，打开“自定义编号列表”对话框，在“编号格式”文本框中输入编号需要的格式，完成后单击 字体(F)... 按钮，如图 1-42 所示。

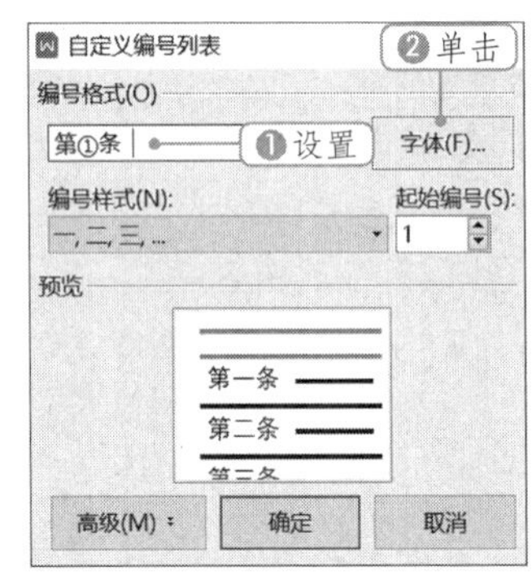

图 1-42　单击“字体”按钮

STEP 10 打开“字体”对话框后，在“字形”列表框中选择“加粗”选项，单击 确定 按钮。返回“新建样式”对话框，单击 格式(O) 按钮，在打开的下拉列表中选择“段落”选项，打开“段落”对话框，在“特殊格式”下拉列表框中选择“无”选项，在“行距”下拉列表框中选择“多倍行距”选项，并在其后的“设置值”数值框中输入“1.2”，单击 确定 按钮，如图 1-43 所示。

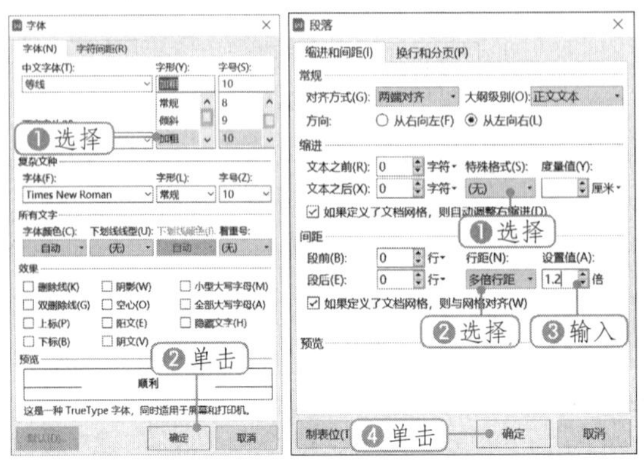

图 1-43　设置字体格式

第1部分

STEP 11 返回“新建样式”对话框，单击[确定]按钮。返回文档，选择正文内容的第 2 段、第 3 段和第 4 段，在“样式”列表框中选择新建的“条款”样式，如图 1-44 所示。

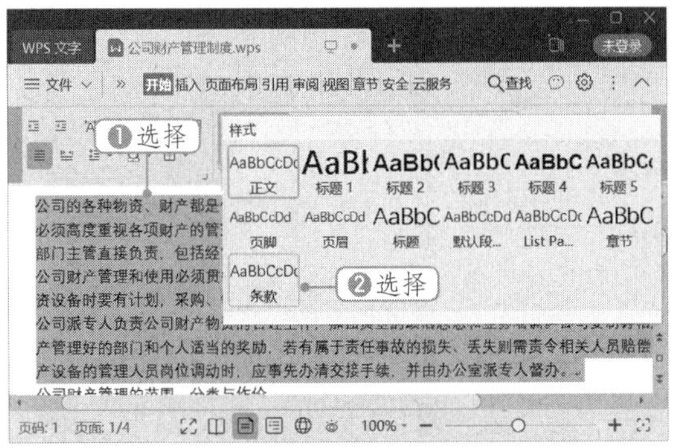

图 1-44 选择样式

STEP 12 所选样式将应用到所选段落中，使用相同的方法为文档中相应的段落应用新建的“章节”和“条款”样式，应用完成后文档的部分效果如图 1-45 所示。

公司财产管理制度

第一章 总则

第一条 公司的各种物资、财产都是保证业务顺利开展、工作顺利完成，以及全体员工学习、生活的必要物质条件，因此，必须高度重视各项财产的管理工作。公司由总经理亲自主管这项工作，办公室负责具体落实，各部门、各中心则由部门主管直接负责，包括经常培养员工爱护公司财产的理念，规范管理财产。

第二条 公司财产管理和使用必须贯彻“统一领导、分级管理、层层负责、合理调配、管用结合、物尽其用”的原则，购置物资设备时要有计划，采购、领用、报损手续要齐全，保证账册记录健全，账物相符。

第三条 公司派专人负责公司财产物资的管理工作，加强员工的政治思想和业务培训。公司要制订相应的考核办法，给与财产管理好的部门和个人适当的奖励，若有属于责任事故的损失、丢失则需责令相关人员赔偿，并给予处分。公司财产设备的管理人员岗位调动时，应事先办清交接手续，并由办公室派专人督办。

第二章 公司财产管理的范围、分类与作价

第四条 公司财产管理的范围和标准。

1. 固定资产是指单价 500 元以上、使用年限一年以上的办公、生活设备。
2. 低值易耗品是指单价不足 500 元、非大批同类物资的工具、设备、家具用具、电脑配件等。
3. 易耗用品是指维修、修缮材料、极小工具、办公用品等。

第五条 公司所属的各部门在使用公司物资时，都要到办公室登记入账；并按第四条规定的条件列入公司相应财产账册方便管理。

第六条 公司自制、购置的财产设备，都需到办公室入账，核实价格后，按第四条规定的条件列入公司相应财产账册进行管理。

第七条 固定资产按造价或购置价格入账。设备大修开支的费用不增加固定资产的原值。

图 1-45 文档排版效果

知识补充

为样式指定快捷键

为了提高应用样式的效率，可为样式指定快捷键，这样在应用样式时直接按快捷键即可。其方法是：在“新建样式”或“修改样式”对话框中单击[格式(O)]按钮，在打开的下拉列表中选择“快捷键”选项，打开“快捷键绑定”对话框，为样式指定快捷键后，单击[指定]按钮。

1.4 保存与保护文档

制作和编辑好的文档需要及时保存，以避免文档内容丢失。另外，对于比较重要的文档，还可以对其进行保护，以防止他人查看和修改文档。

1.4.1 保存文档

编辑好的文档，只有在保存后，才能更方便地查看和再次编辑文档。在 WPS 文字中，文档既可以保存到计算机中，也可以保存到 WPS 的云文档中，以便用户随时查看文档。其方法分别如下。

- **保存文档到计算机：** 对于新建的文档，单击快速访问工具栏中的“保存”按钮，或者单击[≡文件]按钮，在打开的下拉列表中选择“保存”或“另存为”选项，都将打开“另存为”对话框，其默认打开“计算机”选项卡，在地址栏中设置保存的位置，在“文件名”下拉列表框中输入文档保存的名称，在“保存类型”下拉列表框中选择文档保存的类型，设置完成后单击[保存(S)]按钮即可，如图 1-46 所示。
- **保存文档到云文档：** 登录到 WPS 账号，单击“云服务”选项卡中的“保存云文档”按钮，打开“另存为”对话框，其默认打开“WPS 云文档”选项卡，并显示云文档的保存位置，设置文件名和文件类型后，单击[保存(S)]按钮，如图 1-47 所示。保存后，用户在 WPS 云文档中就可看到该文档。

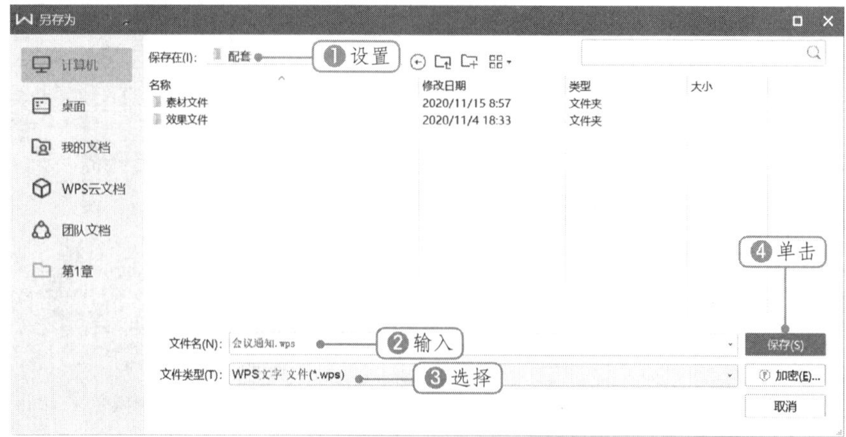

图 1-46　保存文档到计算机

图 1-47　保存文档到云文档

第1部分

知识补充

另存为文档

已经保存过的文档在再次编辑后，单击快速访问工具栏中的“保存”按钮，会直接以原名称和原位置保存。如果想将文档以其他名称保存到其他位置，则需要单击≡文件按钮，在打开的下拉列表中选择“另存为”选项，然后在打开的“另存为”对话框中设置保存位置和文件名，然后单击保存(S)按钮保存。

1.4.2　保护文档

在 WPS 文字中，可以通过设置密码和添加水印保护 WPS 文档。

1. 设置密码

对于非常重要的、不希望他人查看和修改内容的文档，可以为文档设置密码，使文档只能被知道密码的用户打开或编辑。其方法是：单击≡文件按钮，在打开的下拉列表中选择“文件信息”选项，在打开的子列表中选择“文件加密”选项，如图 1-48 所示。打开“选项”对话框后，在“打开权限”和“编辑权限”栏中分别输入打开和编辑文档的密码，完成后单击确定按钮，如图 1-49 所示。这样在用户再次打开文档时，就需要输入打开文档的密码了。

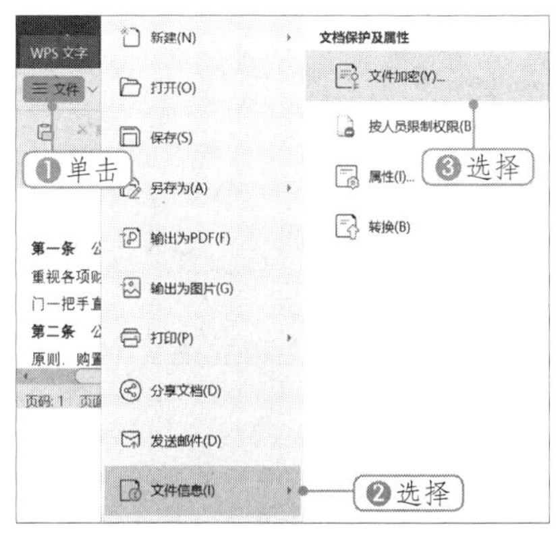

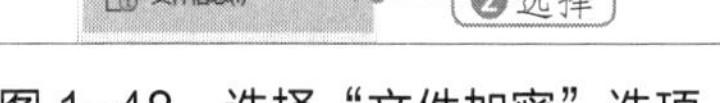

图 1-48　选择“文件加密”选项

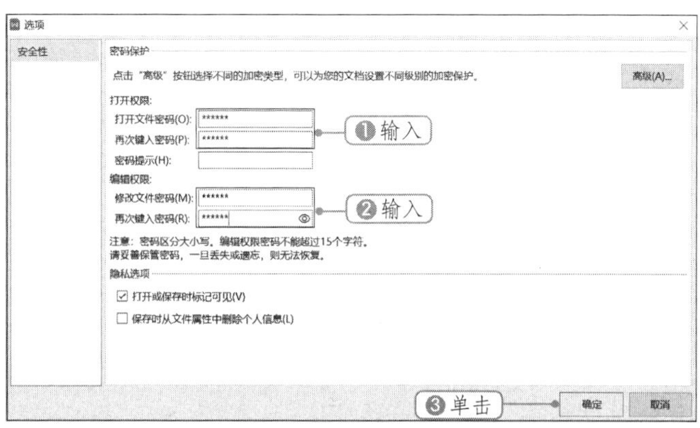

图 1-49　设置文档的打开和编辑权限

2. 添加水印

添加水印就是通过添加一些特殊的文本或 Logo 图片，来增加文档的可识别性。在 WPS 文字中内置了一些文本水印样式，用户可以直接使用，也可以根据需要自定义水印。下面将为“公司财产管理制度 1.wps”文档添加自定义的文字水印，具体操作如下。

素材所在位置　素材文件 \ 第 1 章 \ 公司财产管理制度 1.wps

效果所在位置　效果文件 \ 第 1 章 \ 公司财产管理制度 1.wps

微课视频

STEP 1　打开“公司财产管理制度 1.wps”文档，单击“页面布局”选项卡中的“背景”按钮，在打开的下拉列表中选择“水印”选项，在打开的子列表中显示了内置的水印样式，可直接使用这些水印样式。这里单击“点击添加”按钮，如图 1-50 所示。

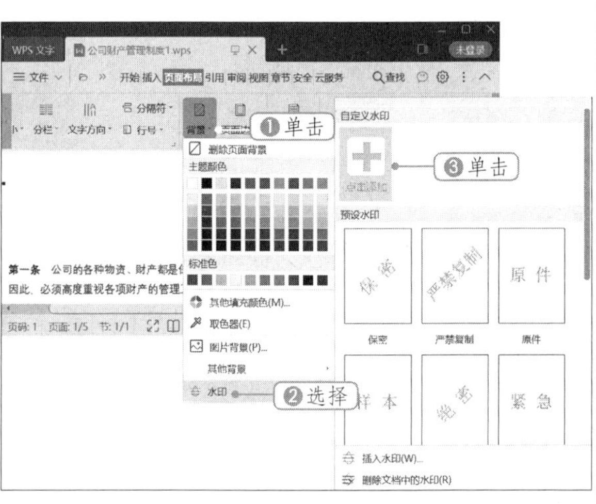

图 1-50　单击“点击添加”按钮

STEP 2　打开“水印”对话框后，单击选中“文字水印”复选框，在“内容”下拉列表框中输入“初稿”文本，在“字体”下拉列表框中选择“方正兰亭黑 _GBK”选项，在“字号”下拉列表框中选择“120”选项，在“版式”下拉列表框中选择“倾斜”选项，设置完成后单击 确定 按钮，如图 1-51 所示。

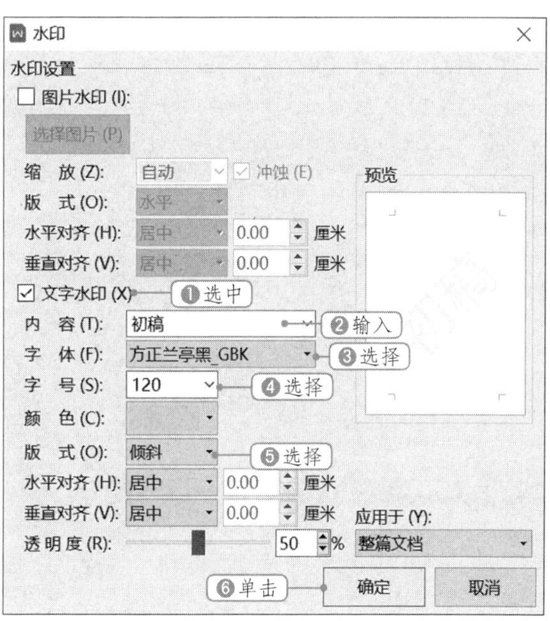

图 1-51　自定义文字水印

知识补充

设置页面背景

在编辑文档的过程中，除了可为文档中的文字、段落添加底纹外，还可为页面设置背景。其方法是：单击“页面布局”选项卡中的“背景”下拉按钮，在打开的下拉列表中选择需要的背景颜色即可。如果想设置其他填充背景，可选择“图片背景”选项，打开“填充效果”对话框，在其中可设置页面的渐变填充、图案填充、纹理填充和图片填充等效果。

STEP 3 返回文档中，在“背景”下拉列表中选择“水印”选项，在打开的子列表“自定义水印”栏中将显示自定义的水印选项，选择“初稿”选项，如图 1-52 所示。

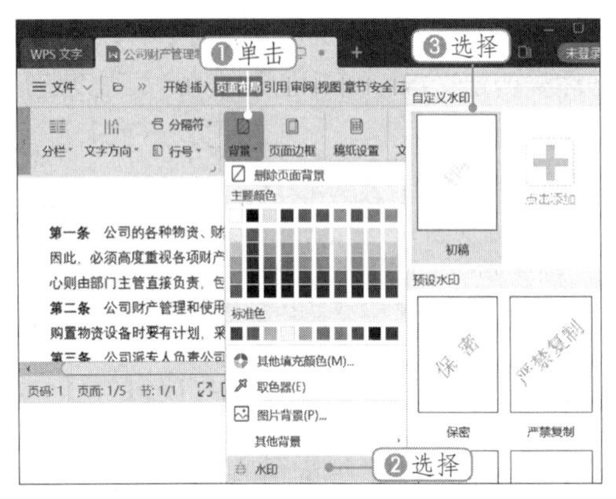

图 1-52 选择自定义水印

STEP 4 选择的水印将应用于文档中，效果如图 1-53 所示。

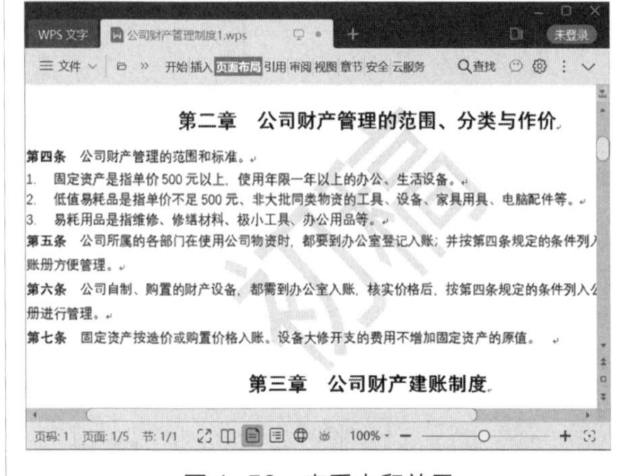

图 1-53 查看水印效果

知识补充

图片水印

在WPS文字中，除了可自定义文本水印，还可自定义图片水印。其方法是：打开“水印”对话框，单击选中“图片水印”复选框，单击选择图片(P)按钮，打开“选择图片”对话框，选择水印图片，然后返回“水印”对话框，并设置水印图片的缩放、版式、对齐等，设置完成后单击确定按钮。

1.5 输出和关闭文档

编辑好的文档，除了需要及时保存外，还需要将其输出为合适的格式，以便用户携带或传阅文档。另外，当用户不再需要编辑文档时，还可将其关闭，以提高计算机的运行速度。

1.5.1 将文档输出为 PDF 格式

PDF 文件不易被破解，可以在一定程度上防止他人修改、复制和抄袭，所以在传阅文档时，很多用户都会选择将文档输出为 PDF 格式。下面将“公司财产管理制度 1.wps”文档转换为 PDF 文件，具体操作如下。

素材所在位置 素材文件\第 1 章\公司财产管理制度 1.wps

效果所在位置 效果文件\第 1 章\公司财产管理制度 1.PDF

微课视频

STEP 1 打开“公司财产管理制度 1.wps”文档，单击快速访问工具栏中的“输出为 PDF”按钮，打开“输出 PDF 文件”对话框，在“保存到”文本框中输入 PDF 文件的保存位置，在“页范围”栏中设置文档输出范围，这里保持默认设置，如图 1-54 所示。

图 1-54 设置文档输出范围

STEP 2 单击“权限设置”选项卡，选中“权限设置(使以下权限设置生效)”复选框后，在“密码”和“确认”文本框中输入密码“111111”，取消“允许更改”和“允许复制”复选框，单击 确定 按钮，如图 1-55 所示。

图 1-55 设置权限

STEP 3 开始导出 PDF 文件，导出完成后会在对话框中显示信息“导出完成”，单击 打开文件(O) 按钮，如图 1-56 所示。

图 1-56 导出完成

STEP 4 使用 WPS 打开 PDF 文件，当用户要对 PDF 文件中的内容进行复制和修改时，会弹出一个提示对话框，只有在“输入口令”文本框中输入导出时设置的密码“111111”，并单击 确定 按钮，如图 1-57 所示，才能进行复制和更改操作。

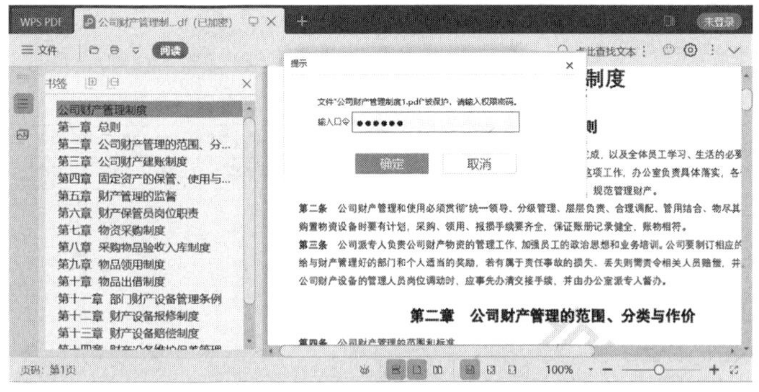

图 1-57 查看 PDF 文件

1.5.2 关闭文档

在 WPS 文字中，既可以单独关闭一个文档，也可以同时关闭多个文档。其方法分别如下。

- **关闭单个文档：** 在 WPS 文字工作界面的文件标签中显示了已打开的文档，在需要关闭的文档标签上单击✕按钮，即可关闭文档。

- **同时关闭多个文档：** 单击 WPS 文字工作界面按钮区中的“关闭”按钮×，可关闭当前打开的所有文档，并退出 WPS 文字软件。

知识补充

关闭时保存文档

在关闭文档时，如果没有保存文档，就会弹出一个提示对话框，提示用户是否保存文档的所有更改，若要保存则单击 是(Y) 按钮，若不保存则单击 否(N) 按钮。

1.6 课堂案例：制作“工作简报”文档

工作简报是各企事业单位常用的一种文体，用于反映某一部门、某一段时间内各方面工作的进展情况和存在的主要问题，起到相互交流、启发的作用。工作简报不同于正式的工作报告，其内容不需要面面俱到，只需要简明扼要地阐述工作或会议中出现的问题、解决措施及经验等。

1.6.1 案例目标

第1部分

本例将制作“工作简报”文档，需要综合运用本章所学知识，让文档显得更加规范，文档效果更加美观。本例制作后的参考效果如图 1-58 所示。

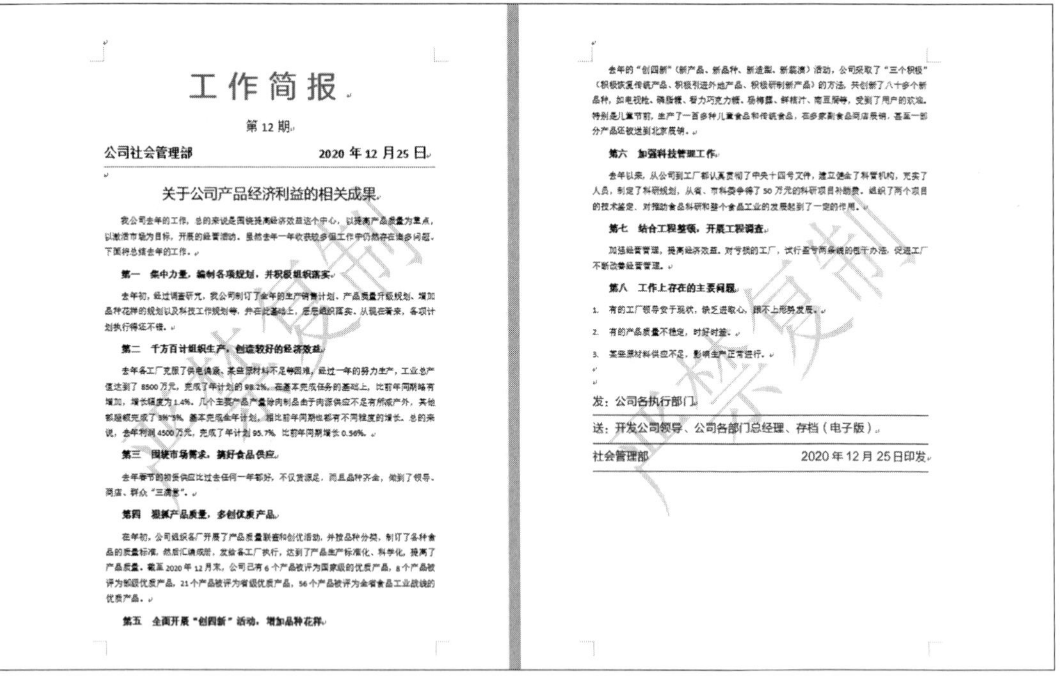

工 作 简 报

第 12 期

公司社会管理部　　2020 年 12 月 25 日

关于公司产品经济利益的相关成果

我公司去年的工作，总的来说是围绕提高经济效益这个中心，以提高产品质量为重点，以激活市场为目标，开展的经营活动。虽然去年一年收获较多但工作中仍然存在诸多问题。下面将总结去年的工作。

第一　集中力量，编制各项规划，并积极组织落实

去年初，经过调查研究，我公司制订了全年的生产销售计划、产品质量升级规划、增加品种花样的规划以及科技工作规划等，并在此基础上，层层组织落实。从现在看来，各项计划执行得还不错。

第二　千方百计组织生产，创造较好的经济效益

去年各工厂克服了供电偏紧、某些原材料不足等困难，经过一年的努力生产，工业总产值达到了 8500 万元，完成了年计划的 98.2%。在基本完成任务的基础上，比前年同期略有增加，增长幅度为 1.4%。几个主要产品产量除肉制品由于肉源供应不足有所减产外，其他都超额完成了 3%~5%，基本完成全年计划，相比前年同期也都有不同程度的增长。总的来说，去年利润 4500 万元，完成了年计划 95.7%，比前年同期增长 0.56%。

第三　围绕市场需求，搞好食品供应

去年春节的物资供应比过去任何一年都好，不仅货源足，而且品种齐全，做到了领导、商店、群众“三满意”。

第四　狠抓产品质量，多创优质产品

在年初，公司组织各厂开展了产品质量联查和创优活动，并按品种分类，制订了各种食品的质量标准，然后汇编成册，发给各工厂执行，达到了产品生产标准化、科学化，提高了产品质量。截至 2020 年 12 月末，公司已有 6 个产品被评为国家级的优质产品，8 个产品被评为部级优质产品，21 个产品被评为省级优质产品，56 个产品被评为全省食品工业战线的优质产品。

第五　全面开展“创四新”活动，增加品种花样

去年的“创四新”（新产品、新品种、新造型、新装潢）活动，公司采取了“三个积极”（积极恢复传统产品、积极引进外地产品、积极研制新产品）的方法，共创新了八十多个新品种，如电视糕、磷脂糖、智力巧克力糖、杨梅露、鲜桔汁、南豆腐等，受到了用户的欢迎。特别是儿童节前，生产了一百多种儿童食品和传统食品，在多家副食品商店展销，甚至一部分产品还被送到北京展销。

第六　加强科技管理工作

去年以来，从公司到工厂都认真贯彻了中央十四号文件，建立健全了科管机构，充实了人员，制定了科研规划，从省、市科委争得了 50 万元的科研项目补助费。组织了两个项目的技术鉴定，对推动食品科研和整个食品工业的发展起到了一定的作用。

第七　结合工程整顿，开展工程调查

加强经营管理，提高经济效益。对亏损的工厂，试行盈亏两条线的包干办法，促进工厂不断改善经营管理。

第八　工作上存在的主要问题

1. 有的工厂领导安于现状，缺乏进取心，跟不上形势发展。
2. 有的产品质量不稳定，时好时差。
3. 某些原材料供应不足，影响生产正常进行。

发：公司各执行部门

送：开发公司领导、公司各部门总经理、存档（电子版）

社会管理部　　2020 年 12 月 25 日印发

图 1-58　参考效果

素材所在位置　素材文件\第 1 章\工作简报.txt

效果所在位置　效果文件\第 1 章\工作简报.wps

微课视频

1.6.2 制作思路

“工作简报”的制作主要涉及文档的基本操作和文档的格式设置等知识。其具体制作思路如图 1-59 所示。

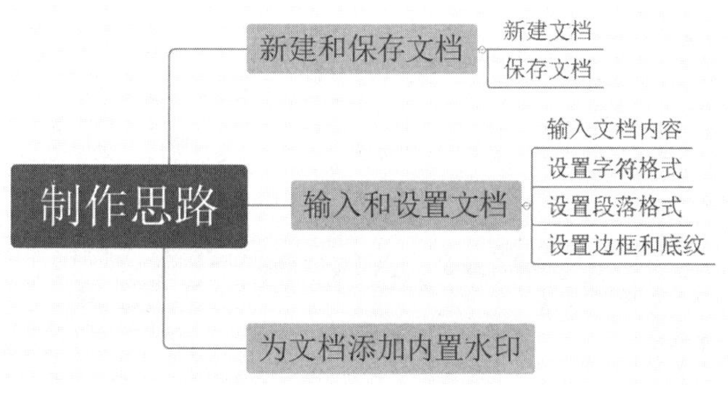

图 1-59 制作思路

1.6.3 操作步骤

1. 新建和保存文档

下面将新建一个空白文档，并保存该文档，其具体操作如下。

STEP 1 启动 WPS 文字，在 WPS 文字首页左侧单击“新建”选项，如图 1-60 所示。

图 1-60 新建文档

STEP 2 新建一个空白文档，按【Ctrl+S】组合键，打开“另存为”对话框，在左侧选择“第 1 章”选项，在“文件名”下拉列表框中输入“工作简报”文本，在“文件类型”下拉列表框中选择“WPS 文字文件 (*.wps)”选项，单击 加密(E)... 按钮，如图 1-61 所示。

STEP 3 打开“选项”对话框后，在“打开文件密码”和“再次键入密码”文本框中输入保护密码“000000”，单击 确定 按钮，如图 1-62 所示。

STEP 4 返回“另存为”对话框，单击 保存(S) 按钮保存文档。

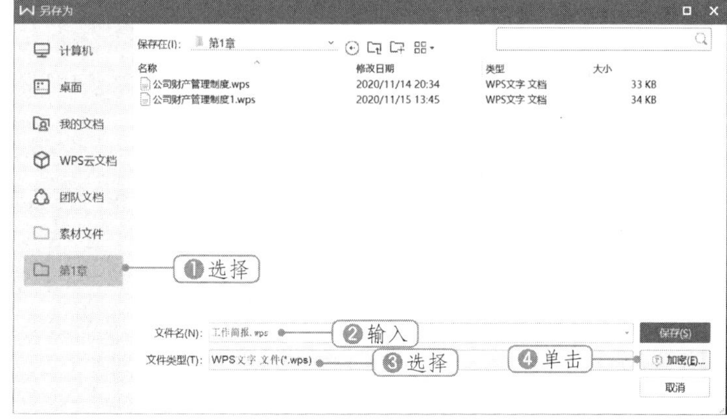

图 1-61 设置保存参数

图 1-62　设置文档保护密码

2. 输入和设置文档

下面将在文档中输入文本内容，并设置文档内容的字符格式、段落格式等，使文档更加规范，其具体操作如下。

STEP 1 在文档中输入"工作简报.txt"文件中的文本内容，选择"工作简报"标题文本，将字体设置为"方正兰亭黑简体"，字号设置为"小初"，单击"加粗"按钮B加粗文本，设置字体颜色为"红色"，单击"居中对齐"按钮，再单击字体对话框启动器按钮，如图 1-63 所示。

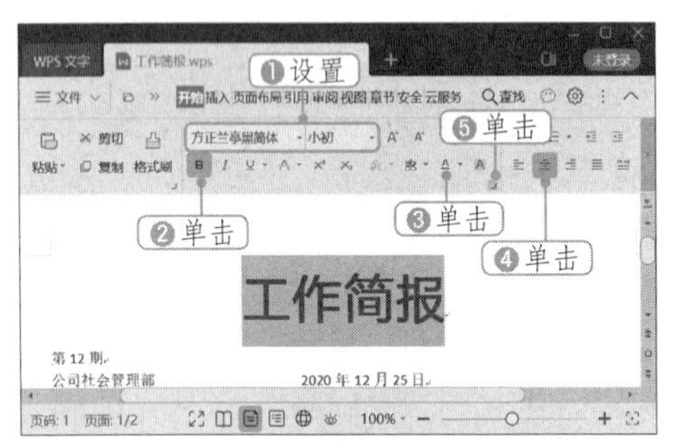

图 1-63　设置字符格式和对齐方式

STEP 2 打开"字体"对话框后，单击"字符间距"选项卡，在"间距"下拉列表框中选择"加宽"选项，在其后的"值"数值框中输入"0.24"，单击 确定 按钮，如图 1-64 所示。

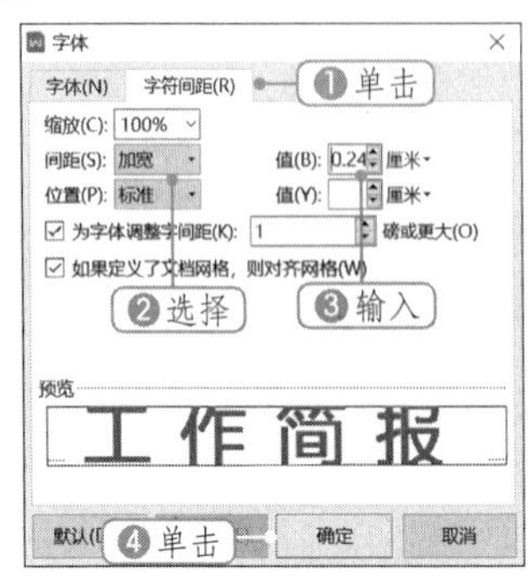

图 1-64　设置字符间距

STEP 3 使用 **STEP 1** 的方法设置文档中其他文本的字符格式和对齐方式，然后选择正文内容中除落款外的所有段落，单击段落对话框启动器按钮。

STEP 4 打开"段落"对话框后，在"特殊格式"下拉列表框中选择"首行缩进"选项，在"段前"数值框中输入"0.5"，在"行距"下拉列表框中选择"多倍行距"选项，在其后的"设置值"数值框中输入"1.2"，单击 确定 按钮，如图 1-65 所示。

图 1-65　设置段落格式

STEP 5 按住【Ctrl】键拖动鼠标选择文档中与"集中力量"同格式的段落，单击"编号"按钮右侧的下拉按钮，在打开的下拉列表中选择"自定义编号"选项，如图 1-66 所示。

STEP 6 打开"项目符号和编号"对话框后，在"编号"选项卡中选择第 1 种编号样式，单击 自定义(T)... 按钮，如图 1-67 所示。

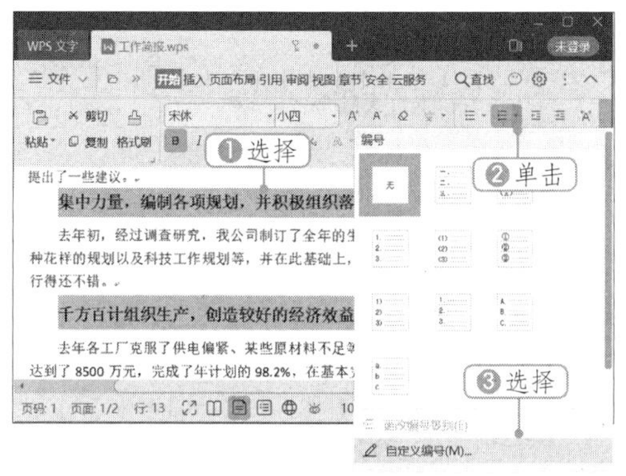

图 1-66　选择“自定义编号”选项

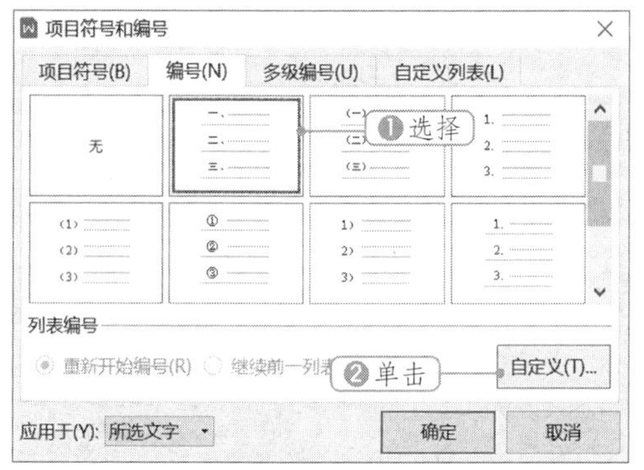

图 1-67　单击“自定义”按钮

STEP 7　打开“自定义编号列表”对话框后，在“编号格式”文本框中的编号前输入“第”文本，编号后输入两个空格，单击[确定]按钮，如图 1-68 所示。

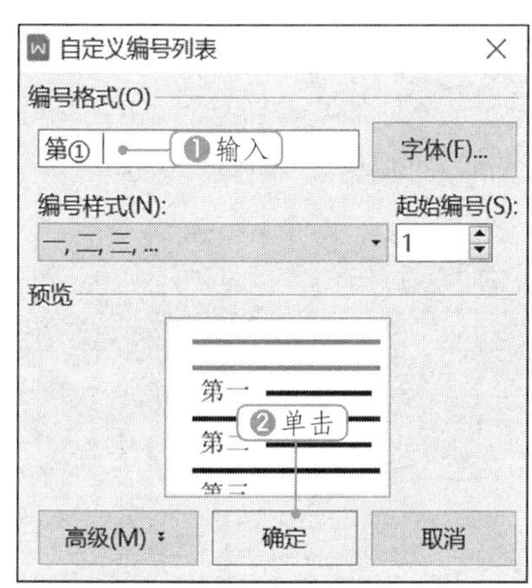

图 1-68　自定义编号

STEP 8　返回文档中，选择“第八”段落下的 3 段文本，单击“编号”按钮右侧的下拉按钮，在打开的下拉列表中选择第 3 种编号选项，如图 1-69 所示。

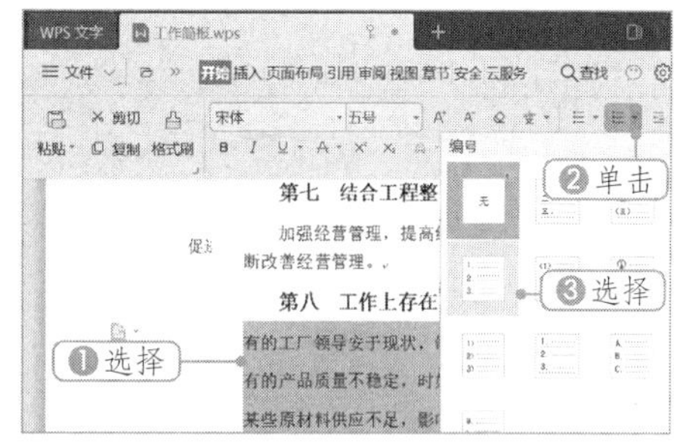

图 1-69　选择内置编号样式

STEP 9　选择“公司社会……”所在的段落，单击“边框”按钮右侧的下拉按钮，在打开的下拉列表中选择“边框和底纹”选项，如图 1-70 所示。

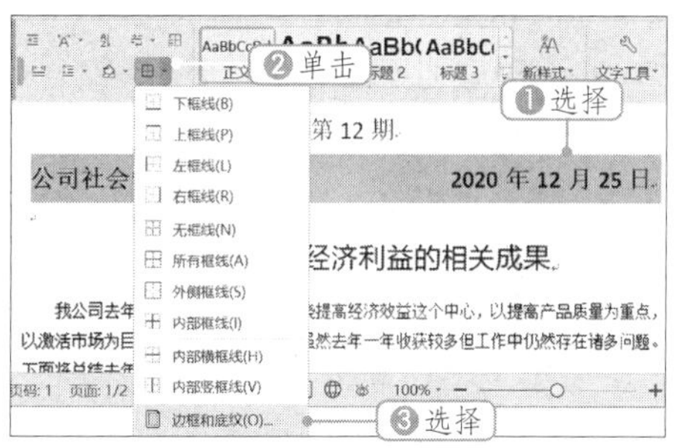

图 1-70　选择“边框和底纹”选项

STEP 10　打开“边框和底纹”对话框后，在“边框”选项卡的左侧选择“自定义”选项，在“颜色”下拉列表框中选择“红色”，在“宽度”下拉列表框中选择“1.5 磅”选项，单击按钮为段落添加下框线，单击[确定]按钮，如图 1-71 所示，为所选段落应用自定义的边框。

图 1-71　自定义边框 1

STEP 11　选择文档最后的 3 段文本，打开“边框和底纹”对话框，将自定义边框的“宽度”设置为“0.75 磅”，单击和按钮，单击[确定]按钮，如图 1-72 所示。

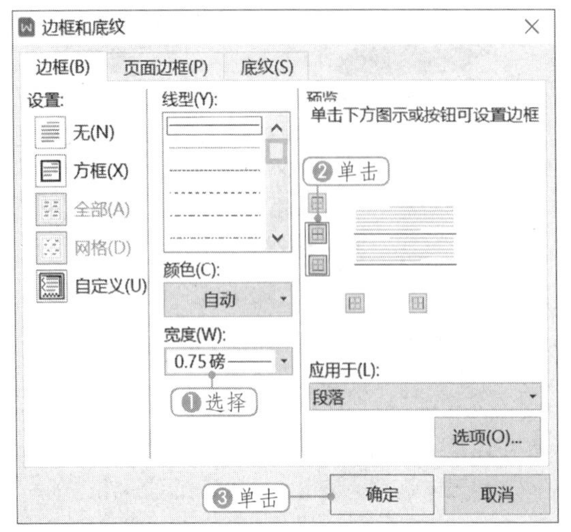

图 1-72　自定义边框 2

技巧秒杀

使用格式刷快速复制格式

在设置文档格式时，如果需要为文档中的其他文本应用已经设置好的格式，可使用格式刷复制格式，并将其应用到其他文本或段落中。其方法是：选择已经设置好格式的文本或段落，双击“开始”选项卡中的“格式刷”按钮，此时鼠标指针变成刷子形状，拖动鼠标选择需要应用格式的文本或段落，将复制的格式应用到选择的文本或段落中。如果是单击“格式刷”按钮，则只能应用一次复制的格式；如果是双击，则能多次应用复制的格式。

3. 为文档添加内置水印

下面将为文档添加内置的文本水印样式，其具体操作如下。

STEP 1 单击“页面布局”选项卡中的“背景”按钮，在打开的下拉列表中选择“水印”选项，在打开的子列表中选择“严禁复制”选项，如图 1-73 所示。

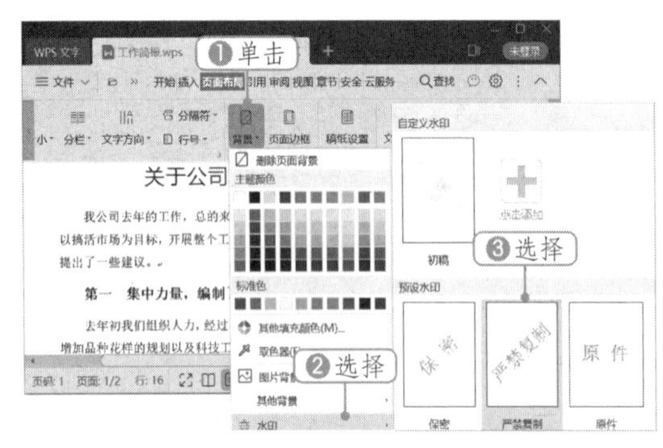

图 1-73　选择内置水印

STEP 2 将选择的水印应用到文档中，效果如图 1-74 所示。

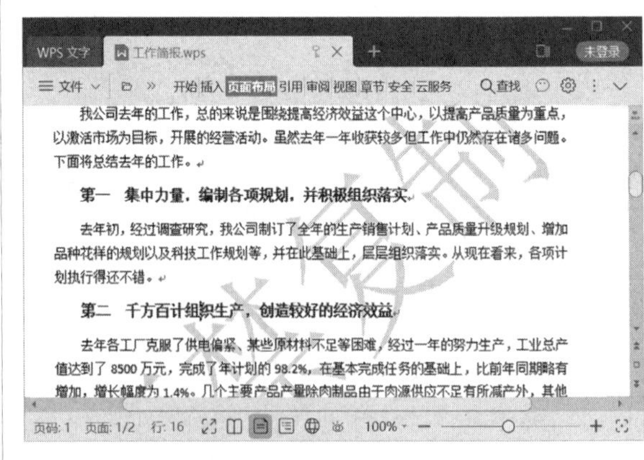

图 1-74　查看水印效果

第1部分

1.7 强化实训

本章详细介绍了文档的基本操作和文档内容的格式设置，为了帮助读者进一步掌握文档的制作方法，下面将制作“单位工作证明”文档和“聘任通知”文档。

1.7.1 制作“单位工作证明”文档

单位工作证明是单位开具的一种证明文件，如离职证明、工作收入证明等。虽然不同的单位工作证明包含的内容不一样，但大体格式和内容是相同的，主要包括开头、正文内容、落款和加盖公章 4 部分。

【制作效果与思路】

本例制作的“单位工作证明”文档的效果如图 1-75 所示，具体制作思路如下。

（1）新建文档，将其保存为“单位工作证明”，然后在文档中输入相关的文本内容。

（2）设置文档内容的字符格式（如字体、字号、加粗和下画线等）和段落格式（如对齐方式、首行缩进和行距等）。

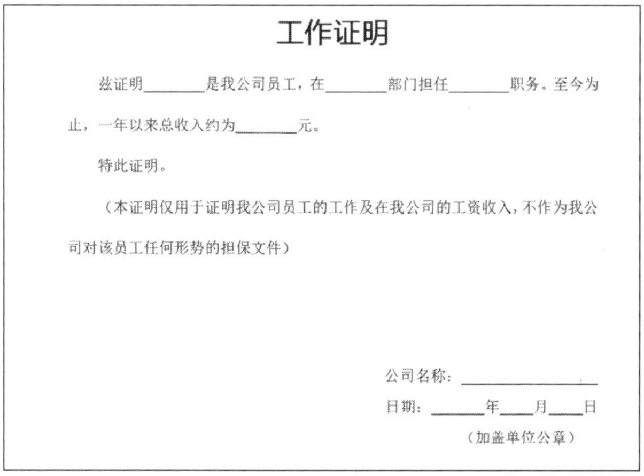

工作证明

兹证明______是我公司员工，在______部门担任______职务。至今为止，一年以来总收入约为______元。

特此证明。

（本证明仅用于证明我公司员工的工作及在我公司的工资收入，不作为我公司对该员工任何形势的担保文件）

公司名称：____________

日期：______年___月___日

（加盖单位公章）

图 1-75 “单位工作证明”文档

效果所在位置 效果文件 \ 第 1 章 \ 单位工作证明.wps

微课视频

1.7.2 制作“聘任通知”文档

通知是向特定对象下达指示、布置工作、传达有关事项、任免干部、决定具体问题等，让其知道或执行的公文。聘任通知属于任免干部公文中的一种。

【制作效果与思路】

本例制作的“聘任通知”文档的效果如图 1-76 所示，具体制作思路如下。

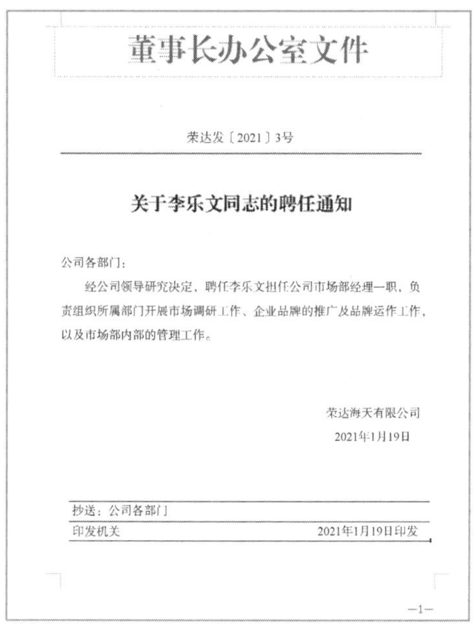

董事长办公室文件

荣达发〔2021〕3号

关于李乐文同志的聘任通知

公司各部门：

经公司领导研究决定，聘任李乐文担任公司市场部经理一职，负责组织所属部门开展市场调研工作、企业品牌的推广及品牌运作工作，以及市场部内部的管理工作。

荣达海天有限公司

2021年1月19日

抄送：公司各部门

印发机关 2021年1月19日印发

—1—

图 1-76 “聘任通知”文档

（1）根据“通知 - 干部任免”模板新建文档，并将其保存为“聘任通知”文档。

（2）更改并编辑文档中现有的内容。

效果所在位置 效果文件 \ 第 1 章 \ 聘任通知.wps

微课视频

1.8 知识拓展

下面介绍一些 WPS 文档创建的拓展知识，帮助读者更好地创建和制作需要的文档，使制作的文档更加符合需要。

1. 快速切换英文字母大小写

在制作学术研究报告、项目报告等文档时，有可能会涉及一些英文单词或字母，如果需要更改文档中的字母大小写，可利用 WPS 文字提供的更改大小写功能来快速更改。其方法是：选择文档中需要更改的字母或单词，单击“开始”选项卡中的“更改大小写”按钮，打开“更改大小写”对话框，单击选中相应的单选按钮，再单击确定按钮。

2. 智能排版

WPS 文字中提供了文字工具功能，通过该功能可以选择智能排版文档，如删除空行、首行缩进等，以提高文档编辑效率。其方法是：在文档中选择相应的段落，单击“开始”选项卡中的“文字工具”按钮，在打开的下拉列表中提供了多种文档编辑选项，选择需要的选项，即可智能排版所选的段落。

3. 一劳永逸的多级编号

在制作文档时，文档中经常会遇到含有多个层级的段落。为了能清晰体现出段落之间的层级关系，需要为其添加编号。在 WPS 文字中，可使用多级编号快速、直观地区分不同层级的段落关系。其方法是：选择需要添加多级编号的段落，在“编号”下拉列表中的“多级编号”栏中选择需要的多级编号样式。如果内置的多级编号样式不能满足用户需要，可打开“项目符号和编号”对话框，单击“多级编号”选项卡标签，在其中像自定义编号一样自定义多级编号。

1.9 课后练习：编辑“招聘简章”文档

本章主要介绍了在 WPS 文字中制作文档的方法，本练习将通过编辑“招聘简章.wps”文档，加强对部分知识的应用。文档编辑后的效果如图 1-77 所示。

素材所在位置 素材文件 \ 第 1 章 \ 招聘简章.wps

效果所在位置 效果文件 \ 第 1 章 \ 招聘简章.wps

微课视频

操作要求如下。

- 打开文档，在“任职资格：”和“工作职责：”段落前添加自定义的项目符号，并为其下的段落添加内置的编号。
- 设置文档标题的字体、字号、文字颜色、对齐方式和段落底纹效果，然后设置文档中其他部分的字体格式和段落底纹效果。

- 为除标题外的所有段落设置段前间距为“0.5”、行间距为“1.2”，再为正文第 1 段和第 2 段设置首行缩进两个字符。
- 为“销售总监　1 名”和“销售代表　8 名”这两个段落添加自定义的边框。

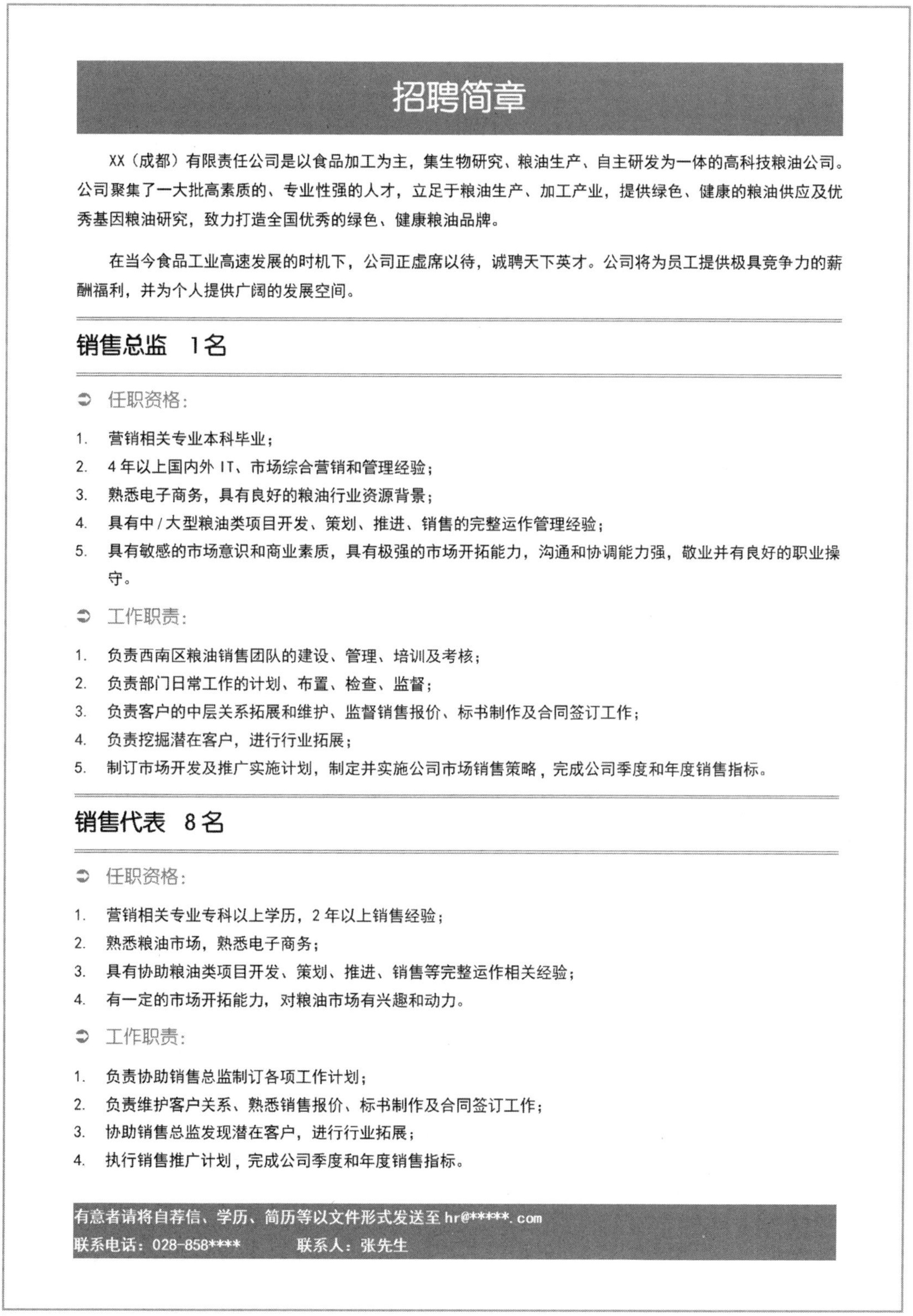

招聘简章

XX（成都）有限责任公司是以食品加工为主，集生物研究、粮油生产、自主研发为一体的高科技粮油公司。公司聚集了一大批高素质的、专业性强的人才，立足于粮油生产、加工产业，提供绿色、健康的粮油供应及优秀基因粮油研究，致力打造全国优秀的绿色、健康粮油品牌。

在当今食品工业高速发展的时机下，公司正虚席以待，诚聘天下英才。公司将为员工提供极具竞争力的薪酬福利，并为个人提供广阔的发展空间。

销售总监　1名

➲ 任职资格：

1. 营销相关专业本科毕业；
2. 4 年以上国内外 IT、市场综合营销和管理经验；
3. 熟悉电子商务，具有良好的粮油行业资源背景；
4. 具有中 / 大型粮油类项目开发、策划、推进、销售的完整运作管理经验；
5. 具有敏感的市场意识和商业素质，具有极强的市场开拓能力，沟通和协调能力强，敬业并有良好的职业操守。

➲ 工作职责：

1. 负责西南区粮油销售团队的建设、管理、培训及考核；
2. 负责部门日常工作的计划、布置、检查、监督；
3. 负责客户的中层关系拓展和维护、监督销售报价、标书制作及合同签订工作；
4. 负责挖掘潜在客户，进行行业拓展；
5. 制订市场开发及推广实施计划，制定并实施公司市场销售策略，完成公司季度和年度销售指标。

销售代表　8 名

➲ 任职资格：

1. 营销相关专业专科以上学历，2 年以上销售经验；
2. 熟悉粮油市场，熟悉电子商务；
3. 具有协助粮油类项目开发、策划、推进、销售等完整运作相关经验；
4. 有一定的市场开拓能力，对粮油市场有兴趣和动力。

➲ 工作职责：

1. 负责协助销售总监制订各项工作计划；
2. 负责维护客户关系、熟悉销售报价、标书制作及合同签订工作；
3. 协助销售总监发现潜在客户，进行行业拓展；
4. 执行销售推广计划，完成公司季度和年度销售指标。

有意者请将自荐信、学历、简历等以文件形式发送至 hr@*****.com
联系电话：028-858****　　　联系人：张先生

图 1-77　“招聘简章”文档的最终效果

第1部分

第 2 章

WPS 文档的编排

/ 本章导读

在制作长文档时，不仅需要排版好文档的内容，还需要为长文档添加很多附加内容，如封面、目录、页眉和页脚等，使长文档的结构更加完整，整体效果更加规范。本章将主要介绍文档的一些编排操作，包括整体设计文档、调整页面布局、修饰页眉和页脚、制作封面和目录等。

/ 技能目标

掌握应用主题和调整页面布局的方法。

掌握修饰页眉和页脚、制作封面和目录的方法。

/ 案例展示

2.1 整体设计文档

在设计文档的整体效果时，用户不仅能通过应用主题快速改变文档中文字的颜色、字体和效果，还能根据实际需要更改主题方案的颜色、字体和效果。

2.1.1 应用主题

在 WPS 文字中提供了多种主题，应用这些主题可以快速更改文档内容的外观效果。其方法是：在文档中单击“页面布局”选项卡中的“主题”按钮，在打开的下拉列表中选择需要的主题，如图 2-1 所示。所选主题效果将应用在文档中，如图 2-2 所示。

图 2-1　选择主题

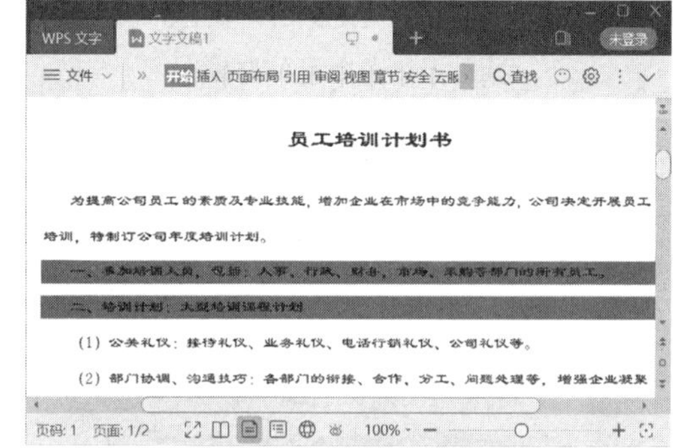

图 2-2　查看文档效果

知识补充

应用主题

主题方案只能应用于当前新制作的未保存文档。如果是已保存在计算机中的文档，那么与主题相关的按钮区都将呈灰色显示。

2.1.2 更改颜色方案与字体方案

如果对主题中的颜色和字体效果不满意，还可根据需要更改主题中的颜色方案和字体方案，其方法分别如下。

- **更改颜色方案：**单击“页面布局”选项卡中的“颜色”按钮，在打开的下拉列表中选择需要的颜色方案，如图 2-3 所示。选择的颜色方案应用于文档中的效果如图 2-4 所示。

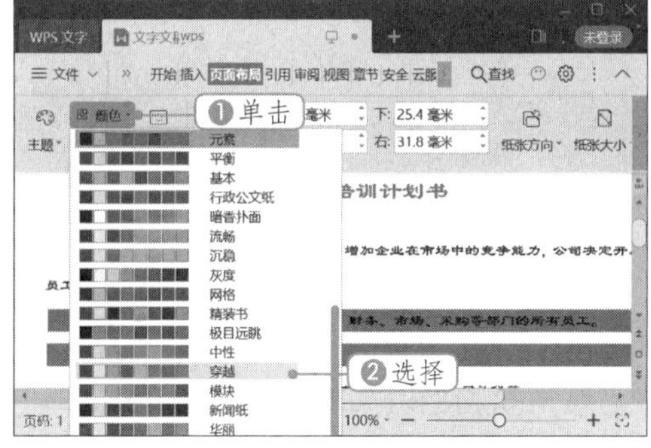

图 2-3　选择颜色方案

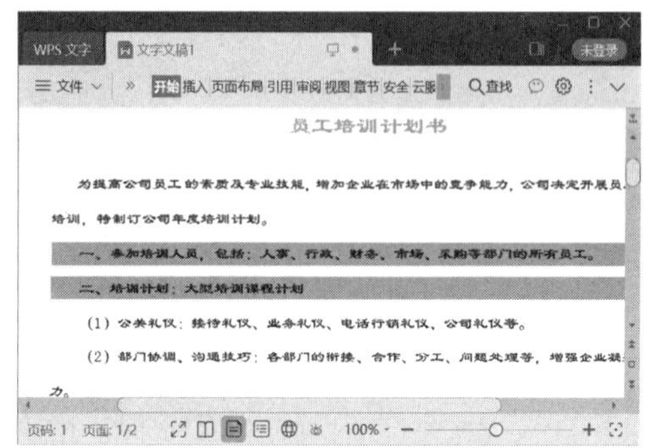

图 2-4　查看颜色效果

- **更改字体方案：**单击“页面布局”选项卡中的“字体”按钮Ⓣ，在打开的下拉列表中选择需要的字体方案，如图 2-5 所示。选择的字体方案应用于文档中的效果如图 2-6 所示。

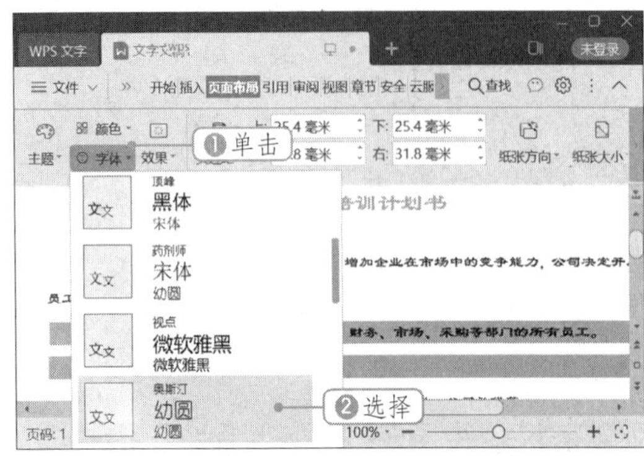

图 2-5　选择字体方案

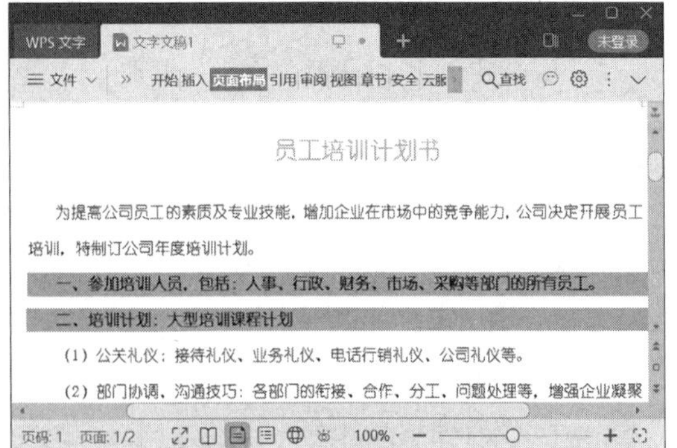

图 2-6　查看字体效果

2.2 调整页面布局

不同的办公文档对页面的布局（如页面大小、方向、页边距、分栏效果等）都有不同的要求，所以用户在制作文档时，需要根据要求调整页面的布局。

2.2.1 改变纸张大小和方向

当默认的纸张大小（A4，21 厘米×29.7 厘米）和纸张方向（纵向）不能满足使用需求时，可适当改变纸张大小和方向。方法分别如下。

- **更改纸张大小：**单击“页面布局”选项卡中的“纸张大小”按钮，在打开的下拉列表中选择需要的纸张大小选项即可。如果提供的纸张大小不符合需要，还可在下拉列表中选择“其他页面大小”选项，如图 2-7 所示，打开“页面设置”对话框，在“纸张”选项卡的“纸张大小”下拉列表框中选择“自定义大小”选项，在“宽度”数值框中输入纸张的宽度值，在“高度”数值框中输入纸张的高度值，单击 确定 按钮，如图 2-8 所示。

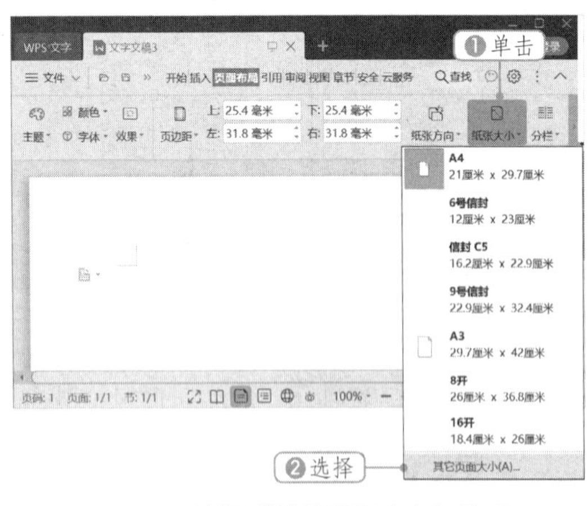

图 2-7　选择“其他页面大小”选项

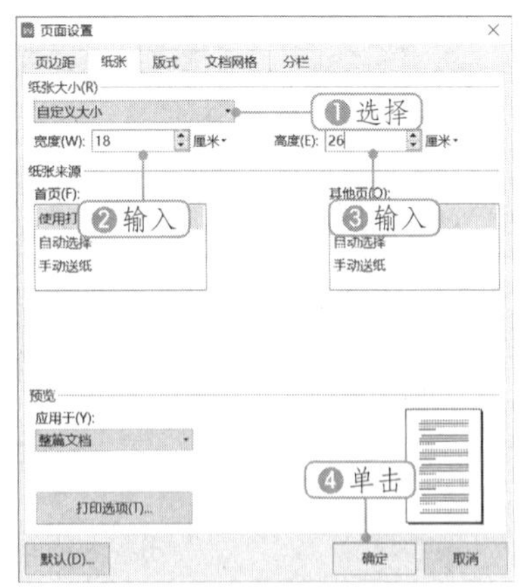

图 2-8　自定义纸张大小

- **更改纸张方向：**单击“页面布局”选项卡中的“纸张方向”按钮，在打开的下拉列表中选择“横向”选项，纸张将横向显示。

2.2.2 调整页边距

页边距是指页面上、下、左、右的边线到文字的距离。当 WPS 文字默认的页边距不能满足当前文档时，可以根据需要调整文档的页边距。其方法是：单击“页面布局”选项卡中的“页边距”按钮，在打开的下拉列表中提供了“普通”“窄”“适中”“宽”4 种选项，如图 2-9 所示，用户从中选择需要的选项即可。如果提供的选项不能满足用户的需要，可在“页边距”按钮右侧的“上”“下”“左”“右”数值框中直接输入需要的页边距大小。

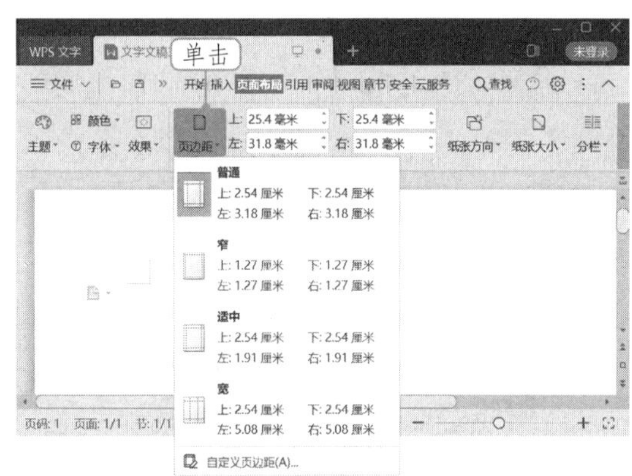

图 2-9　页边距选项

2.2.3 插入分隔符

分隔符主要用于分隔文档页面，以方便用户为不同的页面设置不同的版式或格式。在 WPS 文字中，分隔符包括分页符、分栏符、换行符、下一页分节符、连续分节符、偶数页分节符、奇数页分节符等。各分隔符分别介绍如下。

- **分页符：** 当需要在某个特定位置强制分页时，就可插入分页符。其方法是：将文本插入点定位到需要分页的位置，单击“页面布局”选项卡中的“分隔符”按钮，在打开的下拉列表中选择“分页符”选项，如图 2-10 所示。在文本插入点处插入手动分页符后，文本插入点后面的文本将自动排到下一页，如图 2-11 所示。

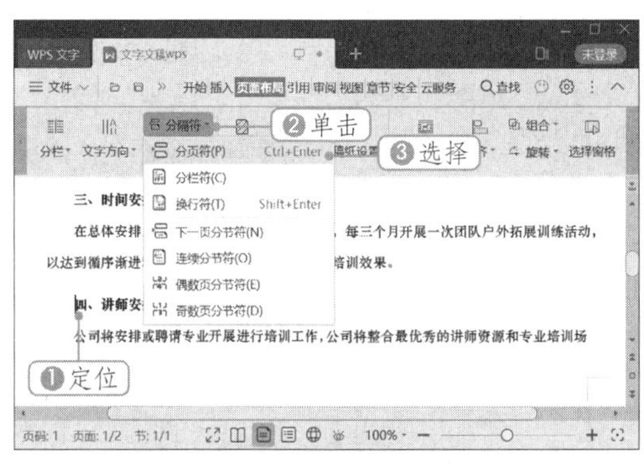

图 2-10　选择分隔符

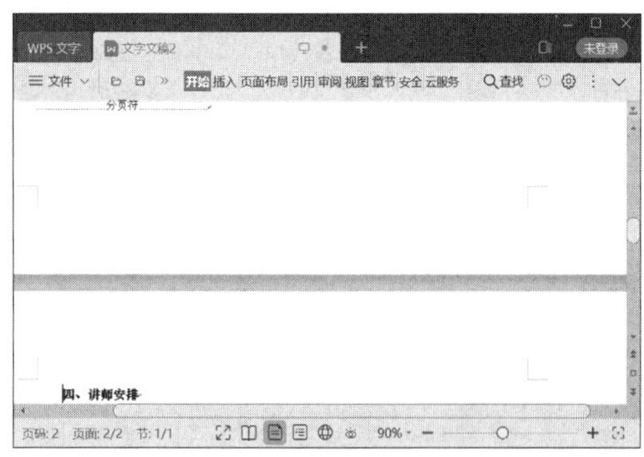

图 2-11　查看分页效果

- **分栏符：** 对文档内容设置分栏后，WPS 文字会自动根据文档内容的多少在适当的位置分栏，如果要在某特定的段落前或后分栏，需要插入分栏符强制分栏。其方法是：将文本插入点定位到分栏处，单击“页面布局”选项卡中的“分隔符”按钮，在打开的下拉列表中选择“分栏符”选项，插入手动分栏符分栏。

- **换行符：** 可以对文档内容进行强制换行。其方法是：将文本插入点定位到换行处，单击“页面布局”选项卡中的“分隔符”按钮，在打开的下拉列表中选择“换行符”选项强制换行。
- **下一页分节符：** 将文档内容分节，但新节从下一页开始。其方法是：定位文本插入点，单击“页面布局”选项卡中的“分隔符”按钮，在打开的下拉列表中选择“下一页分节符”选项，则文本插入点所在位置后的全部内容将移动到下一页面。
- **连续分节符：** 将文档内容分节，但新节从当前页开始。其方法是：定位文本插入点，单击“页面布局”选项卡中的“分隔符”按钮，在打开的下拉列表中选择“连续分节符”选项。
- **偶数页分节符：** 将文档内容分节，但在新的偶数页里开始下一节。其方法是：将文本插入点定位到分节处，单击“页面布局”选项卡中的“分隔符”按钮，在打开的下拉列表中选择“偶数页分节符”选项。
- **奇数页分节符：** 将文档内容分节，但在新的奇数页里开始下一节。其方法是：将文本插入点定位到分节处，单击“页面布局”选项卡中的“分隔符”按钮，在打开的下拉列表中选择“奇数页分节符”选项。

知识补充

分节符

下一页分节符、连续分节符、偶数页分节符、奇数页分节符都属于分节符，插入分节符后，即可为不同的节设置不同的页面格式、段落格式、字符格式、页眉和页脚等。

2.2.4 对文本进行分栏

在制作排版比较灵活的办公文档时，用户经常需要将版面分成多栏，以提高文档的阅读性和生动性。下面将“刊首寄语.wps”文档中的正文内容设置为两栏排版，具体操作如下。

素材所在位置 素材文件\第2章\刊首寄语.wps

效果所在位置 效果文件\第2章\刊首寄语.wps

微课视频

STEP 1 打开“刊首寄语.wps”文档，选择除标题和落款外的所有段落，单击“页面布局”选项卡中的“分栏”按钮，在打开的下拉列表中选择“更多分栏”选项，如图2-12所示。

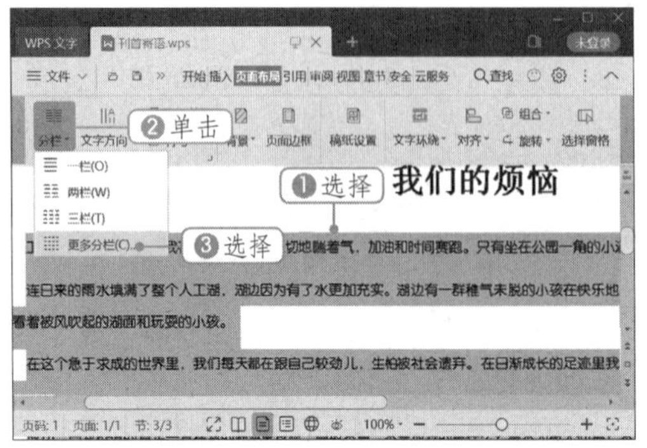

图2-12 选择“更多分栏”选项

STEP 2 打开“分栏”对话框，在“预设”栏中选择“两栏”选项，在“间距”数值框中输入“8”，其他保持默认设置，单击 确定 按钮，如图2-13所示。

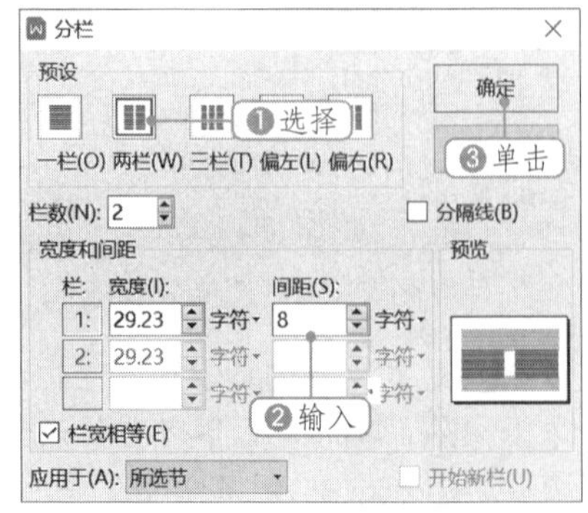

图2-13 设置分栏参数

STEP 3 所选段落将按照设置的两栏分栏排列，效果如图 2-14 所示。

我们的烦恼

工作上的繁忙，总是让我在成长的足迹里急切地喘着气，加油和时间赛跑。只有坐在公园一角的小湖边上，才能感到一些惬意。

连日来的雨水填满了整个人工湖，湖边因为有了水更加充实。湖边有一群稚气未脱的小孩在快乐地嬉戏，也有很多中年人安静地坐在长椅上，出神地看着被风吹起的湖面和玩耍的小孩。

在这个急于求成的世界里，我们每天都在跟自己较劲儿，生怕被社会遗弃。在日渐成长的足迹里我学会了努力奋进。但就像是清晨醒来执着地和太阳奔跑，不论如何，太阳都永远高高在上，后来跑累了才发现，我们想要的只是阳光的沐浴，而非达到太阳的速度和高度。

成功、自我价值的肯定一直在我的脑海里盘旋，日夜不息。不曾放弃的是什么？是不为被人仰慕；不为被生活追捧；不为被名利淹没自我；不为被低俗降低人格，只为真正拥抱生命的信念。

不能成功可能有很多的影响因素，但这并不能阻碍一个人的成长。成功的味道不是辛辣、不是炽烈，而是在成长中不断地完善自我、提升自己，正确地处理遇到的问题。当真正成长后还会不成功吗？一切看似静的事物并非就是沉寂。它有股力量在涌动，在奋起、强大……

编辑部

图 2-14　两栏排版效果

知识补充

添加分栏的分隔线

如果要在栏与栏之间添加分隔线，可以在“分栏”对话框中单击选中“分隔线”复选框。

2.3 修饰页眉和页脚

页眉和页脚主要用于显示文档的一些附加信息，如公司名称、文档标题、公司 Logo、日期和页码等，以使文档更加规范。对于长文档来说，页眉和页脚是必不可少的。

2.3.1 添加页眉和页脚

为文档添加页眉和页脚的方法很简单，只需在页眉和页脚编辑状态下输入需要的文本或插入需要的对象，再对其进行相应的编辑即可。下面将在“考勤管理制度.wps”文档中插入需要的页眉和页脚，具体操作如下。

素材所在位置 素材文件 \ 第 2 章 \ 考勤管理制度.wps

效果所在位置 效果文件 \ 第 2 章 \ 考勤管理制度.wps

微课视频

STEP 1 打开“考勤管理制度.wps”文档，单击“插入”选项卡中的“页眉和页脚”按钮，如图 2-15 所示。

STEP 2 进入页眉和页脚编辑状态，将文本插入点定位到页眉左侧，输入公司名称“申帆国际商贸有限公司”，在“开始”选项卡中将文本的字体设置为“方正兰亭黑简体”，字号设置为“四

知识补充

在页眉和页脚中插入及编辑对象

在页眉和页脚中插入及编辑对象的方法与在文档页面中插入及编辑对象的方法是完全一样的。

号”，对齐方式设置为“居中对齐”，然后在文本左、右两边各插入一个符号，如图 2-16 所示。

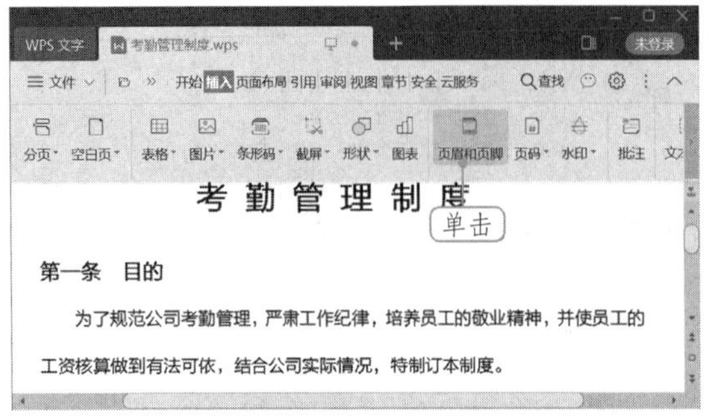

图 2-15　单击“页眉和页脚”按钮

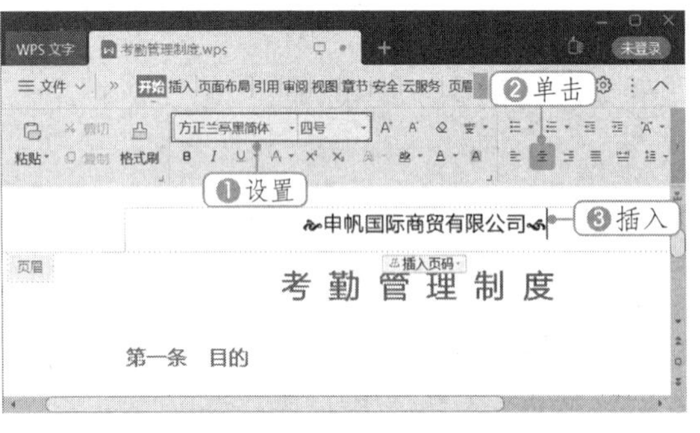

图 2-16　设置页眉内容

STEP 3　单击“页眉和页脚”选项卡中的“页眉页脚切换”按钮，将文本插入点定位到页脚的左侧，输入文本“制度实施日期为 2021 年 1 月 1 日至 2021 年 12 月 31 日”，并设置字体为“方正兰亭黑简体”、字号为“五号”，设置完后单击“页眉和页脚”选项卡中的“关闭”按钮，如图 2-17 所示。

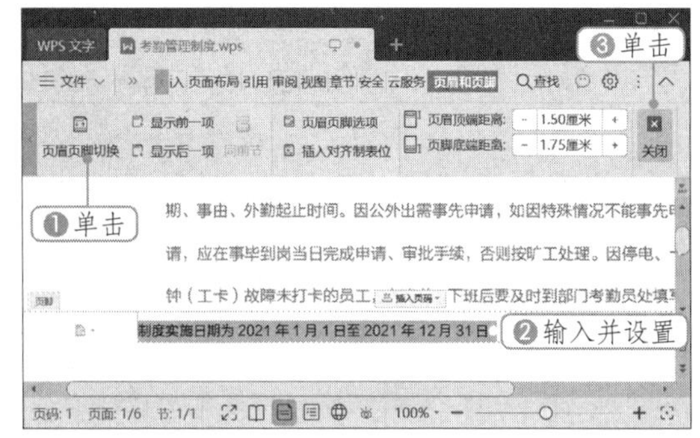

图 2-17　设置页脚内容

STEP 4　退出页眉和页脚的编辑状态，返回文档编辑区，可看到文档的所有页面中都添加了相同的页眉和页脚，如图 2-18 所示。

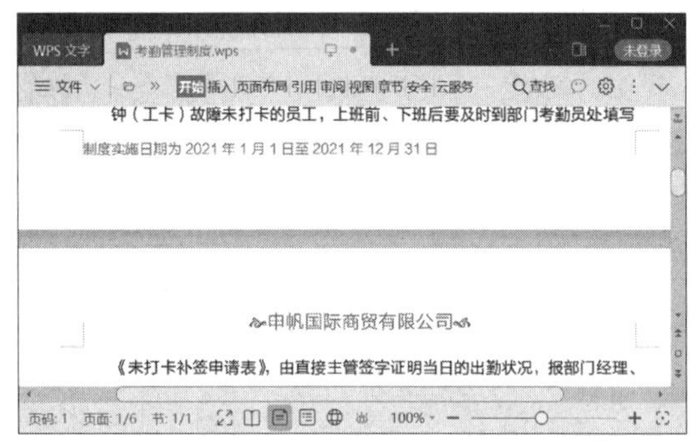

图 2-18　查看页眉和页脚效果

知识补充

设置页眉和页脚到页面顶端和底端的距离

在WPS文字中，页眉与页面顶端的距离、页脚与页面底端的距离是可以根据需要进行调整的。方法是：进入页眉和页脚编辑状态，在“页眉和页脚”选项卡的“页面顶端距离”数值框中输入页眉到页面顶端的距离；在“页面底端距离”数值框中输入页脚到页面底端的距离。

2.3.2　设置页眉和页脚选项

一般文档的封面都不需要添加页眉和页脚，如果要对含封面的文档添加页眉和页脚，或对文档奇数页和偶数页添加不同的页眉和页脚时，都需要设置页眉和页脚选项。其方法是：双击文档页眉或页脚处，进入页眉和页脚编辑状态，在“页眉和页脚”选项卡中单击“页眉页脚选项”按钮，打开“页眉/页脚设置”对话框，如图 2-19 所示。在“页面不同设置”栏中选中相应的复选框，并根据需要设置页眉横线和页码位置，完成后单击确定按钮。返回文档中，在不同的页面添加需要的页眉和页脚。

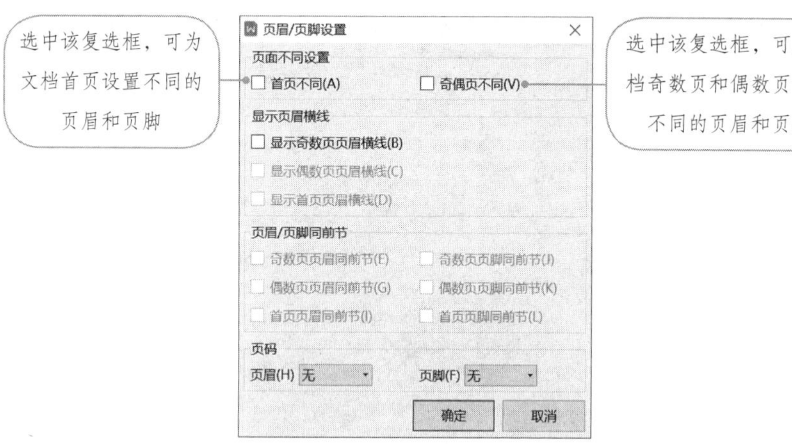

图 2-19　设置页眉 / 页脚选项

2.3.3 设置页眉的线条

若添加的页眉内容是文字内容，那么页眉内容与正文内容会容易混淆。为了便于区分页眉内容和正文内容，可以为页眉添加相应的线条。为页眉添加线条的方法是：在页眉和页脚编辑状态下单击“页眉和页脚”选项卡中的“页眉横线”按钮，在打开的下拉列表中选择需要的横线，如图 2-20 所示，就可为页眉添加选择的横线，效果如图 2-21 所示。

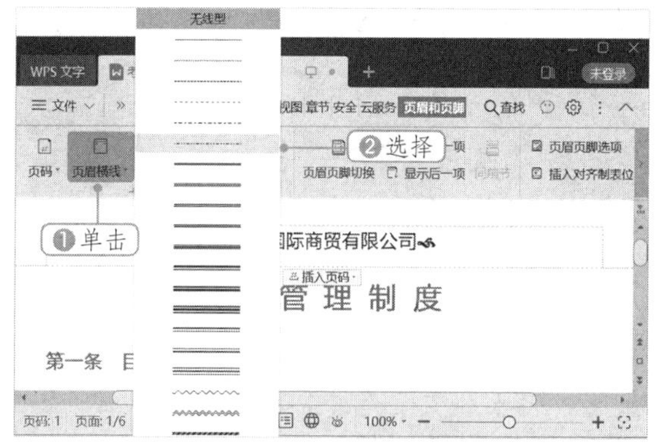

图 2-20　选择页眉横线

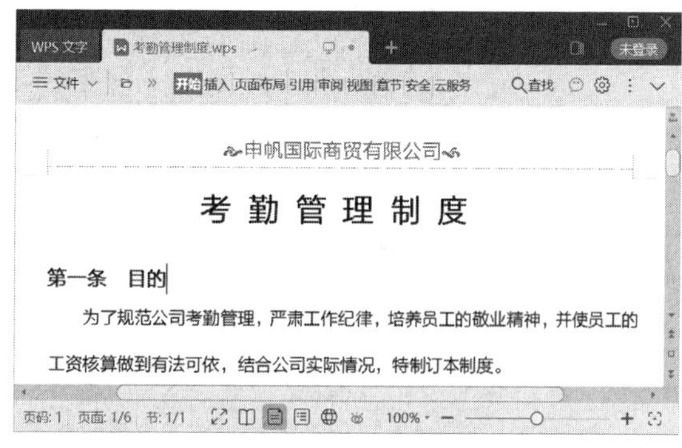

图 2-21　查看添加的页眉横线效果

知识补充

设置页眉横线的颜色

默认的页眉横线是黑色的，用户可根据实际情况更改页眉横线的颜色。其方法是：为页眉添加横线后，在“页眉横线”下拉列表中选择“页眉横线颜色”选项，然后在打开的子列表中选择需要的颜色即可。

2.3.4 插入页码

当文档页数较多时，一般都需要插入页码，以便区分每一页。在 WPS 文字中插入页码的方法是：在页眉和页脚编辑状态下单击“页眉和页脚”选项卡中的“页码”按钮，在打开的下拉列表中选择页码可插入的位置，如单击“页脚”栏中的“页脚右侧”选项（见图 2-22），即可在页脚右侧添加页码，如图 2-23 所示。

图 2-22　选择页码可插入的位置

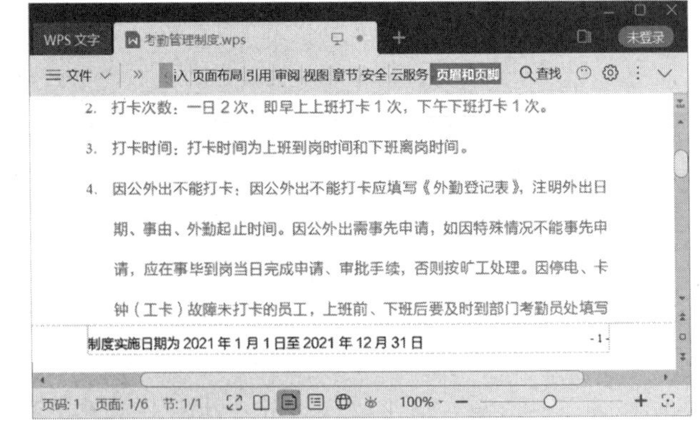

图 2-23　查看添加的页码效果

知识补充

设置页码格式

默认情况下，在文档中插入的页码是从首页以罗马数字插入的。用户可根据需要设置页码的格式。其方法是：在页眉和页脚编辑状态下，单击“页眉和页脚”选项卡中的“页码”按钮，在打开的下拉列表中选择“页码”选项，打开“页码”对话框，在其中可设置页码的样式、位置、页码编号、应用范围等。

第1部分

2.4 制作封面和目录

对于员工手册、论文、报告等长文档来说，封面和目录是必不可少的。封面不但可以使文档显得更加规范，而且可以引导阅读；目录则可以快速定位到文档中相应的位置，方便用户阅读和查看。

2.4.1 制作封面页

WPS 文字中内置了多种封面样式，可快速插入文档中。其方法是：单击“章节”选项卡中的“封面页”按钮，在打开的下拉列表中提供了商务、简历、论文、横向等多种类型的封面样式，选择需要的封面样式，如图 2-24 所示。所选封面样式将插入到文档最前面，然后按实际需求更改封面样式中的文字内容、图形效果等即可，如图 2-25 所示。

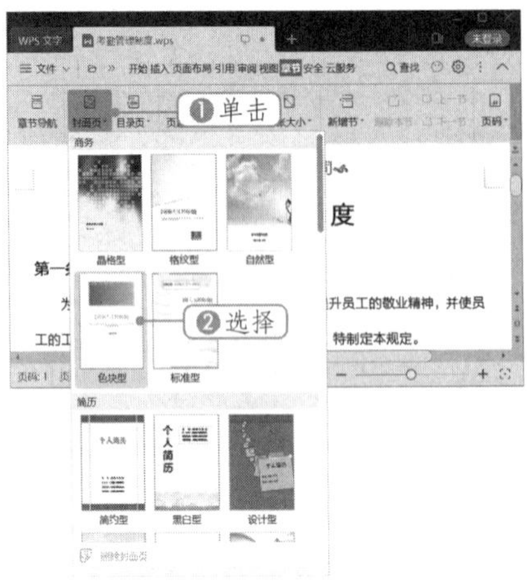

图 2-24　选择封面样式

图 2-25　查看封面效果

2.4.2 制作目录页

通过目录可以简略了解文档中包含的内容和文档的整体结构。在 WPS 文字中，既可以通过 WPS 文字提供的目录样式自动生成目录，也可以按自定义的方式提取目录。另外，当文档中提取为目录的标题内容和页码发生改变时，还可以更新目录。

1. 自动生成目录

WPS 文字中提供了多种目录样式，它可根据选择的目录样式自动生成对应的目录。其方法是：将文本插入点定位到文档中需要插入目录的位置，单击“章节”选项卡中的“目录页”按钮，在打开的下拉列表中选择需要的目录样式，如图 2-26 所示；此时，可以看到根据选择的样式在文本插入点处插入自动生成的目录，同时打开“目录”导航窗格，且插入的目录将单独占据一页，如图 2-27 所示。

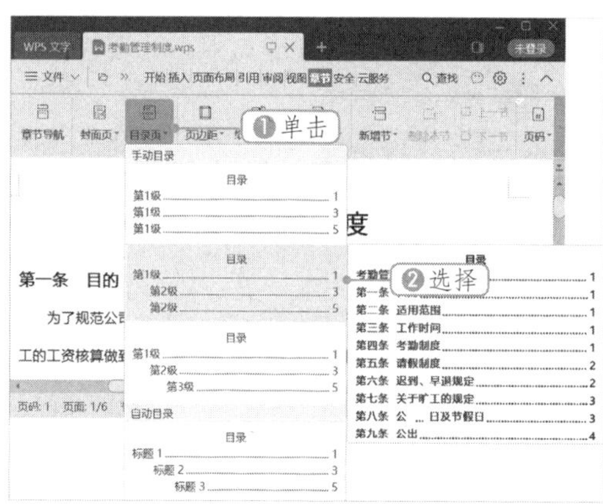

图 2-26 选择目录样式

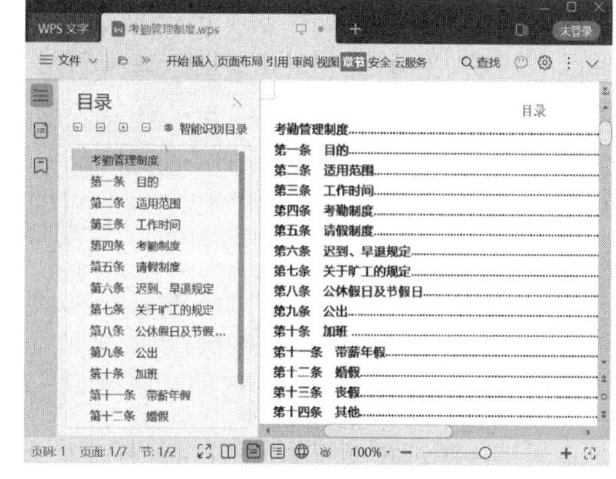

图 2-27 查看目录效果

知识补充

自动目录样式

在“目录页”下拉列表中提供了“自动目录”样式，使用该种样式自动生成目录时，必须要确保需要提取为目录的标题已应用了样式或设置了段落级别，否则将不能通过该种样式自动生成目录。

2. 自定义目录

如果自动生成的目录不能满足用户需要，则用户可以自定义目录。下面将为“公司财产管理制度.wps”文档添加自定义目录，具体操作如下。

素材所在位置 素材文件\第 2 章\公司财产管理制度.wps

效果所在位置 效果文件\第 2 章\公司财产管理制度.wps

微课视频

STEP 1 打开“公司财产管理制度.wps”文档，将文本插入点定位到“公司财产管理制度”标题文本前，单击“章节”选项卡中的“目录页”按钮，在打开的下拉列表中选择“自定义目录”选项，如图 2-28 所示。

STEP 2 打开“目录”对话框后，在“显示级别”数值框中输入“1”，其他保持默认设置，单击 选项(O)... 按钮，打开“目录选项”对话框，删除“标题 1”样式对应的“目录级别”文本框中的“1”，在“章节”样式对应的“目录级别”文本框中输入“1”，单击 确定 按钮，如图 2-29 所示。

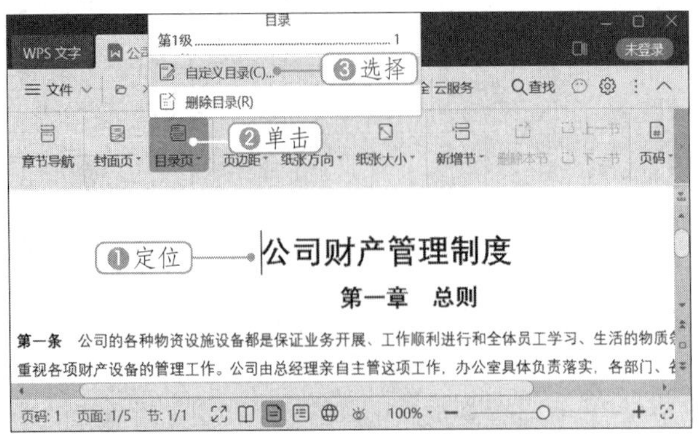

图 2-28 选择“自定义目录”选项

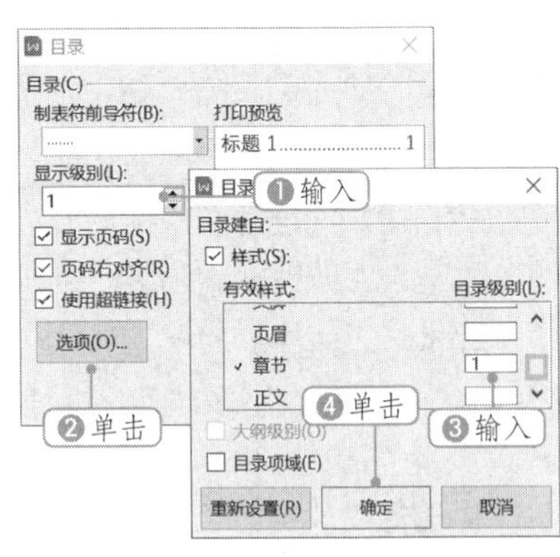

图 2-29 设置目录选项

STEP 3 返回“目录”对话框，单击 确定 按钮。返回文档中，可看到文本插入点前插入的目录，在目录最前方输入目录的标题“目录”文本，并设置文本的字符格式和对齐方式，效果如图 2-30 所示。

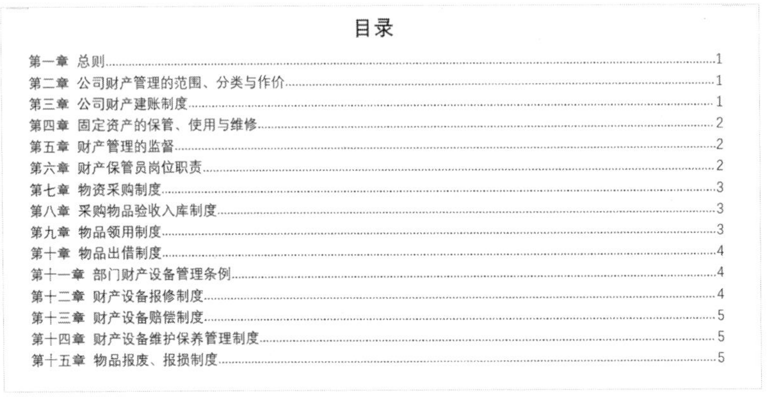

目录

图 2-30 自定义目录效果

3. 更新目录

当文档的标题内容和位置发生变化时，需要及时更新文档目录，这样才能保证文档目录的准确性。更新目录的方法是：选择目录，在其上单击鼠标右键，在弹出的快捷菜单中选择“更新域”命令（见图 2-31），在打开的“更新目录”对话框中，先单击选中更新选项对应的复选框，如单击选中“只更新页码”复选框，再单击 确定 按钮，如图 2-32 所示。

图 2-31 选择“更新域”命令

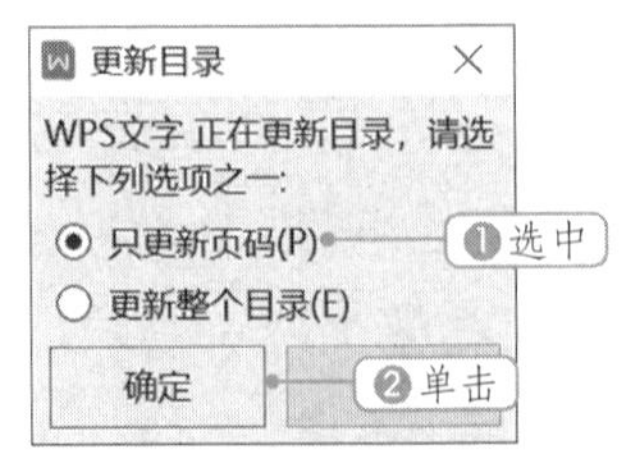

图 2-32 更新目录

2.5 课堂案例：编排“员工手册”文档

员工手册是企业规章制度、企业文化与企业战略的浓缩，是员工了解企业形象、传播企业文化的渠道，也是员工工作规范、行为规范的指南。可以说，员工手册是每个企业都必须具有的内部文件。

2.5.1 案例目标

本例编排“员工手册”文档需要综合运用本章所学知识，以使文档的结构更加完善、更加规范。本例制作后的参考效果如图 2-33 所示。

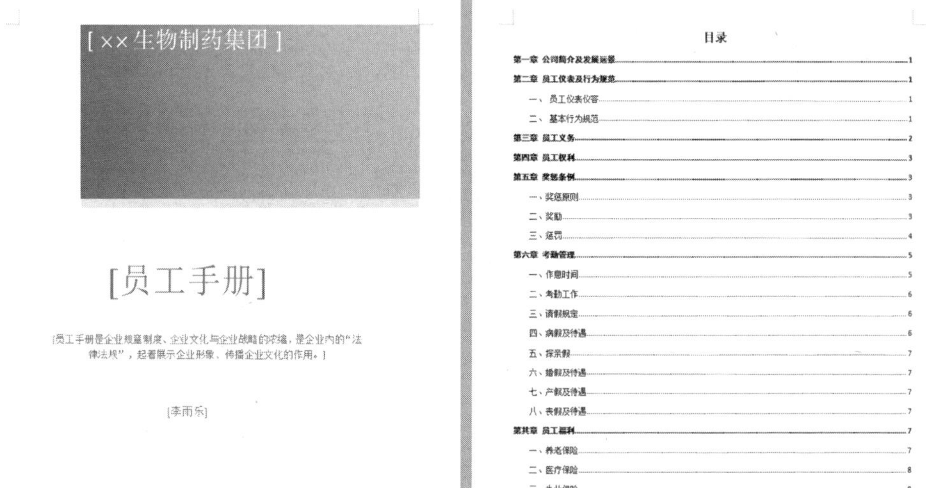

[××生物制药集团]

[员工手册]

[员工手册是企业规章制度、企业文化与企业战略的浓缩，是企业内的"法律法规"，起着展示企业形象、传播企业文化的作用。]

[李雨乐]

目录

图 2-33 参考效果

素材所在位置 素材文件\第 2 章\员工手册.wps、logo.png

效果所在位置 效果文件\第 2 章\员工手册.wps

微课视频

2.5.2 制作思路

“员工手册”的制作主要涉及设置文档页面、设置页眉和页脚等知识。其具体制作思路如图 2-34 所示。

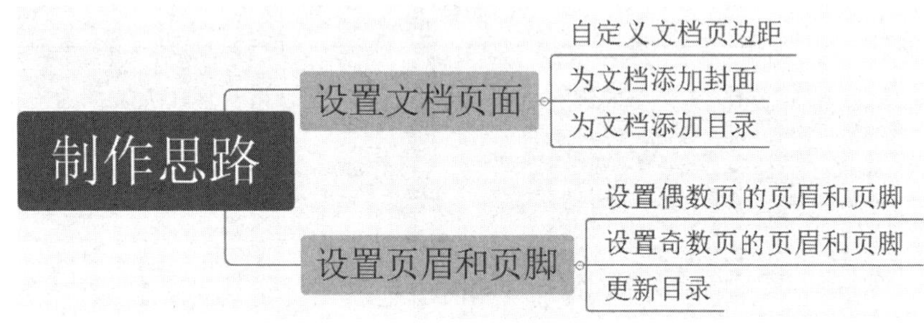

图 2-34 制作思路

2.5.3 操作步骤

1. 设置文档页面

下面将设置文档页面的页边距、封面和目录，其具体操作如下。

STEP 1 打开“员工手册.wps”文档，在“页面布局”选项卡的“上”和“下”数值框中输入“24 毫米”，在“左”和“右”数值框中输入“18 毫米”，并按【Enter】键确认，如图 2-35 所示。

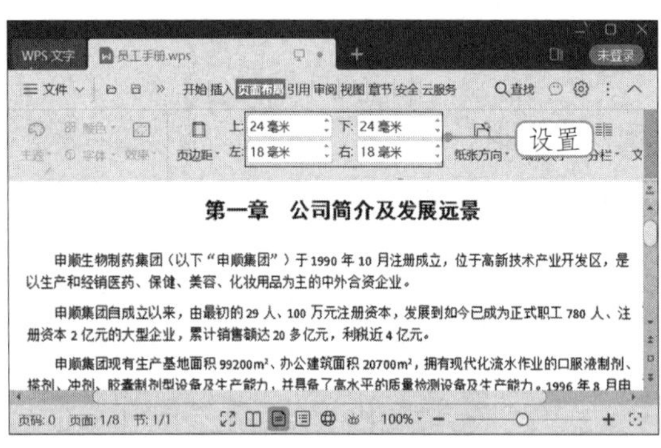

图 2-35 设置页边距

STEP 2 单击“章节”选项卡中的“封面页”按钮，在打开的下拉列表中选择“色块型”选项，如图 2-36 所示。

STEP 3 在文档最前面插入封面，并更改封面中的文字内容，然后将文本插入点定位到“公司简介及发展远景”文本前，单击“引用”选项卡中的“目录”按钮，在打开的下拉列表中选择“手动目录”栏中的第 2 种目录样式，如图 2-37 所示，即可在文本插入点处插入自动生成的目录。

图 2-36 选择封面样式

STEP 4 将文本插入点定位到“公司简介及发展远景”文本前，单击“页面布局”选项卡中的“分隔符”按钮，在打开的下拉列表中选择“下一页分节符”选项，如图 2-38 所示。

STEP 5 在目录内容最后插入分节符，并且文本插入点后的文本将自动在下一页显示。

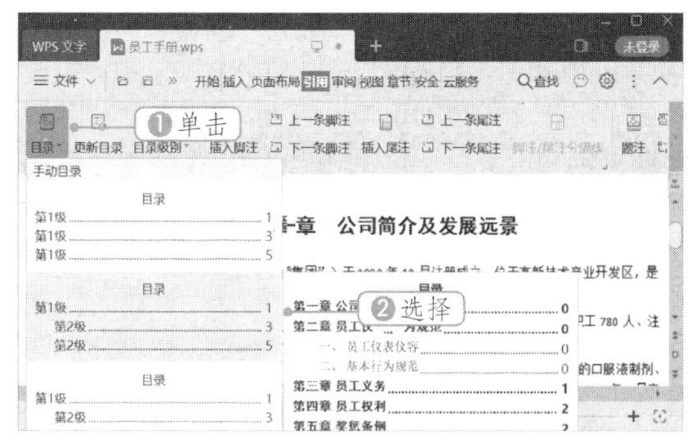

图 2-37　选择手动目录样式

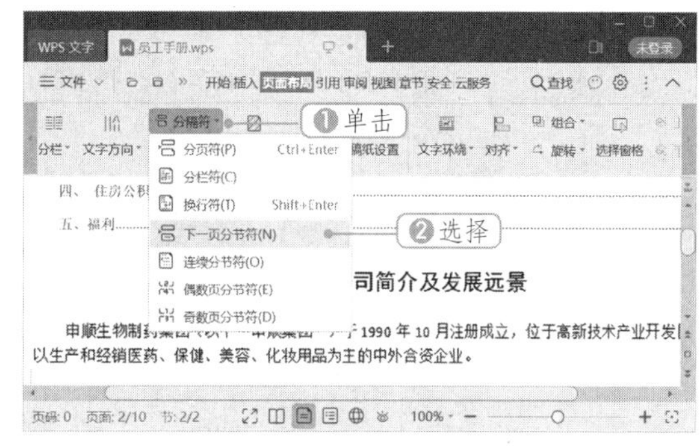

图 2-38　插入分节符

2. 设置页眉和页码

下面将为文档中的第 3 节内容设置奇偶页不同的页眉和页码，最后更新目录，其具体操作如下。

STEP 1　在文档页眉处双击鼠标，进入页眉和页脚编辑状态，将文本插入点定位到第 3 节的页眉处，单击“页眉和页脚”选项卡中的“同前节”按钮，断开与前两节页眉的链接，如图 2-39 所示。

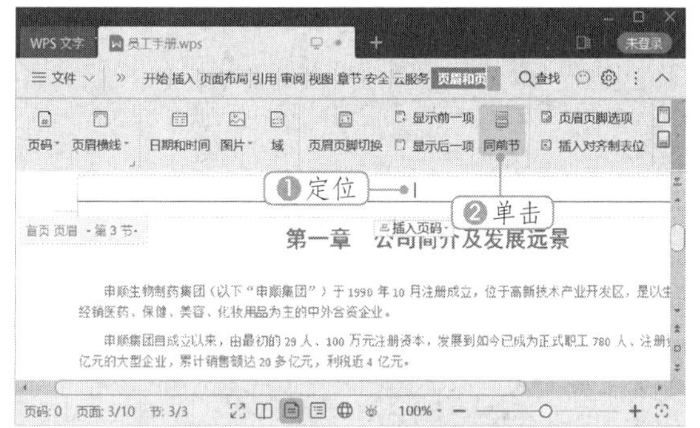

图 2-39　单击“同前节”按钮

STEP 2　单击“页眉和页脚”选项卡中的“页眉页脚选项”按钮，打开“页眉 / 页脚设置”对话框，取消“首页不同”复选框，单击选中“奇偶页不同”复选框，然后取消“页眉 / 页脚同前节”栏中的“奇数页页眉同前节”和“奇数页页脚同前节”复选框，单击确定按钮，如图 2-40 所示。

知识补充

为不同的节设置页眉和页脚

如果要为文档中不同的节设置不同的页眉和页脚，那么在添加页眉和页脚前，必须要先断开该节与前面节的页眉和页脚的链接，这样才能分开设置不同节的页眉和页脚。

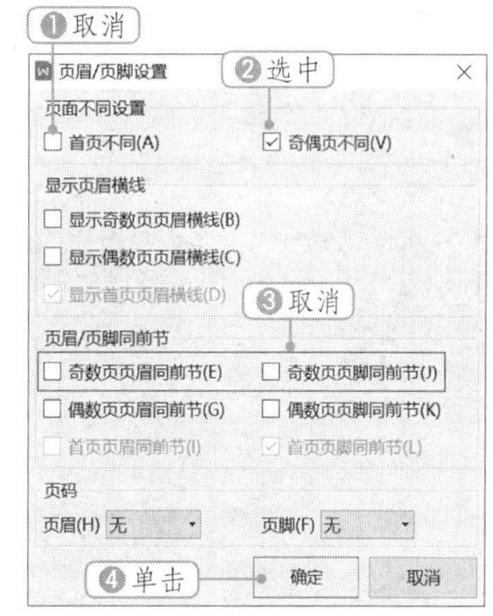

图 2-40　设置页眉 / 页脚

STEP 3　将文本插入点定位到第 3 节页眉的左侧，单击“页眉和页脚”选项卡中的“图片”按钮，如图 2-41 所示。

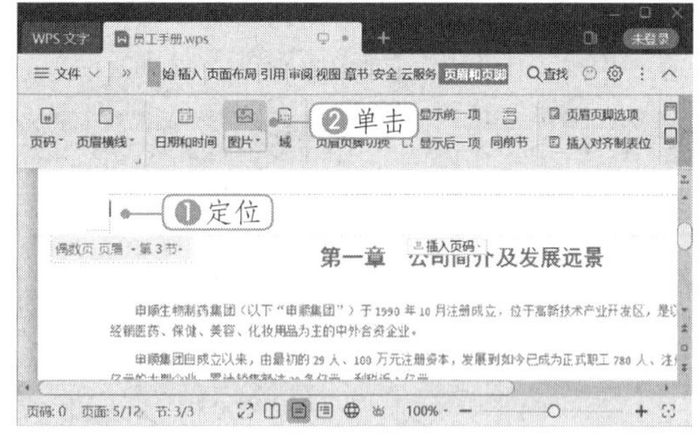

图 2-41　单击“图片”按钮

STEP 4　打开“插入图片”对话框后，先在“位置”下拉列表框中选择图片保存的位置，再选择需要插入的“logo.png”图片文件，单击打开按钮，如图 2-42 所示。

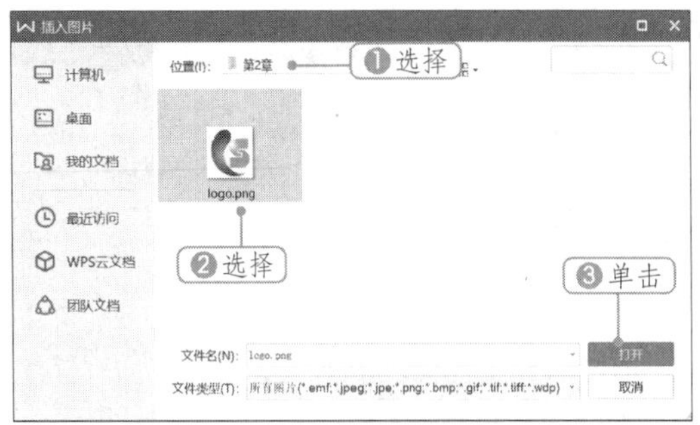

图 2-42　选择图片文件

STEP 5　在页眉处插入 Logo 图片，并将图片调整到合适的大小，然后在图片右侧输入公司名称“申顺生物制药”文本，并将文本字号设置为“小二”。

STEP 6　将文本插入点定位到页眉处，单击“页眉和页脚”选项卡中的“页眉横线”按钮，在打开的下拉列表中选择第 3 种页眉横线样式，如图 2-43 所示。

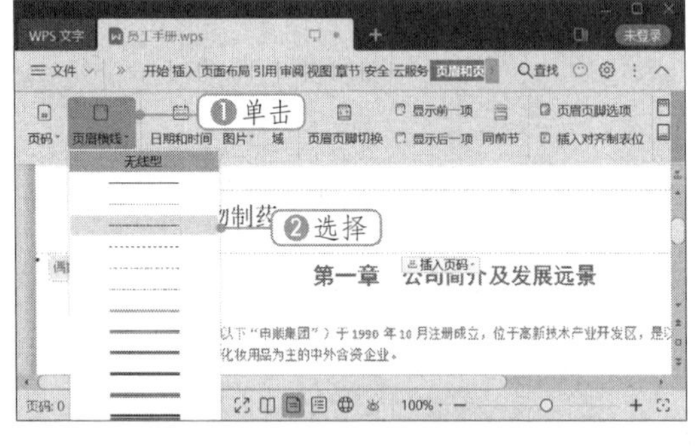

图 2-43　选择页眉横线样式

STEP 7　在“页眉和页脚”选项卡的“页眉顶端距离”数值框中输入“1.00 厘米”，在“页脚底端距离”数值框中输入“1.30 厘米”，按【Enter】键确认设置，如图 2-44 所示。

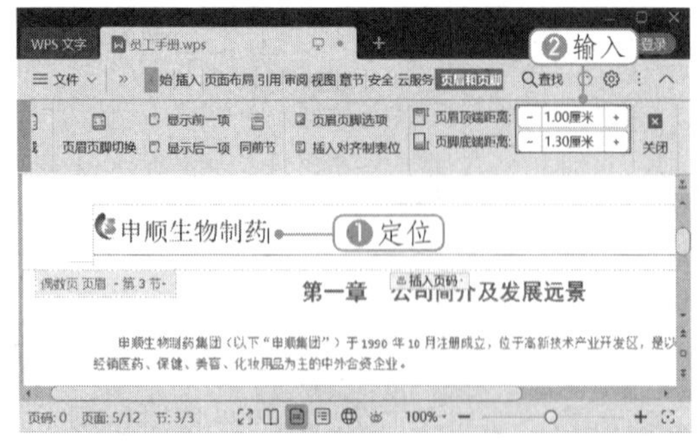

图 2-44　设置页眉顶端、页脚底端的距离

STEP 8　将文本插入点定位到第 3 节页脚处，单击“页眉和页脚”选项卡中的“页码”按钮，在打开的下拉列表中选择“页码”选项，如图 2-45 所示。

图 2-45　选择“页码”选项

STEP 9　打开“页码”对话框后，在“样式”下拉列表框中选择需要的页码样式，在“位置”下拉列表框中选择页面位置，在“起始页码”数值框中输入“1”，单击选中“本页及之后”单选按钮，单击“确定”按钮，如图 2-46 所示。

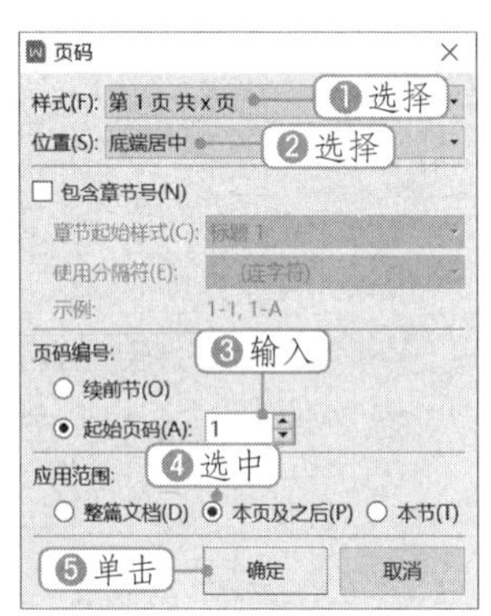

图 2-46　设置页码格式

STEP 10　按照设置插入页码，并且随着起始页码的变化，第 3 节原来的偶数页将变成奇数页，设置的页眉和页脚位置也发生了变化，如图 2-47 所示。

STEP 11　使用相同的方法设置第 3 节奇数页的页眉，完成后退出页眉和页脚编辑状态。

STEP 12　选择文档目录内容，单击“引用”选项卡中的“更新目录”按钮，更新文档目录，如图 2-48 所示。

STEP 13　设置“目录”文本的字符格式，并将目录内容的行距设置为“1.5”，至此就完成了本例的制作。

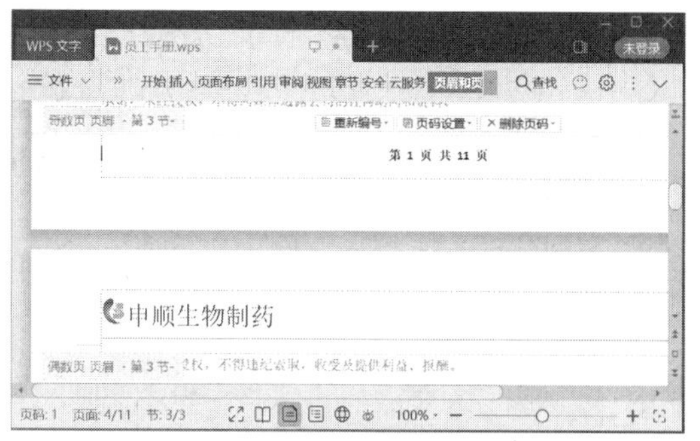

图 2-47　查看页码效果

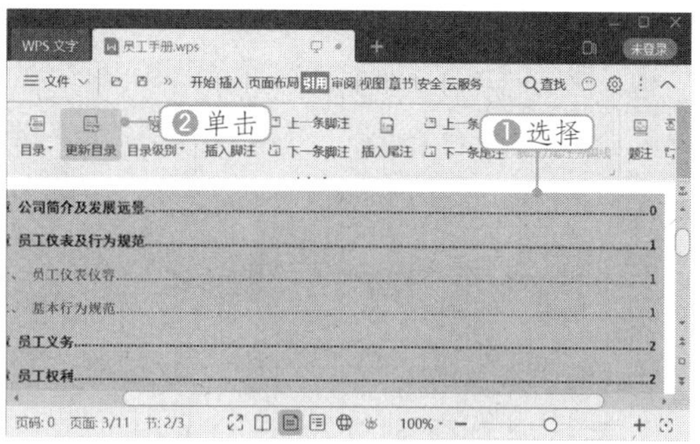

图 2-48　更新目录

2.6 强化实训

本章详细介绍了文档的编排和页面布局等内容，为了帮助读者进一步掌握文档的编排方法，下面将编排“绩效考核制度”文档和“活动策划方案”文档。

2.6.1 编排“绩效考核制度”文档

绩效考核制度是评价员工工作绩效的质量和数量，并根据员工完成工作任务时的工作态度及完成任务的程度给予奖惩的考核制度，其目的是激励员工，提升员工工作效率。

【制作效果与思路】

本例编排的“绩效考核制度”文档效果如图 2-49 所示，具体制作思路如下。

（1）打开文档，将文档页边距设置为“适中”，纸张大小设置为“16K”。

（2）在页眉处输入公司名称，并为页眉添加蓝色的页眉横线。

（3）在页脚处插入页码，并设置页码的编号格式和应用范围。

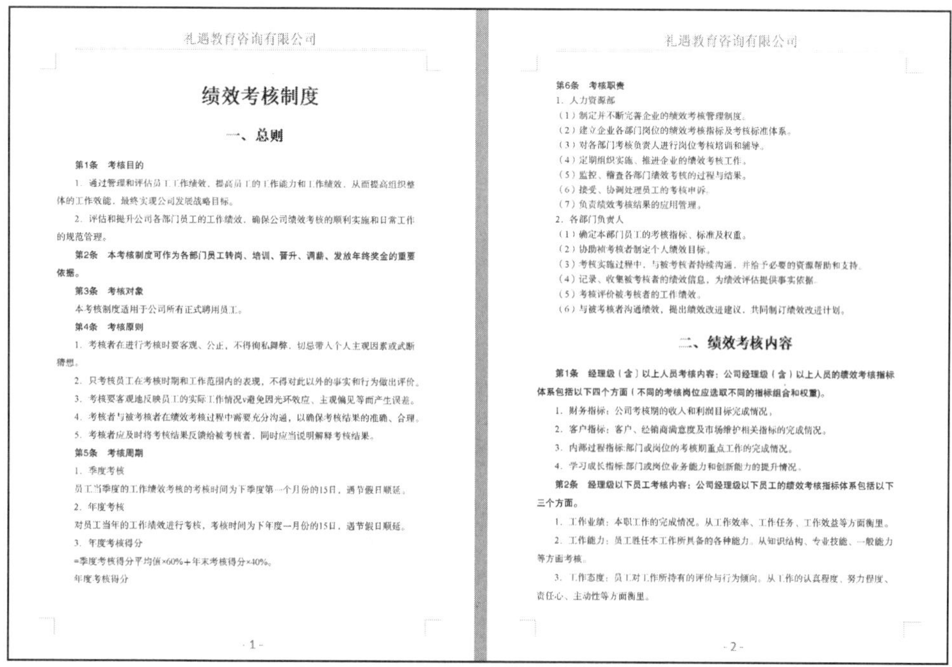

礼遇教育咨询有限公司

绩效考核制度

一、总则

第1条　考核目的

1．通过管理和评估员工工作绩效，提高员工的工作能力和工作绩效，从而提高组织整体的工作效能，最终实现公司发展战略目标。

2．评估和提升公司各部门员工的工作绩效，确保公司绩效考核的顺利实施和日常工作的规范管理。

第2条　本考核制度可作为各部门员工转岗、培训、晋升、调薪、发放年终奖金的重要依据。

第3条　考核对象

本考核制度适用于公司所有正式聘用员工。

第4条　考核原则

1．考核者在进行考核时要客观、公正，不得徇私舞弊，切忌带入个人主观因素或武断猜想。

2．只考核员工在考核时期和工作范围内的表现，不得对此以外的事实和行为做出评价。

3．考核要客观地反映员工的实际工作情况v避免因光环效应、主观偏见等而产生误差。

4．考核者与被考核者在绩效考核过程中需要充分沟通，以确保考核结果的准确、合理。

5．考核者应及时将考核结果反馈给被考核者，同时应当说明解释考核结果。

第5条　考核周期

1．季度考核

员工当季度的工作绩效考核的考核时间为下季度第一个月份的15日，遇节假日顺延。

2．年度考核

对员工当年的工作绩效进行考核，考核时间为下年度一月份的15日，遇节假日顺延。

3．年度考核得分

=季度考核得分平均值×60%+年末考核得分×40%。

年度考核得分

- 1 -

礼遇教育咨询有限公司

第6条　考核职责

1．人力资源部

（1）制定并不断完善企业的绩效考核管理制度。

（2）建立企业各部门岗位的绩效考核指标及考核标准体系。

（3）对各部门考核负责人进行岗位考核培训和辅导。

（4）定期组织实施、推进企业的绩效考核工作。

（5）监控、稽查各部门绩效考核的过程与结果。

（6）接受、协调处理员工的考核申诉。

（7）负责绩效考核结果的应用管理。

2．各部门负责人

（1）确定本部门员工的考核指标、标准及权重。

（2）协助被考核者制定个人绩效目标。

（3）考核实施过程中，与被考核者持续沟通，并给予必要的资源帮助和支持。

（4）记录、收集被考核者的绩效信息，为绩效评估提供事实依据。

（5）考核评价被考核者的工作绩效。

（6）与被考核者沟通绩效，提出绩效改进建议，共同制订绩效改进计划。

二、绩效考核内容

第1条　经理级（含）以上人员考核内容：公司经理级（含）以上人员的绩效考核指标体系包括以下四个方面（不同的考核岗位应选取不同的指标组合和权重）。

1．财务指标：公司考核期的收入和利润目标完成情况。

2．客户指标：客户、经销商满意度及市场维护相关指标的完成情况。

3．内部过程指标：部门或岗位的考核期重点工作的完成情况。

4．学习成长指标：部门或岗位业务能力和创新能力的提升情况。

第2条　经理级以下员工考核内容：公司经理级以下员工的绩效考核指标体系包括以下三个方面。

1．工作业绩：本职工作的完成情况。从工作效率、工作任务、工作效益等方面衡里。

2．工作能力：员工胜任本工作所具备的各种能力。从知识结构、专业技能、一般能力等方面考核。

3．工作态度：员工对工作所持有的评价与行为倾向。从工作的认真程度、努力程度、责任心、主动性等方面衡里。

- 2 -

图 2-49　“绩效考核制度”文档

素材所在位置 素材文件\第2章\绩效考核制度.wps

效果所在位置 效果文件\第2章\绩效考核制度.wps

微课视频

2.6.2 编排“活动策划方案”文档

活动策划方案是指为某一次活动所制订的书面计划，其内容包括具体行动实施办法、细则、步骤等。它能促使活动顺利开展和执行。

【制作效果与思路】

本例编排的“活动策划方案”文档效果如图2-50所示，具体制作思路如下。

（1）将文档的纸张方向设置为“横向”，页边距设置为“适中”。

（2）将正文内容设置为两栏排版，栏间距设置为“5”字符，并在栏与栏之间添加分隔线。

（3）在“四、方案设计理论特点”文本前插入“分栏符”。

图2-50 “活动策划方案”文档

素材所在位置 素材文件\第2章\活动策划方案.wps

效果所在位置 效果文件\第2章\活动策划方案.wps

微课视频

2.7 知识拓展

下面介绍一些WPS文档编排的拓展知识，以帮助读者更好地编排文档，提高文档的美观程度。

1. 独特外框式文字

通过 WPS 文字提供的带圈字符功能，可以为特定的文字添加圆圈或方形外框，使文字更加醒目。其方法是：选择需要添加外框的文字，单击“开始”选项卡中“拼音指南”按钮右侧的下拉按钮▾，在打开的下拉列表中选择“带圈字符”选项，打开“带圈字符”对话框，在其中设置带圈字符的样式和圈号后，单击 确定 按钮。

2. 带艺术气息的文字

WPS 文字中提供了艺术字功能，通过该功能可实现文字的特殊艺术效果。其方法是：选择相应的文本，单击“插入”选项卡中的“艺术字”按钮，在打开的下拉列表中选择一种需要的艺术字样式，单击“绘图工具”下的“效果设置”选项卡，在其中设置艺术字字体、字号、加粗和倾斜效果等，这样为所选文本就添加了设置的艺术效果。

2.8 课后练习：编排“行政管理规范”文档

本章主要介绍了在 WPS 文字中编排文档、完善文档结构的方法，本练习将通过编排“行政管理规范.wps”文档，加强对这部分知识的应用。文档编排后的效果如图 2-51 所示。

素材所在位置 素材文件 \ 第 2 章 \ 行政管理规范.wps

效果所在位置 效果文件 \ 第 2 章 \ 行政管理规范.wps

微课视频

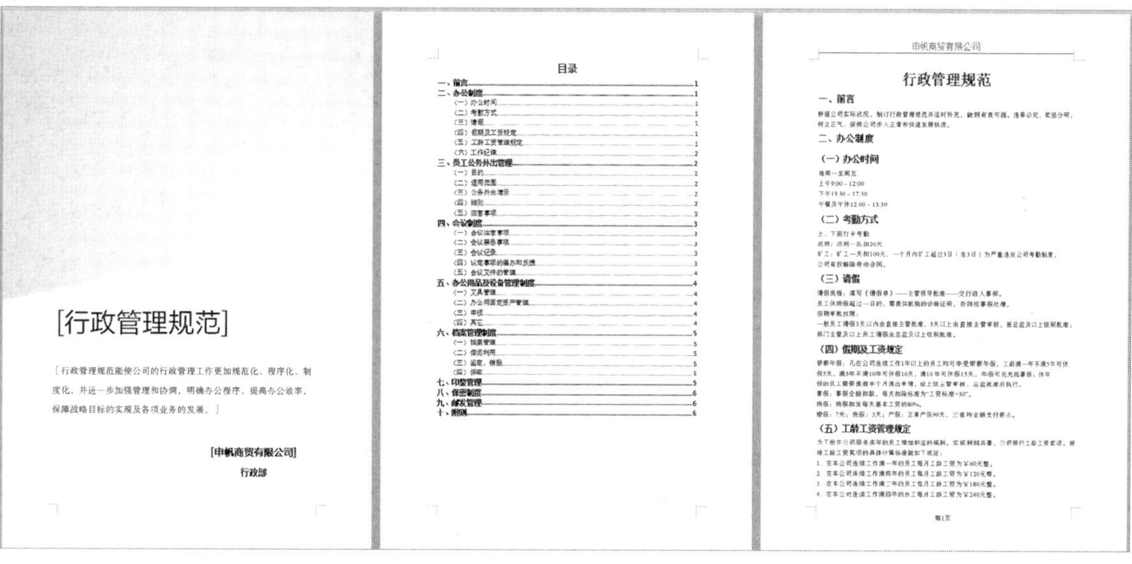

[行政管理规范]

[申帆商贸有限公司]

行政部

目录

一、前言……1
二、办公制度……1
（一）办公时间……1
（二）考勤方式……1
（三）请假……1
（四）假期及工资规定……1
（五）工龄工资管理规定……1
（六）工作纪律……2
三、员工公务外出管理……2
四、会议制度……3
五、办公用品及设备管理制度……4
六、档案管理制度……5
七、印鉴管理……5
八、保密制度……6
九、邮发管理……6
十、附则……6

申帆商贸有限公司

行政管理规范

一、前言

二、办公制度

（一）办公时间

每周一至周五
上午9:00 - 12:00
下午13:30 - 17:30
午餐及午休12:00 - 13:30

（二）考勤方式

（三）请假

（四）假期及工资规定

（五）工龄工资管理规定

第1页

图 2-51 “行政管理规范”文档的最终效果

操作要求如下。

- 打开文档，为文档插入内置的“格纹型”封面样式，并设置封面中的文本和其字符格式。
- 通过内置的“自动目录”样式在文档标题前插入目录，并设置目录内容的字符格式。
- 在文档第 3 节的页眉处输入公司名称，并设置格式和页眉横线。在页眉处插入页码，并设置页码编号样式和页码起始页。
- 在“（五）注意事项”文本前插入“下一页分节符”，然后更新目录的页码。

第1部分

第3章

WPS 文档的美化

/ 本章导读

我们在制作文档时，经常会用到图表、图片、形状、文本框、二维码、智能图形等对象。使用这些对象不仅能直观、形象地展示文档内容，还能美化文档。本章将讲解使用不同的对象展现文档内容和美化文档的方法。

/ 技能目标

掌握表格的插入、编辑和美化方法。

掌握图表、图片、形状、文本框、二维码和智能图形的使用方法。

/ 案例展示

智能 4D 按摩椅　把爱带回家

新升级“智能芯片”按摩系统

➲微电脑控制
按摩更加精准

➲静音马达
速度快且无噪

➲速度调整
感知调整力度

➲仿真人手法
手法丰富

3.1 表格的应用

WPS 文字虽然是文字处理软件，但仍提供了表格功能，以方便用户在文档中存储和管理数据。相对大篇幅的文字，用表格展现数据信息不仅条理更清晰，还更容易查看和记忆。

3.1.1 插入表格

在 WPS 文字中，有拖动鼠标插入表格、通过对话框插入表格和手动绘制表格 3 种方法，读者可以根据实际情况选择合适的方法快速插入需要的表格。

1. 拖动鼠标插入表格

当需要插入的表格行列数均未超过 10 时，可通过拖动鼠标的方式插入表格。其方法是：单击“插入”选项卡中的“表格”按钮▦，在打开的下拉列表中拖动鼠标以选择需要的行数和列数，如图 3-1 所示，即可在文档中插入所选行数和列数的表格。

2. 通过对话框插入表格

当需要插入的表格行数或列数超过 10 时，就不能通过拖动鼠标的方式插入表格，此时，用户可通过对话框的方式插入表格。其方法是：单击“插入”选项卡中的“表格”按钮▦，在打开的下拉列表中选择“插入表格”选项，打开“插入表格”对话框，在“列数”数值框中输入表格列数，在“行数”数值框中输入表格行数，单击 确定 按钮，如图 3-2 所示。

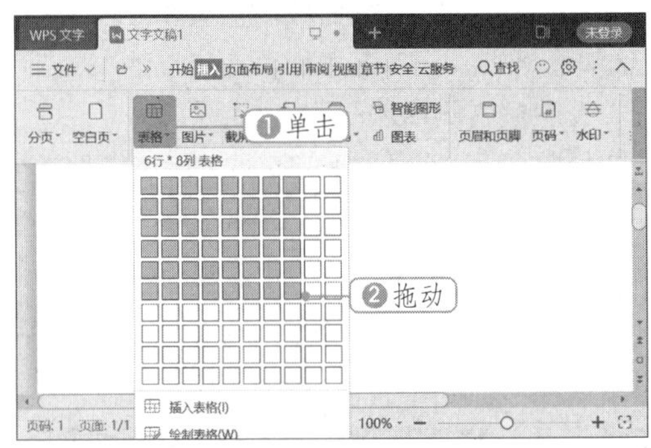

图 3-1　拖动鼠标选择行列数

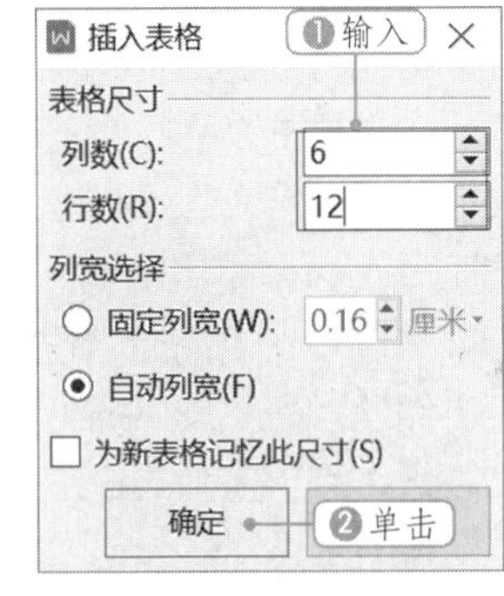

图 3-2　通过对话框插入

知识补充

重复使用同一表格尺寸

在“插入表格”对话框中设置好表格尺寸后，单击选中“为新表格记忆此尺寸”复选框，则再次打开“插入表格”对话框时，该对话框中会自动显示之前设置的表格尺寸。

3. 手动绘制表格

使用手动的方式可以绘制任意行数和列数的表格。其方法是：单击“插入”选项卡中的“表格”按钮▦，在打开的下拉列表中选择“绘制表格”选项，此时鼠标指针变成✎形状，在文档中按住鼠标左键不放，向左拖动即可在文档中增加表格列数，向下拖动增加表格行数，向左下方拖动可同时增加行数和列数，如图 3-3 所示，拖动到合适的表格行列数时释放鼠标，即可完成表格的绘制，如图 3-4 所示。

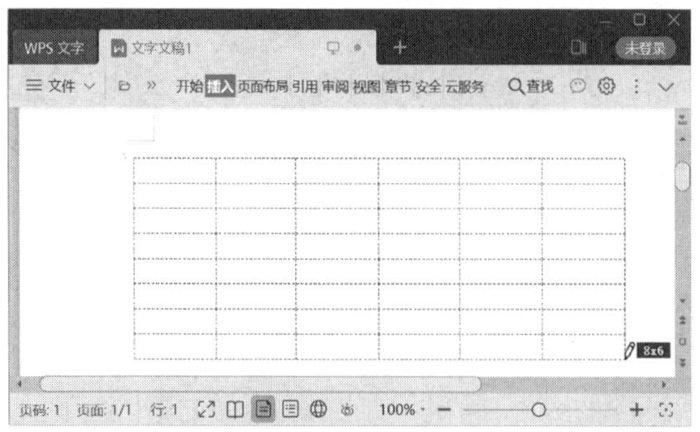

图 3-3　拖动绘制表格

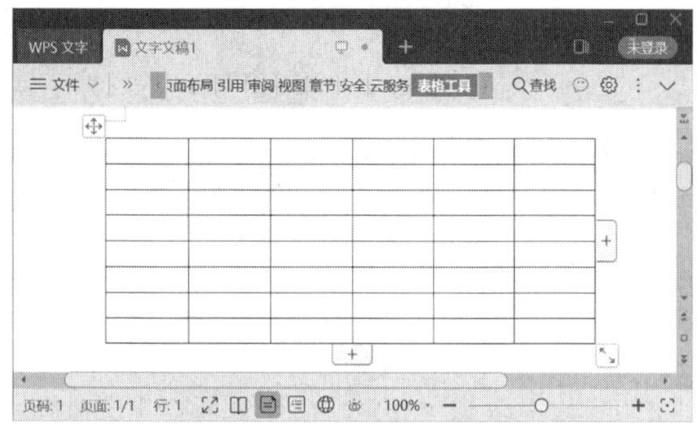

图 3-4　查看绘制的表格效果

3.1.2　编辑表格

插入表格后，用户还可根据需要编辑表格，如在表格中输入文本、增减表格行列、调整行高和列宽、合并与拆分单元格等，让表格符合制作要求。

1. 在表格中输入文本

在表格中输入文本的方法非常简单，只需将鼠标指针移动到表格中需要输入文本的单元格上，单击鼠标，将文本插入点定位到单元格中，然后输入需要的文本即可。

2. 插入行或列

在编辑表格时，若表格行列数不够，则用户可根据情况增加行列数。如果要在表格的下方或右侧增加行数和列数，可先将鼠标指针定位到表格任意单元格中，再单击表格下方出现的 + 按钮，在表格最下方增加一行；或者单击表格右侧出现的 + 按钮，在表格右侧增加一列。

如果要在表格的某行和某列前面或后面增加行数和列数，可将文本插入点定位到行或列中的单元格中，单击图 3-5 所示“表格工具”选项卡中的“在上方插入行”按钮，将在文本插入点所在行的上方插入一行，如图 3-6 所示；单击“在下方插入行”按钮，将在文本插入点所在行的下方插入一行；单击“在左侧插入列”按钮，将在文本插入点所在列的左边插入一列；单击“在右侧插入列”按钮，将在文本插入点所在列的右边插入一列。

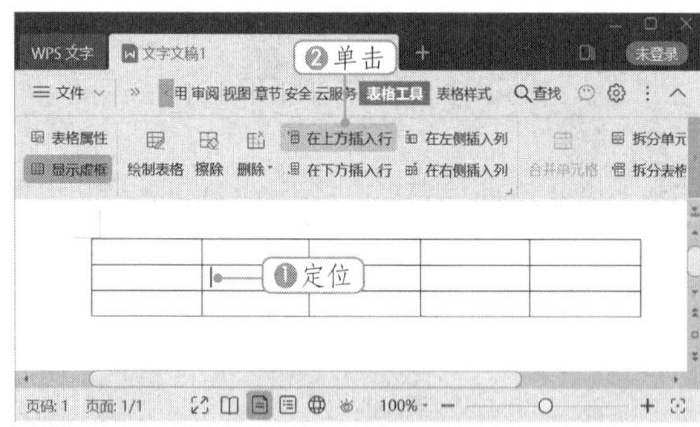

图 3-5　单击“在上方插入行”按钮

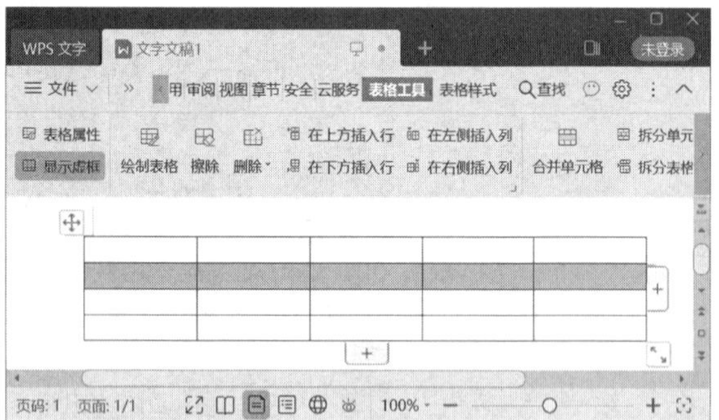

图 3-6　查看插入的行

技巧秒杀

快速插入多行或多列

如果要在表格同一位置插入多行或多列，可先选择多行或多列，再执行插入行或插入列的操作，就可插入与所设置相同的行数或列数了。

3. 删除行或列

表格中若有多余的行数或列数，用户也可直接删除它。其方法是：选择表格中多余的行数或列数，单击“表格工具”选项卡中的“删除”按钮，在打开的下拉列表中选择需要的删除选项，如图 3-7 所示。如果在“删除”下拉列表中选择“单元格”选项，将打开“删除单元格”对话框，如图 3-8 所示，选择相应的选项后单击 确定 按钮，即可删除相应单元格。

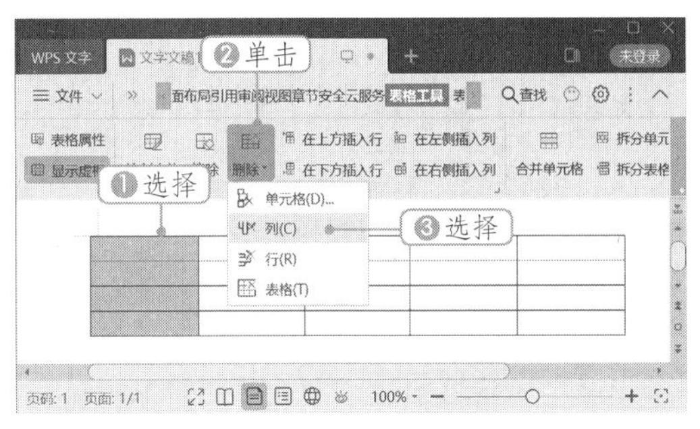

图 3-7　选择删除选项

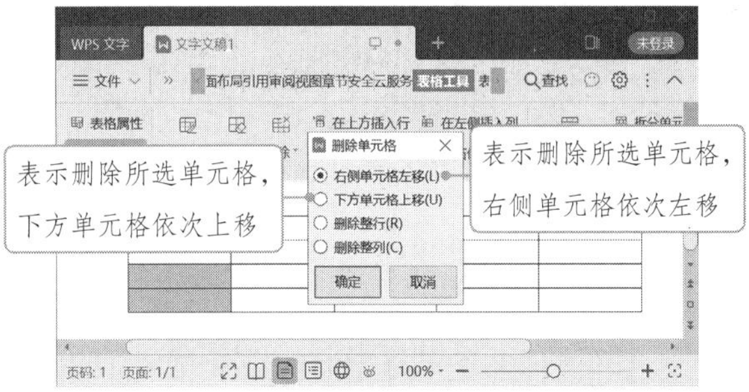

表示删除所选单元格，下方单元格依次上移

表示删除所选单元格，右侧单元格依次左移

图 3-8　“删除单元格”对话框

4. 调整行高和列宽

在编辑表格时，用户也可根据需要调整表格的行高和列宽。在 WPS 文字中，调整行高和列宽常用的方法主要有以下 3 种。

- **拖动鼠标调整：**将鼠标指针移动到需要调整行的边框线上，当鼠标指针变成÷形状时，按住鼠标左键不放，向上或向下拖动，可调整行高，如图 3-9 所示；将鼠标指针移动到需要调整列的边框线上，当鼠标指针变成+||+形状时，按住鼠标左键不放，向左或向右拖动，可调整列宽，如图 3-10 所示。

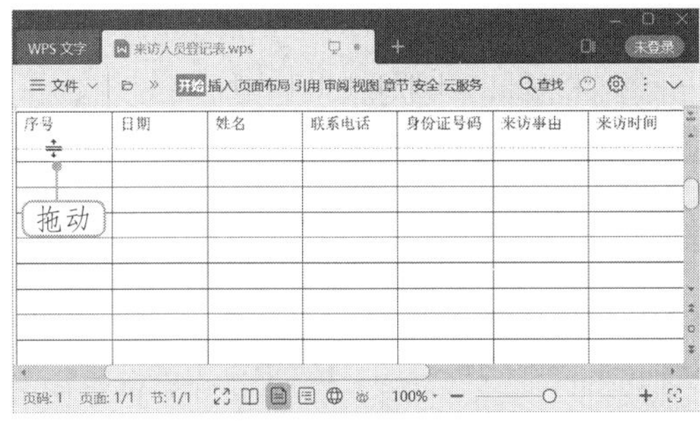

图 3-9　调整行高

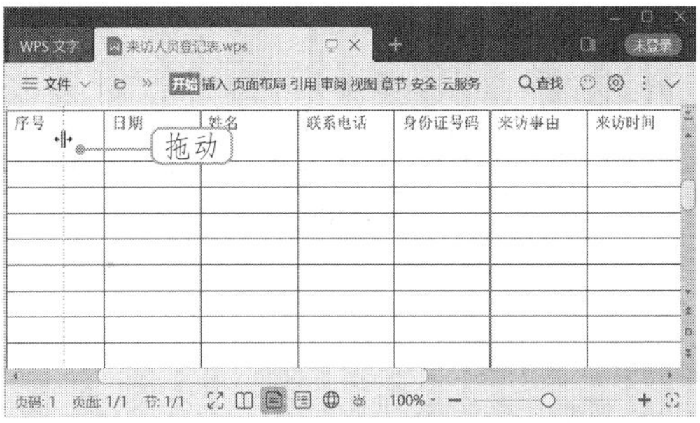

拖动

图 3-10　调整列宽

- **根据内容自动调整：**选择表格，单击“表格工具”选项卡中的“自动调整”按钮，并在打开的下拉列表中选择“根据内容调整表格”选项，如图 3-11 所示，将根据表格中文本内容的多少自动调整单元格的行高和列宽。
- **指定行高和列宽调整：**选择表格中需要调整行高或列宽的单元格，在“表格工具”选项卡中的“高度”数值框中输入相应值可指定单元格的行高；在“宽度”数值框中输入相应值可指定单元格的列宽，如图 3-12 所示。

技巧秒杀

平均分布行和列

拖动鼠标调整行高和列宽时，经常会使表格的行高或列宽参差不齐，如果想要在不改变表格大小的情况下，使表格中的行或列拥有相同的行高和列宽，可选择平均分布行或列。其方法是：选择表格中需要平均分布的多行或多列，单击“表格工具”选项卡中的“自动调整”按钮，在打开的下拉列表中选择“平均分布各行”或“平均分布各列”选项，即可平均分布所选行行高或列的列宽。

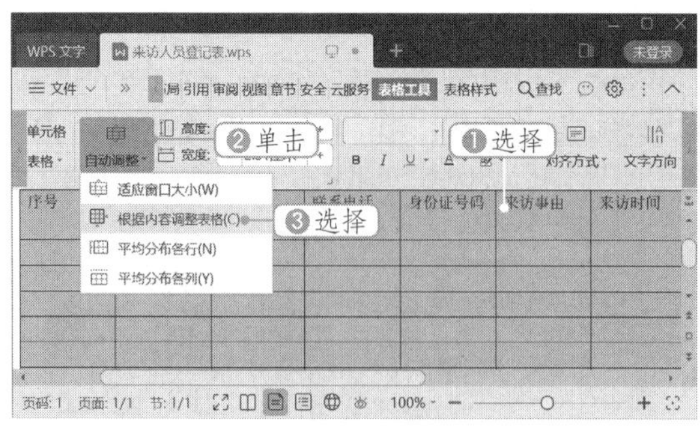

图 3-11　选择“根据内容调整表格”选项

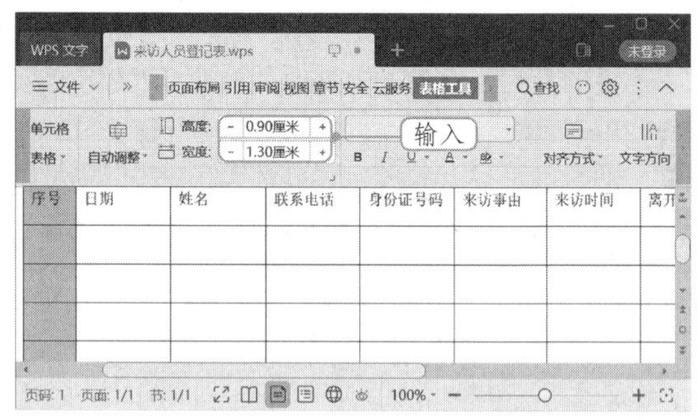

图 3-12　指定行高和列宽

5. 合并与拆分单元格

在制作不规则表格时，用户经常需要对表格中的单元格执行合并和拆分操作。合并单元格是指将表格中多个连续的单元格合并为一个大单元格；拆分单元格是指将一个单元格拆分为多个单元格，从而使表格能更好地体现数据。下面将在“出差申请单.wps”文档中根据需要对表格中的单元格执行合并与拆分操作，具体操作如下。

素材所在位置　素材文件\第 3 章\出差申请单.wps

效果所在位置　效果文件\第 3 章\出差申请单.wps

微课视频

STEP 1　打开“出差申请单 .wps”文档，拖动鼠标选择表格第 2 行第 2 列到第 3 行第 6 列的单元格区域，单击“表格工具”选项卡中的“合并单元格”按钮，如图 3-13 所示。

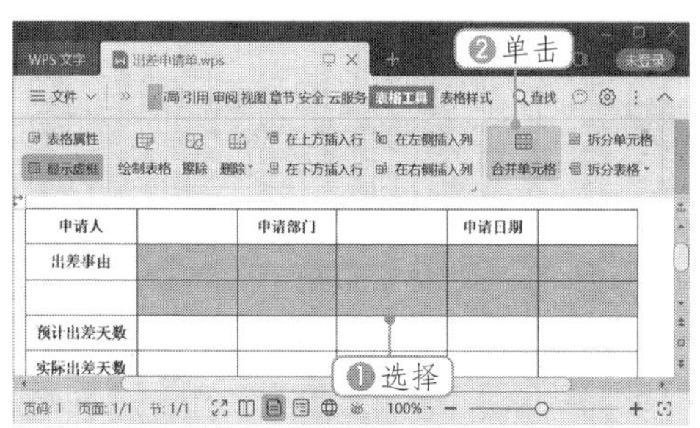

图 3-13　单击“合并单元格”按钮

STEP 2　所选单元格区域将合并成一个大的单元格，如图 3-14 所示。

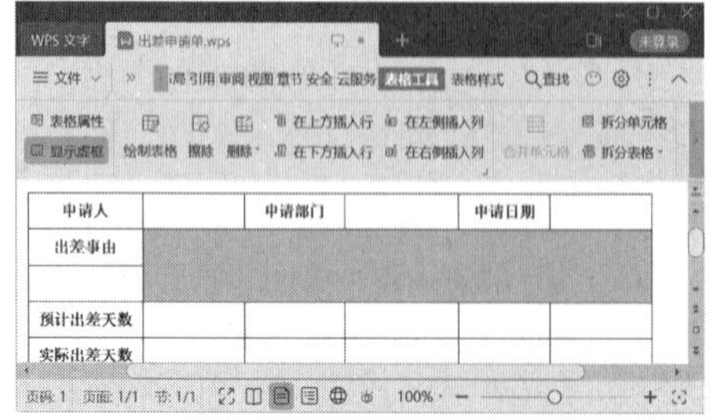

图 3-14　查看合并单元格效果

STEP 3　使用相同的方法对表格中需要合并的单元格执行合并操作，然后在“预计出差天数”和“实际出差天数”后面的单元格中输入“年　月　日至　年　月　日，共计　天”。

STEP 4　选择“出差人”单元格的下一行，单击“表格工具”选项卡中的“拆分单元格”按钮拆分单元格，打开“拆分单元格”对话框，在“列数”数值框中输入拆分的列数“3”，在“行数”数值框中输入拆分的行数“6”，单击确定按钮，如图 3-15 所示。

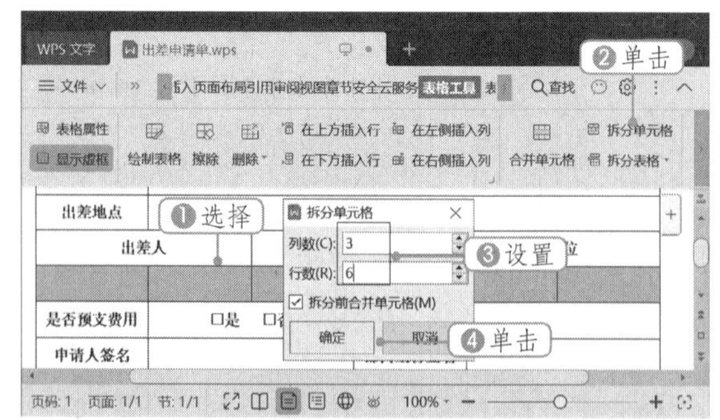

图 3-15　拆分单元格

STEP 5　将所选行拆分为 3 列 6 行的单元格，表格效果如图 3-16 所示。

第 1 部分

申请人		申请部门		申请日期	
出差事由					
预计出差天数	年　月　日至　年　月　日，共计　天				
实际出差天数	年　月　日至　年　月　日，共计　天				
出差地点					
出差人		所属部门		职位	
是否预支费用	□是　□否	预支金额			

图 3-16　查看表格效果

知识补充

拆分表格

若需要将一个表格拆分为两个表格，可通过拆分表格的功能快速实现。其方法是：选择表格中需要拆分的行或列，单击“表格工具”选项卡中的“拆分表格”按钮，在打开的下拉列表中选择“按行拆分”选项，则可根据所选行拆分表格；选择“按列拆分”选项，则可根据所选列拆分表格。

3.1.3 美化表格

搭建好表格结构后，用户还可以根据需要设置表格中文本的对齐方式和方向、设置边框和底纹及设置斜线表头等，以使表格的效果更加美观。另外，用户也可以通过直接套用表格样式的方式美化表格。

1. 设置文本对齐方式和方向

默认情况下，表格中文字的对齐方式为靠上两端对齐调整、文字方向为水平方向。当默认的文本对齐方式和方向不能满足表格需要时，可根据情况加以调整。下面将设置“采购计划表.wps”文档表格中文字的对齐方式和方向，具体操作如下。

素材所在位置　素材文件\第 3 章\采购计划表.wps

效果所在位置　效果文件\第 3 章\采购计划表.wps

微课视频

STEP 1　打开“采购计划表.wps”文档，选择表格中表头所在的行，单击“表格工具”选项卡中的“对齐方式”按钮，在打开的下拉列表中选择“水平居中”选项，如图 3-17 所示。

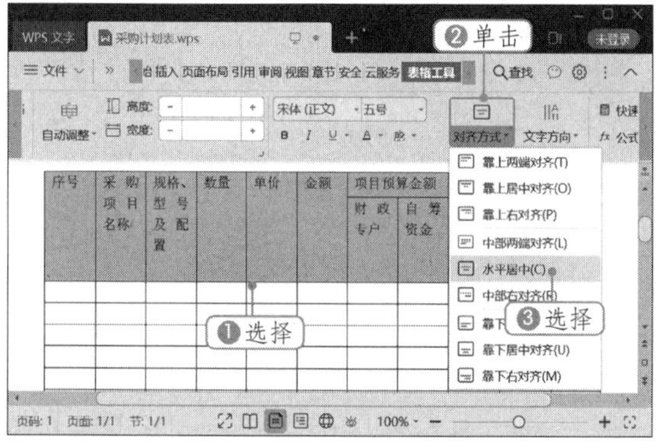

图 3-17　选择对齐方式

STEP 2　所选单元格中的文本将水平居中对齐在单元格中，如图 3-18 所示。

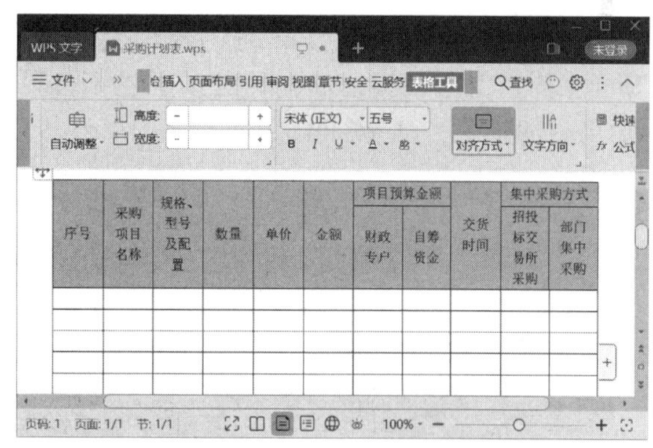

图 3-18　查看居中对齐效果

STEP 3　按住【Ctrl】键选择需要设置文字方向的多个单元格，单击“表格工具”选项卡中的“文字方向”按钮，在打开的下拉列表中选择“垂直方向从右往左”选项，如图 3-19 所示。

STEP 4　所选单元格中的文本将垂直排列，如图 3-20 所示。

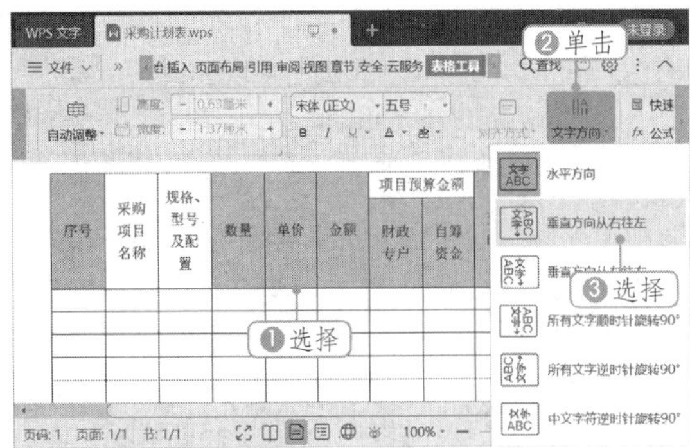

图 3-19　选择文字方向

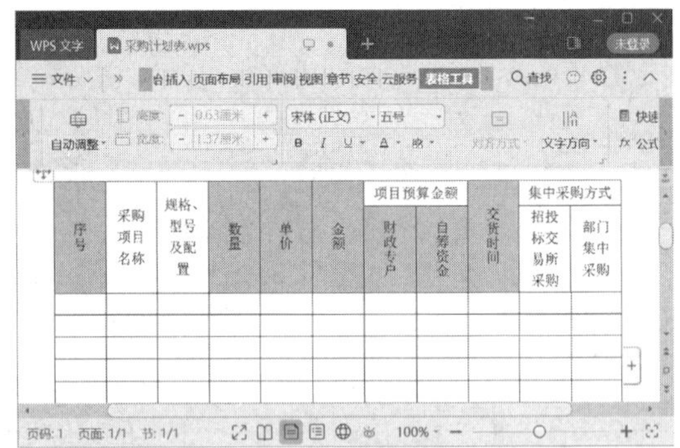

图 3-20　查看文字垂直排列效果

知识补充

设置其他文字方向

若“文字方向”下拉列表中提供的文字方向不能满足需要，可在“文字方向”下拉列表中选择“文字方向选项”选项，打开“文字方向”对话框，在其中设置文字方向和应用范围后，再单击 确定 按钮。

2. 设置边框和底纹

若用户对表格中默认的黑色边框和无底纹填充效果不满意，则可根据需要重新设置表格的边框和底纹效果。下面在上例操作的基础上，为“采购计划表.wps”文档设置表格的边框和底纹，具体操作如下。

第1部分

效果所在位置　效果文件\第3章\采购计划表1.wps

微课视频

STEP 1　选择整个表格，单击“表格样式”选项卡中的“线型”下拉列表框，在打开的下拉列表中选择图3-21所示的选项。

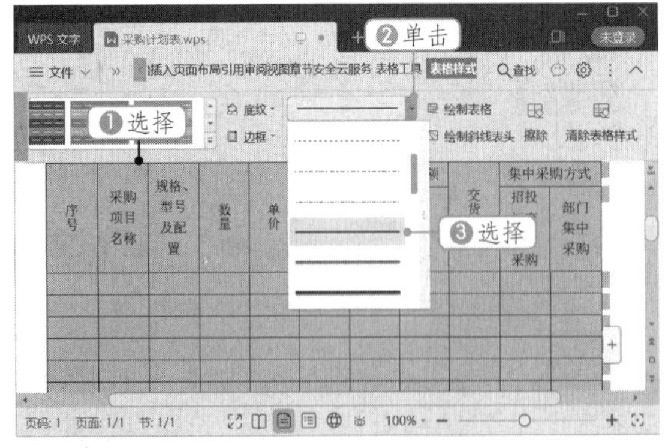

图 3-21　选择边框样式

STEP 2　单击“表格样式”选项卡中的“线型粗细”下拉列表框，在打开的下拉列表中选择“0.25磅”选项，如图3-22所示。

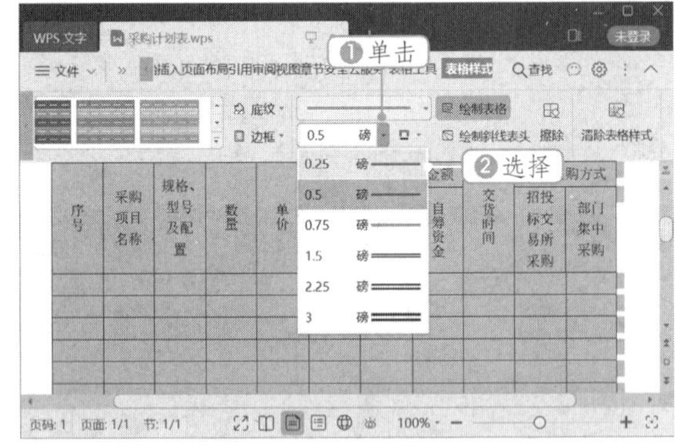

图 3-22　选择线条粗细

STEP 3　单击“表格样式”选项卡中“边框颜色”按钮右侧的下拉按钮，在打开的下拉列表中选择“刚蓝，着色1”选项，如图3-23所示。

STEP 4　单击“表格样式”选项卡中“边框”按钮右侧的下拉按钮，在打开的下拉列表中选择“所有框线”选项，如图3-24所示。

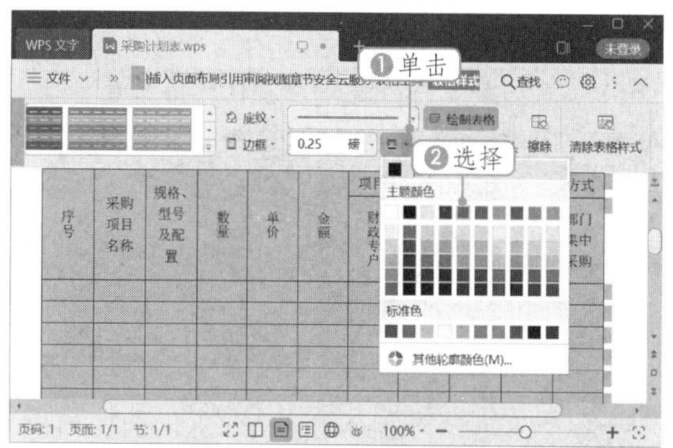

图 3-23　选择边框颜色

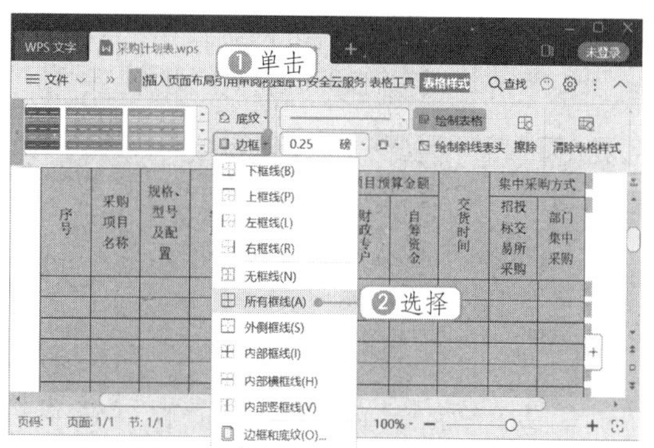

图 3-24　选择边框

知识补充

绘制边框

在“表格样式”选项卡中设置边框线型、粗细和颜色中的任意一个选项后，鼠标指针将变成✎形状，在表格中拖动鼠标即可按照设置的边框效果绘制表格边框。当绘制有误时，可单击“表格样式”选项卡中的“擦除”按钮，此时，鼠标指针将变成◇形状，将鼠标指针移动到错误的边框上，单击鼠标，将擦除鼠标指针所在的边框。

STEP 5　选择表格第 1 行，单击“表格样式”选项卡中“底纹”按钮右侧的下拉按钮，在打开的下拉列表中选择“暗板岩蓝，文本 2，浅色 80%”选项，如图 3-25 所示。

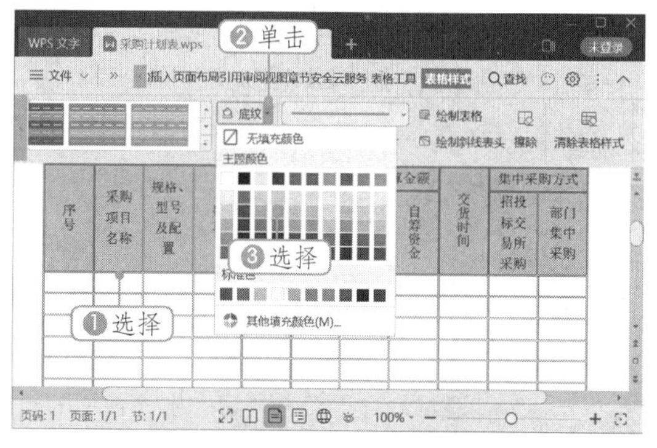

图 3-25　选择底纹颜色

STEP 6　为所选行的单元格应用设置的底纹效果，如图 3-26 所示。

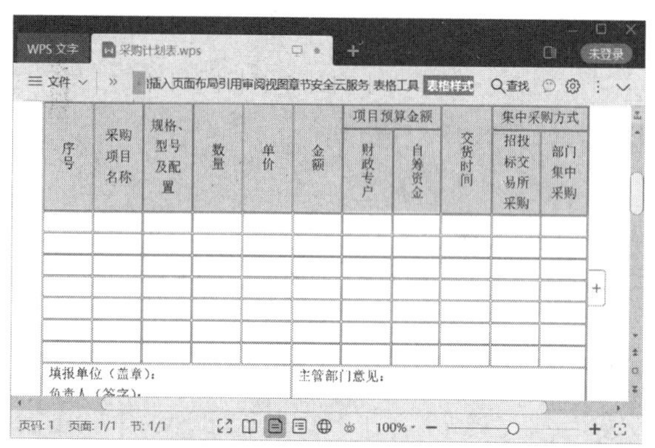
图 3-26　查看底纹效果

知识补充

通过“边框和底纹”对话框设置

在“边框”下拉列表中选择“边框和底纹”选项，可打开“边框和底纹”对话框，在“边框”选项卡中可设置表格边框，具体的设置方法与第1章讲解的设置段落边框和底纹的方法相同；在“底纹”选项卡中可设置表格底纹填充效果。

3. 设置斜线表头

在制作表格的表头时，为了清晰地展示出各项内容，可能需要为表格中的第 1 个单元格添加斜线表头。其方法是：选择需要添加斜线表头的单元格，单击“表格样式”选项卡中的“绘制斜线表头”按钮，打开“斜线单元格类型”对话框，选择需要的斜线表头样式后，再单击 确定 按钮，如图 3-27 所示；此时所选表头样式将应用在所选单元格中，然后在单元格中输入相应的文本即可，如图 3-28 所示。

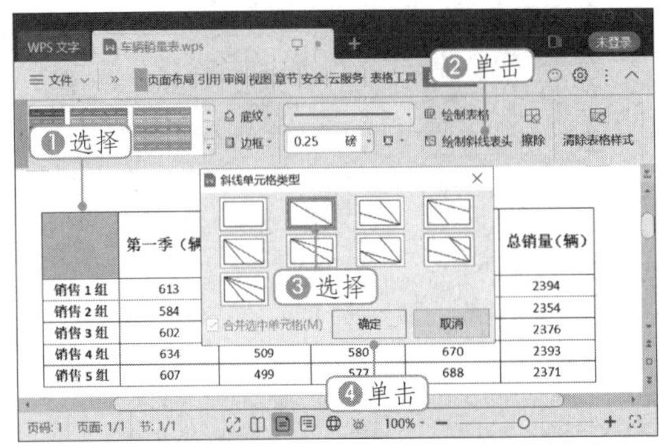

图 3-27　选择斜线表头

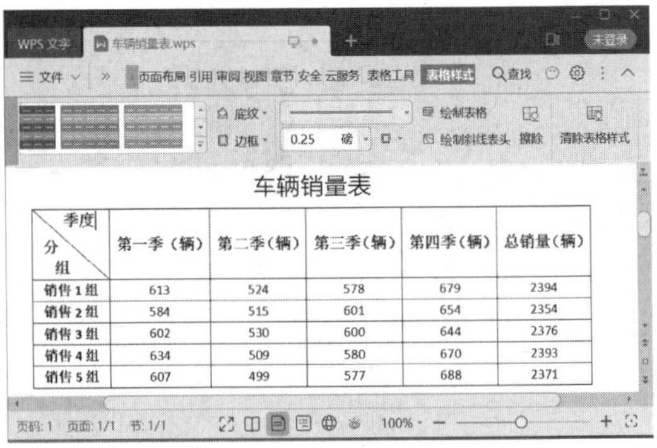

图 3-28　查看斜线表头效果

4. 套用表格样式

WPS 文档中自带了一些表格样式，用户可以根据需要直接应用，以美化表格。其方法是：选择表格，在“表格样式”选项卡中的列表框中选择需要的表格样式（见图 3-29），选择的表格样式将直接应用在表格中，如图 3-30 所示。

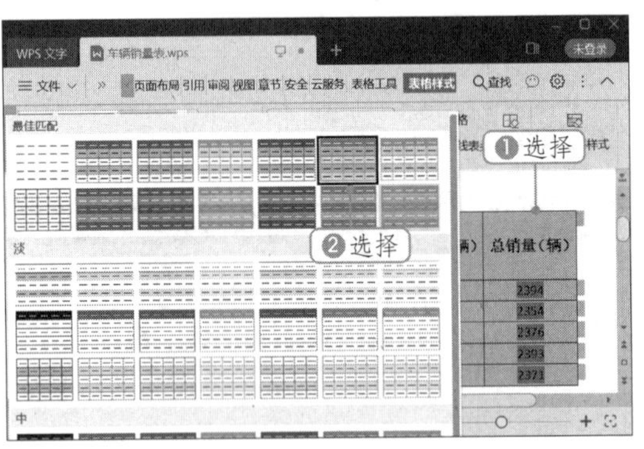

图 3-29　选择表格样式

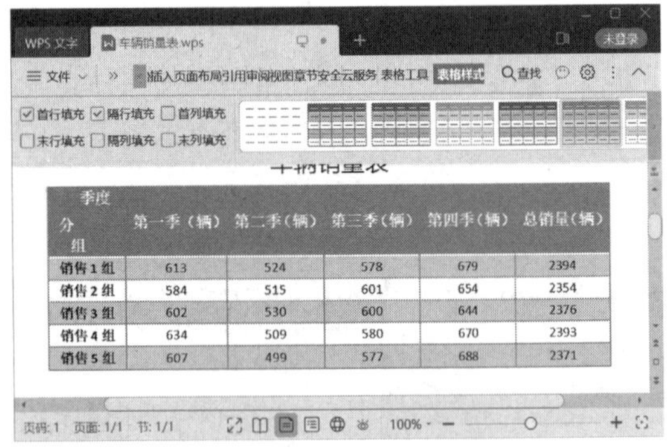

图 3-30　查看表格效果

知识补充

清除表格样式

如果对应用表格样式后的表格效果不满意，可单击“表格样式”选项卡中的“清除表格样式”按钮，快速清除所选表格中的样式。

3.1.4　巧用公式和函数计算数据

在 WPS 文字中，已制作的表格还能通过公式和函数完成求和、计数、求平均值、求最大值、求最小值等简单的计算。下面将在“办公用品采购单.wps”文档中使用公式和函数计算数据，具体操作如下。

素材所在位置　素材文件\第 3 章\办公用品采购单.wps

效果所在位置　效果文件\第 3 章\办公用品采购单.wps

微课视频

STEP 1 打开“办公用品采购单.wps”文档，将文本插入点定位到“金额”单元格下的第 1 个空白单元格，单击“表格工具”选项卡中的“公式”按钮 *fx*，如图 3-31 所示。

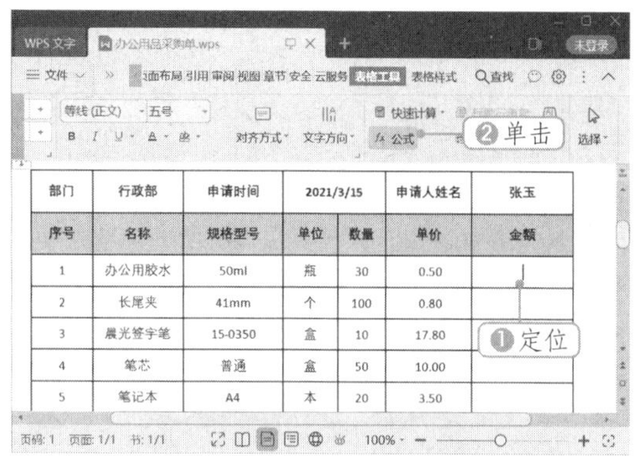

图 3-31　单击“公式”按钮

STEP 2 打开“公式”对话框，在“粘贴函数”下拉列表框中选择“PRODUCT”函数选项，如图 3-32 所示。

图 3-32　选择函数

STEP 3 所选函数将显示在“公式”文本框的“=”后面，将文本插入点定位到函数后面的“()”中，输入表格中需要参与计算的区域“E3:F3”，单击 确定 按钮，如图 3-33 所示。

图 3-33　输入计算范围

STEP 4 返回文档表格中，可查看到计算结果。将文本插入点定位到下一个空白单元格中，打开“公式”对话框，会显示上一个单元格的计算公式，将参与计算的单元格区域更改为“E4:F4”，单击 确定 按钮计算出结果，如图 3-34 所示。

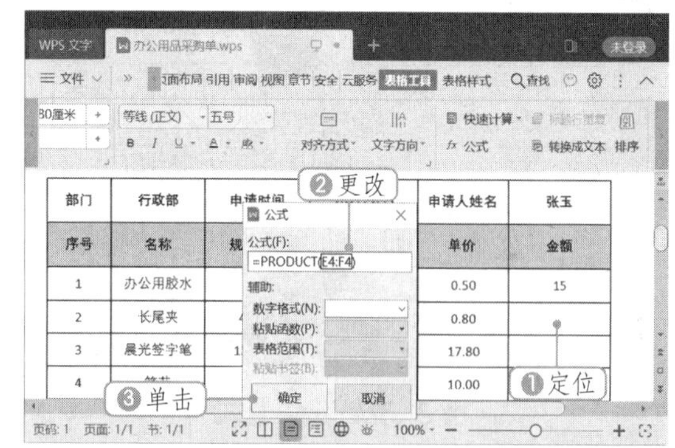

图 3-34　更改公式

知识补充

表格命名

文档中的表格虽然没有以字母（A、B、C、……）显示的列标和以数字（1、2、3、……）显示的行号，但在计算表格数据时，还是可以以“列标+行号”的形式来命名表格中的单元格，默认表格中的第1列为A、第1行为1，依此类推。

如果表格中含有合并单元格，则该单元格会以合并前包含的所有单元格中的左上角单元格的地址进行命名，表格中其他单元格的命名不受合并单元格的影响。

STEP 5 使用 **STEP 4** 的方法继续计算“金额”列中其他空白单元格的结果，也就是 G5:G11 单元格区域。

STEP 6 将文本插入点定位到“大写”后面的单元格中，打开“公式”对话框，在“粘贴函数”下拉列表框中选择“SUM”选项，在“数字格式”下拉列表框中选择“人民币大写”选项，在“表格范围”下拉列表框中选择“ABOVE”选项，单击 确定 按钮，如图 3-35 所示。

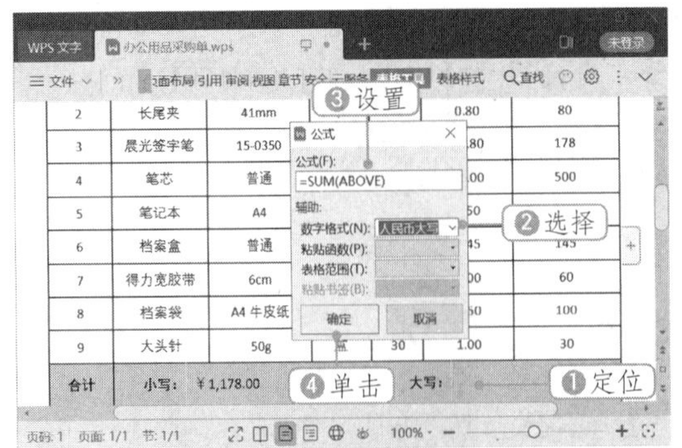

图 3-35　设置公式

STEP 7　将文本插入点定位到“小写”后面的单元格中，打开“公式”对话框，在“粘贴函数”下拉列表框中选择“SUM”选项，在“数字格式”下拉列表框中选择“(￥#,##0.00)”选项，在“公式”文本框中的“()”中输入参与计算的单元格区域“G3:G11”，单击 确定 按钮计算出结果，如图 3-36 所示。

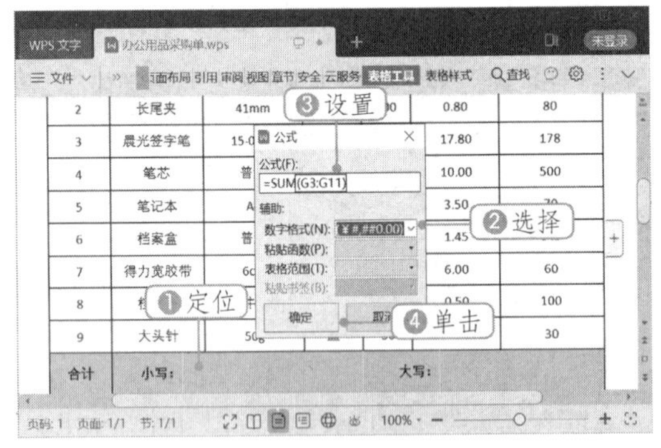

图 3-36　设置公式

知识补充

表格范围

在“公式”对话框的“表格范围”下拉列表框中提供了“LEFT”“RIGHT”“ABOVE”“BELOW”4个选项，“LEFT”表示所选单元格左侧的单元格区域；“RIGHT”表示所选单元格右侧的单元格区域；“ABOVE”表示所选单元格上方的单元格区域；“BELOW”表示所选单元格下方的单元格区域。使用表格范围计算时，默认情况下，所选单元格上、下、左、右单元格区域中含有数字的单元格都会参与计算，所以本例在计算金额和合计时，采用的是输入单元格区域计算。

STEP 8　返回文档表格中，可查看到所选单元格的计算结果，如图 3-37 所示。

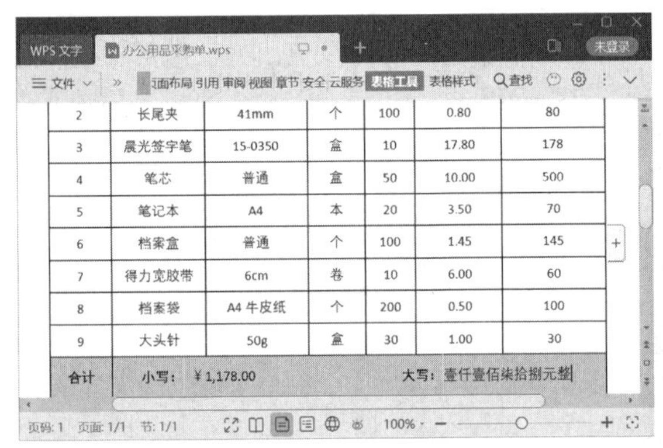

图 3-37　查看计算结果

技巧秒杀

快速计算

当需要计算文档中表格数据的和、平均值、最大值和最小值时，可通过WPS文字提供的快速计算功能快速对所选行或列进行计算。其方法是：选择需要计算的行或列，单击“表格工具”选项卡中的“快速计算”按钮，在打开的下拉列表中选择“求和”“平均值”“最大值”或“最小值”选项，计算所选行或列对应的值。其计算结果将在所选行或列的后一个单元格中显示，如果没有，则会新建一行或一列。

3.1.5　表格与文本互换

在 WPS 文字中，通过文本与表格相互转换的功能，可以快速将文本转换为表格或者将表格转换为文本。

1. 文本转表格

在文档中，可以快速将每项内容之间以逗号、段落标记、制表符等特定字符隔开的文本转换成表格。下面将“车辆销售表.wps”文档中的部分文本转换成表格，具体操作如下。

素材所在位置 素材文件 \ 第 3 章 \ 车辆销量表.wps

效果所在位置 效果文件 \ 第 3 章 \ 车辆销量表.wps

微课视频

STEP 1 打开"车辆销量表.wps"文档，选择除标题外的所有文本，单击"插入"选项卡中的"表格"按钮，在打开的下拉列表中选择"文本转换成表格"选项，如图 3-38 所示。

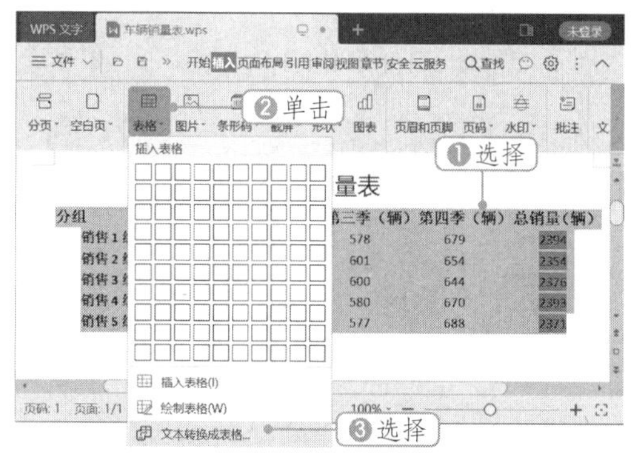

图 3-38 选择"文本转换成表格"选项

STEP 2 打开"将文字转换成表格"对话框后，"行数"和"列数"数值框中将根据选择的文本自动识别表格的行列数，如果不正确，可直接更改数值，这里保持默认设置。接着在"文字分隔位置"栏中单击选中"制表符"单选按钮，并单击确定按钮，如图 3-39 所示。

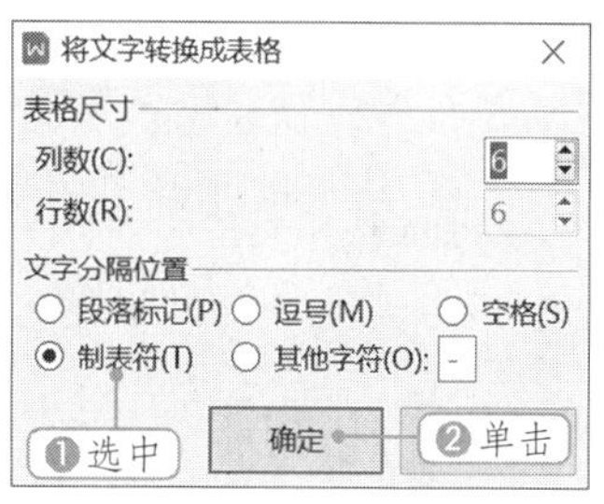

图 3-39 文本转换成表格设置

STEP 3 将选择的文本转换成表格的效果如图 3-40 所示。

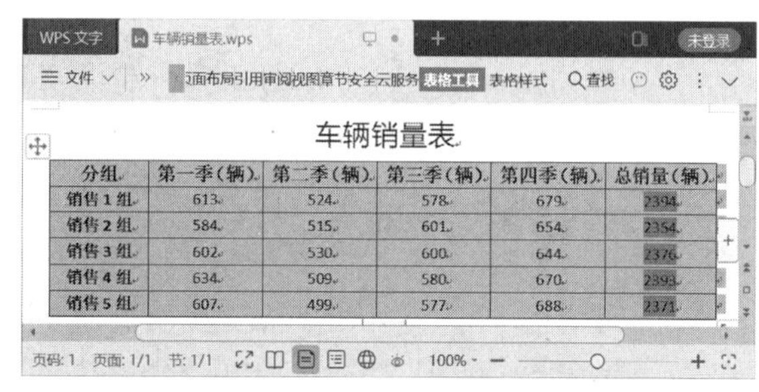

图 3-40 查看文本转换成表格效果

2. 表格转文本

将文档中的表格转换成文本内容的方法非常简单，只需要先选中表格，再单击"表格工具"选项卡中的"转换成文本"按钮，打开"表格转换成文本"对话框，设置图 3-41 所示的文字分隔符后单击确定按钮，即可将所选表格转换成文本，如图 3-42 所示。

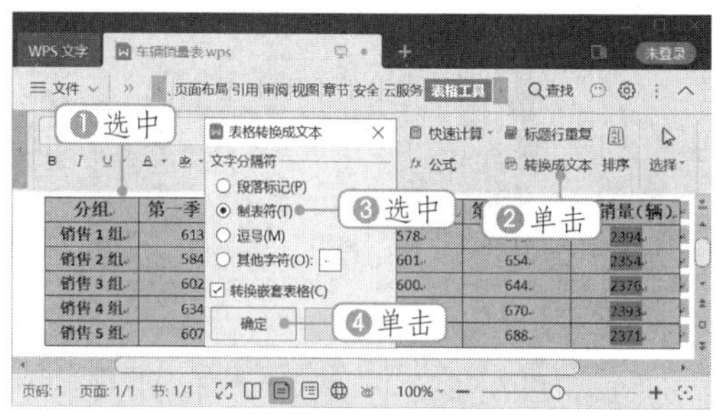

图 3-41 表格转换成文本设置

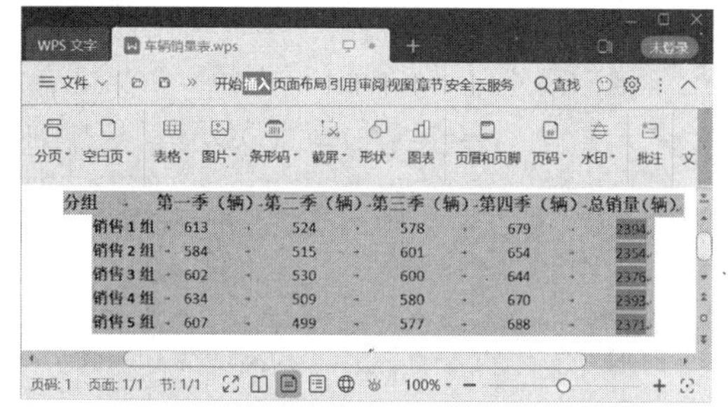

图 3-42 查看表格转换成文本效果

3.2 图表的应用

我们在制作总结报告、调查报告等文档时，经常需要展示一些数据，而相对表格，图表更能直观、形象地展示数据。

3.2.1 插入图表

WPS 文字中提供了 9 种图表类型，且每种图表类型下还提供了几种子类型，用户可以根据数据之间的关系选择需要插入的图表。其方法是：单击“插入”选项卡中的“图表”按钮，打开“插入图表”对话框，在左侧选择图表类型，在右侧将显示对应的子类型，选择需要的图表，单击确定按钮，如图 3-43 所示，选择的图表将插入到文档中，如图 3-44 所示。

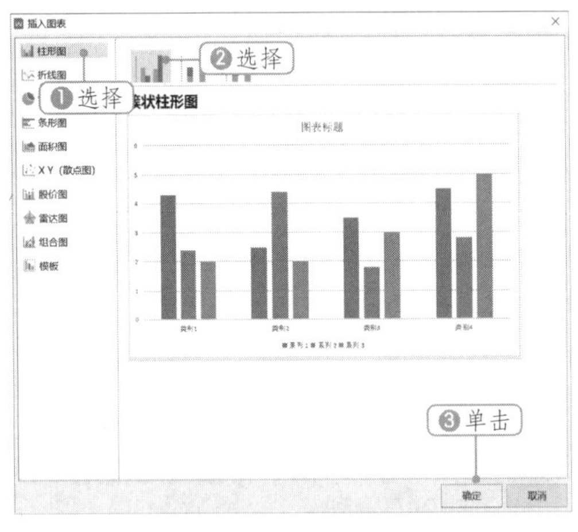

图 3-43　选择图表

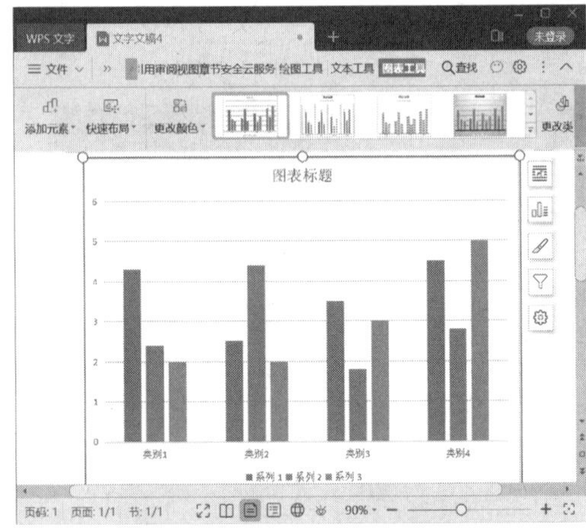

图 3-44　插入的图表效果

3.2.2 编辑图表数据

在 WPS 文字中，插入的图表展示的数据都是默认数据，并不能满足图表的制作需要，此时，用户需要编辑图表数据，使得图表能展示需要的数据。其方法是：选择文档中的图表，单击“图表工具”选项卡中的“编辑数据”按钮，自动启动 WPS 表格软件，在表格中输入图表中要展现的数据；输入完成后，单击窗口右上角的“关闭”按钮关闭程序，如图 3-45 所示；切换回 WPS 文字窗口，即可看到图表中展示的数据发生了变化，如图 3-46 所示。

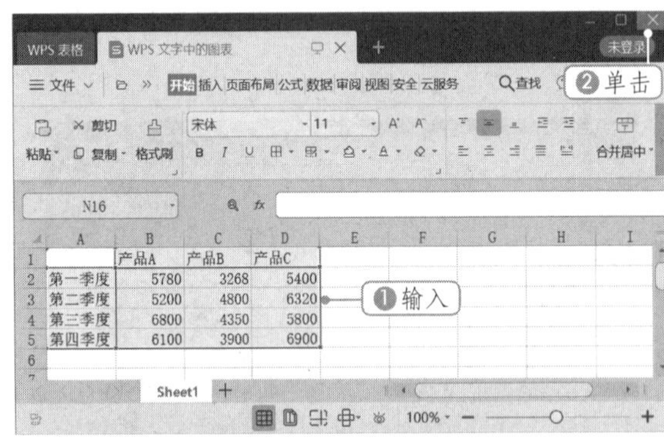

	产品A	产品B	产品C
第一季度	5780	3268	5400
第二季度	5200	4800	6320
第三季度	6800	4350	5800
第四季度	6100	3900	6900

图 3-45　输入图表数据

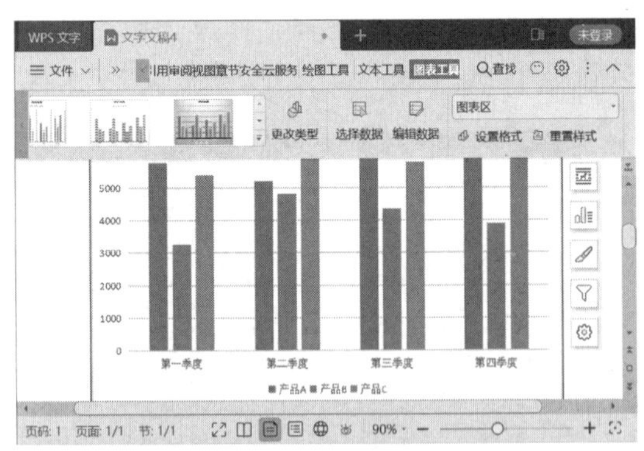

图 3-46　查看图表效果

知识补充

图表的其他操作

WPS文字中图表的编辑、美化方法与在WPS表格中的编辑、美化方法一样，所以本节不再详细讲解图表的其他操作，图表的其他编辑、美化方法将在本书第7章中详细讲解。

3.3 图片、图形、文本框等的应用

在 WPS 文字中，我们经常需要制作一些图文并茂的文档，而图片和图形则是图文文档必不可少的元素。此外，还可以通过添加形状、图片、文本框、二维码、智能图形等对象，来丰富文档内容、美化文档版式。

3.3.1 图片在文档中的应用

图片能直观地表达出需要表达的内容。在文档中使用图片，既可以美化文档页面，又可以让读者轻松地领会制作者想要表达的意图，对文字内容起到补充说明的作用。

1. 插入图片

WPS 文字中提供了图片功能，通过该功能可快速将保存在计算机中的图片插入到文档中。下面将在“产品宣传.wps”文档中插入图片，具体操作如下。

素材所在位置 素材文件\第 3 章\产品宣传.wps、按摩椅.png

效果所在位置 效果文件\第 3 章\产品宣传.wps

微课视频

STEP 1 打开“产品宣传.wps”文档，单击“插入”选项卡中的“图片”按钮，如图 3-47 所示。

STEP 2 打开“插入图片”对话框后，先在“位置”下拉列表框中选择图片要保存的位置，再选择需要插入的“按摩椅.png”图片文件，单击 打开 按钮，如图 3-48 所示。

STEP 3 选择的图片将插入文档中，其效果如图 3-49 所示。

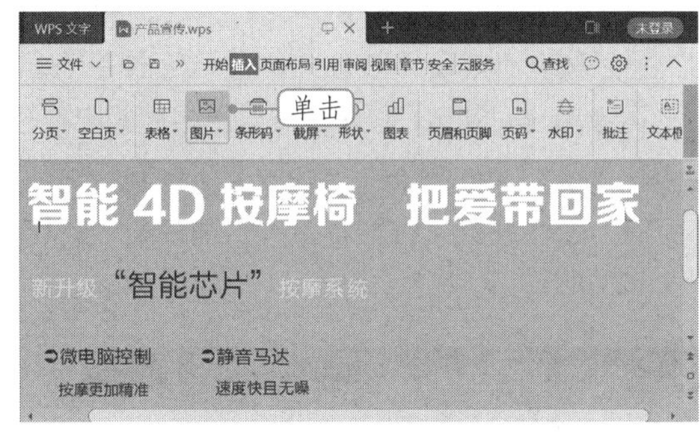

图 3-47 单击“图片”按钮

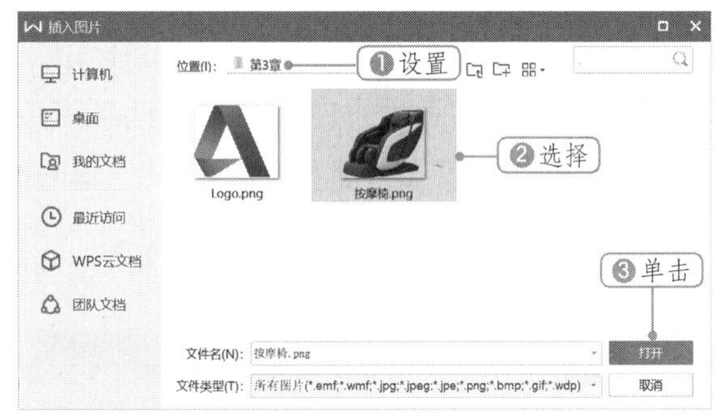

图 3-48 插入图片

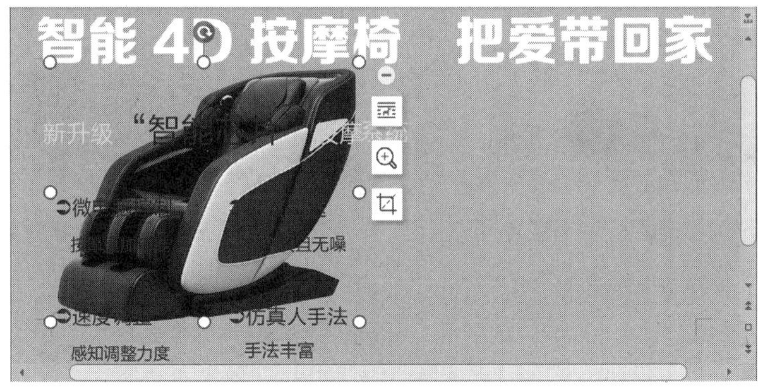

图 3-49 插入的图片效果

2. 设置图片环绕方式

默认情况下，插入到文档中的图片是嵌入到文档中的，不能随意拖动图片的位置。此时，用户可通过 WPS 文字中提供的四周型环绕、紧密型环绕、衬于文字下方、浮于文字上方、上下型环绕、穿越型环绕等多种环绕方式，设置图片的排列方式。

设置图片环绕方式的方法是：选择图片，单击“图片工具”选项卡中的“文字环绕”按钮，在打开的下拉列表中选择需要的环绕方式，如选择“浮于文字上方”选项，如图 3-50 所示，则所选图片将浮于文字上方。将鼠标指针移动到图片上，并按住鼠标左键不放拖动鼠标，还可将图片移动到其他位置，如图 3-51 所示。

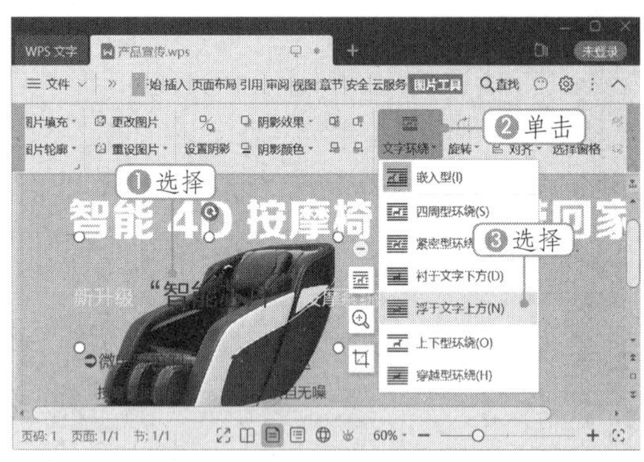

图 3-50　选择环绕方式

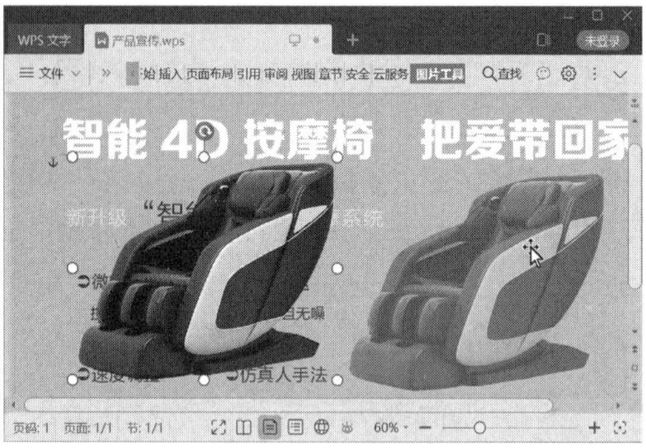

图 3-51　拖动图片

3. 裁剪图片

对于文档中插入的图片，还可以用 WPS 文字提供的裁剪功能对其进行裁剪。在 WPS 文字中，裁剪分为直接裁剪、按形状裁剪和按比例裁剪 3 种。

- **直接裁剪：** 选择需要裁剪的图片，单击“图片工具”选项卡中的“裁剪”按钮，此时，图片四周将出现黑色的裁剪标志，将鼠标指针移动到图片裁剪标志上，按住鼠标左键不放并进行拖动可以裁剪图片，如图 3-52 所示，裁剪完成后，再次单击“裁剪”按钮，退出图片裁剪状态。
- **按形状裁剪：** 选择需要裁剪的图片，单击图片右侧出现的“裁剪图片”按钮，进入图片裁剪状态，再次单击“裁剪图片”按钮，打开裁剪面板，默认选择“按形状裁剪”选项卡，在其中选择需要的形状，之后即可按所选形状裁剪图片，如图 3-53 所示。

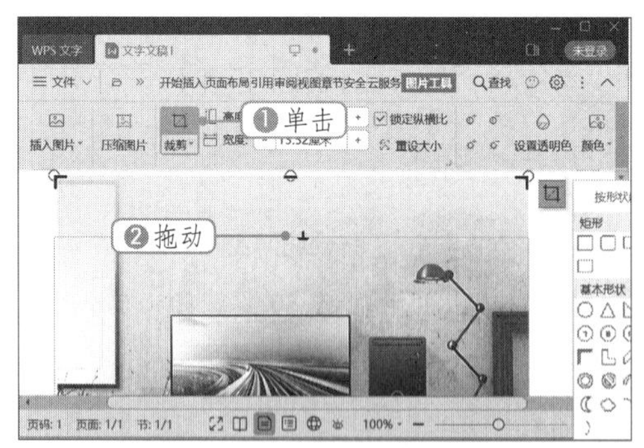

图 3-52　拖动鼠标裁剪图片

图 3-53　按形状裁剪

- **按比例裁剪：** 选择需要裁剪的图片，进入图片裁剪状态，单击“裁剪图片”按钮，打开裁剪面板，单击切换到“按比例裁剪”选项卡，在其中选择需要的裁剪比例，所选图片将按照所选的比例进行裁剪，如图 3-54 所示。

图 3-54　按比例裁剪

知识补充

调整图片裁剪区域

按形状和比例裁剪图片时，图片的裁剪区域是按选择的形状和比例进行默认的大小设置。当然，读者也可根据需要调整图片的裁剪区域。其方法是：执行按形状或比例裁剪操作后，图片仍处于裁剪状态，此时拖动图片也可调整图片的裁剪区域大小。

4. 调整图片对比度和亮度

如果文档中图片的亮度和对比度不理想，用户可根据需要进行调整。其方法是：选择图片，单击“图片工具”选项卡中的“增加对比度”按钮或“降低对比度”按钮，可调整图片的对比度；单击“增加亮度”按钮或“降低亮度”按钮，可调整图片的亮度。

知识补充

调整图片颜色

在编辑文档时，有时为了使图片与页面背景相融合，还需要调整图片原有的颜色。调整图片颜色的方法是：选择图片，单击“图片工具”选项卡中的“颜色”按钮，在打开的下拉列表中提供了“自动”“灰度”“黑白”“冲蚀”4种选项，用户可以根据需要进行选择。

5. 设置图片轮廓

通过 WPS 文字提供的图片轮廓功能，可为图片添加需要的边框，并可根据需要设置边框线条和粗细。下面将为“产品宣传 1.wps”文档中的图片添加需要的边框，具体操作如下。

素材所在位置　素材文件 \ 第 3 章 \ 产品宣传 1.wps

效果所在位置　效果文件 \ 第 3 章 \ 产品宣传 1.wps

微课视频

STEP 1　打开“产品宣传 1.wps”文档，先选择图片，再单击“图片工具”选项卡中“图片轮廓”按钮右侧的下拉按钮，在打开的下拉列表中的“主题颜色”栏中选择“白色，背景 1”选项，如图 3-55 所示。

STEP 2　为图片添加白色边框，保持图片的选择状态，在“图片轮廓”下拉列表中选择“线型”选项，在打开的子列表中选择“3 磅”选项，如图 3-56 所示。

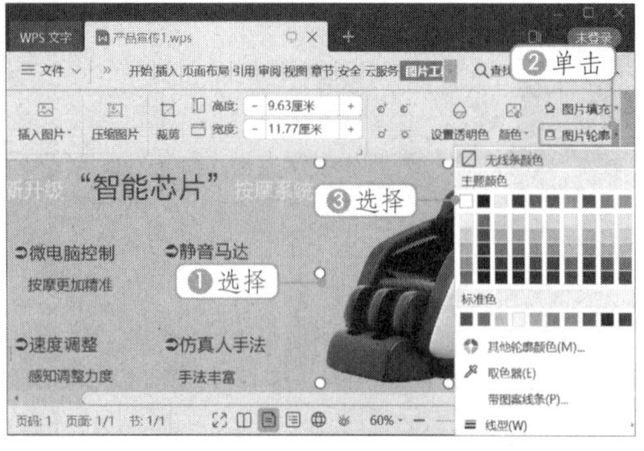

图 3-55　选择图片边框颜色

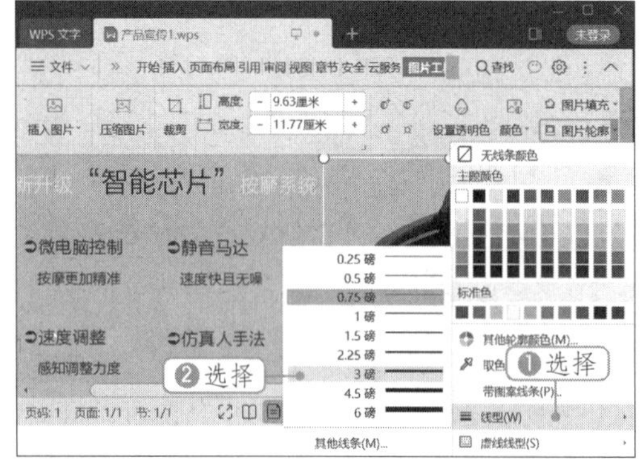

图 3-56　选择图片边框粗细

STEP 3　继续在“图片轮廓”下拉列表中选择“虚线线型”选项，在打开的子列表中选择“方点”选项，如图 3-57 所示。

图 3-57　选择图片边框粗细

STEP 4　所选边框样式将应用于选择的图片中，如图 3-58 所示。

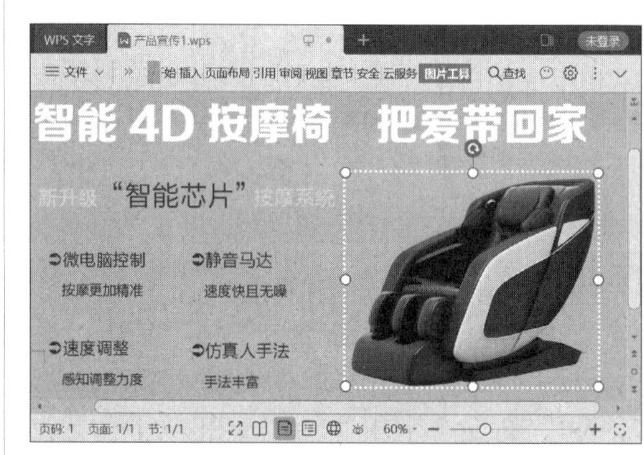

图 3-58　查看图片边框效果

第1部分

技巧秒杀

快速更改图片

设置和调整好图片后，如果想保留图片效果，换成其他图片，可通过更改图片快速实现。其方法是：选择图片，单击“图片工具”选项卡中的“更改图片”按钮，打开“更改图片”对话框，选择需要的图片，单击 打开 按钮，将选择的图片更改为打开的图片，并保留原图片的轮廓、颜色等效果。

6. 设置图片效果

在 WPS 文字中，为图片提供了阴影、倒影、发光、柔化边缘和三维旋转等效果，且每种效果下又提供了多种选项，用户可根据需要为图片应用相应的效果，以增强图片的视觉效果。其方法是：选择图片，单击“图片工具”选项卡中的“图片效果”按钮，在打开的下拉列表中选择相应的效果，如选择“发光”选项，在打开的子列表中选择需要的发光效果，如图 3-59 所示，即可将其应用在选择的图片上，效果如图 3-60 所示。

知识补充

不同格式文档的操作变化

在WPS 文字中，.wps格式的文档与WPS新建的文档（未保存）、“.docx”格式的文档，在可进行的某些操作上有细微的差别，如裁剪图片时，“.wps”格式的文档只为图片提供了直接裁剪，不能按形状和比例裁剪；设置图片效果时，“.wps”格式的文档只为图片提供了阴影效果设置，未提供倒影、发光、三维旋转等图片效果。

图 3-59　选择发光效果

图 3-60　查看图片效果

3.3.2　形状的插入和使用

在 WPS 文字中，通过形状绘制工具可绘制出如线条、基本形状、箭头总汇、流程图、星与旗帜等图形，还可根据需要编辑绘制的形状，使文档整体更加美观。下面将在“产品宣传 2.wps”文档中插入形状，并编辑形状、美化文档效果，具体操作如下。

素材所在位置　素材文件 \ 第 3 章 \ 产品宣传 2.wps

效果所在位置　效果文件 \ 第 3 章 \ 产品宣传 2.wps

微课视频

STEP 1　打开“产品宣传 2.wps”文档，单击“插入”选项卡中的“形状”按钮，在打开的下拉列表中选择“矩形”选项，如图 3-61 所示。

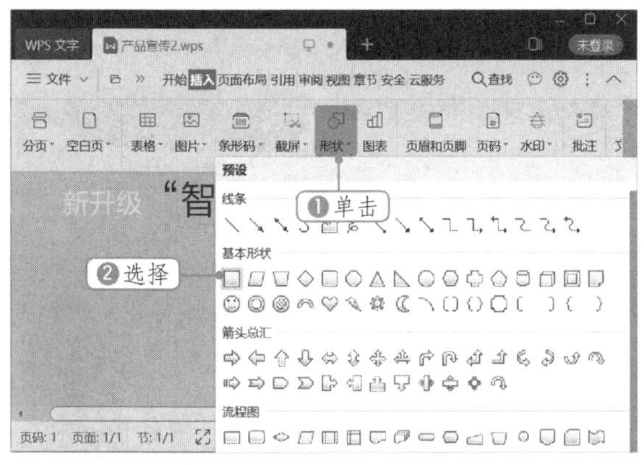

图 3-61　选择需要的形状

STEP 2　此时鼠标指针将变成+形状，在需要绘制形状的位置上，按住鼠标左键不放并拖动，可以绘制出需要的矩形，如图 3-62 所示。

STEP 3　选择形状，单击“绘图工具”选项卡中“轮廓”按钮右侧的下拉按钮，在打开的下拉列表中选择“无线条颜色”选项，取消形状轮廓，如图 3-63 所示。

图 3-62　绘制形状

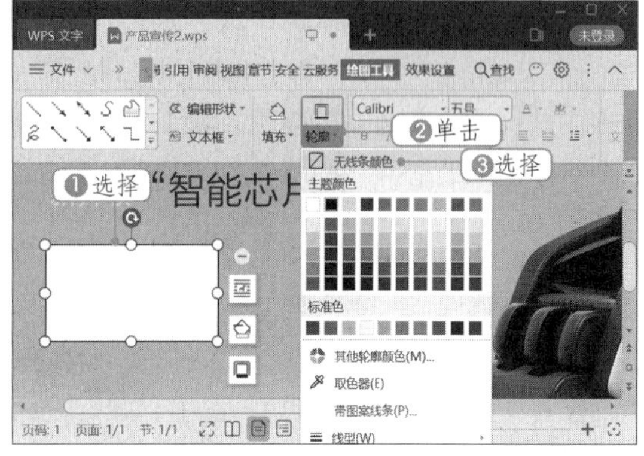

图 3-63　取消形状轮廓

STEP 4 保持形状的选择状态，单击“效果设置”选项卡中的“阴影效果”按钮，在打开的下拉列表中选择需要的阴影效果，如图 3-64 所示。

图 3-64 设置阴影效果

STEP 5 选择形状，单击“绘图工具”选项卡中的“编辑形状”按钮，在打开的下拉列表中选择“更改形状”选项，在打开的子列表中选择要更改的形状，如选择“圆角矩形”选项，如图 3-65 所示。

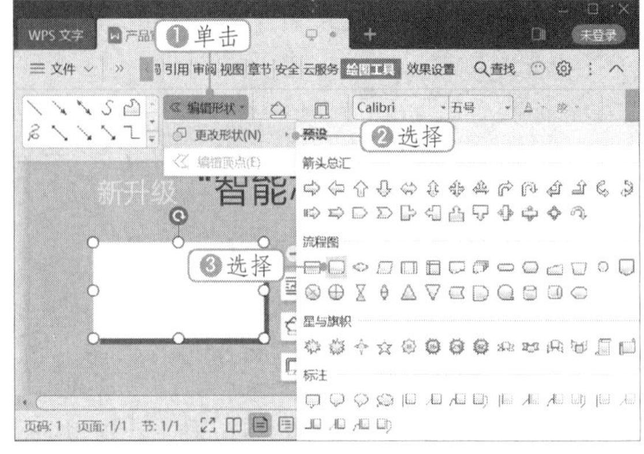

图 3-65 更改形状

知识补充

设置形状效果

在“.wps”格式的文档中，选择形状后，会激活“效果设置”选项卡，在其中可设置形状的阴影效果、三维效果等。而在WPS新建的文档或WPS其他格式的文档中，则没有“效果设置”选项卡，此时要设置形状效果，需要在“绘图工具”选项卡中单击“形状效果”按钮，在打开的下拉列表中设置阴影、三维旋转、发光、倒影、柔化边缘等效果。另外，在“绘图工具”选项卡的形状样式列表框中还可以选择为形状应用需要的样式，快速美化形状。

STEP 6 把矩形更改为圆角矩形后，又在圆角矩形上绘制一个矩形。选择绘制的矩形，在其上单击鼠标右键，并在打开的快捷菜单中选择“添加文字”命令。此时，鼠标将定位到矩形形状中，输入需要的文本内容，并设置文本的格式即可。

STEP 7 选择圆角矩形和矩形，单击“绘图工具”选项卡中的“对齐”按钮，在打开的下拉列表中选择“垂直居中”选项，使两个形状垂直居中对齐，如图 3-66 所示。

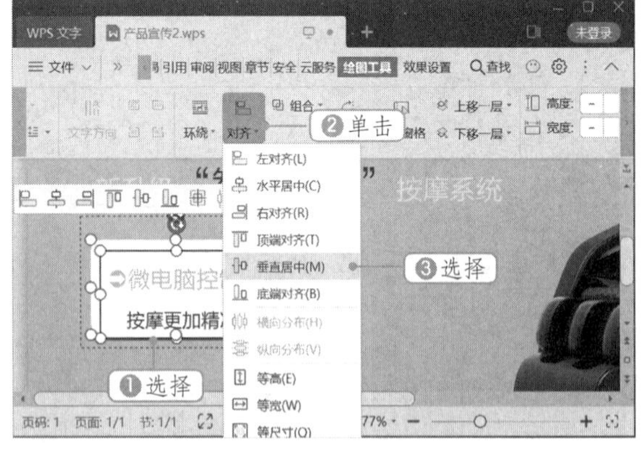

图 3-66 对齐形状

技巧秒杀

快速绘制圆和正方形

在绘制圆和矩形等形状时，按住【Shift】键的同时，按住鼠标拖动，可绘制圆和正方形等图形。

第1部分

知识补充

编辑形状顶点

如果对绘制的形状不满意，那么可以通过编辑形状顶点更改形状外观。其方法是：选择形状，单击“绘图工具”选项卡中的“编辑形状”按钮，在打开的下拉列表中选择“编辑顶点”选项，此时，形状中所有的顶点将显示出来，拖动顶点可调整顶点的位置。另外，在顶点上单击鼠标右键，在打开的快捷菜单中还提供了多个顶点编辑命令，选择不同的命令，可完成形状顶点的不同编辑。

STEP 8 保持两个形状的选择状态，单击“绘图工具”选项卡中的“组合”按钮，在打开的下拉列表中选择“组合”选项，将两个形状组合为一个形状，如图 3-67 所示。

图 3-67 组合形状

STEP 9 选择组合形状中的矩形，取消形状轮廓，然后选择组合图形，按【Ctrl+C】组合键复制，再按【Ctrl+V】组合键粘贴 3 次，并将其调整到合适的位置，更改复制的 3 个组合图形中的文字内容，效果如图 3-68 所示。

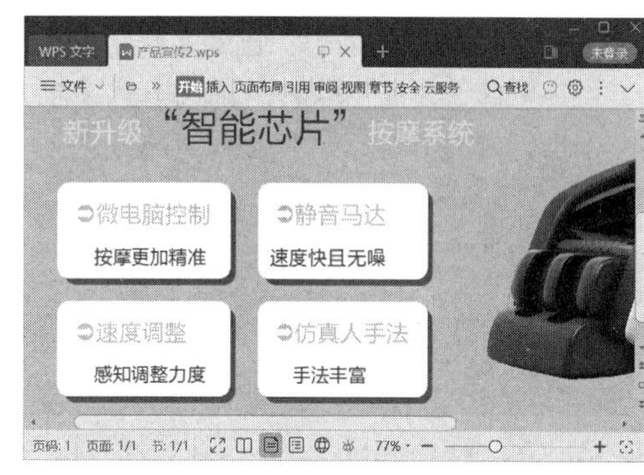

图 3-68 复制并粘贴形状

知识补充

设置图形叠放顺序

当文档中同一位置有几个图形时，可通过设置调整图形的叠放顺序。其方法是：选择需要调整的图形，在其上单击鼠标右键，在打开的快捷菜单中选择“置于底层”或“置于顶层”命令，在打开的子菜单中选择需要的叠放命令即可。

3.3.3 文本框的插入和使用

借助文本框可以在文档页面的任意位置输入需要的文本，提高文档编排的灵活性，文本框常用于编排非正式的文档。在 WPS 文字中，提供了横向、竖向和多行文字 3 种文本框，用户可根据需要选择合适的文本框使用。其方法是：单击“插入”选项卡中“文本框”按钮右侧的下拉按钮，在打开的下拉列表中选择需要的选项，如选择“竖向”选项，如图 3-69 所示，此时鼠标指针变成十形状，在文档页面中拖动鼠标绘制一个文本框，绘制完成后，释放鼠标。在文本框中输入需要的文本，文本将竖向排列，效果如图 3-70 所示。

另外，还可根据需要编辑和美化已插入的文本框，其方法与形状的编辑和美化方法相同，这里不再赘述。

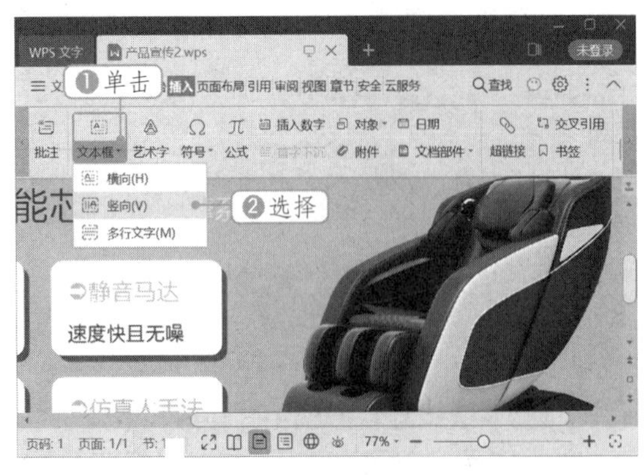

图 3-69　选择“竖向”选项

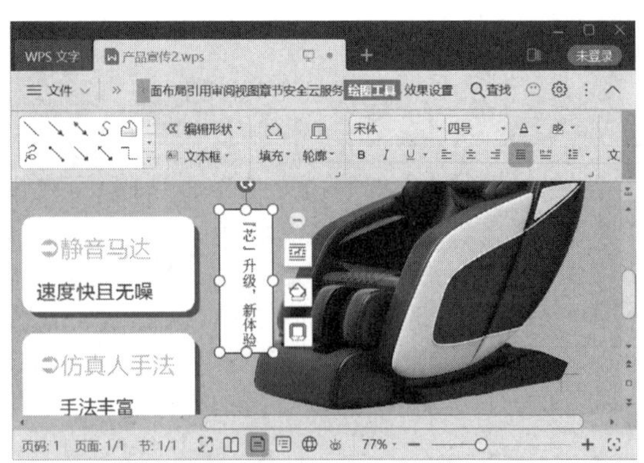

图 3-70　查看文本框效果

3.3.4　二维码的插入和使用

二维码又叫二维条形码，它是利用黑白相间的图形记录数据符号信息的。使用电子扫描设备（如手机、平板电脑等）扫描二维码，便可自动识别二维码中的信息，从而实现信息的自动处理。下面将在“公司简介.wps”文档中插入二维码，并编辑二维码的相关内容，具体操作如下。

素材所在位置　素材文件\第 3 章\公司简介.wps

效果所在位置　效果文件\第 3 章\公司简介.wps

微课视频

STEP 1　打开“公司简介.wps”文档，将文本插入点定位到文档正文内容的下一行，单击“插入”选项卡中“条形码”按钮右侧的下拉按钮，在打开的下拉列表中选择“二维码”选项，如图 3-71 所示。

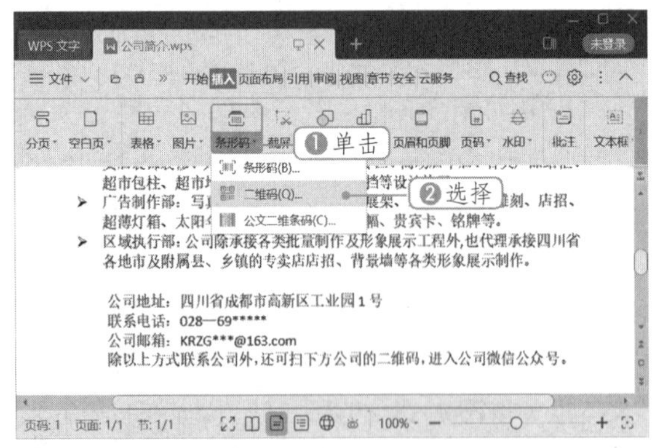

图 3-71　选择“二维码”选项

STEP 2　打开“插入二维码”对话框，在“输入内容”文本框中输入相应的文本内容或网址，这里输入“科瑞展柜制作”，在右侧下方单击“嵌入 Logo”选项卡，单击选中“圆角”单选按钮，单击 +点击添加图片 按钮，如图 3-72 所示。

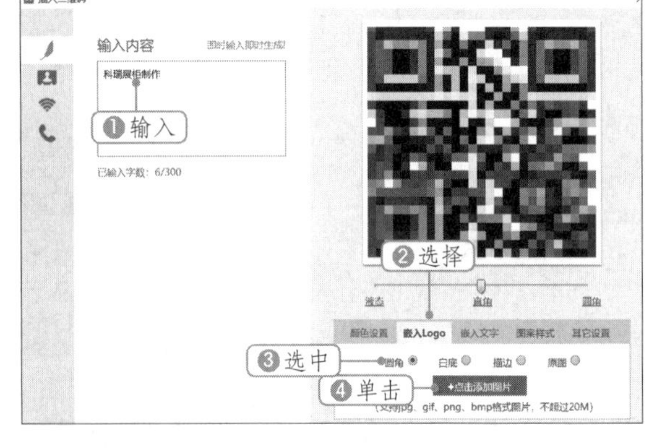

图 3-72　设置嵌入 Logo

STEP 3　打开“打开文件”对话框后，在地址栏中选择 Logo 图片的保存位置，选择“Logo.png”图片文件，单击 打开(O) 按钮，如图 3-73 所示。

STEP 4　返回“插入二维码”对话框，可看到二维码中已插入 Logo 图片，单击切换到“嵌入文字”选项卡，在其下方的文本框中输入“科瑞”文本，在“效果”下拉列表框中选择“3D 效果”选项，单击“文字颜色”色块，并在打开的面板中选择“#foo”选项，单击 确定 按钮，二维码中将显示设置的文字，如图 3-74 所示。

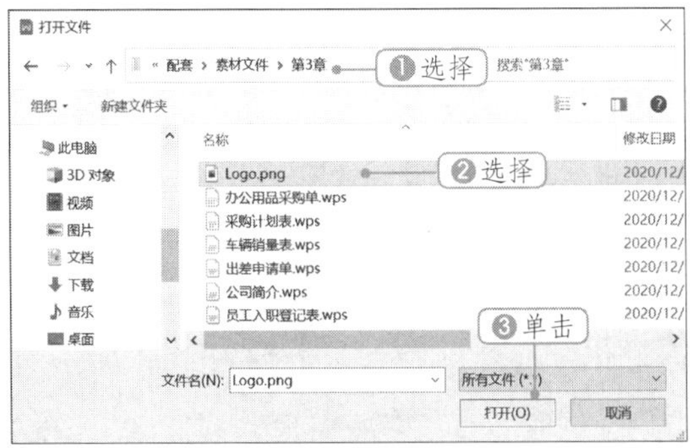

图 3-73　选择 Logo 文件

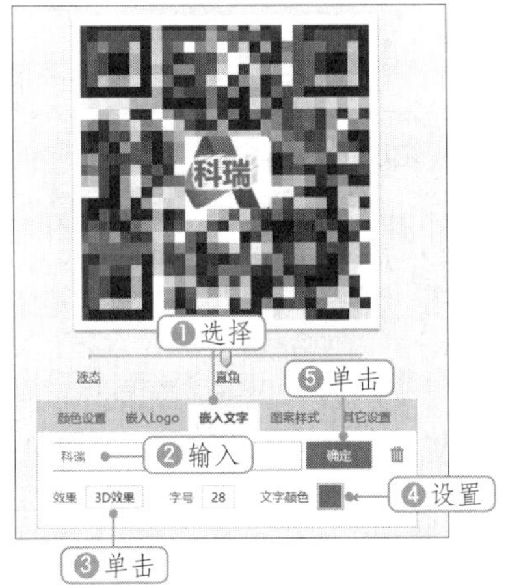

图 3-74　设置嵌入文字

STEP 5 完成二维码的设置后，单击 确定 按钮，即可将设置的二维码以图片的形式插入文档中。选择二维码图片，将其设置为居中对齐，再单击"图片工具"选项卡中的"图片轮廓"按钮右侧的下拉按钮，在打开的下拉列表中选择"白色，背景色 1，深色 50%"选项，如图 3-75 所示。

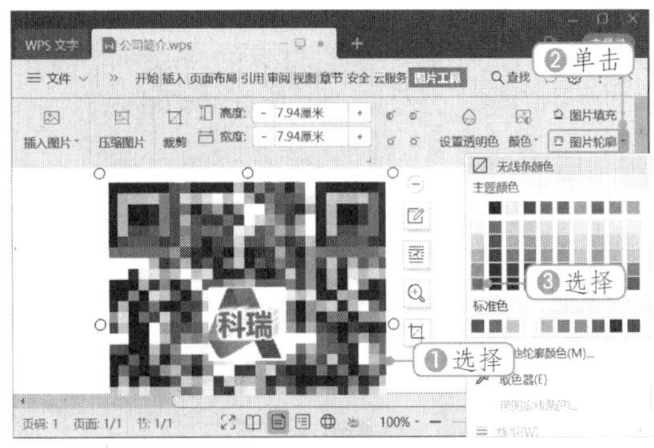

图 3-75　设置图片轮廓

STEP 6 保持图片的选择状态，在"图片工具"选项卡中的"高度"数值框中输入"5.50 厘米"，按【Enter】键，等比例调整二维码图片的大小，效果如图 3-76 所示。

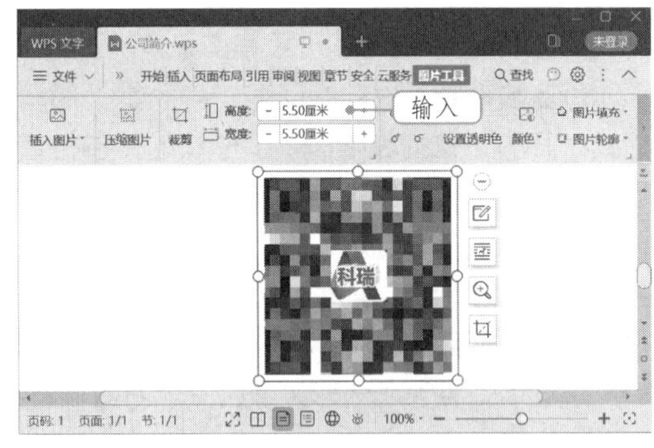

图 3-76　查看图片效果

知识补充

二维码设置

在"插入二维码"对话框中，除了可设置Logo和文字外，在"颜色设置"选项卡中还可设置二维码的前景色、背景色、渐变颜色和渐变方式等，在"图案样式"选项卡中还可设置定位点样式，在"其他设置"选项卡中还可设置外边距、旋转角度和图片像素等。

技巧秒杀

通过电话号码快速创建二维码

打开"插入二维码"对话框，单击左上角的"电话"按钮，在打开页面的"手机号码"文本框中输入要设置的手机号码，单击 确定 按钮，即可快速创建二维码图标并将其插入文档中。

3.3.5 智能图形的插入和使用

智能图形能够以图示化的形式展示文本信息和观点，使文字间的关联性更加清晰、直观。

1. 插入智能图形

WPS 文字提供了15 种智能图形，用户可以根据实际需要选择插入。其方法是：单击“插入”选项卡中的“智能图形”按钮，打开“选择智能图形”对话框，其中显示了 WPS 文字所提供的15 种智能图形，选择需要的智能图形，如选择“组织结构图”选项，如图 3-77 所示，单击确定按钮，组织结构图将插入文档中，然后在智能图形的各个形状中输入相应的文本，效果如图 3-78 所示。

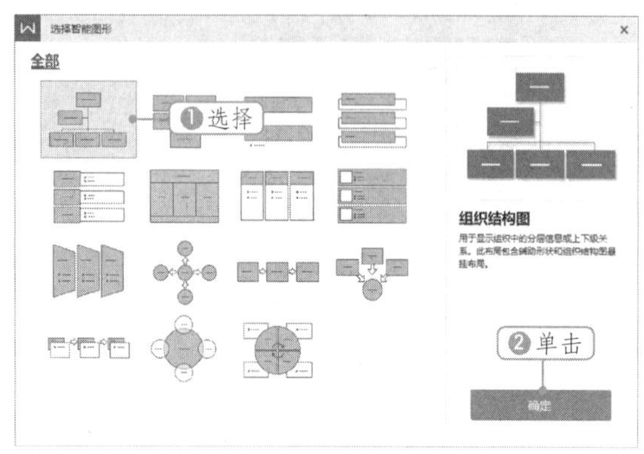

图 3-77　选择智能图形

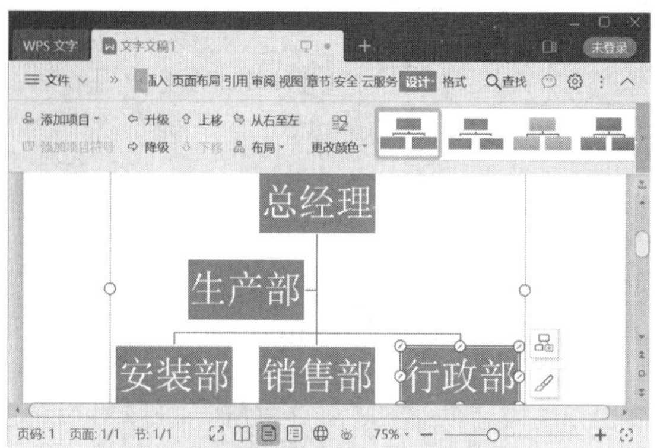

图 3-78　在智能图形中输入文本

2. 编辑智能图形

已插入的智能图形还可根据实际情况进行编辑，如添加形状、调整形状级别、更改形状布局等。

- **添加形状：** 选择智能图形中的某个形状，单击“设计”选项卡中的“添加项目”按钮，在打开的下拉列表中提供了形状的添加位置，选择“在下方添加项目”选项，如图 3-79 所示，将在所选形状的下方添加一个形状，且比所选形状低一个级别，如图 3-80 所示。选择“在上方添加项目”选项，将在所选形状的上方添加一个形状，且比所选形状高一个级别。选择“在后面添加项目”选项，将在所选形状的后面添加一个形状，且与所选形状同级别。选择“在前面添加项目”选项，将在所选形状的前面添加一个形状，且与所选形状同级别。选择“添加助理”选项，将为所选形状添加一个助理，且比所选形状低一个级别。

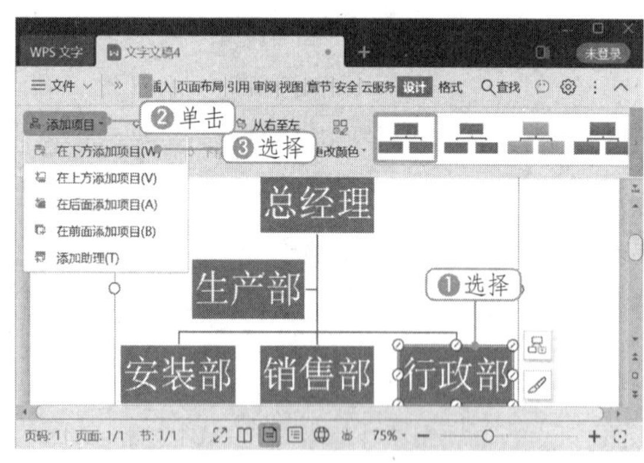

图 3-79　添加形状

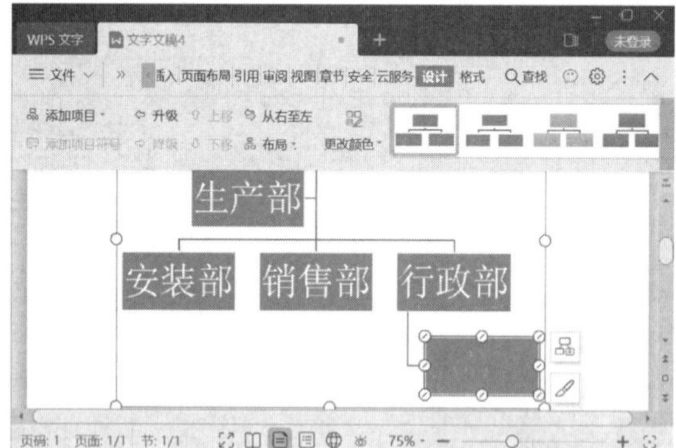

图 3-80　查看添加的形状

- **调整形状级别：** 选择智能图形中需要调整形状级别的形状，单击“设计”选项卡中的“升级”按钮或“降级”按钮，即可提升所选形状的级别或降低所选形状的级别。
- **更改形状布局：** 选择智能图形中需要更改布局的形状，单击“设计”选项卡中的“布局”按钮，在打开的下拉列表中选择需要的布局选项，如选择“标准”选项，如图 3-81 所示，所选形状下一级的形状将按照所选的布局方式排列，效果如图 3-82 所示。

第1部分

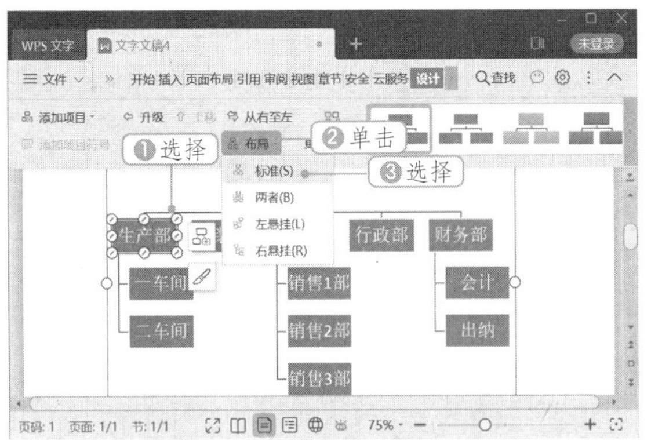

图 3-81　选择布局选项

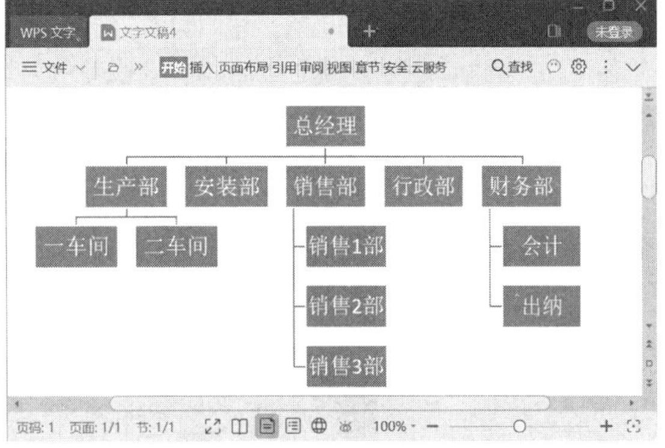

图 3-82　查看布局效果

3. 美化智能图形

美化智能图形时，一般有应用样式和更改颜色两种方法。

- **应用样式：** 选择文档中的智能图形，在"设计"选项卡中的列表框中选择需要的样式应用在选择的智能图形上。
- **更改颜色：** 选择文档中的智能图形，在"设计"选项卡中单击"更改颜色"按钮，在打开的下拉列表中选择需要的颜色，如图 3-83 所示，即可将其应用于智能图形，如图 3-84 所示。

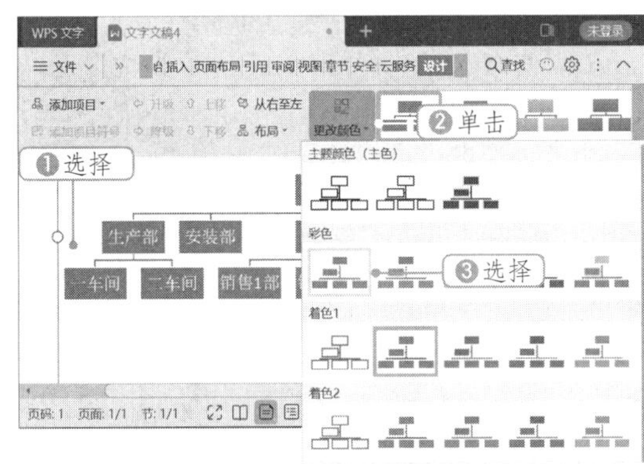

图 3-83　选择图形颜色

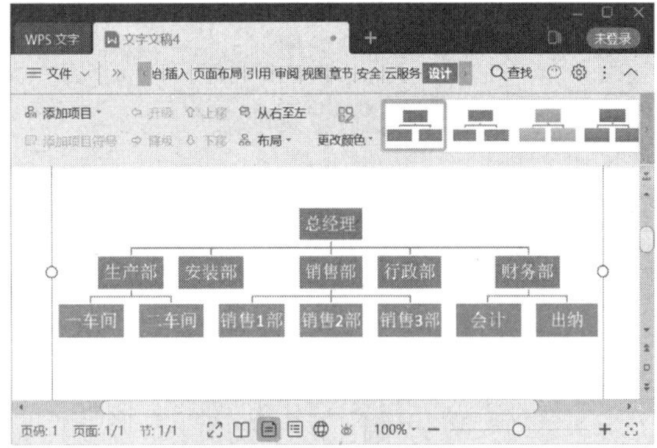

图 3-84　查看图形效果

3.4　课堂案例：制作"招聘海报"文档

海报因其画面美观、视觉冲击力和表现力强而被广泛应用在各种宣传活动中，如产品宣传、活动宣传、企业文化宣传、招聘宣传等，其目的包括维护企业形象、提高企业的知名度、销售产品、招聘到优秀人才等，所以用户可根据目的的不同确定海报的主题和设计海报的内容。

3.4.1　案例目标

招聘海报是企业为了吸引人才而制作的，比较注重海报的美观度，排版也比较灵活。在制作"招聘海报"文档时，会用到图片、形状、文本框等对象丰富文档内容、美化文档。本例制作后的参考效果如图 3-85 所示。

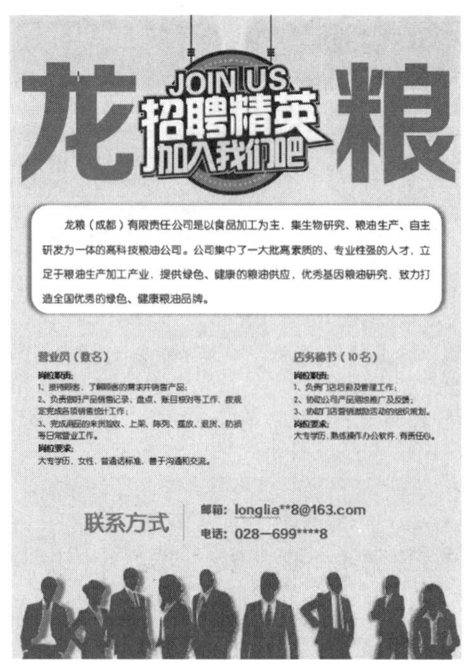

图 3-85　参考效果

素材所在位置　素材文件\第 3 章\人.jpg、文字.jpg

效果所在位置　效果文件\第 3 章\招聘海报.docx

微课视频

第1部分

3.4.2　制作思路

“招聘海报”的制作主要涉及图片、形状、文本框等对象的使用。其具体制作思路如图 3-86 所示。

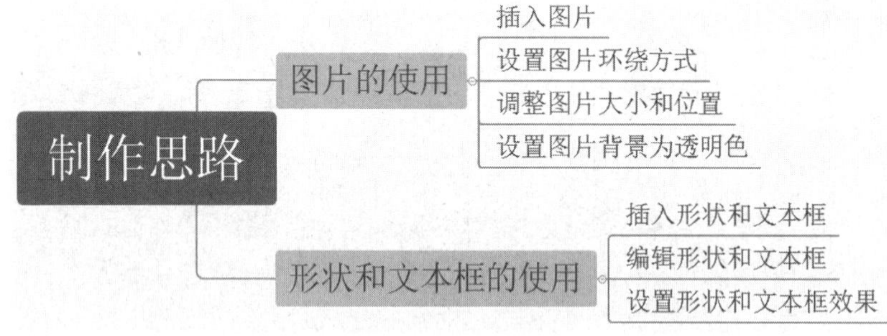

图 3-86　制作思路

3.4.3　操作步骤

1. 图片的使用

下面将在新建的空白文档中插入图片，并设置和美化图片效果，其具体操作如下。

STEP 1　启动 WPS 文字，新建一个空白文档，单击“插入”选项卡中的“图片”按钮，打开“插入图片”对话框，按住【Shift】键选择“人.jpg”和“文字.jpg”图片文件，单击打开按钮，如图 3-87 所示。

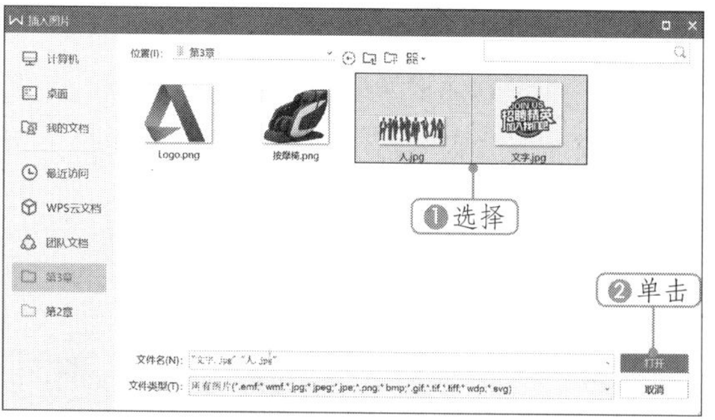

图 3-87　插入图片

STEP 2　选择文档中插入的第 1 张图片，单击“图片工具”选项卡中的“环绕”按钮，在打开的下拉列表中选择“衬于文字下方”选项，如图 3-88 所示。

图 3-88　选择环绕方式

STEP 3　使用相同的方法将另一张图片的环绕方式也设置为“衬于文字下方”。

STEP 4　将鼠标指针移动到“人”图片上，按住鼠标左键不放，将其拖动到页面下方，在“图片工具”选项卡的“高度”数值框中输入“8.43 厘米”，按【Enter】键后将会根据输入的高度等比例调整图片的大小。保持选中“人”图片，单击“图片工具”选项卡中的“设置透明色”按钮，如图 3-89 所示。

图 3-89　单击“设置透明色”按钮

STEP 5　此时，鼠标指针将变成形状，在图片背景上单击，将其变为透明显示。保持图片的选择状态，单击“图片工具”选项卡中的“图片效果”按钮，在打开的下拉列表中选择“更多设置”选项，如图 3-90 所示。

图 3-90　选择“更多设置”选项

STEP 6　打开“属性”任务窗格后，在“阴影”下拉列表框中选择“向左偏移”选项，单击“距离”滑块右侧的按钮，将“距离”调整为“6 磅”后，如图 3-91 所示。

图 3-91　设置图片阴影等效果

STEP 7　选择“文字”图片，将其调整到页面上方的中间位置，将图片背景设置为透明色，图片高度设置为“9.92 厘米”，按【Enter】键确认，如图 3-92 所示。

图 3-92　设置“文字”图片效果

第 3 章　WPS 文档的美化

2. 形状和文本框的使用

下面将在文档中插入形状和文本框，并根据需要编辑及美化形状和文本框，其具体操作如下。

STEP 1 单击“插入”选项卡中的“形状”按钮，在打开的下拉列表中选择“矩形”选项，如图 3-93 所示。

STEP 2 拖动鼠标，绘制一个与页面相同大小的形状，然后选择形状，单击“绘图工具”选项卡中“填充”按钮右侧的下拉按钮，在打开的下拉列表中选择“其他填充颜色”选项，如图 3-94 所示。

图 3-93 选择“矩形”选项

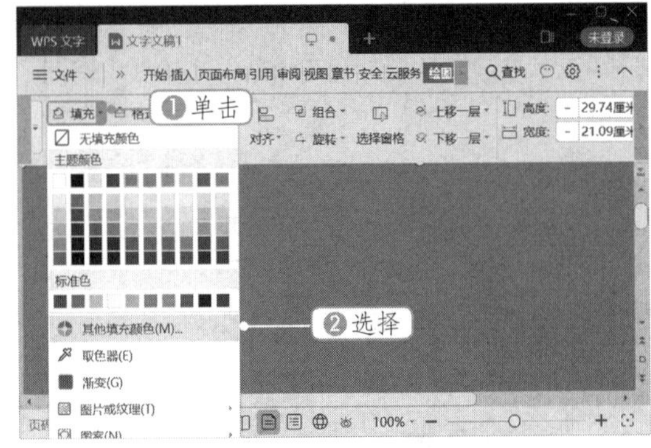

图 3-94 选择“其他填充颜色”选项

知识补充

形状的其他填充效果

选择形状，在“填充”下拉列表中选择“渐变”选项，可打开“属性”任务窗格，在其中可设置形状的渐变填充、图片或纹理填充、图案填充等填充效果。

STEP 3 在打开的“颜色”对话框中，默认选择“自定义”选项卡，在“红色”数值框中输入“254”，在“绿色”数值框中输入“227”，在“蓝色”数值框中输入“0”，单击确定按钮，如图 3-95 所示。

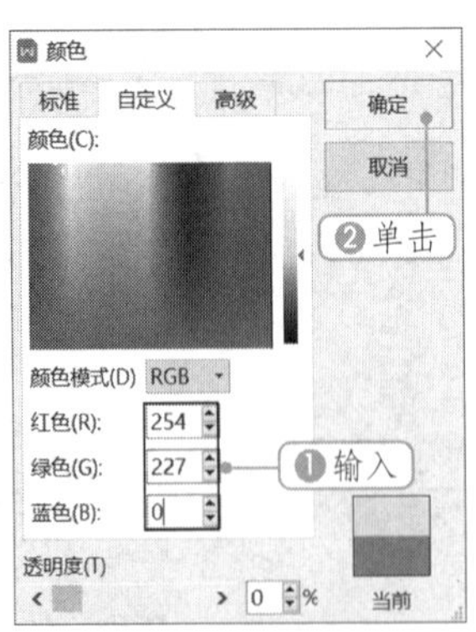

图 3-95 自定义颜色

STEP 4 保持形状的选择状态，将轮廓设置为“无颜色填充”，单击“绘图工具”选项卡中“下移一层”按钮右侧的下拉按钮，在打开的下拉列表中选择“衬于文字下方”选项，如图 3-96 所示。

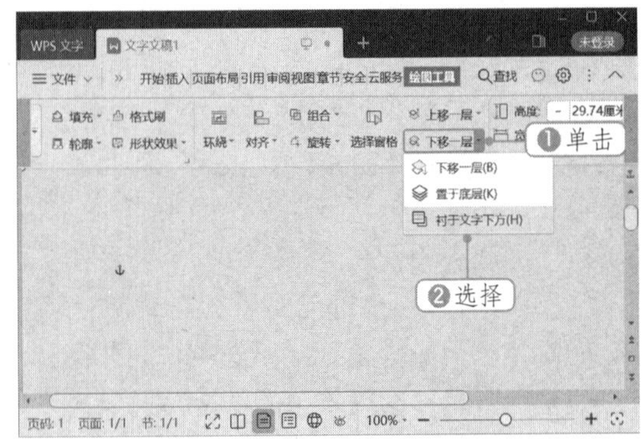

图 3-96 设置形状叠放顺序

STEP 5 矩形将置于图片下方，单击“插入”选项卡中“文本框”按钮右侧的下拉按钮，在打开的下拉列表中选择“横向”选项，如图 3-97 所示。

STEP 6 拖动鼠标在页面上方左侧绘制一个文本框，取消文本框的填充色和轮廓，然后在文本框中输入“龙”文本，并在“开始”选项卡中将“字体”设置为“方正正大黑简体”，在“字号”下拉列表框中输入字号“170”，如图 3-98 所示。

图 3-97 选择文本框选项

图 3-98 设置文本格式

STEP 7 复制“龙”文本框，将其粘贴到图片右侧，并将“龙”文本更改为“粮”文本。在图片下方绘制一个圆角矩形，将填充色设置为“白色，背景 1”，取消圆角矩形的轮廓。

STEP 8 在圆角矩形中输入公司介绍文本，并设置文本的字体、字号和行距等。

STEP 9 选择圆角矩形，在“绘图工具”选项卡中单击“形状效果”按钮，在打开的下拉列表中选择“阴影”选项，在打开的子列表中选择“居中偏移”选项，如图 3-99 所示。

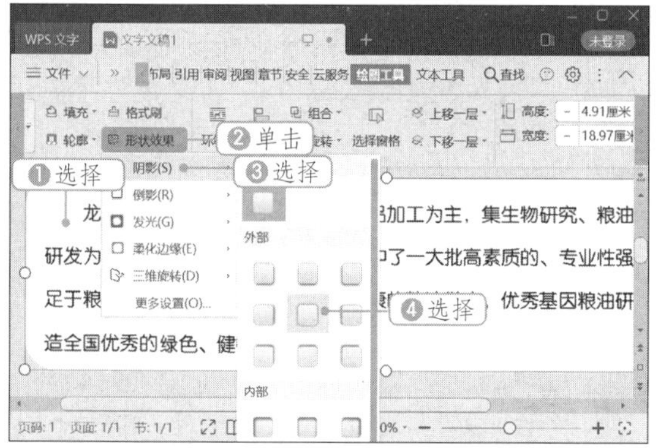

图 3-99 选择阴影效果

STEP 10 在圆角矩形下方绘制一个文本框，取消文本框的轮廓和填充色，然后在文本框中输入“营业员”的招聘信息，并设置文本的格式。

STEP 11 复制并粘贴文本框，更改文本框中的文本内容，依次选择右侧和左侧的文本框，并在上方的浮动工具栏中单击“顶端对齐”按钮，如图 3-100 所示。

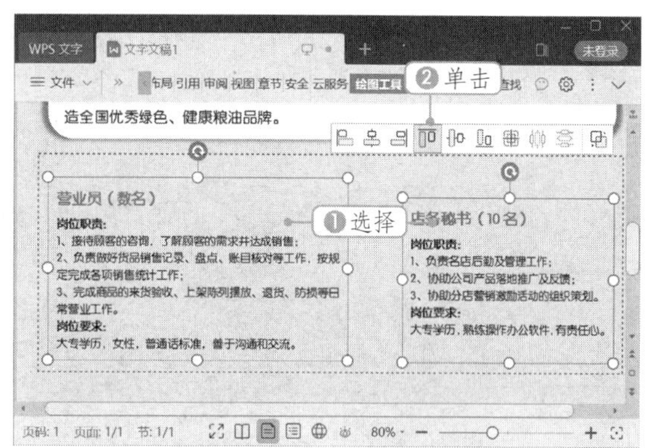

图 3-100 选择对齐方式

STEP 12 将右侧文本框与左侧文本框的顶端对齐，在文本框下方绘制一个矩形框，取消轮廓，将填充色设置为“灰色 -25%，背景色 2”，并将其置于文本框下方。

STEP 13 在矩形下方插入文本框，取消文本框的轮廓和填充色，然后在文本框中输入相应的文本，并设置文本格式。

技巧秒杀

使用格式刷快速复制形状格式

在WPS文字中，如果需要将某个形状的效果（如填充色、轮廓、阴影、倒影、三维旋转等）应用于其他形状中，可使用格式刷复制。其方法是：选择已设置好效果的形状，单击“绘图工具”选项卡中的“格式刷”按钮，此时，鼠标指针将变成形状，在需要应用复制效果的形状上单击，即可将复制的效果应用当前形状中。

STEP 14 在“联系方式”文本框后面绘制一条直线，选择直线，在“绘图工具”选项卡中的列表框中选择需要的直线样式，如图 3-101 所示。

STEP 15 将所选样式应用于直线，然后将文档以“招聘宣传”为名进行保存，至此就完成了本例的制作，如图 3-102 所示。

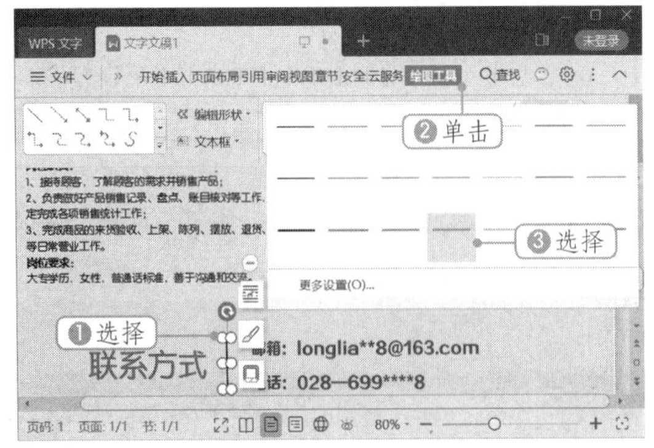

图 3-101　选择形状样式

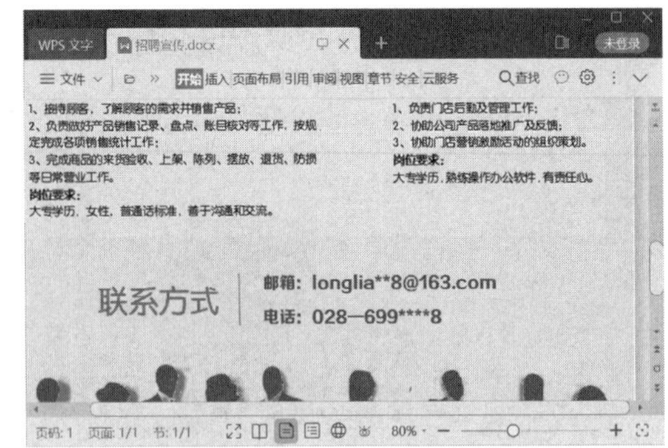

图 3-102　直线效果

3.5 强化实训

本章详细介绍了使用对象丰富和美化文档的操作，为了帮助读者进一步掌握文档的美化方法，下面将制作“员工入职登记表”文档和“名片”文档。

3.5.1 制作“员工入职登记表”文档

员工入职登记表是新员工入职公司后，需要填写的一份最基本的文书材料，其目的在于了解员工的基本情况，方便公司对员工信息进行存档管理。一般来说，员工入职登记表主要包括员工的基本信息、教育背景、工作经历、家庭成员等几个部分。

【制作效果与思路】

本例制作的“员工入职登记表”文档效果如图 3-103 所示，具体制作思路如下。

××员工入职登记表

入职部门：　　　　　　　　入职日期：　　年　　月　　日

<table>
<tr><td>姓名</td><td></td><td>性别</td><td></td><td>出生年月</td><td></td><td rowspan="5">照片</td></tr>
<tr><td>民族</td><td></td><td>政治面貌</td><td></td><td>婚姻状况</td><td></td></tr>
<tr><td>学历</td><td></td><td>所学专业</td><td></td><td>毕业院校</td><td></td></tr>
<tr><td>联系电话</td><td colspan="2"></td><td>身份证号码</td><td colspan="2"></td></tr>
<tr><td>户口所在地</td><td colspan="2"></td><td>现居住地</td><td colspan="2"></td></tr>
<tr><td rowspan="5">教育/培训经历</td><td colspan="2">起止时间</td><td colspan="2">学校/培训机构</td><td colspan="2">专业/培训内容</td></tr>
<tr><td colspan="2"></td><td colspan="2"></td><td colspan="2"></td></tr>
<tr><td colspan="2"></td><td colspan="2"></td><td colspan="2"></td></tr>
<tr><td colspan="2"></td><td colspan="2"></td><td colspan="2"></td></tr>
<tr><td colspan="2"></td><td colspan="2"></td><td colspan="2"></td></tr>
<tr><td rowspan="5">工作经历</td><td colspan="2">起止时间</td><td colspan="2">工作单位</td><td>职位</td><td>离职原因</td></tr>
<tr><td colspan="2"></td><td colspan="2"></td><td></td><td></td></tr>
<tr><td colspan="2"></td><td colspan="2"></td><td></td><td></td></tr>
<tr><td colspan="2"></td><td colspan="2"></td><td></td><td></td></tr>
<tr><td colspan="2"></td><td colspan="2"></td><td></td><td></td></tr>
<tr><td rowspan="4">家庭成员</td><td>姓名</td><td>关系</td><td>年龄</td><td colspan="2">工作单位</td><td>联系电话</td></tr>
<tr><td></td><td></td><td></td><td colspan="2"></td><td></td></tr>
<tr><td></td><td></td><td></td><td colspan="2"></td><td></td></tr>
<tr><td></td><td></td><td></td><td colspan="2"></td><td></td></tr>
<tr><td colspan="2">入职部门</td><td colspan="2"></td><td>应聘岗位</td><td colspan="2"></td></tr>
<tr><td colspan="2">申请部门意见(部门经理签字)</td><td colspan="2"></td><td>主管意见</td><td colspan="2"></td></tr>
<tr><td colspan="2">人力资源部意见</td><td colspan="2"></td><td>总经理意见</td><td colspan="2"></td></tr>
<tr><td colspan="7">备注：
填写的入职登记表信息必须真实，若在聘用之后，发现填报资料虚假或失实，公司有权立即辞退。
员工签字确认：
日期：</td></tr>
</table>

图 3-103　“员工入职登记表”文档

第1部分

（1）打开文档，在文字信息下方插入 12 行 7 列的表格，在部分单元格中输入需要的文字信息。
（2）合并表格中的部分单元格，然后拆分表格中两个“起止时间”和“姓名”下的一行单元格。
（3）将“教育 / 培训经历”“工作经历”“家庭成员”文本的文字方向设置为“垂直方向从右往左”。
（4）为表格中的文本设置合适的对齐方式，然后为表格中的行和列设置合适的行高和列宽。

素材所在位置 素材文件 \ 第 3 章 \ 员工入职登记表.wps
效果所在位置 效果文件 \ 第 3 章 \ 员工入职登记表.wps

微课视频

3.5.2 制作“名片”文档

名片是商业交往活动中的纽带，也是展示和推销自己的有效方式之一。对于公司领导和经常需要拜访客户的工作人员来说，名片是必不可少的。

【制作效果与思路】

本例制作的“名片”文档部分效果如图 3-104 所示，具体制作思路如下。

（1）自定义页面大小为 9 厘米 ×5.4 厘米。

（2）在页面中绘制一个与页面相同高度的矩形，取消矩形轮廓，将颜色填充为“红色”（RGB：238,83,69）。

（3）复制矩形，将矩形调整到合适的大小和位置，将填充色更改为“深绿色”（RGB：17,58,80）。

（4）插入“Logo.png”图片，将其环绕方式设置为“浮于文字上方”，并调整其大小和位置。

（5）在图片下方绘制一个文本框，输入“科瑞”文本，并设置文本格式，然后取消文本框轮廓和填充色。

（6）在右侧的矩形上插入文本框和直线，在文本框中输入需要的文本，并设置文本的格式、文本框效果和直线效果。

图 3-104 “名片”文档

素材所在位置 素材文件 \ 第 3 章 \ Logo.png
效果所在位置 效果文件 \ 第 3 章 \ 名片.wps

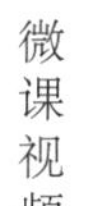

3.6 知识拓展

下面介绍一些美化 WPS 文档的拓展知识，以便用户制作出更加形象、美观的文档。

1．跨页表格自动重复显示标题行

当表格内容较长时，可能需要两页甚至更多页才能将表格内容完整显示出来，但 WPS 文字默认从第二页开始表格就没有了标题行，这不方便用户查看表格数据。此时，我们可以利用 WPS 文字提供的标题行重复功能让每页表格开头都显示标题行。其方法是：将文本插入点定位到表格标题行的任意单元格中，然后单击“表格工具”选项卡中的“标题行重复”按钮，即可使每页表格首行都自动复制标题行的内容。

2．插入屏幕截图

WPS 文字中提供了截屏功能，可快速将当前屏幕或在屏幕中显示的窗口截取为图片插入到文档中。其方法是：将文本插入点定位到需要插入图片的位置，在“插入”选项卡中单击“截屏”按钮，或直接按【Ctrl+Alt+X】组合键，此时，WPS 文字窗口最小化，在计算机屏幕中拖动鼠标截取需要的部分，截取完成后释放鼠标，会弹出一个工具栏，单击“完成截屏”按钮✔完成截屏，截取的部分将以图片的形式插入到文档中。

3．设置双行合一效果

双行合一效果能使所选的位于同一文本行的内容平均地分为两部分，前一部分排列在后一部分的上方，达到美化文本的作用。其方法是：在文档中选择要设置的同一行文本，单击“开始”选项卡中的“中文版式”按钮，在打开的下拉列表中选择“双行合一”选项。打开“双行合一”对话框，在其中进行设置后单击 确定 按钮即可。

4．旋转对象

已插入的图片、形状、文本框、艺术字等对象，如果显示方向不理想，可通过 WPS 文字提供的旋转功能进行调整。其方法是：在文档中选择对象，在“图片工具”或“绘图工具”选项卡中单击“旋转”按钮，在打开的下拉列表中选择需要的旋转选项，则所选对象即会按照所选方式进行旋转。

除此之外，还可通过拖动鼠标的方式旋转对象。其方法是：选择对象，待对象上方出现按钮，将鼠标指针移动到该按钮上，按住鼠标左键不放，顺时针或逆时针拖动鼠标指针，即可调整对象的旋转方向。

3.7 课后练习

本章主要介绍了 WPS 文字中表格、图片、图形等对象的使用方法，本练习将通过制作“新员工入职流程图”文档和编辑“市场调查报告”文档来加强对前述部分知识的应用。

练习 1　制作“新员工入职流程图”文档

本练习将制作“新员工入职流程图 .wps”文档，先在文档中绘制矩形和箭头，并在矩形中输入需要的文本，再设置矩形、箭头和文本的相关参数，设置后的效果如图 3-105 所示。

效果所在位置　效果文件 \ 第 3 章 \ 新员工入职流程图.wps

操作要求如下。

- 新建“新员工入职流程图.wps”文档，在文本插入点处输入标题，并设置标题字体格式及对齐方式。
- 绘制一个矩形框，在矩形框中输入文本，并设置字体、字号和对齐方式。

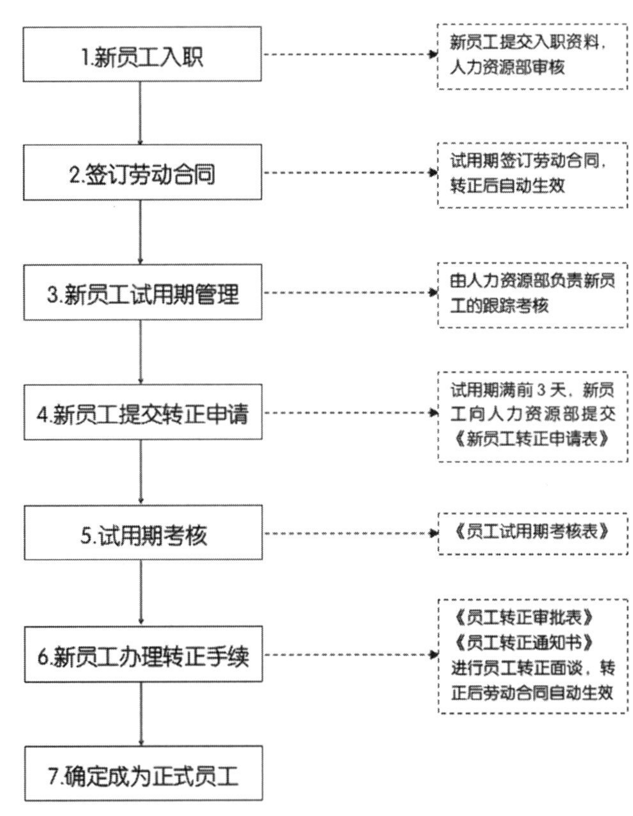

图 3-105 “新员工入职流程图”文档的最终效果

- 在矩形下方和右侧分别绘制一个箭头，并将左侧箭头的虚线线型设置为“短画线”，箭头样式设置为“箭头样式 5”。
- 在箭头右侧绘制一个矩形，并输入文本，设置文本的字体，然后将矩形轮廓虚线线型设置为“短画线”。
- 将所有矩形和箭头组合在一起，然后复制、粘贴，并分别更改矩形形状中的文本。
- 继续复制和粘贴形状，完成流程图的制作。

练习 2　编辑“市场调查报告”文档

本练习将编辑“市场调查报告.wps”文档，在文档中插入表格和图表，并根据需要编辑表格和图表，设置后的效果如图 3-106 所示。

素材所在位置　素材文件\第 3 章\市场调查报告.wps

效果所在位置　效果文件\第 3 章\市场调查报告.wps

微课视频

人群睡眠质量统计表

失眠人群	入睡困难	浅睡眠	多梦	睡眠不足
青少年	11.96%	14.12%	35.42%	38.5%
中年人	28.15%	22%	26.15%	23.7%
老年人	36.25%	25.18%	14.65%	23.92%

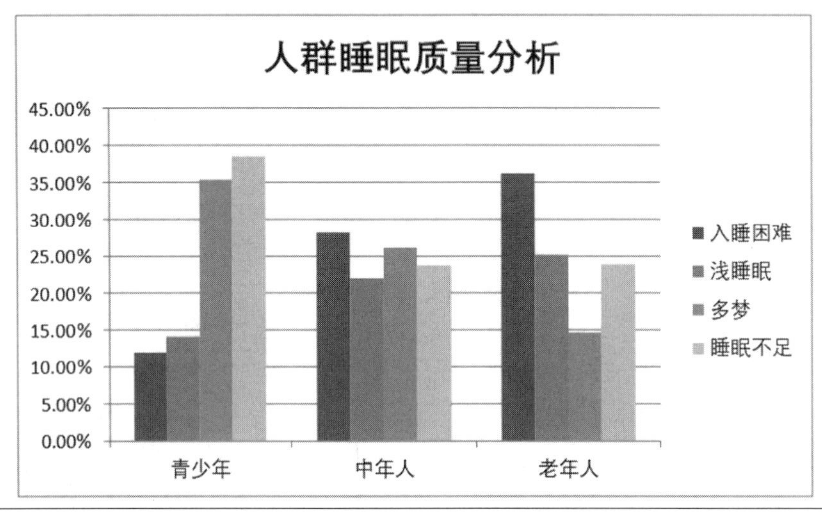

图 3-106 “市场调查报告”文档的最终效果

操作要求如下。

- 在文档中插入 5 行 5 列的表格，将第 1 行合并为一个大单元格，然后在表格中输入相应的文本，设置文本的字体格式，并将文本对齐方式设置为“水平居中”。
- 将文本插入点定位到表格下方，单击“插入”选项卡中的“图表”按钮，自动启动 WPS 表格软件，在“Sheet 1”工作表中将显示图表要展示的数据，更改工作表中的数据。
- 在“Chart 1”工作表中将显示图表，在图表标题中输入“人群睡眠质量分析”。关闭程序，返回文档中，可查看图表效果。

第1部分

第4章

WPS 文档的进阶操作

/ 本章导读

在 WPS 文字中，不仅可以制作单个文档，还可以通过邮件合并批量制作文档。此外，通过 WPS 文字中提供的定位、审阅、转换等功能，还能在文档中完成一些高级设置，以提高文档的准确性和制作效率。本章将讲解批量制作文档、将长文档化繁为简、审阅与修订文档的方法。

/ 技能目标

掌握利用邮件合并功能批量制作文档的方法。

掌握尾注、超链接、索引、书签等的插入方法。

掌握文档的审阅与修订方法。

/ 案例展示

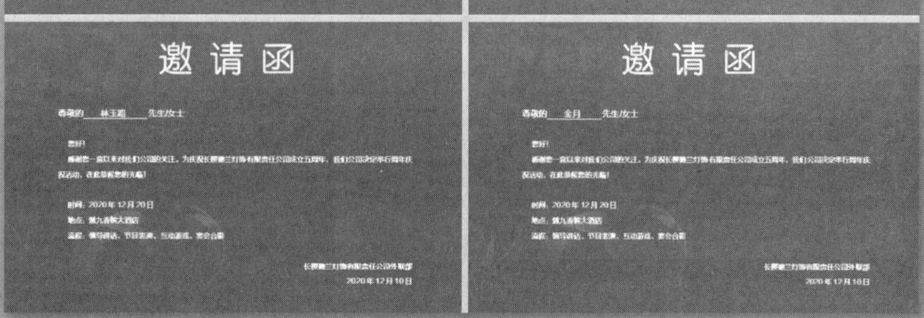

4.1 利用邮件合并批量制作文档

在日常工作中，经常需要制作工作证、邀请函、工资条、面试通知书等文档，并且在制作时往往需要一次性制作多份，而每份文档的结构和主体内容基本相同，仅小部分内容有区别。如果一份一份地制作，则我们需要重复做很多工作，非常浪费时间。此时，可利用 WPS 文字提供的邮件合并功能批量制作文档，提高文档的制作效率。

4.1.1 选择数据源

数据源是执行邮件合并的关键，它将执行邮件合并主文档内容中有变化的部分并按照字段分类集成到文件中，然后将主文档与数据源关联，便可快速制作多个内容相似但又不完全相同的文档。

在 WPS 文字中，只能选择外部的文件，如文本文件、Excel 文件、数据库文件、Word 文件、WPS 表格文件等，而不能直接创建文件。下面将在“邀请函.wps”文档中链接“客户数据表.et”数据源表格，具体操作如下。

素材所在位置 素材文件 \ 第 4 章 \ 邀请函.wps、客户数据表.et

效果所在位置 效果文件 \ 第 4 章 \ 邀请函.wps

微课视频

STEP 1 打开“邀请函.wps”文档，单击“引用”选项卡中的“邮件”按钮，如图 4-1 所示。

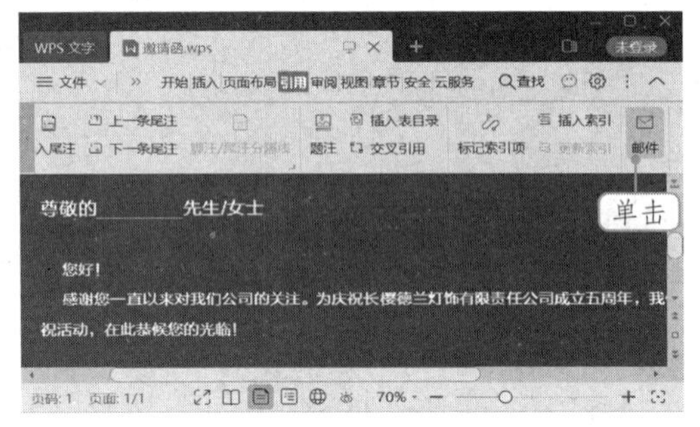

图 4-1 单击“邮件”按钮

STEP 2 激活“邮件合并”选项卡，单击“打开数据源”按钮，如图 4-2 所示。

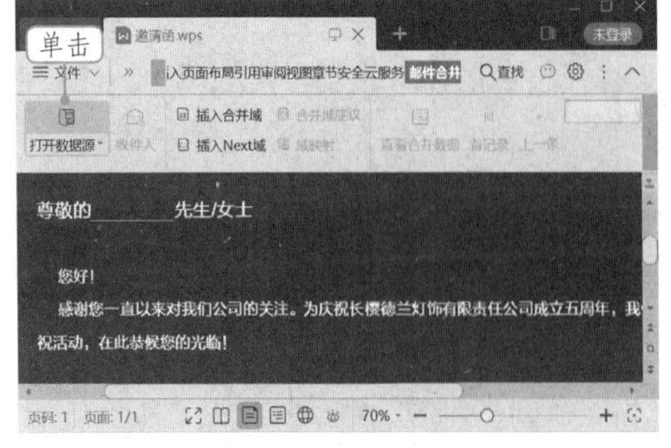

图 4-2 单击“打开数据源”按钮

STEP 3 打开“选取数据源”对话框后，在“位置”下拉列表中选择数据源文件保存的位置，选择“客户数据表.et”文件，单击打开按钮，如图 4-3 所示。

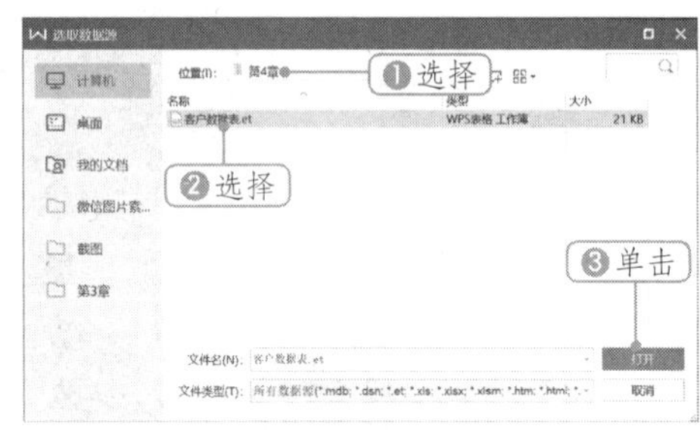

图 4-3 选择数据源

STEP 4 此时，“邮件合并”选项卡中的“收件人”按钮将被激活，单击该按钮，打开“邮件合并收件人”对话框，在其中显示了选择文件中的数据，也就是邮件合并数据源，如图 4-4 所示。

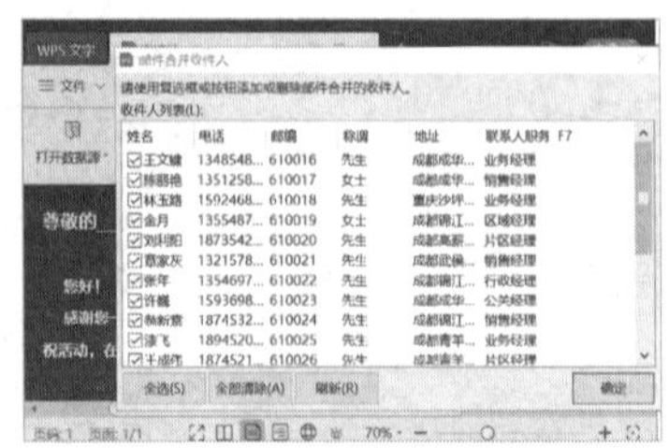

图 4-4 查看数据源

知识补充

选择邮件合并收件人

如果只需将数据源中的部分数据作为收件人，那么可在“邮件合并收件人”对话框中进行设置。其方法是：在“邮件合并收件人”对话框中的“收件人列表”列表框中默认选中所有复选框，表示选中的数据记录将作为邮件合并收件人，取消对应的复选框，可取消该收件人。

4.1.2 插入合并域

插入合并域就是插入收件人列表中的域，将主文档与数据源中的数据关联起来。下面将继续上例操作，在“邀请函 .wps" 文档中插入合并域，并查看合并数据，具体操作如下。

效果所在位置 效果文件 \ 第 4 章 \ 邀请函.wps

微课视频

STEP 1 将文本插入点定位到文本框中的“尊敬的”文本后面的下画线上，单击“邮件合并”选项卡中的“插入合并域”按钮，打开“插入域”对话框，在“域”列表框中选择数据源中需要的字段，这里选择“姓名”选项，单击 插入(I) 按钮，如图 4-5 所示。

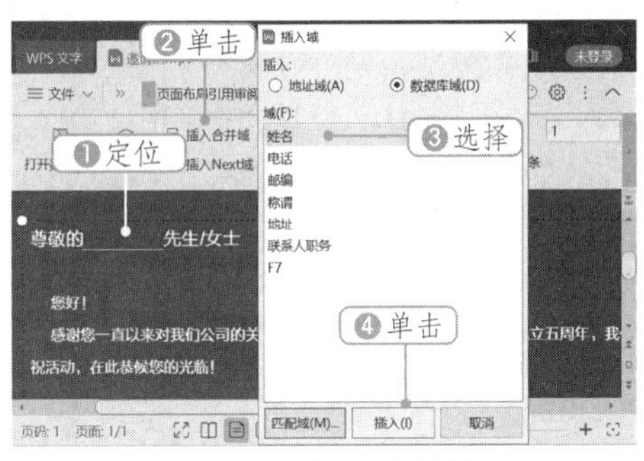

图 4-5 插入合并域

STEP 2 在文本插入点处插入“«姓名»”域，再单击“邮件合并”选项卡中的“查看合并数据”按钮，如图 4-6 所示。

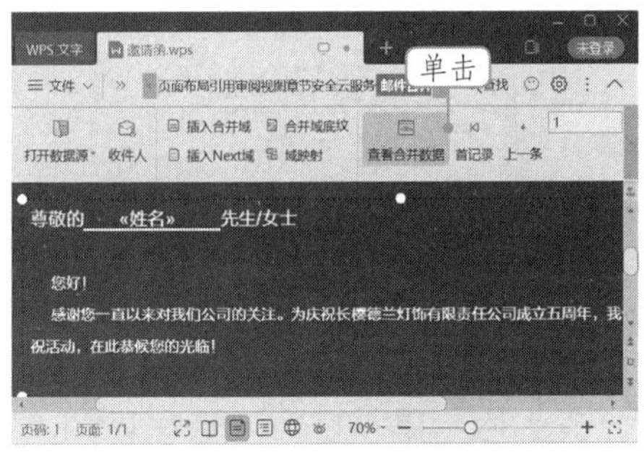

图 4-6 单击“查看合并数据”按钮

STEP 3 “姓名”域位置上将自动显示数据源中第一条数据记录的客户姓名，单击“下一条”按钮，如图 4-7 所示。

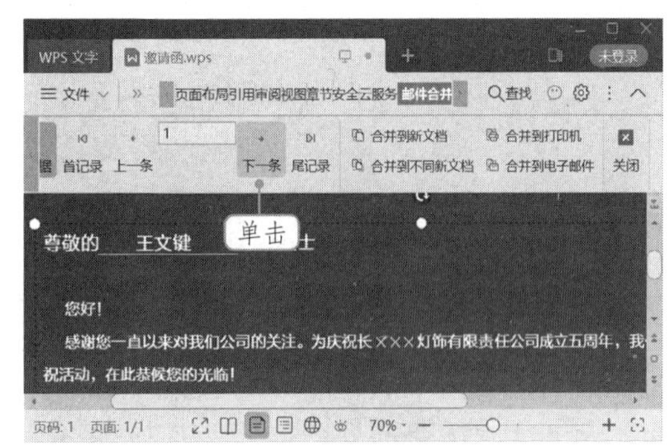

图 4-7 查看合并数据

STEP 4 将自动显示数据源中第二条数据记录的客户姓名，如图 4-8 所示。使用相同的方法继续查看其他的合并数据。

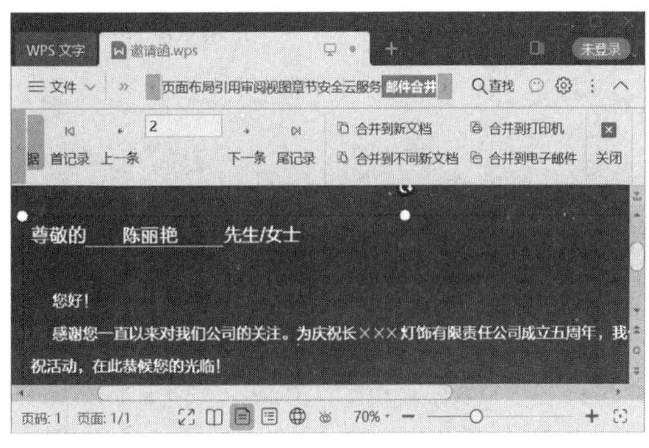

图 4-8 继续查看合并数据

4.1.3 合并文档

确认合并数据无误后，就可合并文档。在 WPS 文字中提供了合并到新文档、合并到打印机、合并到不同新文档和合并到电子邮件 4 种合并方式，用户可以根据需要进行选择。下面将继续上例操作，将“邀请函.wps”文档合并到新文档中，具体操作如下。

效果所在位置 效果文件\第 4 章\邀请函合并文档.wps

微课视频

STEP 1 单击“邮件合并”选项卡中的“合并到新文档”按钮，打开“合并到新文档”对话框，设置合并的范围，这里单击选中“从”单选按钮，并在“从”文本框中输入“1”，在“到”文本框中输入“17”，单击确定按钮，如图 4-9 所示。

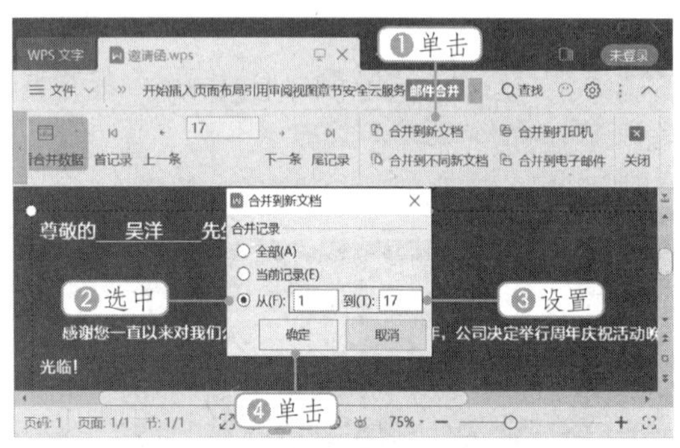

图 4-9 合并文档

STEP 2 此时，合并的内容会在一个新文档中显示出来，每条合并数据将单独占一页，如图 4-10 所示，将文档以“邀请函合并文档”为名保存。

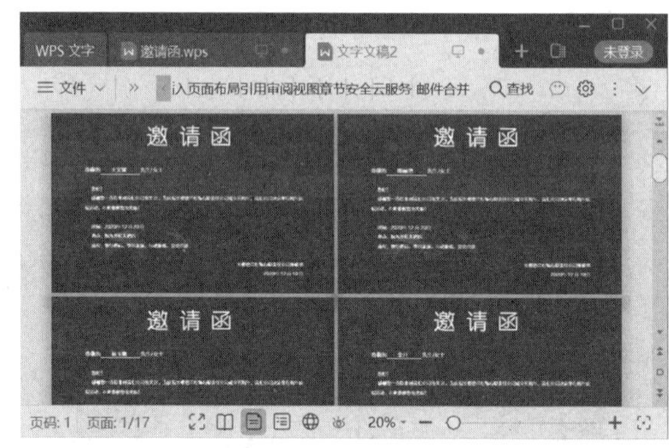

图 4-10 查看合并文档

第1部分

4.2 将长文档化繁为简

我们在编辑和浏览长文档时往往会耗费较多的时间。此时，我们可以通过一些操作，如可视化文档结构、插入脚注和尾注、插入超链接、制作索引和使用书签等，提高编辑和查看文档的效率。

4.2.1 可视化文档结构

在前面讲解文档目录的制作时，提到过使用自动目录样式提取目录必须要为标题段落设置大纲级别。在 WPS 文字中，除了可在“段落”对话框中设置段落级别外，还可通过大纲视图快速调整大纲级别和文档结构。

1. 指定大纲级别

在 WPS 文字中，默认输入的文本大纲级别都是正文文本，而内置的标题样式都设置了大纲级别，如果没有应用内置的标题样式，那么可以在大纲视图模式下指定大纲级别，以方便编辑和查看。指定大纲级别的方法是：单击“视图”选项卡中的“大纲”按钮，进入大纲视图模式，将文本插入点定位到需要设置大纲级别的段落中，或选择段落，单击“大纲”选项卡中的“正文文本”下拉列表框，在打开的下拉列表中选择所需的大纲级别（见图 4-11），所选段落的大纲级别将发生变化，效果如图 4-12 所示。

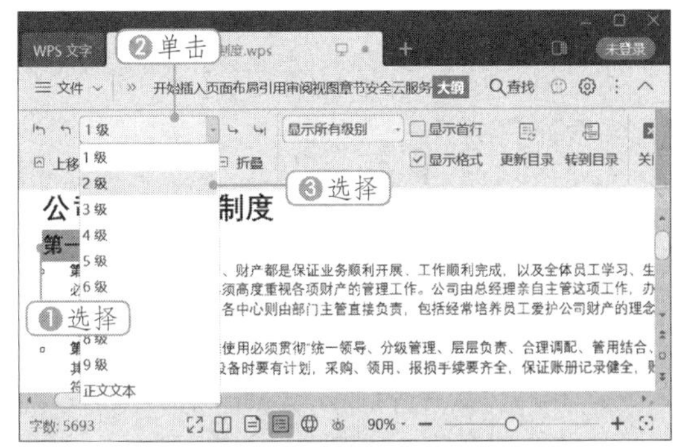

图 4-11　选择大纲级别

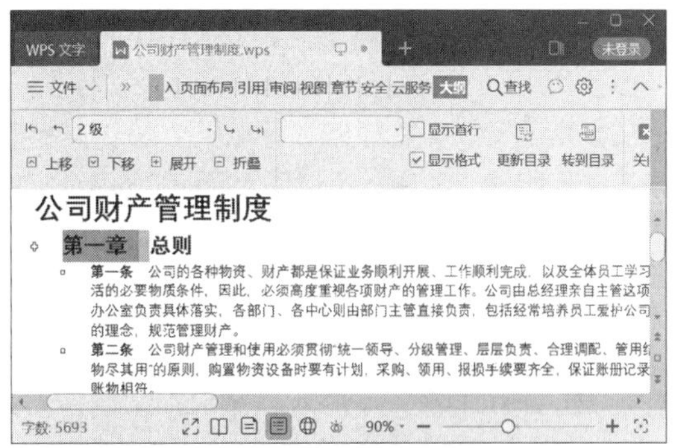
图 4-12　查看效果

技巧秒杀

使用快捷键快速指定大纲级别

将文本插入点定位到需要设置大纲级别的段落中，按【Alt+Shift+←】组合键，可提升一个级别；按【Alt+Shift+→】组合键，可降低一个级别；按【Ctrl+Shift+N】组合键，可以快速降低到正文级别。

2. 调整大纲的显示级别

在大纲视图模式下默认显示所有级别的段落，如果只需要编辑或查看某个大纲级别的段落，则可只显示该大纲级别。其方法是：在大纲视图模式下单击“大纲”选项卡中的“显示所有级别”下拉列表框，在打开的下拉列表中选择所要显示的大纲级别下限，如选择“显示级别 2”选项，如图 4-13 所示，那么文档中将显示级别为 2 级和 1 级的段落，效果如图 4-14 所示。

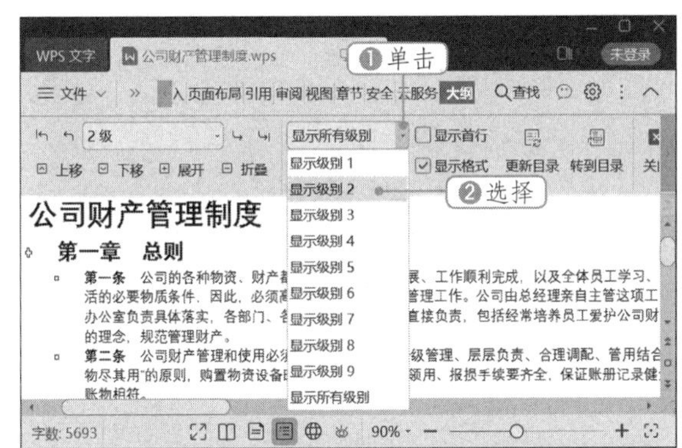

图 4-13　选择要显示的大纲级别

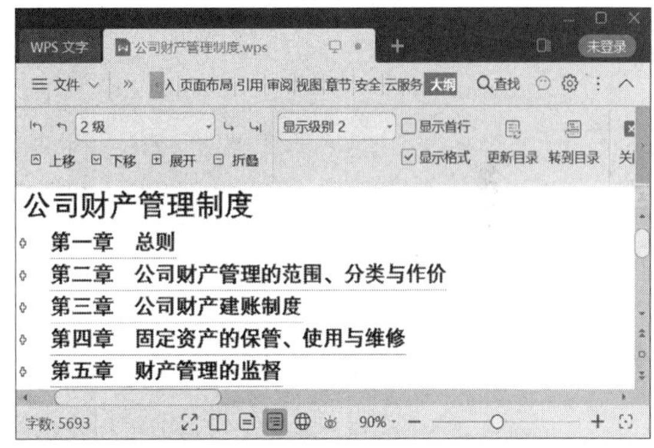
图 4-14　查看显示的大纲级别

3. 折叠和展开段落

在编辑文档的过程中，还可通过折叠和展开段落控制大纲视图中显示的段落内容。其方法是：将文本插入点定位到段落中，单击“大纲”选项卡中的“折叠”按钮，将隐藏该段落的附属内容，如果该段落下包含多个级别的内容，将隐藏最低级别的内容，其他级别的内容将只显示子标题；如果要将折叠的内容显示出来，则单击“展开”按钮即可。

4. 调整段落位置

在大纲视图中，还可调整段落的位置。其方法是：将文本插入点定位到段落中，单击“大纲”选项卡中的“上移”按钮，鼠标所在的段落将向前移动一段；单击“下移”按钮，文本插入点所在的段落将向后移动一段。

4.2.2 插入脚注和尾注

在编辑论文、实验报告、行业报告等长文档时，通常需要补充说明一些难理解的名词等，此时就会用到脚注和尾注。脚注一般位于页面底部，用于注释说明文档中的某处内容；尾注一般位于文档的末尾，用于列出引文的出处。在 WPS 表格中插入脚注和尾注的方法分别如下。

- **插入脚注：**将文本插入点定位到文档中需要插入脚注的位置，单击“引用”选项卡中的“插入脚注”按钮，将自动跳转到该页面的底端，直接输入所需脚注内容，如图 4-15 所示。
- **插入尾注：**将文本插入点定位到文档中需要插入尾注的位置，单击“引用”选项卡中的“插入尾注”按钮，将自动跳转到文档的末尾位置，直接输入所需尾注内容，如图 4-16 所示。

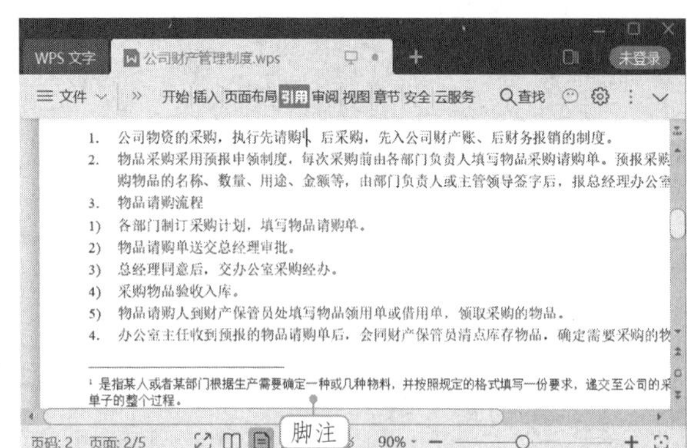

图 4-15　插入脚注

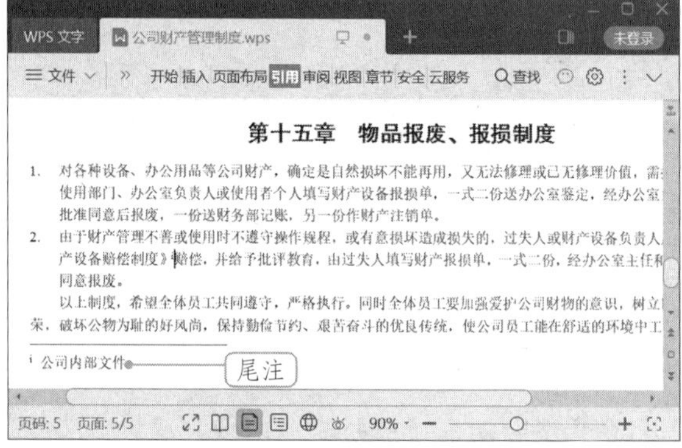

图 4-16　插入尾注

知识补充

脚注和尾注

如果文档中为多处文本内容添加了脚注和尾注，那么脚注和尾注将按照顺序标识，脚注是以“1、2、3……”这样的编号标识的，而尾注是以“i、ii、iii……”这样的编号标识的。另外，将鼠标指针指向文档中添加了脚注或尾注的位置，将自动出现脚注提示内容或尾注提示内容。

4.2.3 插入超链接

在浏览文档时，如果希望单击文档中的某个文本就能快速跳转到指定网页、其他文档或当前文档的其他位置，那么可以为该文本插入超链接。下面将在“公司财产管理制度.wps”文档中插入超链接，使单击相关文本时能够跳转到指定的网页，具体操作如下。

素材所在位置　素材文件\第 4 章\公司财产管理制度.wps

效果所在位置　效果文件\第 4 章\公司财产管理制度.wps

微课视频

STEP 1　打开“公司财产管理制度.wps”文档，选择需要插入超链接的“请购”文本，单击“插入”选项卡中的“超链接”按钮，如图 4-17 所示。

STEP 2　打开“插入超链接”对话框后，在“链接到”文本框中设置链接位置，这里选择“原有文件或网页”选项，在“地址”文本框中输入要链接到的网址后单击确定按钮，如图 4-18 所示。

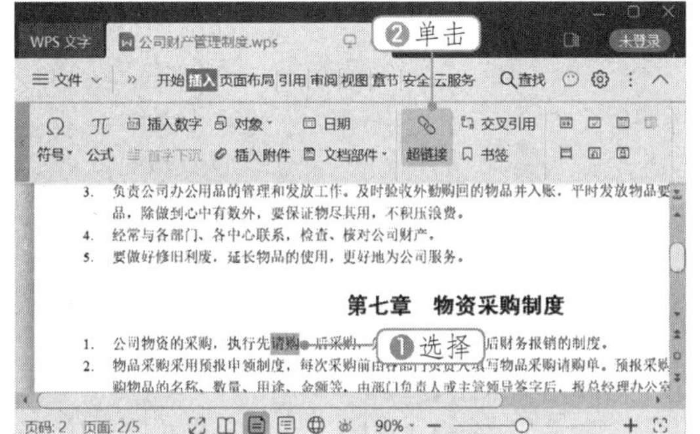

图 4-17　单击“超链接”按钮

图 4-18　设置超链接

STEP 3　此时，“请购”文本呈蓝色显示，且文本下方还添加了下画线，将鼠标指针移动到“请购”文本上，按住【Ctrl】键单击鼠标，如图 4-19 所示。

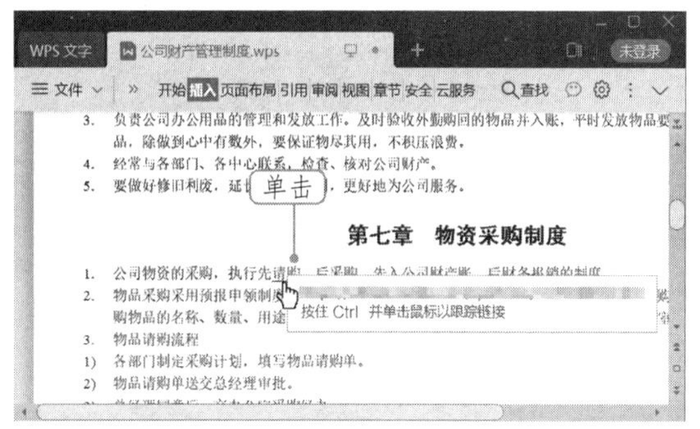

图 4-19　单击超链接

STEP 4　将链接的网页打开后，便可以查看链接的内容，如图 4-20 所示。

图 4-20　打开链接的网页

知识补充

取消超链接

如果不再需要插入的超链接，那么可取消。其方法是：选择已添加超链接的文本，在其上单击鼠标右键，在打开的快捷菜单中选择“取消超链接”命令，或选择添加了超链接的文本，单击“插入”选项卡中的“超链接”按钮，在打开的“编辑超链接”对话框中单击 删除链接(R) 按钮。

4.2.4　制作索引

索引是根据一定需要把书刊中的主要概念或各种题名摘录下来，标明出处、页码，并按一定次序分条排列，以供人查阅。索引的本质是在文档中插入一个隐藏的代码。下面将在“公司财产管理制度.wps”文档中标记索引，并插入索引目录，具体操作如下。

素材所在位置　素材文件 \ 第 4 章 \ 公司财产管理制度.wps

效果所在位置　效果文件 \ 第 4 章 \ 公司财产管理制度 1.wps

微课视频

STEP 1　打开“公司财产管理制度.wps”文档，在文档中选择“固定资产”文本，单击“引用”选项卡中的“标记索引项”按钮，如图 4-21 所示。

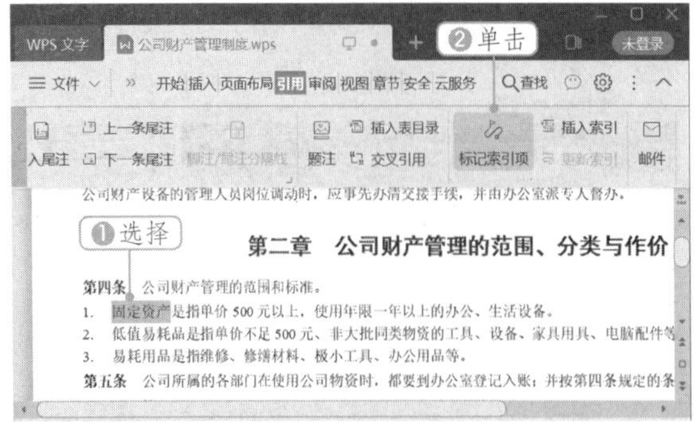

图 4-21 单击“标记索引项”按钮

STEP 2 在打开的“标记索引项”对话框中，保持“索引”和“选项”栏中的默认设置不变，单击选中“页码格式”栏中的“加粗”复选框，单击标记(M)按钮，如图 4-22 所示。

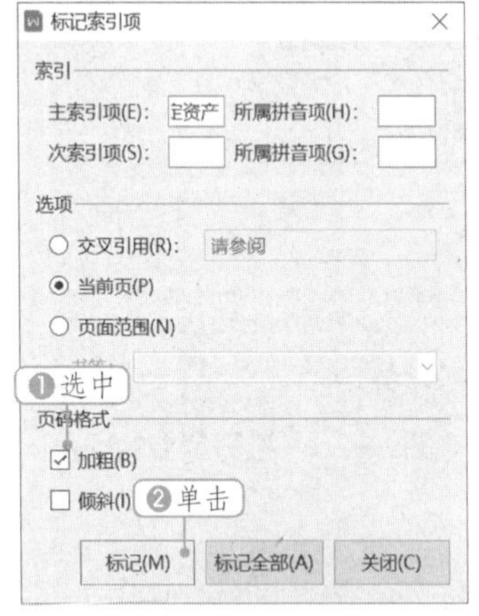

图 4-22 标记索引项设置

STEP 3 使用相同的方法继续为文档中的其他内容标记索引。标记完成后，将文本插入点定位到文档标题最前面，单击“引用”选项卡中的“插入索引”按钮，打开“索引”对话框，在“类型”栏中选中“缩进式”单选按钮，在“栏数”数值框中输入“2”，单击选中“页码右对齐”复选框，并在“制表符前导符”下拉列表框中选择第 2 种样式，单击确定按钮，如图 4-23 所示。

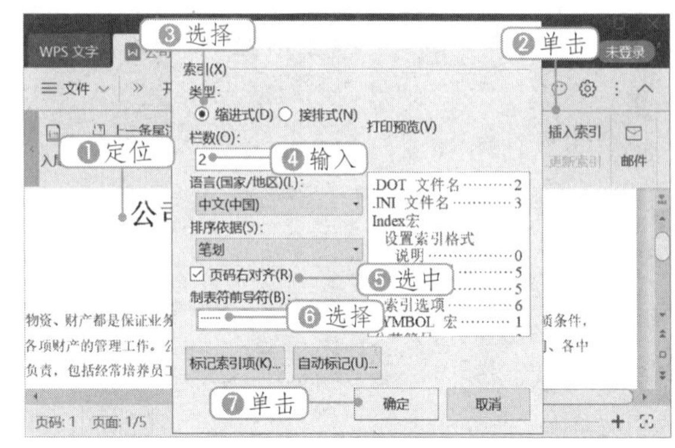

图 4-23 索引设置

STEP 4 返回文档，可看见当前位置插入了一个索引目录，如图 4-24 所示。

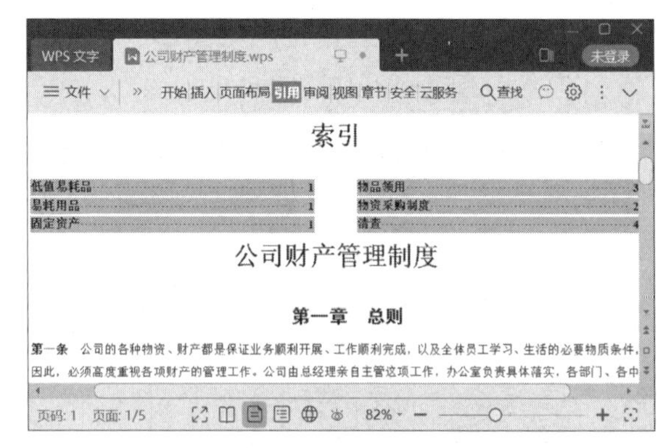

图 4-24 查看索引目录

4.2.5 使用书签

书签可用于标记文档中的某一处位置或文字，用户在浏览长文档时，可以通过书签快速定位到目标处。要在 WPS 文字中使用书签，首先需要插入书签，然后才能通过书签定位。插入书签和定位书签的方法分别如下。

- **插入书签：** 将文本插入点定位到需要插入书签的位置上，单击“插入”选项卡中的“书签”按钮，打开“书签”对话框，在“书签名”文本框内输入书签的名称，单击添加(A)按钮，如图 4-25 所示。
- **定位书签：** 打开“书签”对话框，其中显示了插入的书签，先选择需要定位的书签，再单击定位(G)按钮，即可直接定位到文档书签的相应位置，如图 4-26 所示。

图 4-25　插入书签

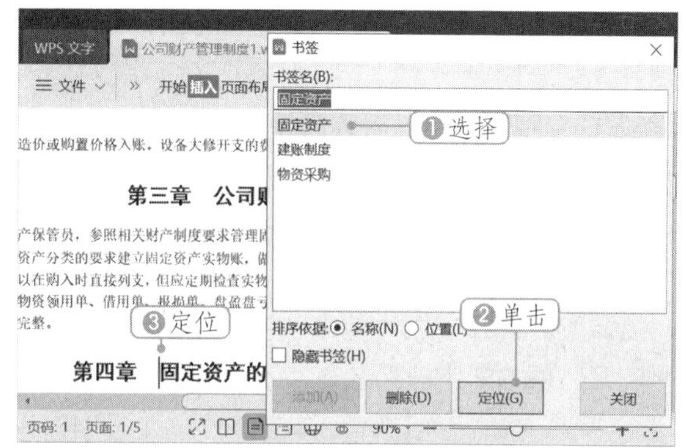

图 4-26　定位书签

4.3　审阅与修订文档

公司的各种规章制度文档或一些比较重要的文档，一般都需要领导或负责人审阅文档内容、格式、效果等，然后制作者再根据审阅结果修订文档。

4.3.1　拼写检查

拼写检查主要是检查文档中的拼写错误。其方法是：单击“审阅”选项卡中的“拼写检查”按钮，当文档内容拼写无误时，会提示拼写检查已完成，如图 4-27 所示。若拼写有误，则会打开“拼写检查”对话框，在左侧显示检查的段落，并且错误的内容将以红色字体和下画线突出显示，用户可在右侧根据拼写建议选择是否更改，单击 更改(C) 按钮，更改当前的错误拼写，如图 4-28 所示。

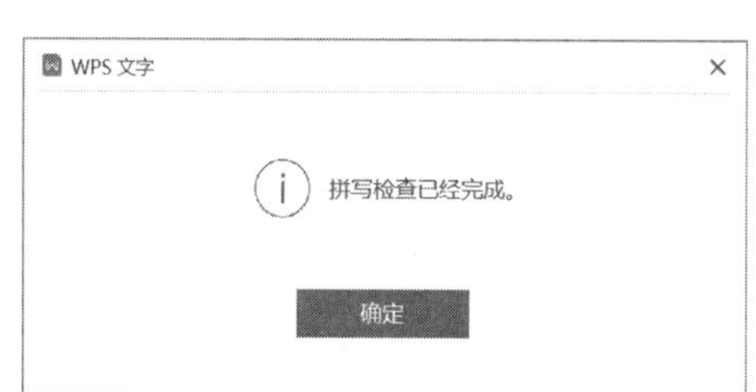

图 4-27　拼写检查完成

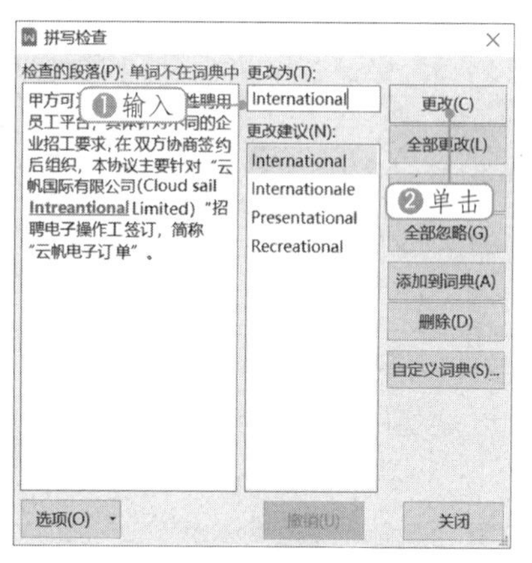

图 4-28　拼写错误修改

知识补充

拼写检查

在“拼写检查”对话框中单击 全部更改(L) 按钮，可以将错误拼写全部替换更改；若想忽略此错误，可单击 忽略(I) 按钮或 全部忽略(G) 按钮忽略此错误；单击 删除(D) 按钮，可以快速删除错误的拼写；如果拼写的单词不在词典中，单击 添加到词典(A) 按钮，就可以将此单词添加到词典中，这样再次拼写时就不会出现错误提醒；单击 自定义词典(S)... 按钮，可以添加、删除词典库。

4.3.2 简繁转换

在 WPS 文字中，通过繁转简和简转繁功能可在文字的繁体和简体间实现快速转换。繁转简和简转繁的方法分别如下。

- **繁转简：**选择文档中的繁体字，单击“审阅”选项卡中的“繁转简”按钮，可将所选的繁体中文转换为简体中文。
- **简转繁：**选择文档中的简体字，单击“审阅”选项卡中的“简转繁”按钮，可将所选的简体中文转换为繁体中文。

4.3.3 批注与修订

批注能在不改变原文档内容的情况下，在文档页面外添加修改建议；而修订则能直接在原文档中修改内容，然后制作者再根据情况决定是否接受审阅者的修改。

1. 插入批注

将文本插入点定位到文档中需要添加批注的位置或拖动鼠标选择需要添加批注的对象，单击“审阅”选项卡中的“插入批注”按钮，窗口右侧将出现一个批注框，在批注框中输入自己的见解或建议，如图 4-29 所示。

2. 答复批注

若审阅者在文档中使用了批注，那么制作者在查看和修改文档时，即可对审阅者的批注进行答复，从而使审阅者在复查时能快速知道制作者是否进行了修改。其方法是：在批注框上单击鼠标右键，在打开的快捷菜单中选择“答复批注”命令，然后在出现的回复栏中直接输入答复内容即可，如图 4-30 所示。

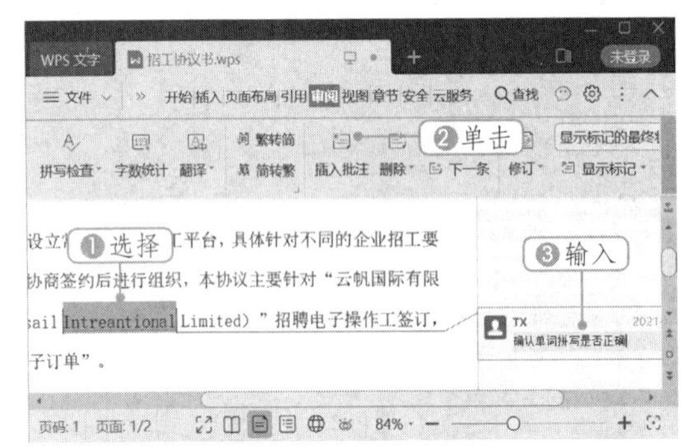

图 4-29　插入批注

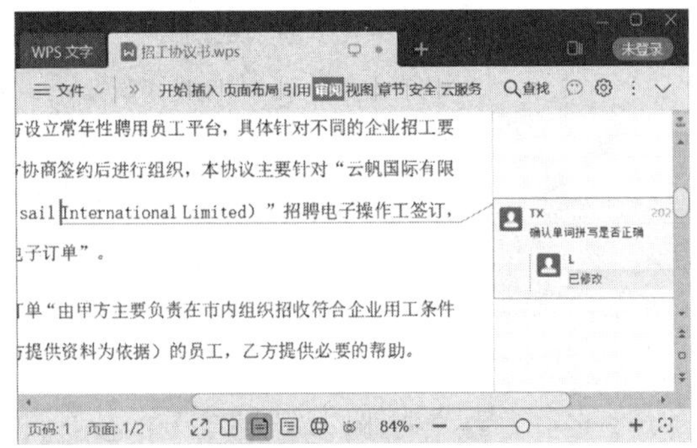

图 4-30　答复批注

知识补充

删除批注

如果不再需要批注内容，可将其删除。其方法是：选择需要删除的批注，单击“审阅”选项卡中的“删除”按钮；单击“删除”按钮下方的下拉按钮，在打开的下拉列表中选择“删除文档中的所有批注”选项，可一次性删除文档中的所有批注。

3. 修订文档

当审阅者需要直接在文档中修改文档内容及格式时，可以在修订模式下修改文档，这样文档中就会显示所有的修改痕迹，以便制作者查看。其方法是：单击“审阅”选项卡中的“修订”按钮，进入文档修订模式，然后在该模式下，对文档的各种编辑痕迹都会在页面左侧以灰色的竖条显示，表示修订的位置；修改的文字会以紫色加下画线的方式显示，且页面右侧会显示原内容和修改的格式，如图 4-31 所示。

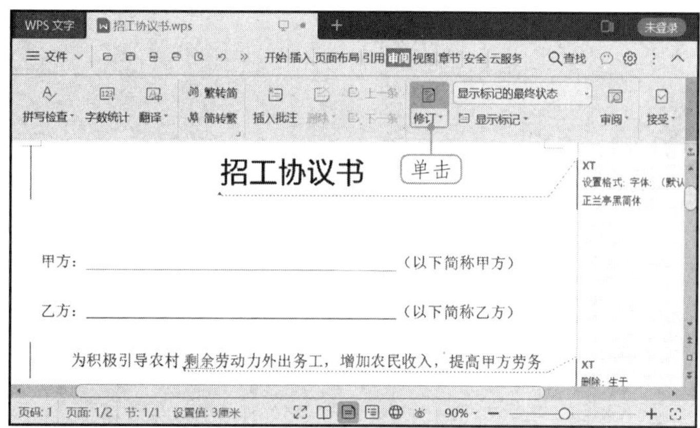

图 4-31　修订文档

知识补充

退出修订

当不需要继续修订文档时，可再次单击“审阅”选项卡中的“修订”按钮退出修订。

4. 接受或拒绝修订

审阅者审阅完文档后，制作者还需要根据情况确定是否接受审阅者的修改。若接受审阅者的修改，则需要接受修订；若拒绝审阅者的修改，则需要拒绝修订。在 WPS 文字中，接受和拒绝修订的方法分别如下。

- **接受修订：** 将文本插入点定位到文档修订中，单击“审阅”选项卡中的“接受”下拉按钮，在打开的下拉列表中选择“接受修订”选项，可接受当前选择的修订；若选择“接受所有的格式修订”选项，可接受文档格式的所有修订；若选择“接受对文档所做的所有修订”选项，则可一次性接受文档中的所有修订。
- **拒绝修订：** 将文本插入点定位到文档修订中，单击“审阅”选项卡中的“拒绝”下拉按钮，在打开的下拉列表中选择“拒绝所选修订”选项，可拒绝当前选择的修订；若选择“拒绝所有的格式修订”选项，可拒绝文档格式的所有修订；若选择“拒绝对文档所做的所有修订”选项，则可一次性拒绝文档中的所有修订。

4.3.4　文档权限设置

在制作或审阅大型文档时，同一个文档经常需要多人编辑或审阅，为了不让他人随意更改某些格式或内容，可为文档设置编辑权限。在 WPS 文字中，可通过限制所选样式的格式和设置文档保护方式两种方式限制编辑。

- **限制所选样式的格式：** 单击“审阅”选项卡中的“限制编辑”按钮，打开“限制编辑”任务窗格，选中“限制对选定的样式设置格式”复选框后，单击设置...按钮，如图 4-32 所示。打开“限制格式设置”对话框，在“当前允许使用的样式”列表框中选择需要限制的样式，单击限制(L) >按钮，将其添加到“限制使用的样式”列表框中，单击确定按钮，如图 4-33 所示。在打开的提示对话框中单击是(Y)按钮，文档中限制样式的格式将不能被更改。
- **设置文档保护方式：** 打开“限制编辑”任务窗格，选中“设置文档的保护方式”复选框，以及需要的保护方式所对应的单选按钮，再单击[启动保护...]按钮，打开“启动保护”对话框，在文本框中输入保护密码，单击[确定]按钮，如图 4-34 所示。返回文档，当编辑文档时，状态栏会提示“编辑受限”。

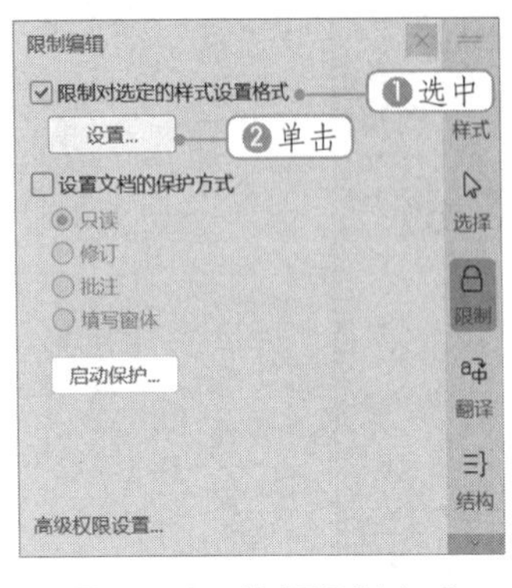

图 4-32　选择限制方式

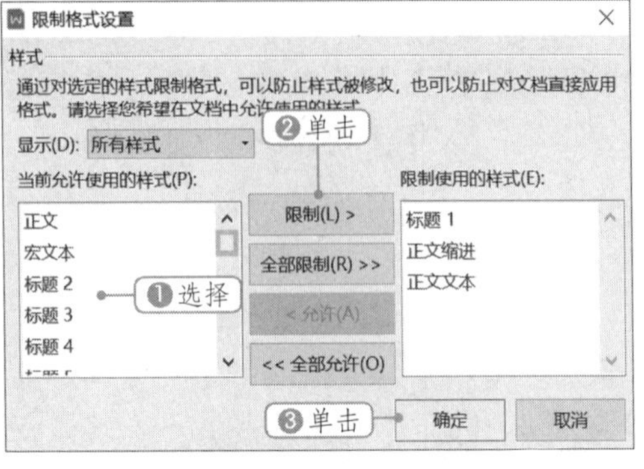

图 4-33　限制格式设置

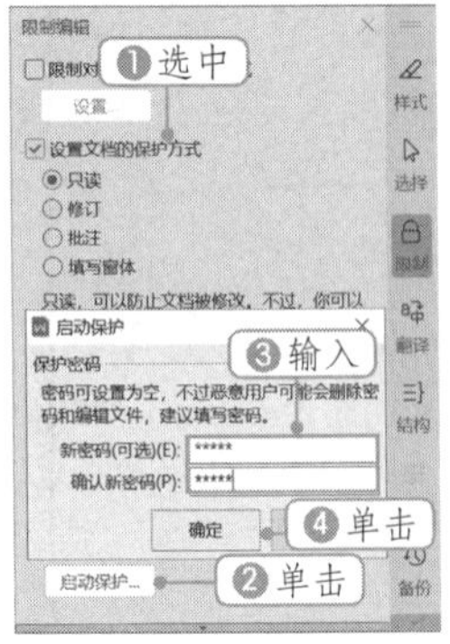

图 4-34　设置文档保护方式

4.4 多人协作编辑 WPS 文档

在我们的日常工作中，经常需要多人编辑同一文档，此时，就可使用 WPS 文字提供的在线协作功能，远程访问、编辑文档。下面将介绍多人在线协作编辑“公司财产管理制度.wps”文档的方法，具体操作如下。

素材所在位置　素材文件\第 4 章\公司财产管理制度.wps

微课视频

STEP 1　打开“公司财产管理制度.wps”文档，登录 WPS 账号，单击“云服务”选项卡中的“在线协作”按钮，如图 4-35 所示。

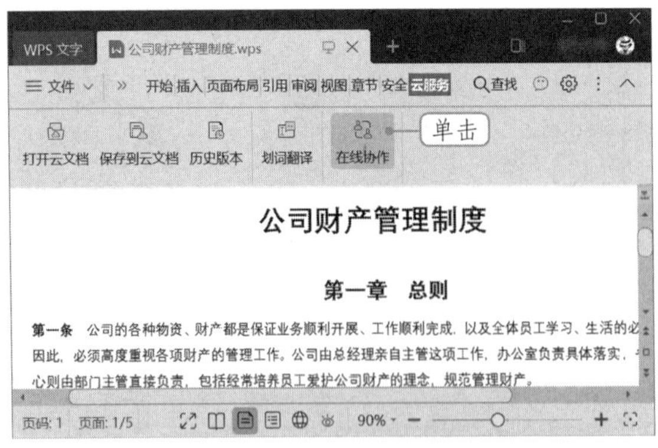

图 4-35　单击“在线协作”按钮

STEP 2　开始上传文档，上传完成后，将在线打开该文档，单击[分享]按钮，如图 4-36 所示。

图 4-36　单击“分享”按钮

STEP 3　打开“分享”对话框，选择分享方式，这里单击选中“任何人可编辑”单选按钮，单击[创建并分享]按钮，如图 4-37 所示。

STEP 4　在对话框中显示邀请他人加入分享的链接，单击“复制链接”按钮复制分享链接，如图 4-38 所示。

第1部分

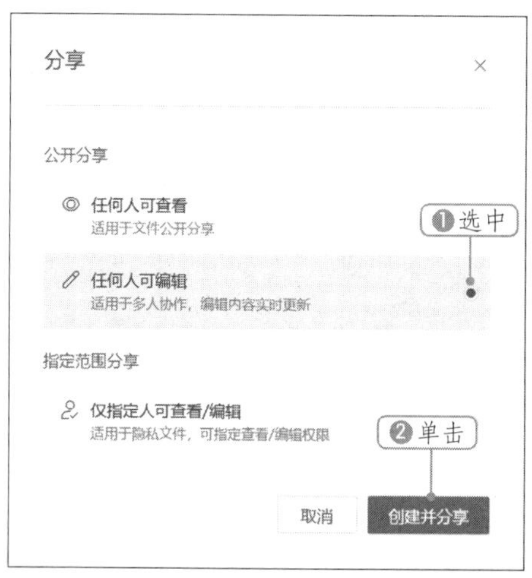

图 4-37　选择分享方式

图 4-38　复制分享链接

知识补充

文档权限设置

在"分享"对话框内显示分享链接的文本框中单击"任何人 可编辑"超链接，在打开的下拉列表中提供了"任何人可查看""任何人可编辑""仅下方指定人可查看/编辑""重置链接""取消分享"选项，我们可以选择需要的选项设置分享文档的权限。

STEP 5　将分享链接发给成员，成员收到链接后单击链接，将打开邀请页面，在邀请页面可查看邀请人、文档名称等信息，单击确认加入按钮，如图 4-39 所示。

STEP 6　在打开的页面中要求成员登录账号，登录成功后，就可在线编辑文档；文档中还会显示在线协作的成员，如图 4-40 所示。

图 4-39　加入多人协作

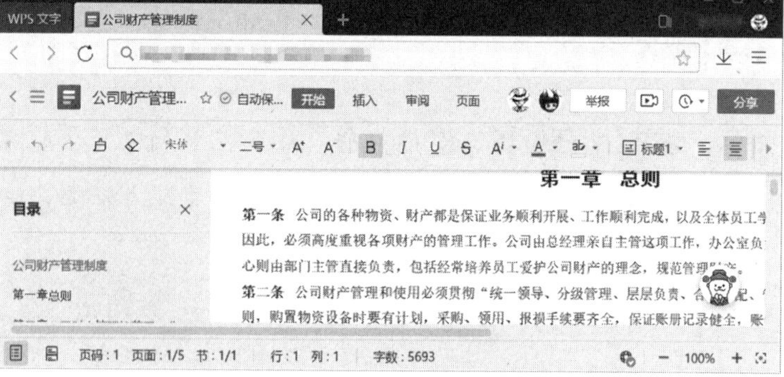

图 4-40　在线协作页面

知识补充

查看协作记录

在多人协作页面中还可查看文档协作记录。其方法是：单击"历史记录"按钮，在打开的下拉列表中选择"协作记录"选项，在页面右侧显示"协作记录"任务窗格，其中详细记录了多人协作的时间。

4.5 课堂案例：编排审阅“人力资源规划方案”文档

人力资源规划是企业人力资源管理的基础。人力资源规划方案则是人力资源部门根据企业当前人力资源存在的问题、人力资源情况及采取措施的分析，它能辅助 HR 有目的、有计划地开展人力资源管理工作，实现人力资源的优化配置，有助于人力资源管理活动的有序开展。

4.5.1 案例目标

“人力资源规划方案”是企业内部制作的长文档，会用到长文档的很多编辑知识，以及文档的审阅知识。“人力资源规划方案”部分页面的效果如图 4-41 所示。

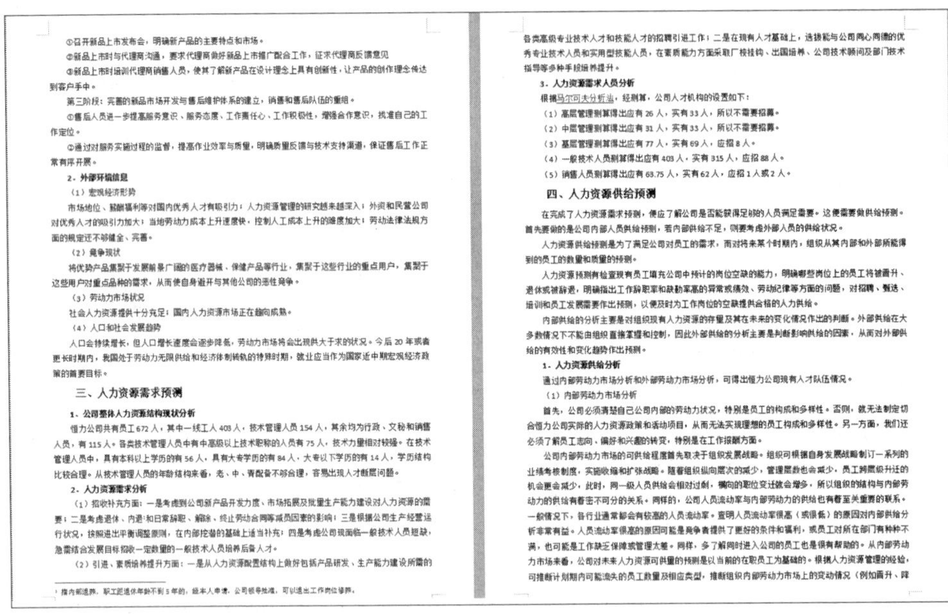

①召开新品上市发布会，明确新产品的主要特点和市场。

②新品上市时与代理商沟通，要求代理商做好新品上市推广配合工作，征求代理商反馈意见

③新品上市时培训代理商销售人员，使其了解新产品在设计理念上具有创新性，让产品的创作理念传达到客户手中。

第三阶段：完善的新品市场开发与售后维护体系的建立，销售和售后队伍的重组。

①售后人员进一步提高服务意识、服务态度、工作责任心、工作积极性，增强合作意识，找准自己的工作定位。

②通过对服务实施过程的监督，提高作业效率与质量，明确质量反馈与技术支持渠道，保证售后工作正常有序开展。

2. 外部环境信息

（1）宏观经济形势

市场地位、薪酬福利等对国内优秀人才有吸引力；人力资源管理的研究越来越深入；外资和民营公司对优秀人才的吸引力加大；当地劳动力成本上升速度快，控制人工成本上升的难度加大；劳动法律法规方面的规定还不够健全、完善。

（2）竞争现状

将优势产品集聚于发展前景广阔的医疗器械、保健产品等行业，集聚于这些行业的重点用户，集聚于这些用户对重点品种的需求，从而使自身避开与其他公司的恶性竞争。

（3）劳动力市场状况

社会人力资源提供十分充足；国内人力资源市场正在趋向成熟。

（4）人口和社会发展趋势

人口会持续增长，但人口增长速度会逐步降低，劳动力市场将会出现供大于求的状况。今后 20 年或者更长时期内，我国处于劳动力无限供给和经济体制转轨的特殊时期，就业应当作为国家近中期宏观经济政策的首要目标。

三、人力资源需求预测

1. 公司整体人力资源结构现状分析

恒力公司共有员工 672 人，其中一线工人 403 人，技术管理人员 154 人，其余均为行政、文秘和销售人员，有 115 人。各类技术管理人员中有中高级以上技术职称的人员有 75 人，技术力量相对较强。在技术管理人员中，具有本科以上学历的有 56 人，具有大专学历的有 84 人，大专以下学历的有 14 人，学历结构比较合理。从技术管理人员的年龄结构来看，老、中、青配备不够合理，容易出现人才断层问题。

2. 人力资源需求分析

（1）招收补充方面：一是考虑到公司新产品开发力度、市场拓展及批量生产能力建设对人力资源的需要；二是考虑退休、内退[1]和日常辞职、解除、终止劳动合同等减员因素的影响；三是根据公司生产经营运行状况，按照进出平衡调整原则，在内部挖潜的基础上适当补充；四是考虑公司现面临一般技术人员短缺，急需结合发展目标招收一定数量的一般技术人员培养后备人才。

（2）引进、素质培养提升方面：一是从人力资源配置结构上做好包括产品研发、生产能力建设所需的各类高级专业技术人才和技能人才的招聘引进工作；二是在现有人才基础上，选拔能与公司同心同德的优秀专业技术人员和实用型技能人员，在素质能力方面采取厂校挂钩、出国培养、公司技术顾问及部门技术指导等多种手段培养提升。

3. 人力资源需求人员分析

根据马尔可夫分析法，经测算，公司人才机构的设置如下：

（1）高层管理测算得出应有 26 人，实有 33 人，所以不需要招募。

（2）中层管理测算得出应有 31 人，实有 33 人，所以不需要招募。

（3）基层管理测算得出应有 77 人，实有 69 人，应招 8 人。

（4）一般技术人员测算得出应有 403 人，实有 315 人，应招 88 人。

（5）销售人员测算得出应有 63.75 人，实有 62 人，应招 1 人或 2 人。

四、人力资源供给预测

在完成了人力资源需求预测，便应了解公司是否能获得足够的人员满足需要。这便需要做供给预测。首先要做的是公司内部人员供给预测，若内部供给不足，则要考虑外部人员的供给状况。

人力资源供给预测是为了满足公司对员工的需求，而对将来某个时期内，组织从其内部和外部所能得到的员工的数量和质量的预测。

人力资源预测有检查现有员工填充公司中预计的岗位空缺的能力，明确哪些岗位上的员工将被晋升、退休或被辞退，明确指出工作辞职率和缺勤率高的异常或绩效、劳动纪律等方面的问题，对招聘、甄选、培训和员工发展需要作出预测，以便及时为工作岗位的空缺提供合格的人力供给。

内部供给的分析主要是对组织现有人力资源的存量及其在未来的变化情况作出的判断。外部供给在大多数情况下不能由组织直接掌握和控制，因此外部供给的分析主要是判断影响供给的因素，从而对外部供给的有效性和变化趋势作出预测。

1. 人力资源供给分析

通过内部劳动力市场分析和外部劳动力市场分析，可得出恒力公司现有人才队伍情况。

（1）内部劳动力市场分析

首先，公司必须清楚自己公司内部的劳动力状况，特别是员工的构成和多样性。否则，就无法制定切合恒力公司实际的人力资源政策和活动项目，从而无法实现理想的员工构成和多样性。另一方面，我们还必须了解员工志向、偏好和兴趣的转变，特别是在工作报酬方面。

公司内部劳动力市场的可供给程度首先取决于组织发展战略。组织可根据自身发展战略制订一系列的业绩考核制度，实施收缩和扩张战略。随着组织纵向层次的减少，管理层数也会减少，员工跨层级升迁的机会更会减少，此时，同一级人员供给会相对过剩，横向的职位变迁就会增多，所以组织的结构与内部劳动力的供给有着密不可分的关系。同样的，公司人员流动率与内部劳动力的供给也有着至关重要的联系。一般情况下，各行业通常都会有较高的人员流动率。查明人员流动率很高（或很低）的原因对内部供给分析非常有益。人员流动率很高的原因可能是竞争者提供了更好的条件和福利，或员工对所在部门有种种不满，也可能是工作缺乏保障或管理太差。同样，多了解同时进入公司的员工也是很有帮助的。从内部劳动力市场来看，公司对未来人力资源可供量的预测是以当前的在职员工为基础的。根据人力资源管理的经验，可推断计划期内可能流失的员工数量及相应类型，推断组织内部劳动力市场上的变动情况（例如晋升、降

[1] 指内部退养，职工距退休年龄不到 5 年的，经本人申请，公司领导批准，可以退出工作岗位休养。

图 4-41　参考效果

素材所在位置　素材文件 \ 第 4 章 \ 人力资源规划方案.wps

效果所在位置　效果文件 \ 第 4 章 \ 人力资源规划方案.wps

微课视频

4.5.2 制作思路

“人力资源规划方案”主要会涉及文档的编辑和审阅知识。其具体制作思路如图 4-42 所示。

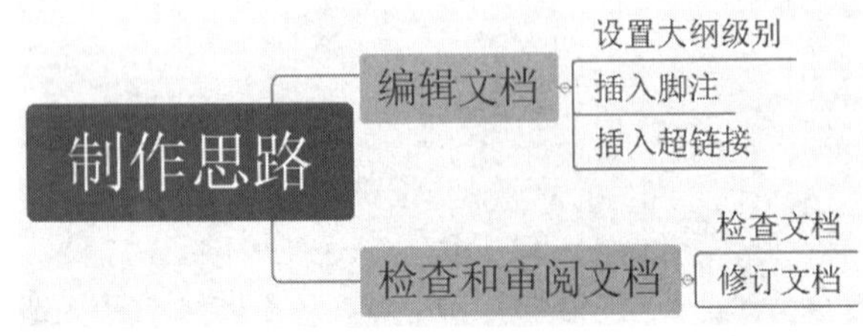

图 4-42　制作思路

第1部分

4.5.3 操作步骤

1. 编辑文档

下面设置文档标题的大纲级别，并在文档中添加相应的题注、超链接等，其具体操作如下。

STEP 1 打开“人力资源规划方案.wps”文档，单击“视图”选项卡中的“大纲”按钮，进入大纲视图，选择“人力资源规划方案”文本，单击“正文文本”下拉列表框，在打开的下拉列表中选择“1 级”选项，如图 4-43 所示。

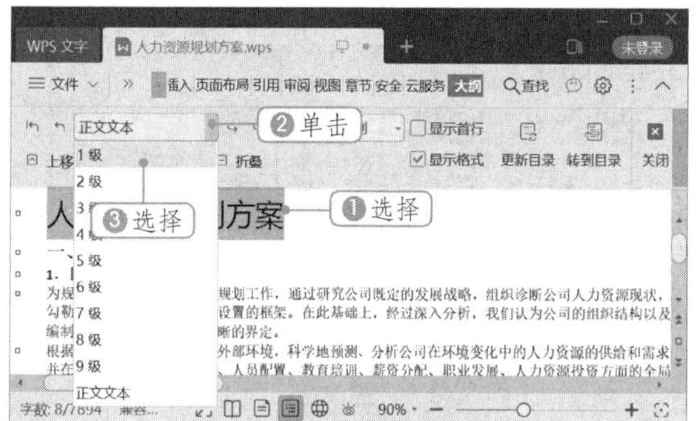

图 4-43 设置大纲级别

STEP 2 使用相同的方法设置其他标题的大纲级别，在“显示级别”下拉列表中选择“显示级别 3”选项，显示出文档中级别 1、级别 2 和级别 3 的大纲段落，单击“大纲”选项卡中的“关闭”按钮退出大纲视图，如图 4-44 所示。

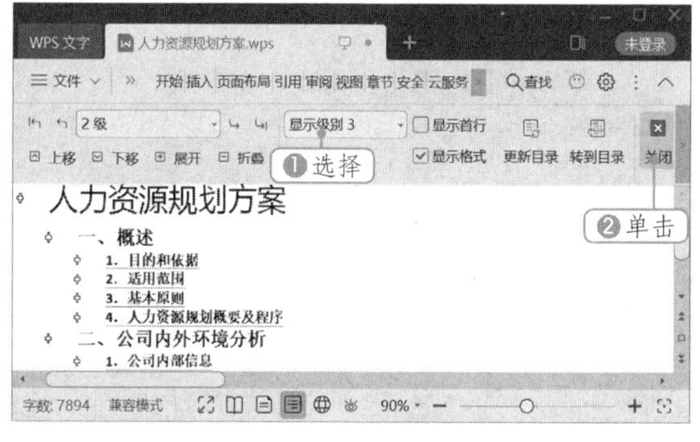

图 4-44 显示大纲级别

STEP 3 选择“内退”文本，单击“引用”选项卡中的“插入脚注”按钮，如图 4-45 所示。

STEP 4 文本插入点将定位到“内退”文本所在页面的底端，输入脚注内容，如图 4-46 所示。

STEP 5 选择“马尔可夫分析法”文本，单击“插入”选项卡中的“超链接”按钮，如图 4-47 所示。

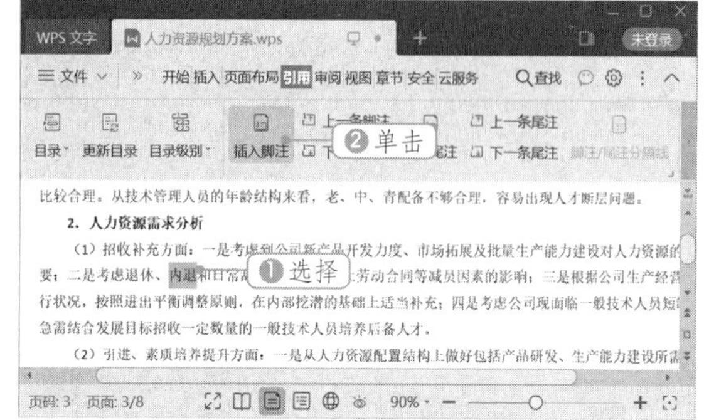

图 4-45 插入脚注

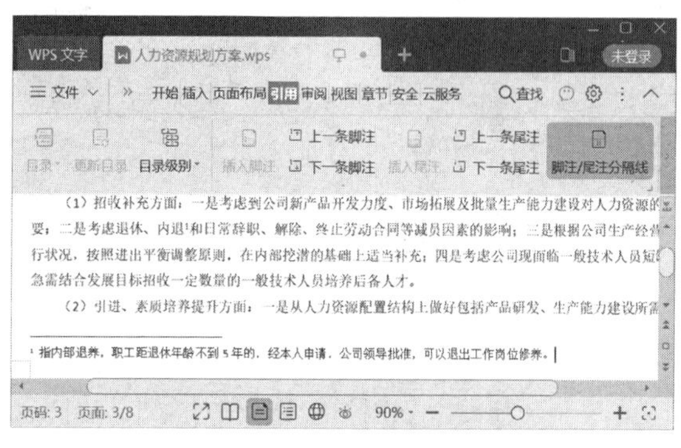

图 4-46 输入脚注内容

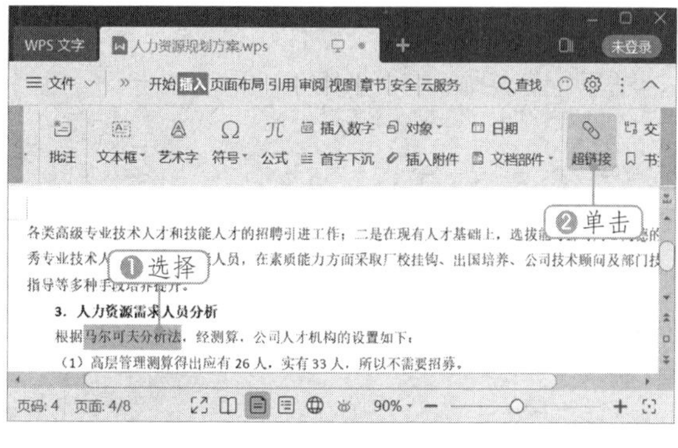

图 4-47 单击“超链接”按钮

STEP 6 打开“插入超链接”对话框后，选择“原有文件或网页”选项，自动定位到第 4 章文件夹，选择“马尔可夫分析法 .txt”文件，单击 确定 按钮，如图 4-48 所示。

图 4-48　插入超链接

STEP 7　将鼠标指针移动到“马尔可夫分析法”文本上，按住【Ctrl】键单击，如图 4-49 所示。

STEP 8　自动打开链接到的“马尔可夫分析法.txt”文件，如图 4-50 所示。

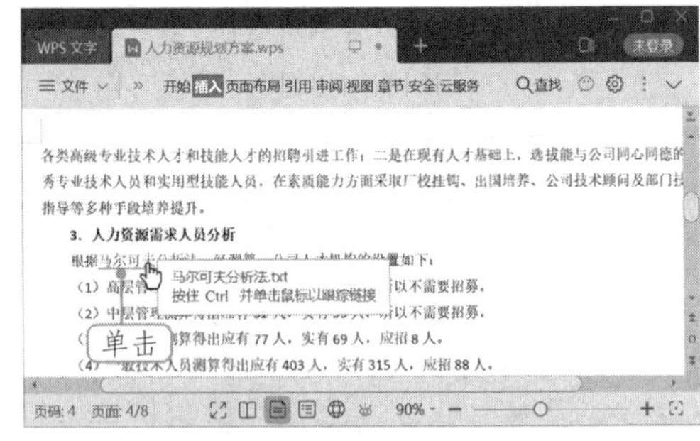

图 4-49　单击超链接文本

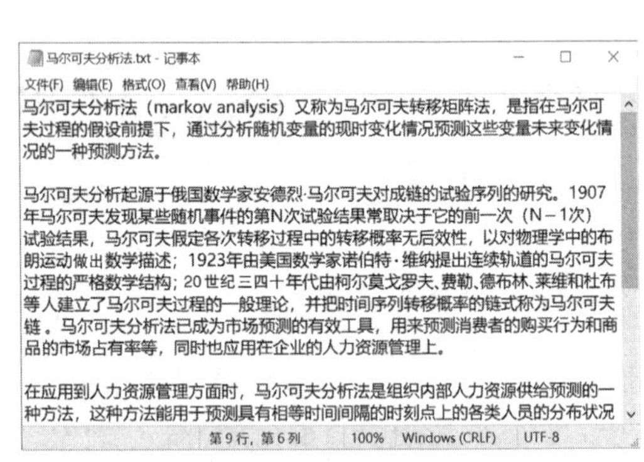
马尔可夫分析法.txt - 记事本

文件(F) 编辑(E) 格式(O) 查看(V) 帮助(H)

马尔可夫分析法（markov analysis）又称为马尔可夫转移矩阵法，是指在马尔可夫过程的假设前提下，通过分析随机变量的现时变化情况预测这些变量未来变化情况的一种预测方法。

马尔可夫分析起源于俄国数学家安德烈·马尔可夫对成链的试验序列的研究。1907年马尔可夫发现某些随机事件的第N次试验结果常取决于它的前一次（N－1次）试验结果，马尔可夫假定各次转移过程中的转移概率无后效性，以对物理学中的布朗运动做出数学描述；1923年由美国数学家诺伯特·维纳提出连续轨道的马尔可夫过程的严格数学结构；20世纪三四十年代由柯尔莫戈罗夫、费勒、德布林、莱维和杜布等人建立了马尔可夫过程的一般理论，并把时间序列转移概率的链式称为马尔可夫链。马尔可夫分析法已成为市场预测的有效工具，用来预测消费者的购买行为和商品的市场占有率等，同时也应用在企业的人力资源管理上。

在应用到人力资源管理方面时，马尔可夫分析法是组织内部人力资源供给预测的一种方法，这种方法能用于预测具有相等时间间隔的时刻点上的各类人员的分布状况

第 9 行，第 6 列　100%　Windows (CRLF)　UTF-8

图 4-50　自动打开链接文件的内容

2. 检查和审阅文档

下面将检查和审阅文档内容，其具体操作如下。

STEP 1　单击“审阅”选项卡中的“拼写检查”按钮，开始检查文档，并打开“拼写检查”对话框，显示检查的错误，在“更改为”文本框中输入正确的文本，单击 更改(C) 按钮，如图 4-51 所示。

STEP 2　完成更改后自动继续检查文档，并在“拼写检查”对话框中显示检查的错误，若不需要更改，可单击 忽略(I) 按钮，忽略该错误，如图 4-52 所示。

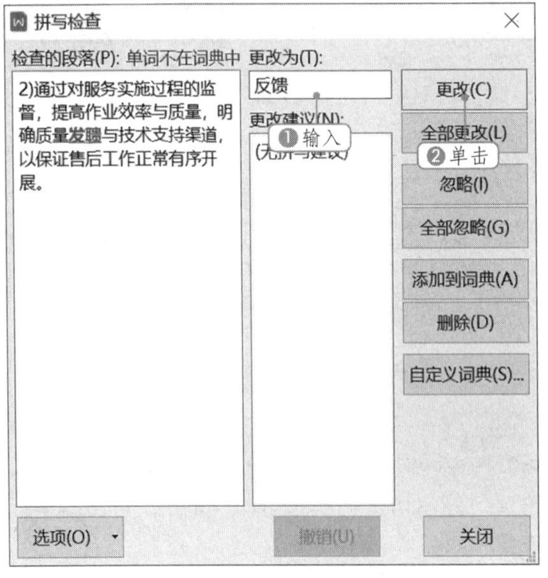

图 4-51　更改错误

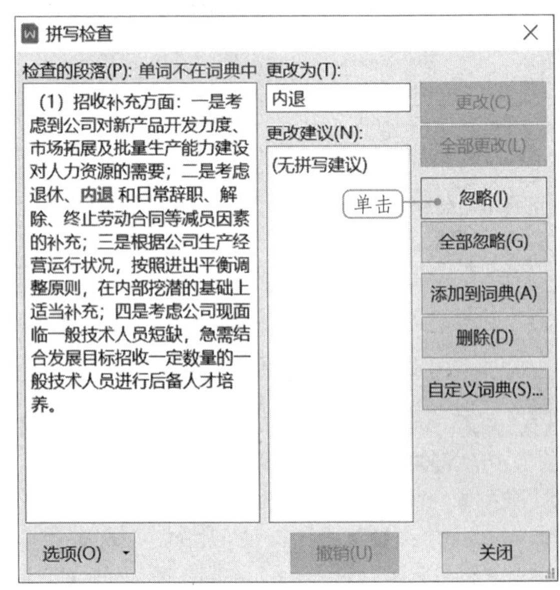

图 4-52　忽略错误

STEP 3 继续检查更改后的文档内容，检查完成后单击“审阅”选项卡中的“修订”按钮，进入修订模式下修订文档内容，如图 4-53 所示。

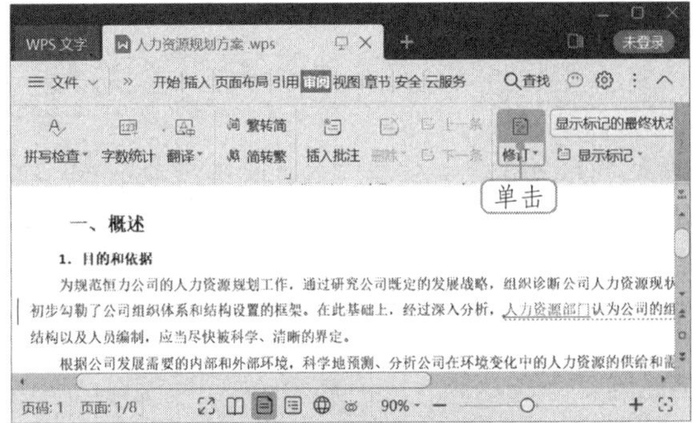

图 4-53 修订文档内容

STEP 4 完成修订后，将文档返回给制作者，制作者可根据实际情况确定是否接受这些修订，这里单击“审阅”选项卡中“接受”按钮右侧的下拉按钮，在打开的下拉列表中选择“接受对文档所做的所有修订”选项，如图 4-54 所示。

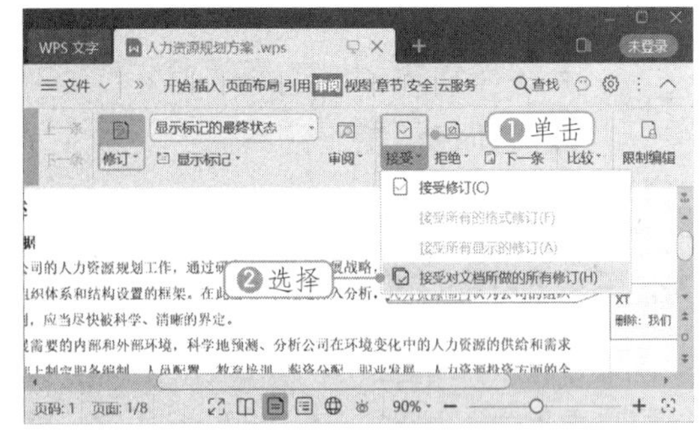

图 4-54 接受修订

STEP 5 接受审阅者对文档所做的所有修订后的效果如图 4-55 所示。

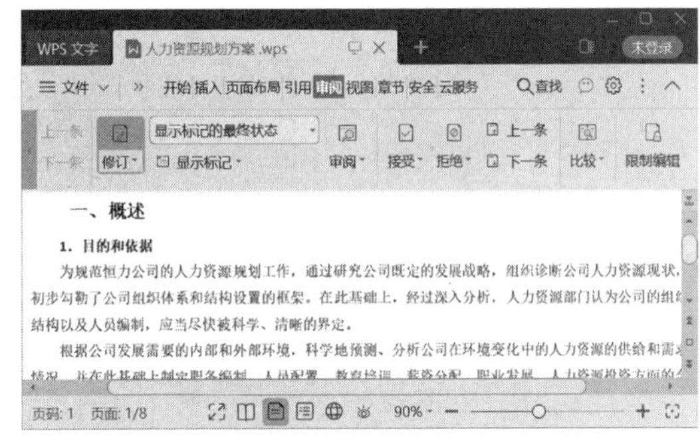

图 4-55 查看效果

4.6 强化实训

本章详细介绍了文档编排与审阅的一些操作，为了帮助读者进一步掌握文档的编辑和审阅方法，下面将制作“工资条”文档和审阅“劳动合同”文档。

4.6.1 制作“工资条”文档

工资条是指用人单位发给员工当月工资的凭条，主要用于记录每个员工的月收入分项和收入总额。

【制作效果与思路】

本例制作的“工资条”文档效果如图 4-56 所示，具体制作思路如下。

（1）打开“工资条.wps”文档，激活“邮件合并”选项卡，选择“工资表.et”数据源。

（2）在文档的表格第 2 行依次插入与第 1 行完全相同的合并域，并预览合并数据的效果。

（3）确认无误后，合并到打印机，打印员工的工资条。

8 月工资条

姓名	基本工资	岗位工资	管理津贴	特殊岗位津贴	工龄工资	加班工资	应发工资	社保扣款	个人所得税扣款	实发工资
张明	3500	700	0	500	250	360	5310	257	1.59	5051.41

图 4-56 “工资条”文档

素材所在位置 素材文件\第 4 章\工资条.wps、工资表.et

效果所在位置 效果文件\第 4 章\工资条.wps

微课视频

4.6.2 制作“劳动合同”文档

劳动合同是劳动者和用人单位之间为确立劳动关系而签订的合同。它明确了双方的权益和义务，是保障劳动者与用人单位合法权益的一种手段，具有法律效力。

【制作效果与思路】

本例制作的“劳动合同”文档部分效果如图 4-57 所示，具体制作思路如下。

（1）打开文档，在修订模式下修订文档的内容及格式等。

（2）对于文档中多处需要修改的相同内容，也可以插入批注说明修改方式。

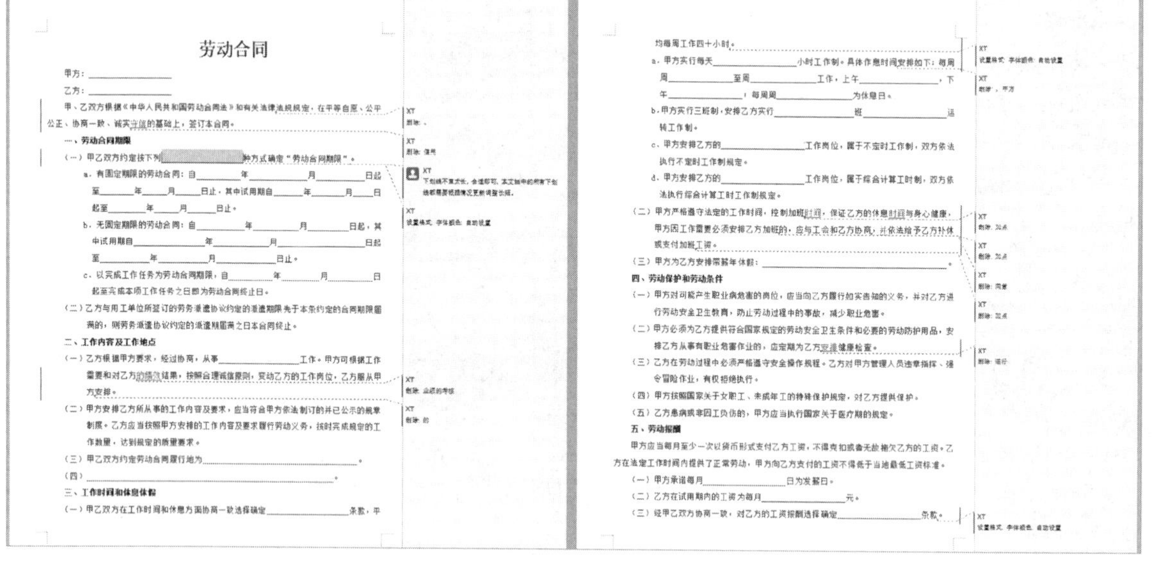

图 4-57 “劳动合同”文档

素材所在位置 素材文件\第 4 章\劳动合同.wps

效果所在位置 效果文件\第 4 章\劳动合同.wps

微课视频

4.7 知识拓展

下面介绍一些 WPS 文档进阶的拓展知识，以帮助读者快速编辑和审阅文档。

1. 比较文档

在 WPS 文字中，要想快速对比出两个文档之间的差异，并生成修订文档，可以使用比较功能。其方法是：单击“审阅”选项卡中的“比较”按钮，在打开的下拉列表中选择“比较”选项，打开“比较文档”对话框。在“原文档”下拉列表框中选择原文档，在“修订的文档”下拉列表框中选择修改后的文档，单击“更多”按钮，展开对话框，根据需要设置比较内容，显示级别和显示位置，设置完成后单击确定按钮，将自动新建一个空白文档，并在新建的文档窗口中显示比较的结果，其中包括原文档、修订的文档和比较结果文档。

2. 插入题注

题注是一种可添加到图表、表格、公式或其他对象中的编号标签，可以方便读者查找和阅读。使用题注功能可以保证长文档中的图片、表格或图表等对象能够按顺序自动编号，而且可以在不同的地方引用文档中其他位置的相同内容。插入题注的方法是：将文本插入点定位到目标图片，单击“引用”选项卡中的“题注”按钮，打开“题注”对话框，单击新建标签(N)...按钮，打开“新建标签”对话框，在“标签”文本框中输入题注文本，单击确定按钮，返回“题注”对话框，可看到“题注”文本框中的内容已经自动显示了标签名称，单击确定按钮即可插入题注。

3. 字数统计

用户可以通过可读性统计信息了解 WPS 文档中包含的字符数、段落数和非中文字符等信息，从而了解该篇文档阅读的难易程度等。在 WPS 中显示可读性统计信息的方法很简单，具体方法是：打开 WPS 文档，单击“审阅”选项卡中的“字数统计”按钮，在打开的“字数统计”对话框中可以查看可读性统计的相关信息，如果在对话框中单击选中“包括文本框、脚注和尾注”复选框，则还可以统计文本框、脚注和尾注的信息。

4.8 课后练习：批量制作“面试通知单”文档

本章主要介绍了邮件合并、长文档编辑、审阅与修订文档等知识，本练习将通过批量制作“面试通知单”文档来加强对前述部分知识的应用。本文档编辑后的效果如图 4-58 所示。

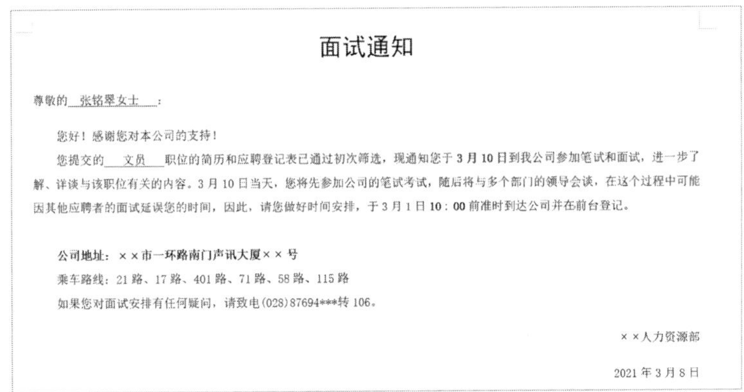

面试通知

尊敬的 张铭翠女士 ：

您好！感谢您对本公司的支持！

您提交的 文员 职位的简历和应聘登记表已通过初次筛选，现通知您于 **3 月 10 日**到我公司参加笔试和面试，进一步了解、详谈与该职位有关的内容。3 月 10 日当天，您将先参加公司的笔试考试，随后将与多个部门的领导会谈，在这个过程中可能因其他应聘者的面试延误您的时间，因此，请您做好时间安排，于 3 月 1 日 **10：00** 前准时到达公司并在前台登记。

公司地址：××市一环路南门声讯大厦××号

乘车路线：21 路、17 路、401 路、71 路、58 路、115 路

如果您对面试安排有任何疑问，请致电(028)87694***转 106。

××人力资源部

2021 年 3 月 8 日

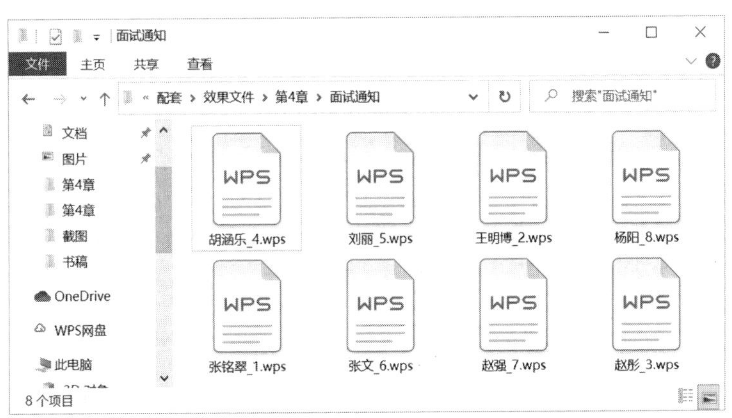

图 4-58 “面试通知单”文档的最终效果

素材所在位置 素材文件\第 4 章\面试通知单.wps、面试人员表.et

效果所在位置 效果文件\第 4 章\面试通知单.wps

微课视频

操作要求如下。

- 打开文档，打开数据源“面试人员表.et”文件，在文档第 1 条横线上插入合并域“姓名”和“称谓”，在第 2 条横线上插入合并域“应聘岗位”。
- 查看合并数据，确认内容是否正确。
- 执行邮件合并操作，将文档合并到以“姓名”为名的新文档中。

第2部分

第5章

WPS 表格的创建

/ 本章导读

WPS 表格也是 WPS Office 2019 中非常重要的一个组件，专用于处理表格，能帮助用户快速存储、统计、分析日常工作中的各种数据。本章将主要介绍使用 WPS 表格创建表格的方法，具体包括表格的一些基本操作，如数据录入、数据编辑和表格美化等。

/ 技能目标

掌握工作簿、工作表和单元格的一些基本操作方法。

掌握数据录入、数据编辑和表格美化的方法。

/ 案例展示

	A	B	C	D	E	F
2	供应商	产品名称	进货次数	本月累计进货数量(箱)	进货金额	本月销售量累计(箱)
3	永盈生物	SB1295	1	40	¥8,000	36
4	广义生物	YE7653	1	30	¥30,000	30
5	永盈生物	TU2294	1	100	¥10,000	79
6	广义生物	LW7655	2	200	¥10,000	170
7	广义生物	OR1345	2	100	¥20,000	99
8	永盈生物	SB5290	3	100	¥15,000	78
9	广义生物	TR7901	4	190	¥57,000	170
10	永盈生物	SA8200	1	30	¥30,000	30
11	永盈生物	SB4368	1	100	¥20,000	99

Sheet1

100%

5.1 工作簿的基本操作

工作簿这里是指用 WPS 表格创建的文件，用于存储和处理数据。所以要使用 WPS 表格制作表格，需要熟练掌握工作簿的一些基本操作，如新建工作簿、保存工作簿、保护工作簿、分享工作簿等。

5.1.1 WPS 表格的工作界面

WPS 表格工作界面主要由 WPS 表格首页、文件标签、文件菜单、快速访问工具栏、选项卡、功能区、按钮区、名称框、编辑栏、行号、列标、工作表编辑区、工作表标签、状态栏和滚动条等部分组成，如图 5-1 所示。

图 5-1　WPS 表格工作界面

其中，WPS 表格首页、文件标签、文件菜单、快速访问工具栏、选项卡、功能区、按钮区、状态栏和滚动条等各部分的作用与 WPS 文字工作界面中相同组成部分的作用相同，这里不再赘述。名称框、编辑栏、行号、列标、工作表编辑区和工作表标签各部分的作用如下。

- **名称框：**用于显示所选单元格或单元格区域由行号和列标组成的单元格地址及定义的名称。
- **编辑栏：**用于显示或编辑所选单元格中的内容，单击“浏览公式结果”按钮，可在编辑栏右侧的框中显示所选单元格中的公式；单击“插入函数”按钮 fx，可打开“插入函数”对话框。
- **行号：**用于显示工作表中的行，以 1、2、3、4……的形式编号。
- **列标：**用于显示工作表中的列，以 A、B、C、D……的形式编号。
- **工作表编辑区：**用于编辑表格内容，工作表编辑区是由一个个单元格组成的，每个单元格都拥有一个由行号和列标组成的唯一单元格地址。
- **工作表标签：**用于显示当前工作簿中的工作表名称，单击工作表标签右侧的“插入工作表”按钮+，可插入新工作表。

5.1.2 新建并保存工作簿

在 WPS 表格中，如果要制作表格，就需要先新建并保存工作簿，以便日后查看和编辑表格中的数据。新建和保存工作簿的方法分别如下。

- **新建工作簿：**在 WPS 表格首页单击“新建标签”按钮+，或按【Ctrl+N】组合键，均可新建一个名为“工作簿 + 数字编号”的空白工作簿。

- **保存工作簿:** 单击☰文件菜单按钮，在打开的下拉菜单中选择“保存”或“另存为”命令，如图 5-2 所示。如果是第一次保存，都将打开“另存为”对话框，在其中设置保存位置、保存名称和保存类型，单击保存(S)按钮保存，如图 5-3 所示。

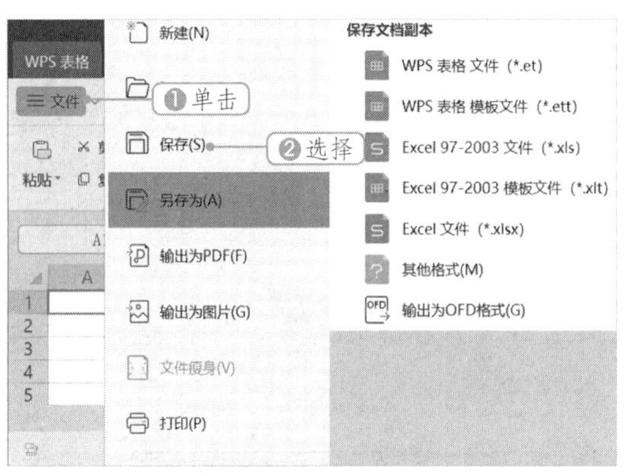

图 5-2　选择“保存”选项

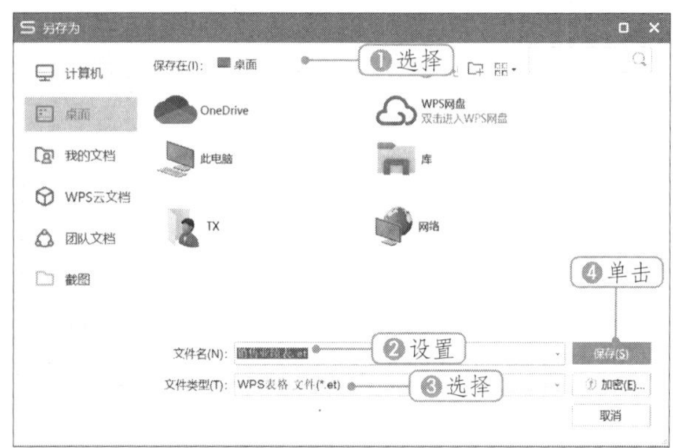

图 5-3　“另存为”对话框

技巧秒杀

快速保存工作簿

在WPS表格工作界面的快速访问工具栏中单击“保存”按钮，或者按【Ctrl+S】组合键，若是第一次保存该工作簿，则会打开“另存为”对话框；若已经保存过，则会直接在原工作簿的基础上保存。

5.1.3　加密保护工作簿

在 WPS 表格中，可以通过密码保护工作簿的结构和工作簿内容，以防止他人查看和修改表格中的数据。下面将用密码保护“员工基本工资表.et”工作簿，具体操作如下。

素材所在位置　素材文件 \ 第 5 章 \ 员工基本工资表.et

效果所在位置　效果文件 \ 第 5 章 \ 员工基本工资表.et

微课视频

STEP 1　打开“员工基本工资表.et”工作簿，单击☰文件菜单按钮，在打开的下拉菜单中选择“文件信息”命令，在打开的子菜单中选择“文档加密”命令，如图 5-4 所示。

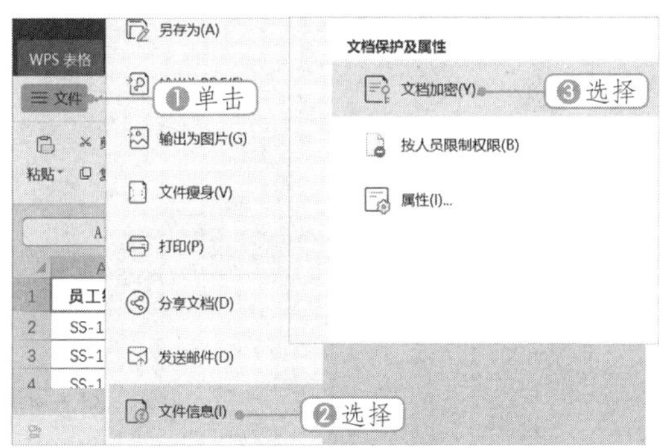

图 5-4　选择“文档密码”命令

STEP 2　打开“选项”对话框后，在“打开权限”栏中的“打开权限密码”和“请再次键入打开权限密码”文本框中输入打开密码“111111”，在“编辑权限”栏中的“修改权限密码”和“请再次键入修改权限密码”文本框中输入编辑密码“000000”，单击确定按钮，如图 5-5 所示。

STEP 3　保存后关闭工作簿，再次打开工作簿时，会打开“文档已加密”对话框，在文本框中输入设置的打开密码“111111”，单击确定按钮，如图 5-6 所示。

STEP 4　因为设置了编辑密码，所以会打开“文档已设置编辑密码”对话框，如图 5-7 所示。在文本框中输入编辑密码“000000”后单击确定按钮，才能打开工作簿，并且能编辑工作簿中的数据、格式等。

图 5-5　设置打开和编辑密码

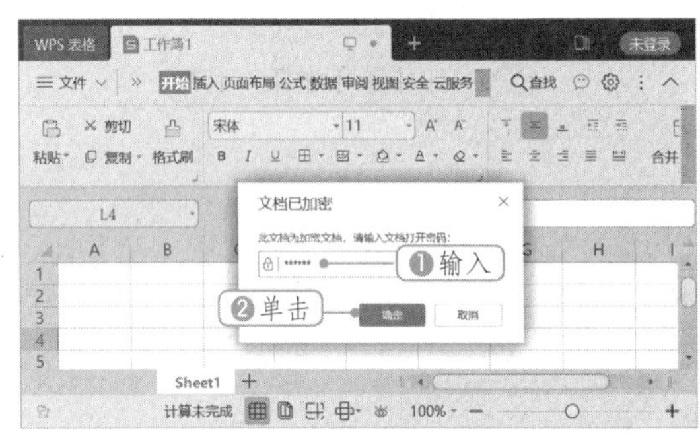

图 5-6　输入打开密码

图 5-7　输入编辑密码

5.1.4　分享工作簿

在实际办公过程中，有些表格数据需要多人录入、编辑或多个领导审核、查看，此时，可以采用 WPS 表格的分享功能将表格分享给他人。下面将“员工基本工资表.et”工作簿通过发送链接的方式分享给他人，具体操作如下。

素材所在位置　素材文件 \ 第 5 章 \ 员工基本工资表.et

微课视频

STEP 1　打开“员工基本工资表 .et”工作簿，登录 WPS 账户，单击 ≡ 文件菜单按钮，在打开的下拉菜单中选择“分享文档”命令，如图 5-8 所示。

STEP 2　在打开的“分享文档”对话框中显示了分享链接，其右侧还提供了微信扫码分享、QQ 分享和邮件分享 3 种方式，这里通过链接分享，因此直接单击 复制 按钮复制链接，如图 5-9 所示。

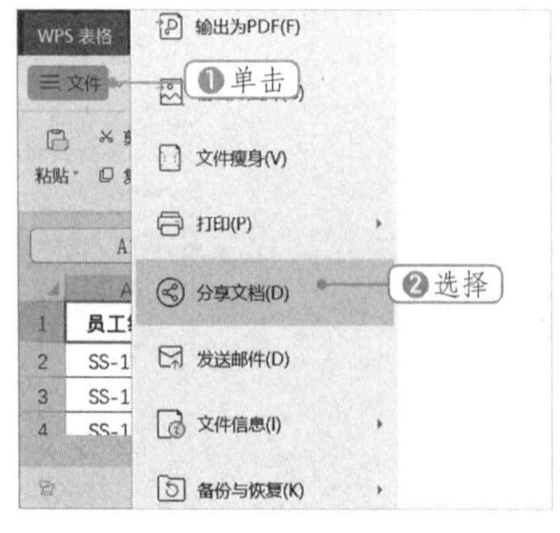

图 5-8　选择“分享文档”命令

图 5-9　复制链接

知识补充

设置分享文档的权限

在“分享文档”对话框中单击选中“允许好友编辑”复选框，那么表示被分享人可以编辑文档内容；单击“设置密码”超链接，可为分享的文档设置密码保护；单击“重置链接”超链接，将更新分享链接；单击“更多”超链接，在对话框中可设置链接分享范围、链接有效期。

STEP 3 将复制的链接发送给要分享的人，接收到链接的人在网页中打开链接，就可打开分享的文档。根据分享人设置的权限可以查看或编辑文档，如图 5-10 所示。

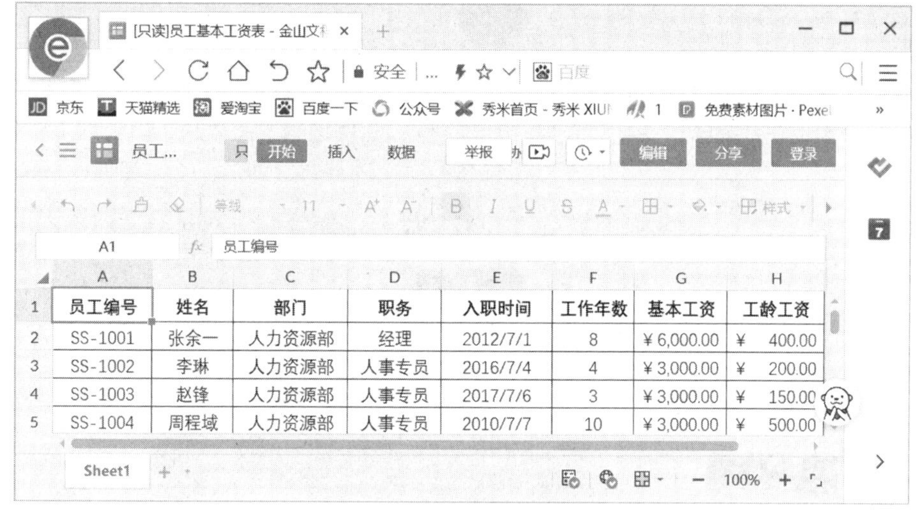

员工编号	姓名	部门	职务	入职时间	工作年数	基本工资	工龄工资
SS-1001	张余一	人力资源部	经理	2012/7/1	8	¥6,000.00	¥ 400.00
SS-1002	李琳	人力资源部	人事专员	2016/7/4	4	¥3,000.00	¥ 200.00
SS-1003	赵锋	人力资源部	人事专员	2017/7/6	3	¥3,000.00	¥ 150.00
SS-1004	周程域	人力资源部	人事专员	2010/7/7	10	¥3,000.00	¥ 500.00

图 5-10　查看分享的链接

5.2 工作表的基本操作

在 WPS 表格中，工作表是编辑和管理数据的场所，是表格内容的载体。所以我们也需要掌握一些工作表的基本操作，如添加、删除、重命名、移动、复制、设置、隐藏、显示、保护工作表等操作，以便快速地制作出需要的表格。

5.2.1 添加与删除工作表

默认情况下，在 WPS 表格中新建的工作簿只包含一张工作表，若工作表的数量不能满足用户的需要，可以添加新的工作表。另外，对于工作簿中多余的工作表，也可以将其删除，以方便管理。添加与删除工作表的方法分别如下。

- **添加工作表：** 在工作表标签上单击鼠标右键，在打开的快捷菜单中选择“插入”命令，如图 5-11 所示，打开“插入工作表”对话框，在“插入数目”数值框中输入新建的工作表数量，在“插入”栏中设置新工作表的插入位置，单击 确定 按钮，如图 5-12 所示。

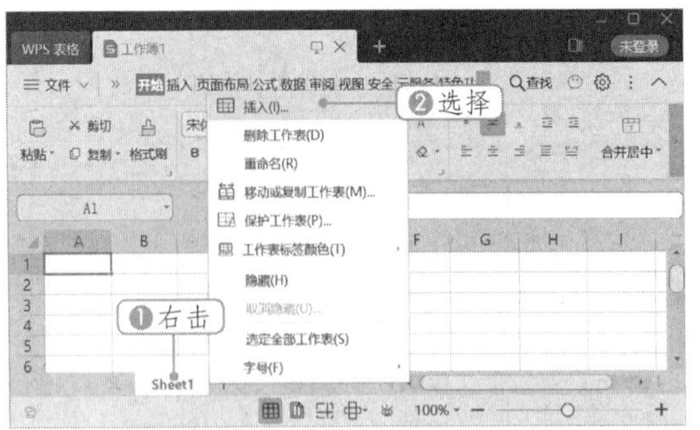

图 5-11　选择“插入”命令

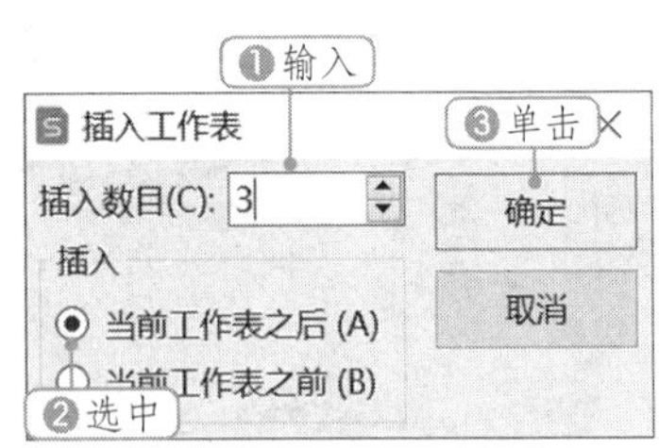

图 5-12　插入工作表设置

技巧秒杀

快速插入工作表

在工作簿中按【Shift+F11】组合键，可快速在当前工作表的前面插入一张新工作表。

- **删除工作表：**选择需要删除的单张或多张工作表，在工作表标签上单击鼠标右键，并在打开的快捷菜单中选择“删除工作表”命令，即可删除当前选择的工作表。

知识补充

删除工作表

删除存放有数据的工作表时，会打开提示对话框，提示是否永久删除这些数据，如果确认删除，单击 确定 按钮即可。

第2部分

5.2.2 重命名工作表

在 WPS 表格中，插入的工作表将自动以“Sheet 1、Sheet 2、Sheet 3……”的形式命名，为了方便查看和管理工作表，也可以将工作表重命名为与工作表中内容相符的名称。其方法是：在工作表标签上双击鼠标，此时，工作表名称进入可编辑状态（工作表名称呈蓝底白字显示），输入新的工作表名称后，按【Enter】键即可重命名工作表名称。

5.2.3 移动或复制工作表

在 WPS 表格中，当需要将某张工作表移动到同一工作簿的其他位置或移动到其他工作簿中，需要通过移动功能来实现；当需要在当前工作簿或其他工作簿中制作相同结构的工作表时，则可以通过复制工作表来快速制作。下面将介绍如何在“工资表.et”工作簿中移动和复制工作表，具体操作如下。

素材所在位置　素材文件\第 5 章\工资表.et

微课视频

STEP 1 打开“工资表.et”工作簿，选择需要移动的工作表“岗位对照表”，单击“开始”选项卡中的“工作表”按钮，在打开的下拉列表中选择“移动或复制工作表”选项，如图 5-13 所示。

STEP 2 打开“移动或复制工作表”对话框后，在“工作簿”下拉列表框中选择要移动到的工作簿，这里保持默认设置，在“下列选定工作表之前”列表框中选择移动到哪个工作簿哪个工作表之前，这里选择“工资表”选项，单击 确定 按钮，如图 5-14 所示。

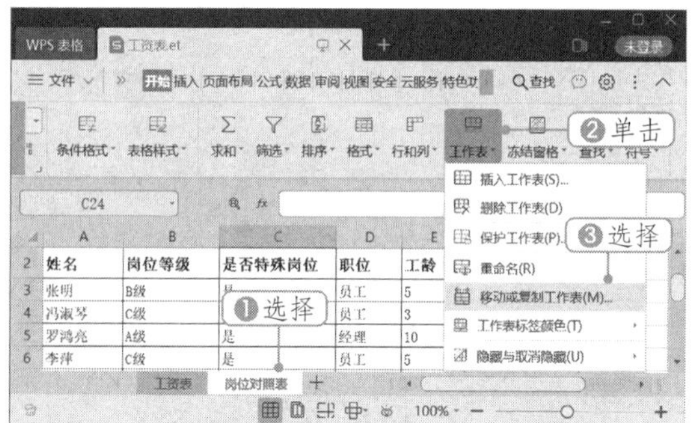

图 5-13　选择“移动或复制工作表”命令

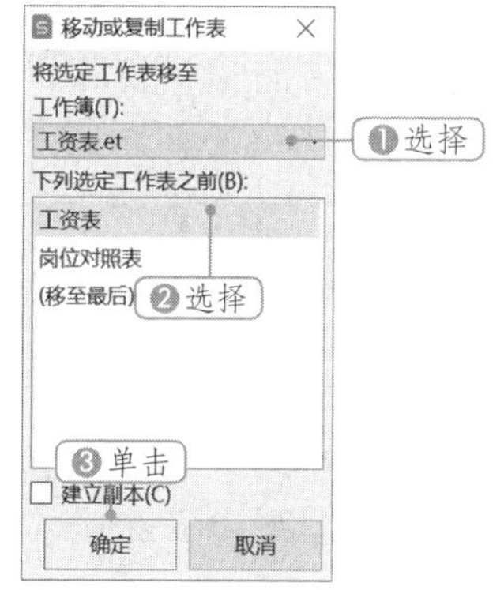

图 5-14　移动工作表

STEP 3　“岗位对照表”工作表将移动到“工资表”工作表的前面。选择“工资表”工作表，再次打开“移动或复制工作表”对话框，在“工作簿”下拉列表框中选择“工作簿 1”选项，在“下列选定工作表之前”列表框中选择“Sheet1”选项，单击选中“建立副本”复选框，单击 确定 按钮，如图 5-15 所示。

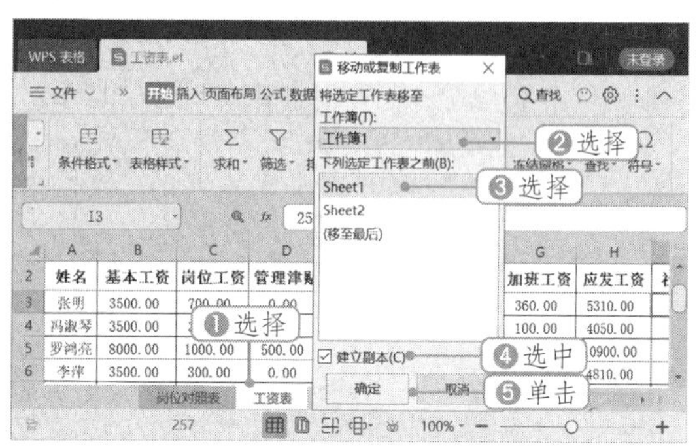

图 5-15　复制工作表设置

STEP 4　将“工资表”工作表复制到“工作簿 1”工作簿中，如图 5-16 所示。

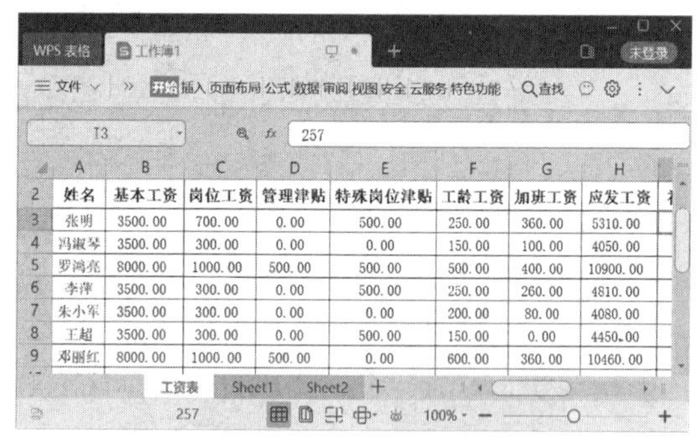

图 5-16　查看效果

技巧秒杀

快速移动或复制工作表

在不同工作簿中移动或复制时，只能通过“移动或复制工作表”对话框实现。如果是在同一工作簿中移动或复制工作表，则可通过鼠标快速实现。其方法是：将鼠标指针移动到需要移动或复制的工作表标签上，按住鼠标左键不放拖动到目标位置，释放鼠标，完成工作表的移动操作。在按住【Ctrl】键的同时移动工作表，可复制工作表。

5.2.4　设置工作表的标签颜色

WPS 表格中默认的工作表标签颜色是相同的。为了帮助用户区别工作簿中的各个工作表，除了重命名工作表外，还可以为工作表的标签设置不同的颜色以便区分。其方法是：在需要设置标签颜色的工作表标签上单击鼠标右键，在打开的快捷菜单中选择“工作表标签颜色”命令，在打开的子菜单中选择需要的标签颜色，如图 5-17 所示，工作表标签将变为设置的颜色；选择其他工作表，所设工作表标签颜色的效果将更明显，如图 5-18 所示。

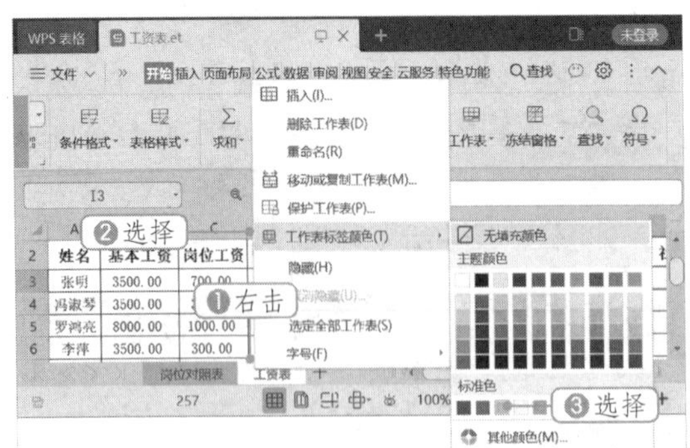

图 5-17　选择标签颜色

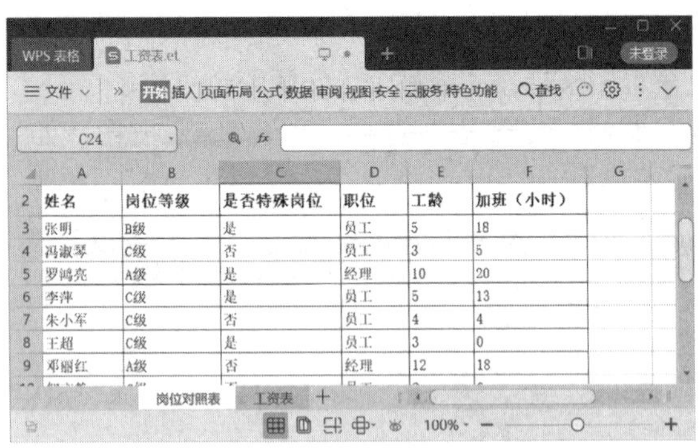

图 5-18　查看工作表标签效果

知识补充

删除工作表标签颜色

若要删除工作表标签颜色，只需要在设置了标签颜色的工作表标签上单击鼠标右键，在打开的快捷菜单中选择“工作表标签颜色”命令，在打开的子菜单中选择“无填充颜色”选项即可。

第2部分

5.2.5　隐藏与显示工作表

为了避免重要的工作表被其他人看到并更改内容，用户可以将其隐藏，直到需要查看的时候再将隐藏的工作表重新显示出来。隐藏与显示工作表的方法分别如下。

- **隐藏工作表：**选择需要隐藏的工作表，单击“开始”选项卡中的“工作表”按钮，在打开的下拉列表中选择“隐藏与取消隐藏”选项，在打开的子列表中选择“隐藏工作表”选项，如图 5-19 所示，所选工作表将被隐藏起来。
- **显示工作表：**单击“开始”选项卡中的“工作表”按钮，在打开的下拉列表中选择“隐藏与取消隐藏”选项，在打开的子列表中选择“取消隐藏工作表”选项，打开“取消隐藏”对话框，在“取消隐藏工作表”列表框中选择需要显示的工作表，单击确定按钮，如图 5-20 所示，隐藏的工作表将被显示出来。

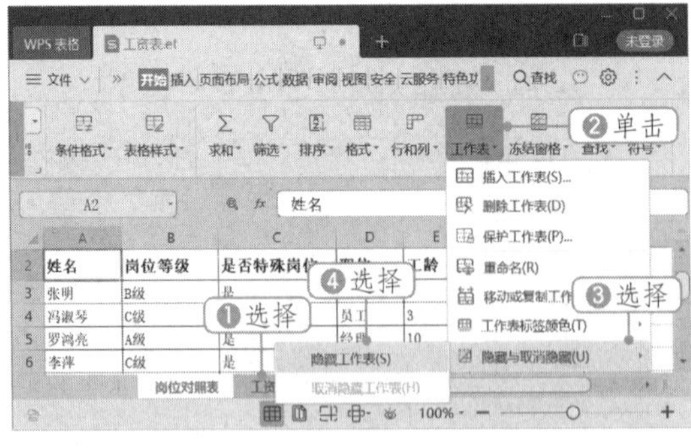

图 5-19　选择“隐藏工作表”选项

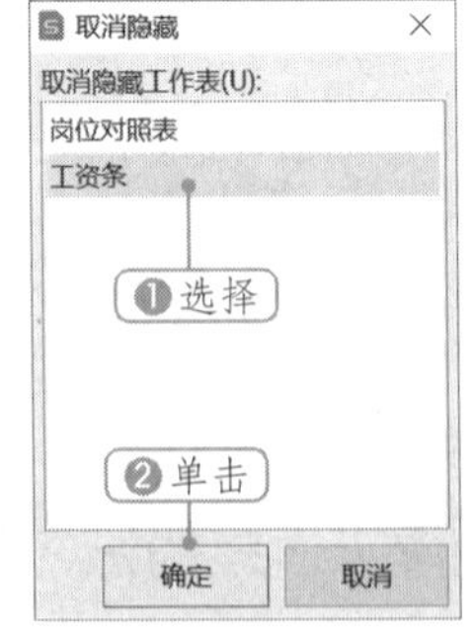

图 5-20　取消工作表隐藏

5.2.6　保护工作表

为防止他人在未经授权的情况下编辑或修改工作表中的数据，用户可以为工作表设置密码。下面将为“工资表.et”工作簿中的“工资表”工作表设置密码，具体操作如下。

素材所在位置 素材文件 \ 第 5 章 \ 工资表.et

微课视频

STEP 1 打开“工资表.et”工作簿，单击“审阅”选项卡中的“保护工作表”按钮，如图 5-21 所示。

图 5-21 单击“保护工作表”按钮

STEP 2 打开“保护工作表”对话框，在“密码”文本框中输入保护密码，如输入“111111”，在“允许此工作表的所有用户进行”列表框中单击选中“选定锁定单元格”和“选定未锁定单元格”复选框，单击 确定 按钮，如图 5-22 所示。

图 5-22 设置密码保护

STEP 3 打开“确认密码”对话框后，在“重新输入密码”文本框中再次输入之前设置的密码“111111”，单击 确定 按钮，如图 5-23 所示。

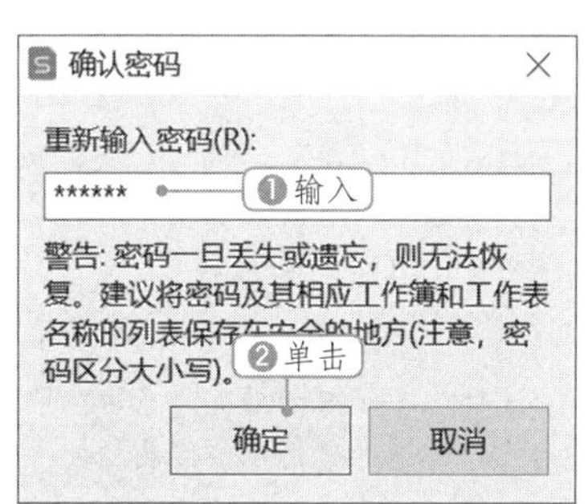

图 5-23 确认密码

STEP 4 此时，“审阅”选项卡中的“保护工作表”按钮名称会变成“撤销工作表保护”，并且在编辑工作表时，会弹出提示对话框提示用户需要先撤销工作表保护，如图 5-24 所示。

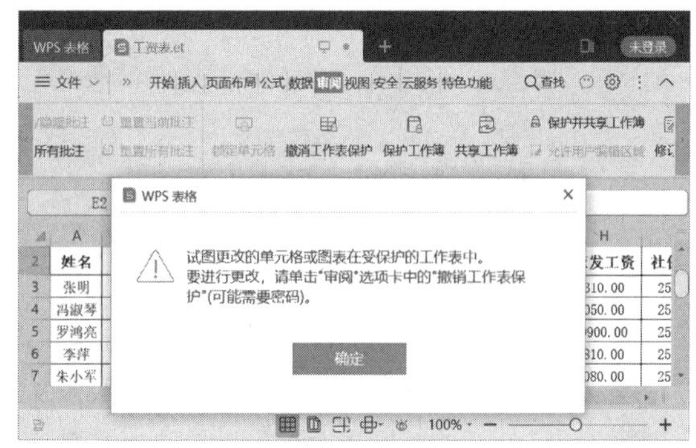

图 5-24 提示对话框

知识补充

撤销工作表保护

如果不需要使用密码保护工作表，可单击“开始”选项卡中的“撤销密码保护”按钮，打开“撤销工作表保护”对话框，在“密码”文本框中输入设置的保护密码，并单击 确定 按钮。

5.3 单元格的基本操作

在制作表格时，用户除了要掌握工作簿和工作表的基本操作外，还要掌握单元格的基本操作，如插入单元格、删除单元格、合并单元格及调整单元格行高和列宽等。

5.3.1 插入和删除单元格

在编辑工作表时，用户通常会涉及插入与删除单元格的操作。

1. 插入单元格

在 WPS 表格中，不仅可以插入单个单元格，还可以插入整行或整列单元格。其方法是：选择单元格，单击“开始”选项卡中的“行和列”按钮，在打开的下拉列表中选择“插入单元格”选项，在打开的子列表中选择“插入单元格”选项（见图 5-25），打开“插入”对话框，在其中选择插入类型，如单击选中“活动单元格下移”单选按钮，单击确定按钮，如图 5-26 所示，即会在所选单元格处插入一个单元格。

知识补充

单元格插入类型

在“插入”对话框中单击选中“活动单元格右移”单选按钮，将在所选单元格处插入一个单元格，且所选单元格右移；单击选中“活动单元格下移”单选按钮，将在所选单元格处插入一个单元格，且所选单元格下移；单击选中“整行”单选按钮，在“行数”数值框中输入插入的行数，将在所选单元格上方插入相应数量的行；单击选中“整列”单选按钮，在“列数”数值框中输入插入的列数，将在所选单元格左侧插入相应数量的行。

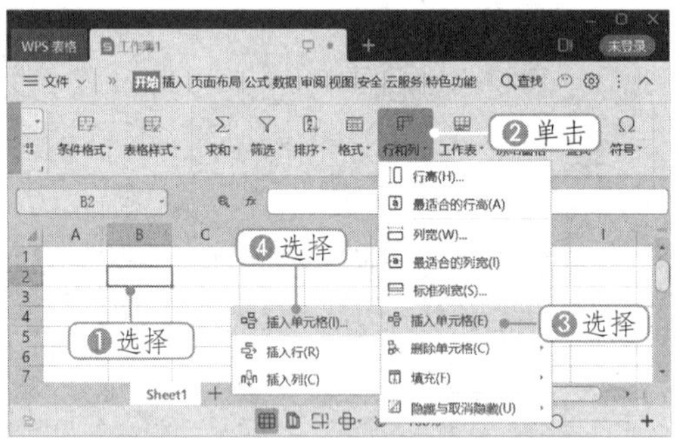

图 5-25　选择“插入单元格”选项

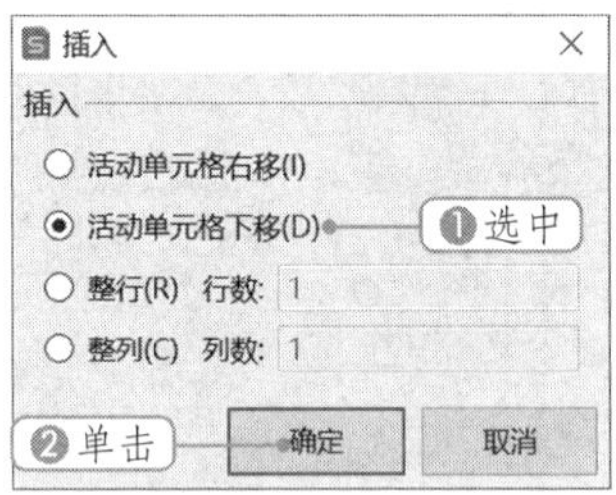

图 5-26　“插入”对话框

2. 删除单元格

在 WPS 表格中，删除单元格常用的方法有以下两种。

- **通过菜单命令删除：** 选择单元格，在其上单击鼠标右键，在打开的快捷菜单中选择“删除”命令，在打开的子菜单中选择需要的单元格删除命令删除单元格，如图 5-27 所示。
- **通过下拉列表删除：** 选择单元格，单击“开始”选项卡中的“行和列”按钮，在打开的下拉列表中选择“删除单元格”选项，在打开的子列表中选择需要的删除选项删除单元格，如图 5-28 所示。

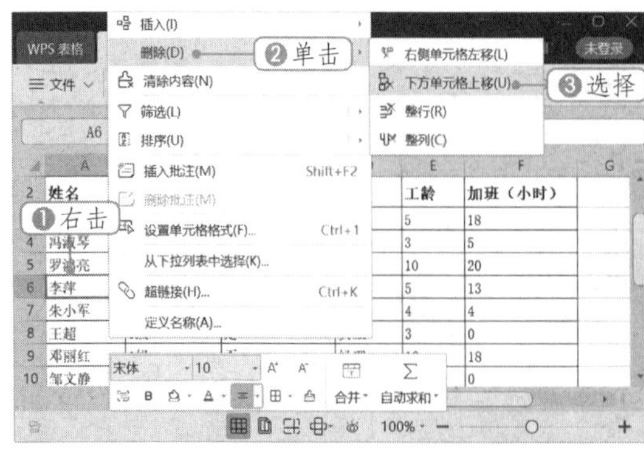

图 5-27　选择“删除”命令

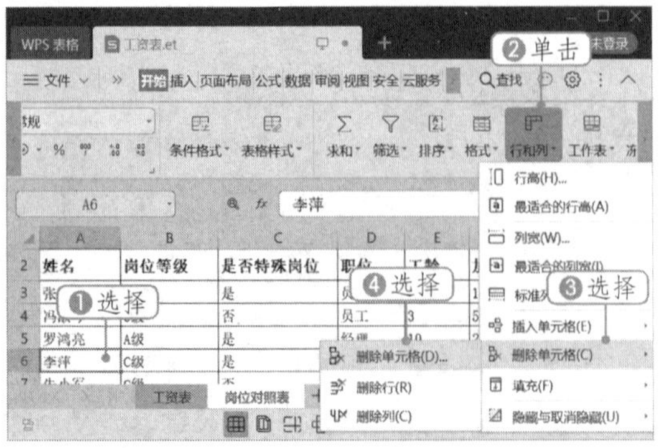

图 5-28　选择“删除单元格”选项

5.3.2 合并单元格

在制作表格标题和不规则表格时，经常需要将多个连续的单元格合并为一个单元格，此时，就需要用到 WPS 表格中的合并功能。其方法是：在工作表中选择需要合并的多个单元格，单击“开始”选项卡中“合并居中”按钮右侧的下拉按钮，在打开的下拉列表中提供了许多合并选项，用户可以根据情况选择需要的合并选项合并单元格。如果选择的多个单元格位于同一列，则“合并居中”下拉列表提供了 4 个选项供用户选择，如图 5-29 所示；如果选择的多个单元格位于多个列中，则“合并居中”下拉列表提供了 5 个选项供用户选择，如图 5-30 所示。

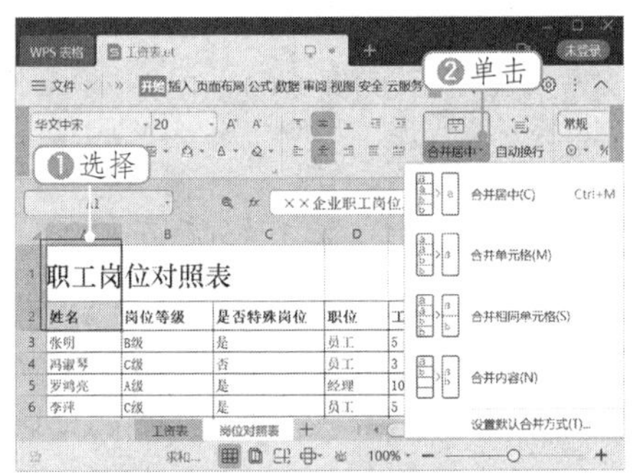

图 5-29　单元格合并选项 1

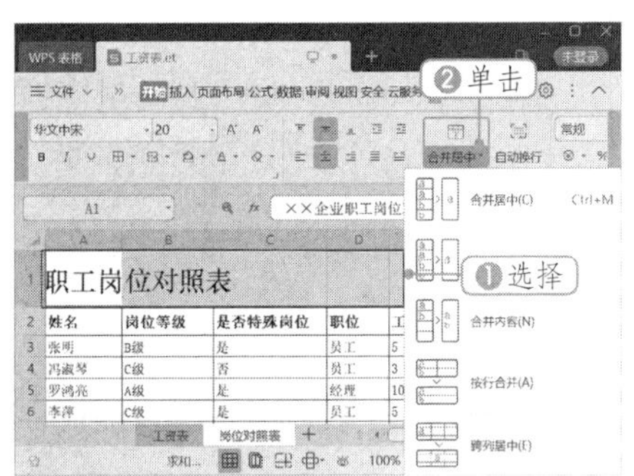

图 5-30　单元格合并选项 2

各合并选项的含义分别如下。

- **合并居中：** 将选择的多个单元格合并为一个大单元格，且单元格中只显示第一个单元格中的内容，并自动居中对齐显示，如图 5-31 所示。
- **合并单元格：** 将选择的多个单元格合并为一个大单元格，且单元格中只显示第一个单元格中的内容，并按照默认的方式对齐，如图 5-32 所示。

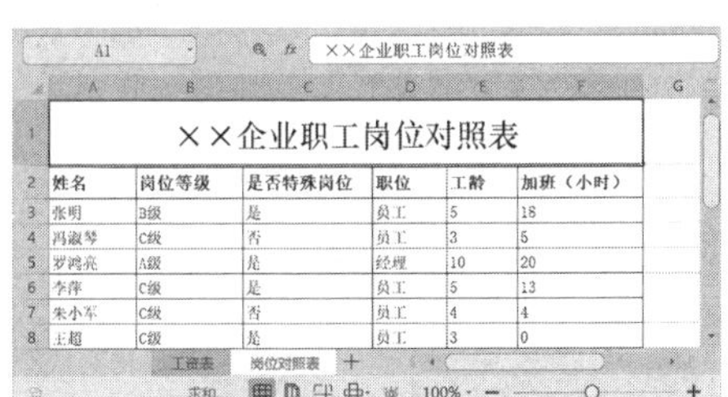

图 5-31　合并居中

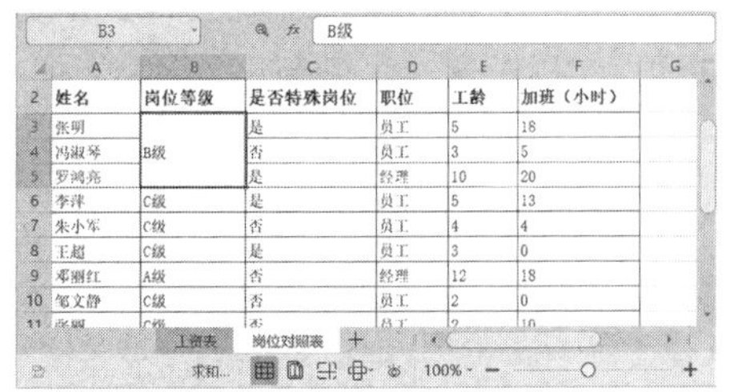

图 5-32　合并单元格

- **合并相同单元格：** 根据所选单元格中的内容合并单元格，只合并连续且内容相同的单元格，如图 5-33 所示。
- **合并内容：** 将选择的多个单元格合并为一个大单元格，且所选单元格中的内容也将全部合并显示到大单元格中，如图 5-34 所示。

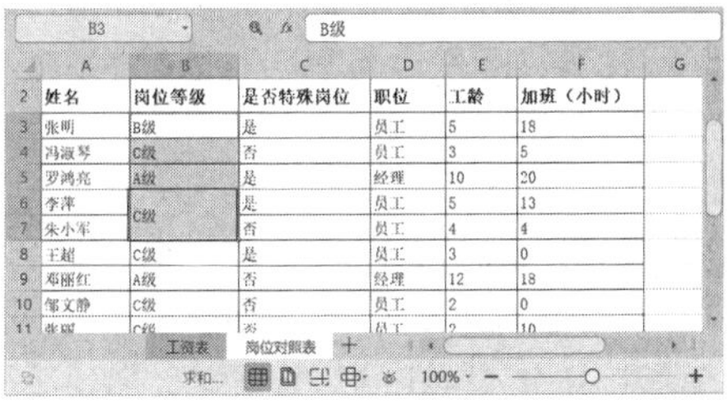

图 5-33　合并相同单元格

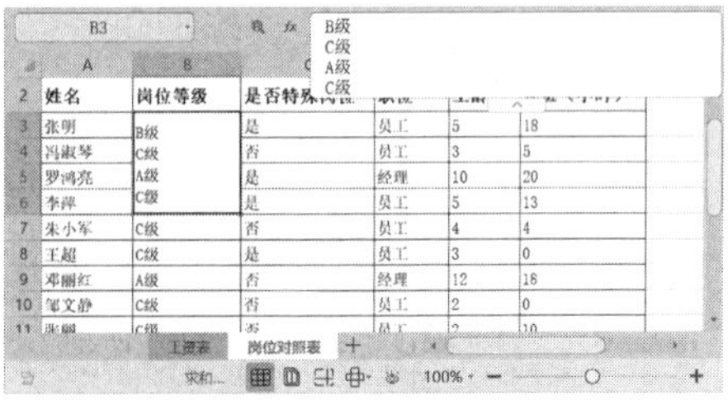

图 5-34　合并内容

- **按行合并：** 按所选的多个单元格所在行合并单元格，且合并行中的内容只显示所选单元格第一列单元格中的内容，如图 5-35 所示。
- **跨列居中：** 不合并所选的多个单元格，但单元格中的文本将居中对齐，如图 5-36 所示。与合并居中不同的是，合并居中会将多个单元格合并为一个大单元格，而跨列居中不会合并所选的多个单元格。

姓名	岗位等级	是否特殊岗位	职位	工龄	加班（小时）
张明	B级		员工	5	18
冯淑琴	C级		员工	3	5
罗鸿亮	A级		经理	10	20
李萍	C级	是	员工	5	13
朱小军	C级	否	员工	4	4
王超	C级	是	员工	3	0
邓丽红	A级	否	经理	12	18
邹文静	C级	否	员工	2	0

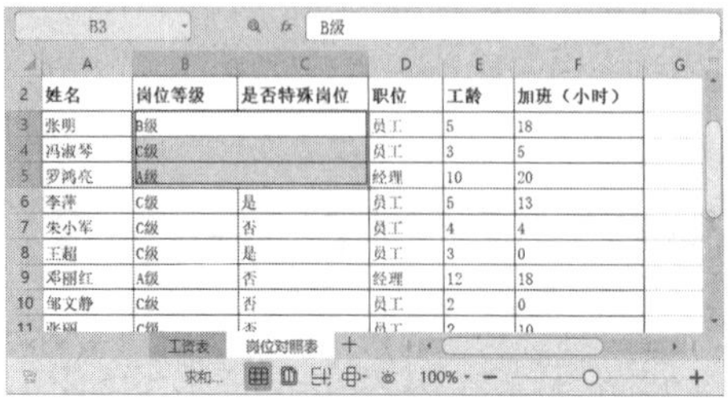

图 5-35　按行合并

××企业职工岗位对照表					
姓名	岗位等级	是否特殊岗位	职位	工龄	加班（小时）
张明	B级	是	员工	5	18
冯淑琴	C级	否	员工	3	5
罗鸿亮	A级	是	经理	10	20
李萍	C级	是	员工	5	13
朱小军	C级	否	员工	4	4
王超	C级	是	员工	3	0

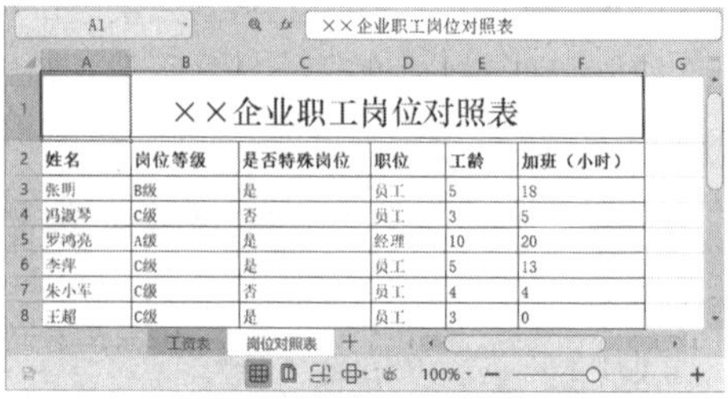

图 5-36　跨列合并

知识补充

取消单元格合并

如果不满意合并后的单元格，可以取消合并。其方法是：选择合并的单元格，单击“合并居中”按钮下方的下拉按钮，在打开的下拉列表中选择“取消合并单元格”选项即可。

5.3.3 调整单元格行高和列宽

当工作表中单元格的行高或列宽不合理时，不仅会影响单元格中数据的显示，还会影响单元格的美观程度，因此，读者可以根据需要调整单元格的行号和列宽。下面将设置“商品进货月报表.et”工作簿中单元格的行号和列宽，具体操作如下。

素材所在位置 素材文件\第 5 章\商品进货月报表.et

效果所在位置 效果文件\第 5 章\商品进货月报表.et

微课视频

STEP 1 打开“商品进货月报表.et”工作簿，将鼠标指针移动到第 1 行和第 2 行之间的行线上，当鼠标指针变成形状时，按住鼠标左键不放并向下拖动鼠标，如图 5-37 所示。

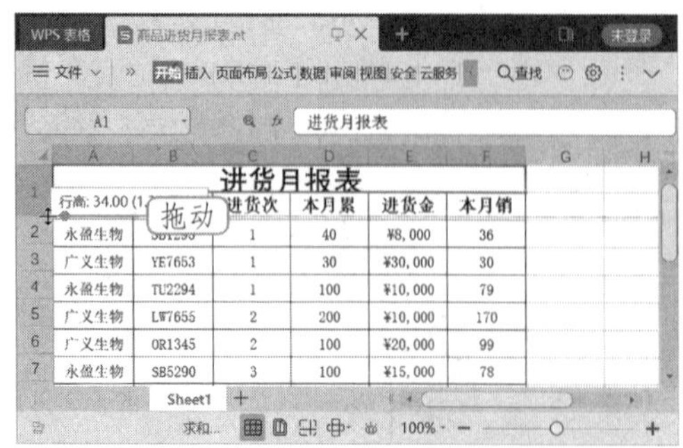

图 5-37　拖动鼠标以调整行高

STEP 2 拖动到合适高度后释放鼠标，即可调整行高。将鼠标指针移动到第 2 行和第 3 行之间的行线上，按住鼠标左键不放并向下拖动鼠标以调整行高。

STEP 3 拖动鼠标选择 A2:F2 单元格区域，单击“开始”选项卡中的“行和列”按钮，在打开的下拉列表中选择“列宽”选项，如图 5-38 所示。

STEP 4 打开“列宽”对话框后，在“列宽”数值框中输入列宽值“12”，单击“确定”按钮，如图 5-39 所示。

STEP 5 此时，所选单元格区域的列宽将变成“12”。选择 A3:F11 单元格区域，单击“开始”选项卡中的“行和列”按钮，在打开的下拉列表中选择“行高”选项，如图 5-40 所示。

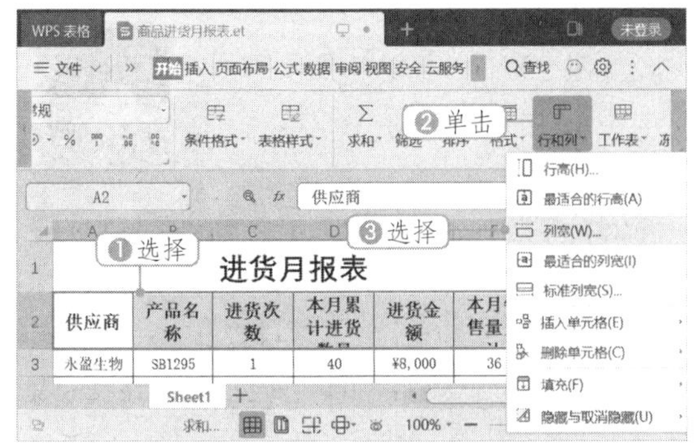

图 5-38　选择“列宽”选项

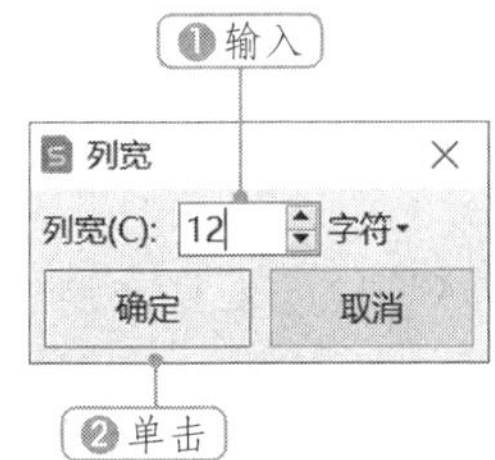

图 5-39　设置列宽

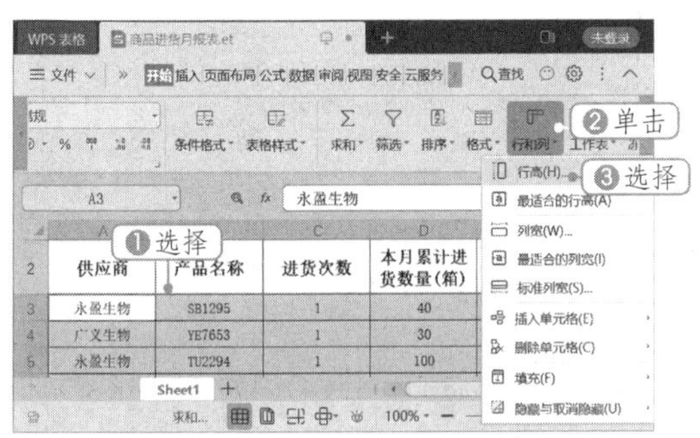

图 5-40　选择“行高”选项

STEP 6　打开“行高”对话框后，在“行高”数值框中输入行高值“24”，单击 确定 按钮，如图 5-41 所示。

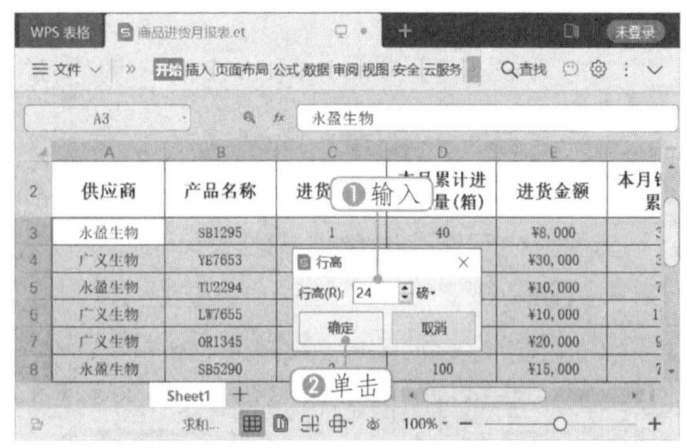

图 5-41　设置行高

STEP 7　返回工作表编辑区，可查看设置行高后的效果如图 5-42 所示。

进货月报表

供应商	产品名称	进货次数	本月累计进货数量(箱)	进货金额	本月销售量累计(箱)
永盈生物	SB1295	1	40	¥8,000	36
广义生物	YE7653	1	30	¥30,000	30
永盈生物	TU2294	1	100	¥10,000	79
广义生物	LW7655	2	200	¥10,000	170
广义生物	OR1345	2	100	¥20,000	99
永盈生物	SB5290	3	100	¥15,000	78

图 5-42　查看效果

知识补充

调整适合的行高和列宽

如果要为单元格调整适合内容的行高和列宽，则可选择单元格或单元格区域，单击“开始”选项卡中的“行和列”按钮，在打开的下拉列表中选择“最适合的行高”选项或“最适合的列宽”选项，根据单元格中的内容调整合适的行高和列宽。

5.4 数据录入

数据是存储于工作表中的重要信息，因此，表格中数据的录入尤为重要。在 WPS 表格中，可输入的数据类型比较多，如文本、数值、日期和时间、货币、百分数等。为了提高输入效率，用户可根据情况采用不同的方法录入有效数据。

5.4.1 导入外部数据源

在制作表格时，如果需要的数据是以其他文件（如 Excel 文件、文本文件、数据库文件等）形式保存到计算机中的，那么就可以通过 WPS 表格提供的导入数据功能将其导入。下面将导入文本文件中的数据，具体操作如下。

素材所在位置 素材文件\第 5 章\联系人信息.txt

效果所在位置 效果文件\第 5 章\联系信息表.et

微课视频

STEP 1 在工作簿中单击“数据”选项卡中的“导入数据”按钮，若是第一次执行，则会打开“WPS 表格”对话框，提示此操作将连接外部数据源，单击 确定 按钮，如图 5-43 所示。

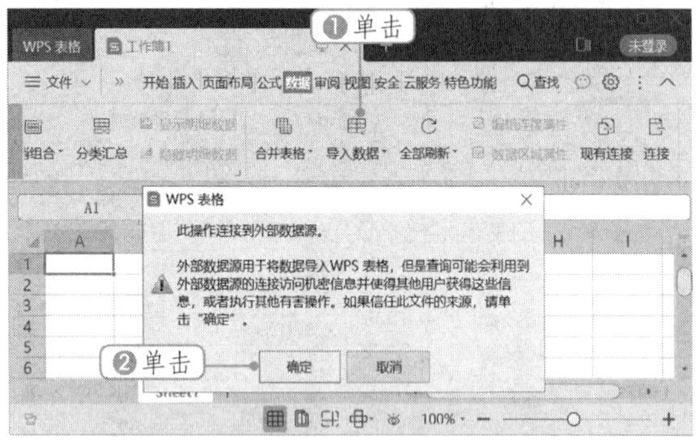

图 5-43 单击“导入数据”按钮

STEP 2 打开“第一步：选择数据源”对话框后，选择数据源，这里保持默认选中的“直接打开数据文件”单选按钮，单击 选择数据源(S)... 按钮，如图 5-44 所示。

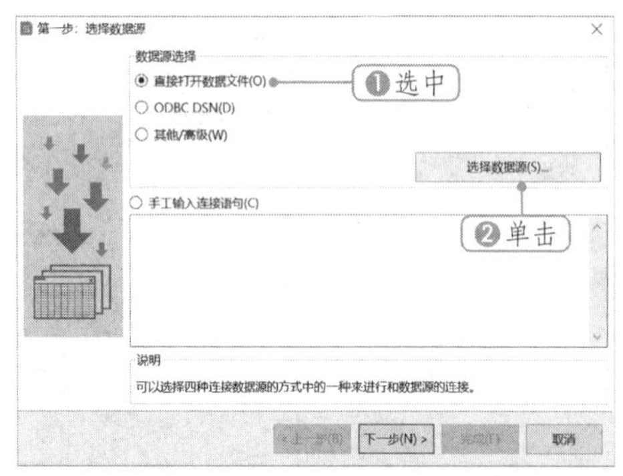

图 5-44 选择数据源

STEP 3 打开“打开”对话框后，在地址栏中设置外部数据源的保存位置，选择“联系人信息.txt”文件，单击 打开(O) 按钮，如图 5-45 所示。

STEP 4 打开“文件转换”对话框后，保持默认设置，单击 下一步(N) 按钮，如图 5-46 所示。

STEP 5 打开“文本导入向导 -3 步骤之 1”对话框后，在“请选择最合适的文件类型”栏中选择需要的类型，在“导入起始行”数值框中输入从第几行开始导入，这里全部保持默认设置，单击 下一步(N) 按钮，如图 5-47 所示。

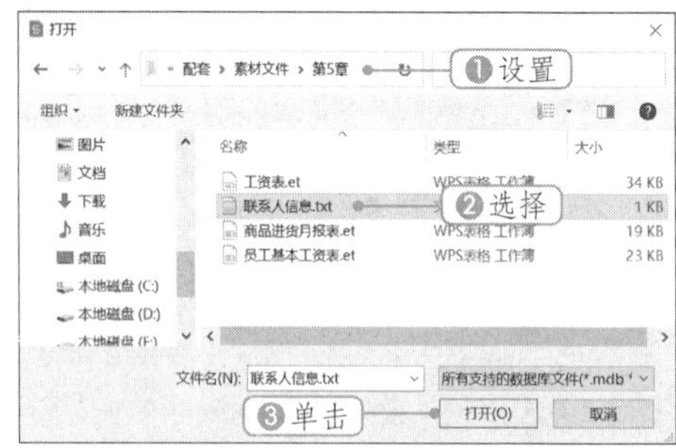

图 5-45 选择外部数据源文件

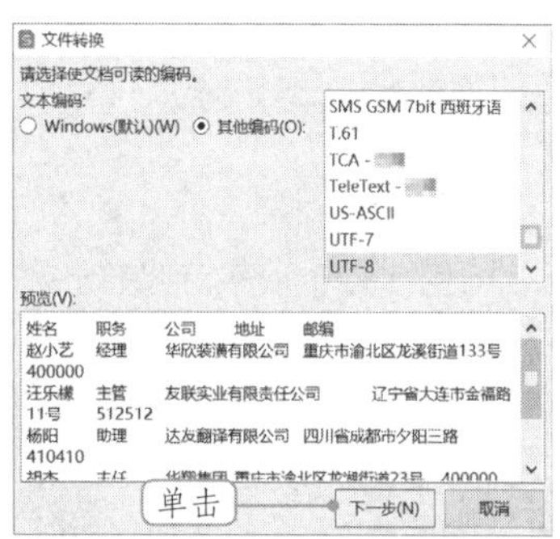

图 5-46 文件转换设置

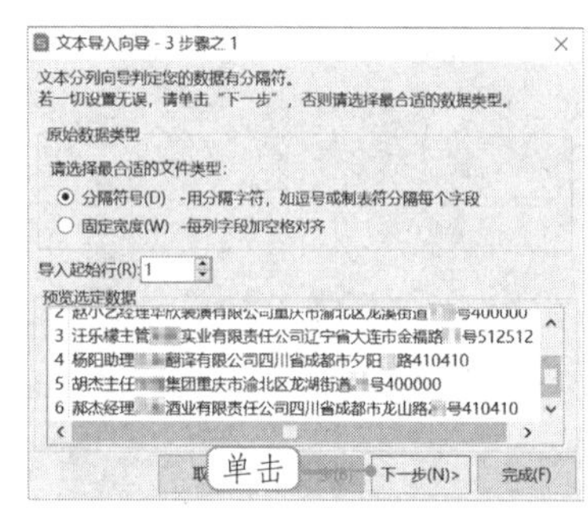

图 5-47 文本导入向导

STEP 6 打开“文本导入向导 -3 步骤之 2”对话框后，设置字段分隔符号，这里保持默认选中的“Tab 键”复选框，单击 下一步(N) 按钮，如图 5-48 所示。

STEP 7 打开“文本导入向导 -3 步骤之 3”对话框后，设置列数据类型，这里全部保持默认选中的“常规”单选按钮，单击 完成(F) 按钮，如图 5-49 所示。

STEP 8 将文本文件中的数据导入到工作簿中，并以“联系信息表”为名保存文件，导入的数据效果如图 5-50 所示。

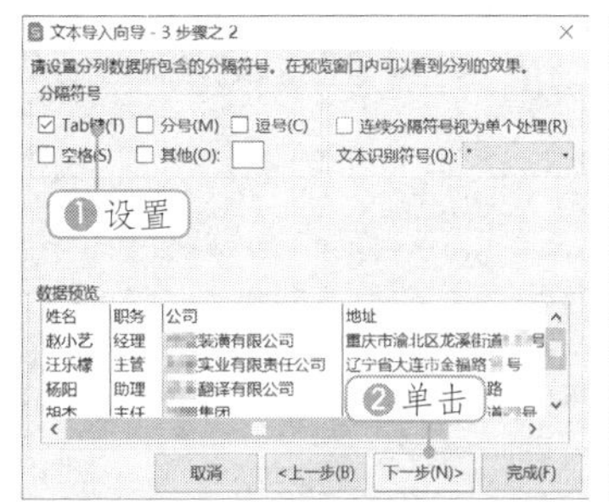

图 5-48　设置分隔符号

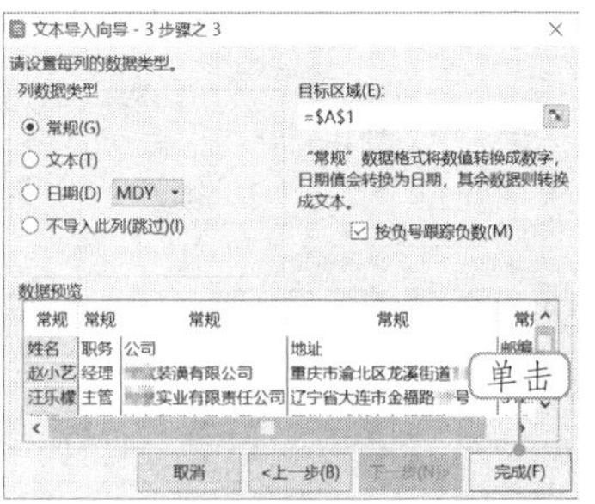

图 5-49　设置列数据类型

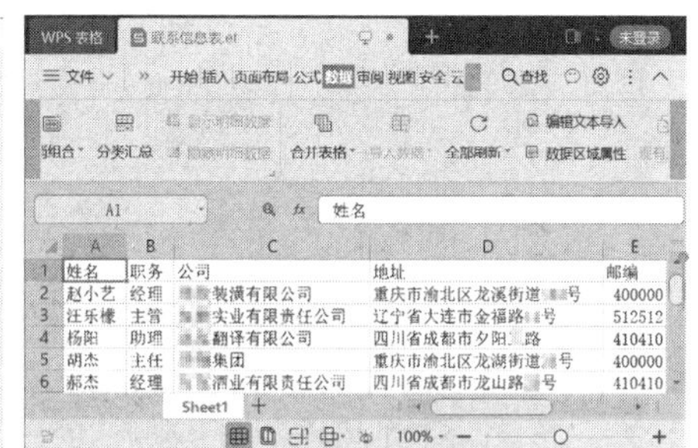

图 5-50　导入的数据效果

知识补充

导入网站中的数据

如果需要网站表格中的数据，也可通过导入数据功能直接导入。其方法是：单击“数据”选项卡中的“导入数据”按钮下方的下拉按钮，在打开的下拉列表中选择“自网站连接”选项，打开“新建Web查询”对话框，在“地址”下拉列表框中输入网站网址，单击 转到(T) 按钮，打开网站，在其中选择需要导入的表格，单击 导入(I) 按钮，打开“导入数据”对话框，设置数据导入后放置的位置，单击 确定 按钮，即可导入网站中的数据。

5.4.2　准确地录入数据

在录入表格数据时，可以通过下拉列表限定输入的数据，提高数据录入的准确性。在 WPS 表格中，通过插入下拉列表功能，可快速创建下拉列表。下面将在“劳动合同签订统计表”工作簿中为“部门”列中的数据创建下拉列表，具体操作如下。

素材所在位置　素材文件 \ 第 5 章 \ 劳动合同签订统计表.et

效果所在位置　效果文件 \ 第 5 章 \ 劳动合同签订统计表.et

微课视频

STEP 1　打开“劳动合同签订统计表.et”工作簿，拖动鼠标选择 C3:C10 单元格区域，单击“数据”选项卡中的“插入下拉列表”按钮，如图 5-51 所示。

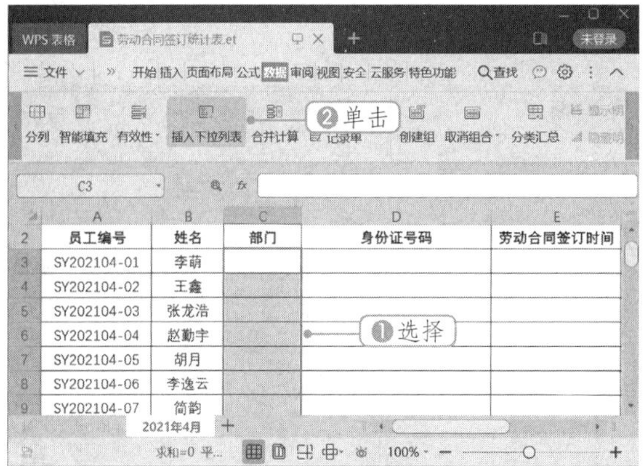

图 5-51　单击“插入下拉列表”按钮

STEP 2　打开“插入下拉列表”对话框后，在“手动添加下拉选项”下的文本框中输入下拉列表中的内容，如输入“销售部”，单击按钮，添加一个文本框，在其中输入“行政部”，接着使用相同的方法继续添加输入“市场部”和“人事部”，完成后单击 确定 按钮，如图 5-52 所示。

STEP 3　返回工作表中，选择 C3 单元格，其右侧出现了下拉按钮，单击该下拉按钮，会打开一个下拉列表，在其中选择该单元格中需要输入的内容，如选择“行政部”选项，如图 5-53 所示。

STEP 4　所选内容输入到单元格中，再使用相同的方法在 C4:C10 单元格区域选择需要输入的内容，如图 5-54 所示。

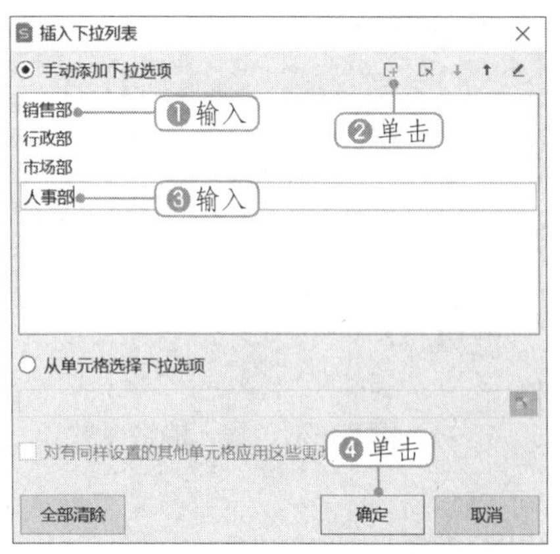

图 5-52　设置下拉选项内容

图 5-53　选择下拉列表内容

图 5-54　选择输入内容

知识补充

从单元格选择下拉选项

在设置下拉列表时，除了可手动输入下拉列表选项外，还可从单元格中选择下拉列表选项。其方法是：在工作表单元格区域中输入下拉列表中的内容，在“插入下拉列表”对话框中单击选中“从单元格选择下拉选项”单选按钮，在下方的参数框中输入下拉列表内容所在的单元格区域，单击 确定 按钮。

5.4.3 检索数据错误

在录入表格数据时，可以通过WPS表格提供的数据有效性功能限制单元格中输入的数据范围和类型。当输入的数据错误时，将检索错误并提示，以防止输入无效或错误的数据，提高数据录入的准确性。下面继续上例操作，为“劳动合同签订统计表.et”工作簿中的部分列数据设置数据有效性，具体操作如下。

效果所在位置　效果文件\第5章\劳动合同签订统计表1.et

微课视频

STEP 1　在工作表中选择D3:D10单元格区域，单击“数据”选项卡中的“有效性”按钮，如图5-55所示。

STEP 2　打开“数据有效性”对话框后，在“设置”选项卡的“允许”下拉列表框中选择验证条件，如选择“文本长度”选项，在“数据”下拉列表框中选择“等于”选项，在“数值”数值框中输入允许输入的文本长度，如输入“18”，如图5-56所示。

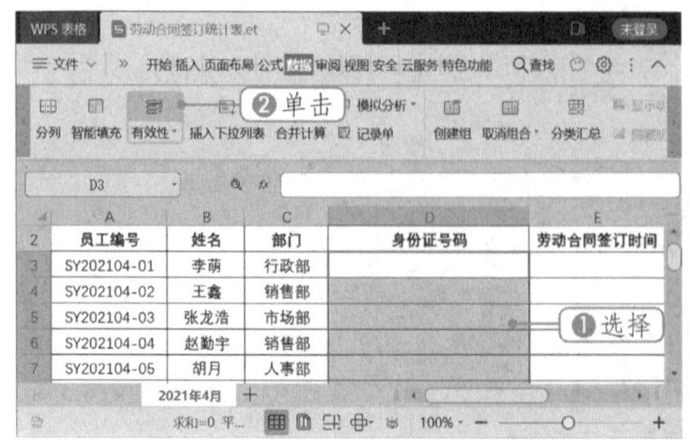

图 5-55　单击“有效性”按钮

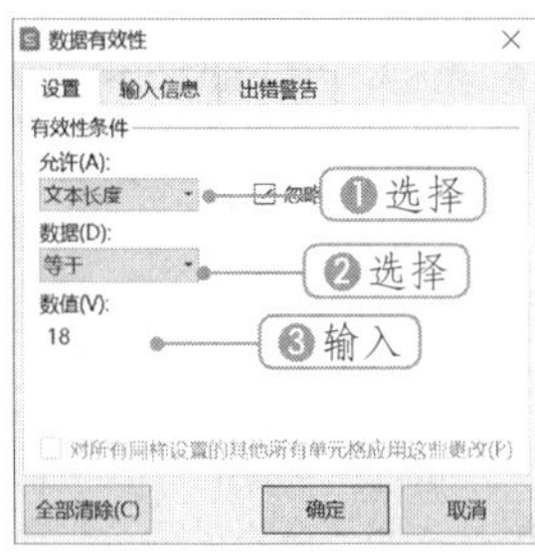

图 5-56　设置有效性条件

STEP 3　单击切换到“出错警告”选项卡，在“标题”文本框中输入“位数不正确”文本，在“错误信息”列表框中输入错误原因描述信息，单击 确定 按钮，如图 5-57 所示。

图 5-57　设置出错警告

STEP 4　返回工作表中，在 D3 单元格中输入身份证号码，如果输入的身份证号码小于或大于 18 位数，都会打开错误提示对话框，并且提示对话框中显示的内容就是刚才设置的出错警告内容，如图 5-58 所示。

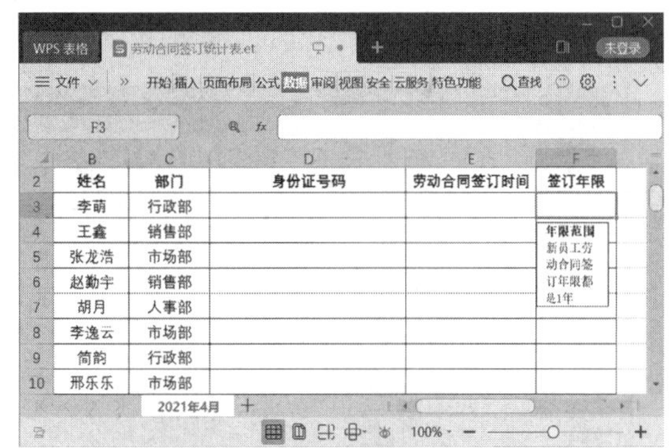

图 5-58　验证设置的数据有效性

STEP 5　选择 E3:E10 单元格区域，打开“数据有效性”对话框，在“设置”选项卡中的“允许”下拉列表框中选择“日期”选项，在“数据”下拉列表框中选择“介于”选项，在“开始日期”文本框中输入“2021 年 4 月 1 日”文本，在“结束日期”文本框中输入“2021 年 4 月 30 日”文本，单击 确定 按钮，如图 5-59 所示。

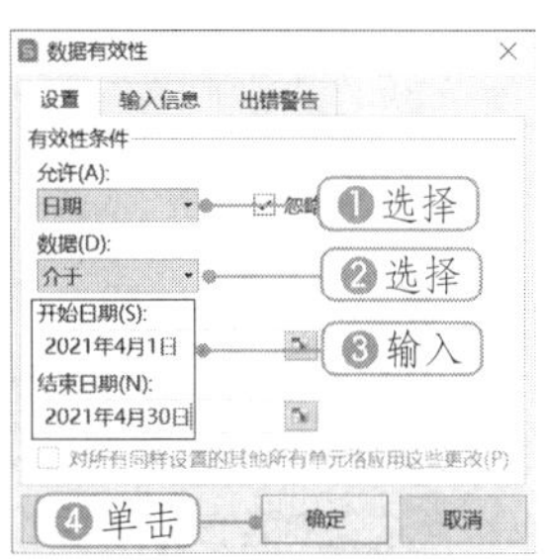

图 5-59　设置日期条件

STEP 6　返回工作表中，在 E3:E10 单元格区域中输入的日期若不在“2021 年 4 月 1 日 ~ 2021 年 4 月 30 日”这个日期段，则会打开错误提示对话框进行提示。

STEP 7　选择 F3:F10 单元格区域，打开“数据有效性”对话框，单击切换到“输入信息”选项卡，在“标题”文本框中输入提示标题“年限范围”，在“输入信息”列表框中输入提示信息，单击 确定 按钮，如图 5-60 所示。

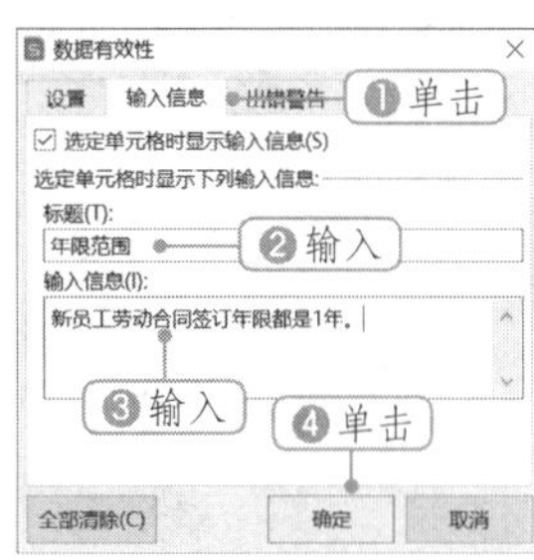

图 5-60　设置输入信息

STEP 8　返回工作表中，选择 F3:F10 单元格区域中的任意一个单元格，将在所选单元格下方显示提示信息，如图 5-61 所示。

图 5-61　查看输入提示信息

STEP 9 根据设置的数据有效性，在 D3:F10 单元格区域中准确输入相应的信息，效果如图 5-62 所示。

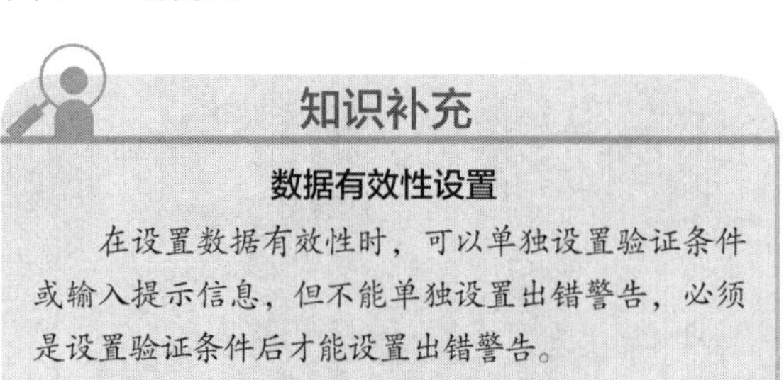

知识补充

数据有效性设置

在设置数据有效性时，可以单独设置验证条件或输入提示信息，但不能单独设置出错警告，必须是设置验证条件后才能设置出错警告。

图 5-62 输入数据

5.4.4 自动录入数据

在工作表同一行或同一列中输入相同或有规律的数据时，可以通过 WPS 表格提供的自动填充功能和智能填充功能录入相应的数据。

1. 自动填充

自动填充是根据第一个单元格中的数据快速填充相同、等差或等比例的有规律的数据。其方法是：选择已输入数据的单元格，将鼠标指针移动到单元格右下角，当鼠标指针变成➕形状时，按住鼠标左键不放并向下拖动至目标单元格，如图 5-63 所示；释放鼠标，如果选择的单元格中输入的是数值，则会默认按照一定规律填充数据，如图 5-64 所示。如果选择的单元格中输入的是文本，则会填充相同的文本。

图 5-63 向下填充数据

图 5-64 查看填充的数据

使用自动填充功能填充数值时，如果想填充相同的数值，可在填充数据后，单击出现的“自动填充选项”按钮，并在打开的下拉列表中单击选中“复制单元格”单选按钮，如图 5-65 所示，则填充的规律数据将变成相同的数据，如图 5-66 所示。

图 5-65 选择填充选项

图 5-66 填充相同的数据

知识补充

填充序列

在工作表中填充数值时，默认是按照“1”的等差序列填充的，如果要按照等比序列或其他等差序列填充，可先在起始单元格中输入需要填充的数据，然后选择需要填充序列数据的多个单元格（包括起始单元格），接着在“开始”选项卡中单击“填充”按钮，在打开的下拉列表中选择“序列”选项，打开“序列”设置对话框，在其中对类型、日期单位、步长值和终止值等进行设置，完成后单击 确定 按钮，则之后填充数据时才会按照设置的参数填充相应的序列。

2. 智能填充

智能填充可以根据当前输入的一组或多组数据，参考前一列或后一列中数据智能识别数据的规律，然后按照规律填充数据，提高了数据录入效率。例如，要根据输入的身份证号码来智能填充“出生年月”列的数据时，可在“出生年月”列的第 1 个单元格中输入身份证号码中的出生年月，按【Ctrl+E】组合键，或单击“数据”选项卡中的“智能填充”按钮，如图 5-67 所示，系统会根据输入的数据，自动识别规律并填充数据，填充效果如图 5-68 所示。

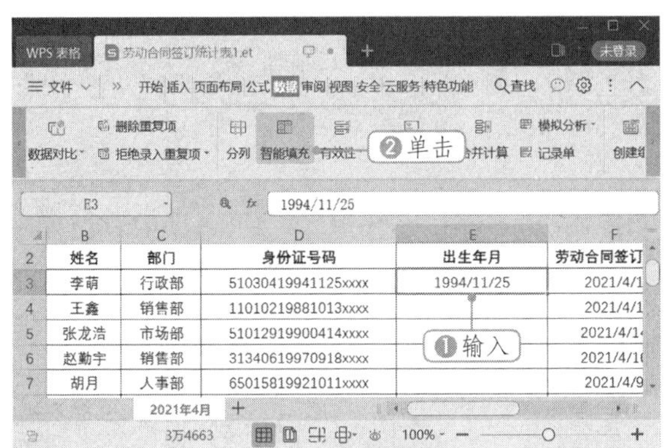

图 5-67　智能填充

	B	C	D	E	F
2	姓名	部门	身份证号码	出生年月	劳动合同签订
3	李萌	行政部	51030419941125xxxx	1994/11/25	2021/4/1
4	王鑫	销售部	11010219881013xxxx	1988/10/13	2021/4/1
5	张龙浩	市场部	51012919900414xxxx	1990/4/14	2021/4/1
6	赵勤宇	销售部	31340619970918xxxx	1997/9/18	2021/4/1
7	胡月	人事部	65015819921011xxxx	1992/10/11	2021/4/9
8	李逸云	市场部	51010719841205xxxx	1984/12/5	2021/4/9
9	简韵	行政部	22015619890128xxxx	1989/1/28	2021/4/2
10	邢乐乐	市场部	51030319910218xxxx	1991/2/18	2021/4/2

图 5-68　查看智能填充效果

技巧秒杀

快速为多个不连续的单元格填充相同的数据

按住【Ctrl】键，单击选择需要填充相同数据的多个单元格，在选择的最后一个单元格中输入相应的数据，按【Ctrl+Enter】组合键，即可在选择的所有单元格中输入相同的数据。

5.4.5　分列有规律的数据

在制作表格时，很多人喜欢将有关联的几个字段放在同一列中显示，但这并不利于后期数据的计算和分析，此时，就可使用 WPS 表格提供的分列功能，快速将一个单元格中的数据按照指定的条件在多列单元格中显示。下面将在“合同管理表.et”工作簿中分列数据，具体操作如下。

素材所在位置　素材文件\第 5 章\合同管理表.et

效果所在位置　效果文件\第 5 章\合同管理表.et

微课视频

STEP 1 打开“合同管理表.et”工作簿，选择C3:C10单元格区域，单击“数据”选项卡中的“分列”按钮，如图5-69所示。

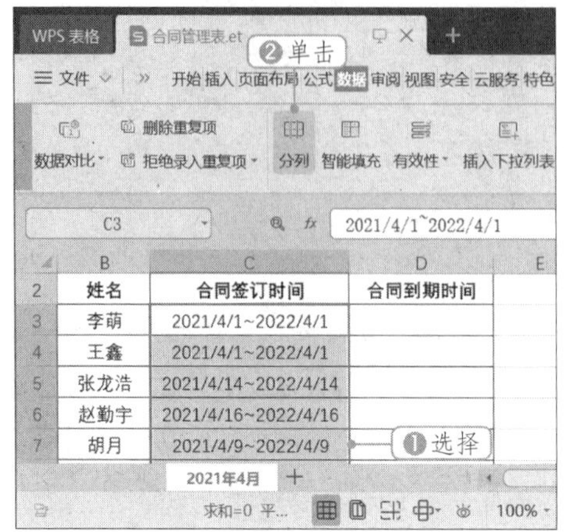

图5-69 单击“分列”按钮

STEP 2 打开“文本分列向导-3 步骤之 1”对话框后，保持默认设置，单击 下一步(N) 按钮，如图5-70所示。

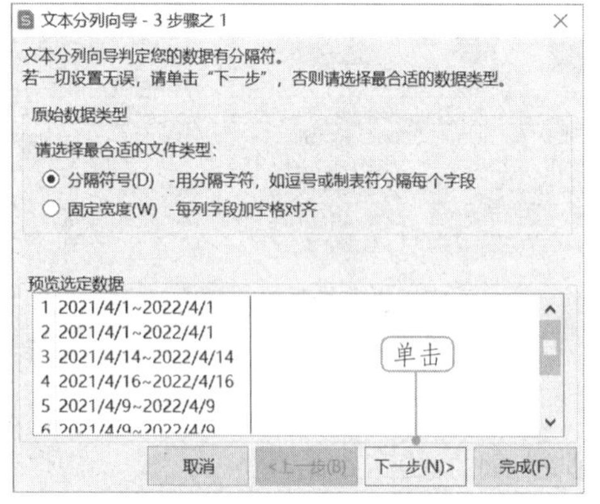

图5-70 文本分列向导

STEP 3 打开“文本分列向导-3 步骤之 2”对话框后，在“分隔符号”栏中单击选中“其他”复选框，在其后的文本框中输入“～”，在“数据预览”列表框中可查看分列效果，单击 下一步(N) 按钮，如图5-71所示。

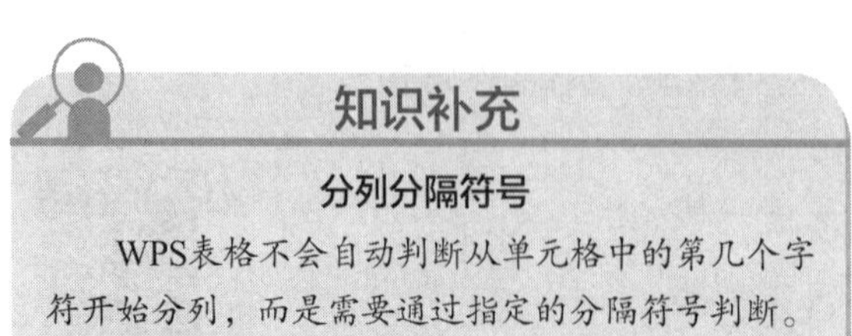

知识补充

分列分隔符号

WPS表格不会自动判断从单元格中的第几个字符开始分列，而是需要通过指定的分隔符号判断。分隔符号可以是标点符号、文本、数字等。

图5-71 设置分隔符号

STEP 4 打开“文本分列向导-3 步骤之 3”对话框后，单击“目标区域”参数框的按钮，缩小对话框，拖动鼠标在工作表中选择“C3:D10”单元格区域，也就是分列数据放置的位置，单击按钮，如图5-72所示。

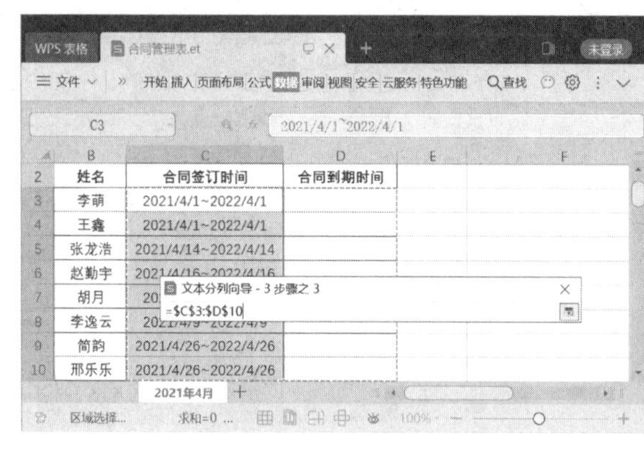

图5-72 选择目标区域

STEP 5 展开对话框，单击 完成(F) 按钮，打开提示对话框，提示“目标单元格中含有数据，执行操作可能会造成数据丢失”，单击 是(Y) 按钮，返回工作表中，可查看分列后的效果如图5-73所示。

图5-73 查看分列效果

第2部分

5.5 数据编辑

在 WPS 表格中输入的数据，还可根据需要进行编辑，如修改错误的数据、突出显示重复的数据、数据对比等，使表格中的数据更加精准、更加便于查看。

5.5.1 使用记录单修改数据

使用记录单可以方便地对表格中的数据记录执行添加、修改、查找和删除等操作，避免输入和修改数据时来回切换行、列位置，有利于数据的管理。下面将在“工资表.et”工作簿中使用记录单修改数据，具体操作如下。

素材所在位置 素材文件\第 5 章\工资表.et

效果所在位置 效果文件\第 5 章\工资表.et

微课视频

STEP 1 打开“工资表.et”工作簿，在“岗位对照表”工作表中选择数据区域的任意单元格，单击“数据”选项卡中的“记录单”按钮，如图 5-74 所示。

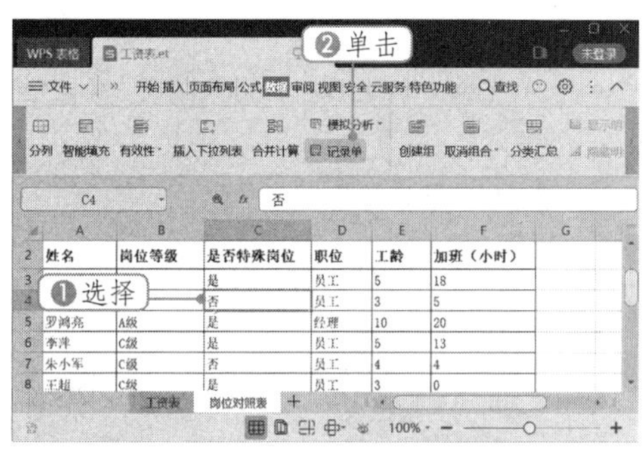

图 5-74 单击“记录单”按钮

STEP 2 在打开的“岗位对照表”对话框中显示了工作表中的第 1 条数据记录，将“岗位等级”文本框中的“B 级”更改为“A 级”，单击 下一条(N) 按钮，如图 5-75 所示。

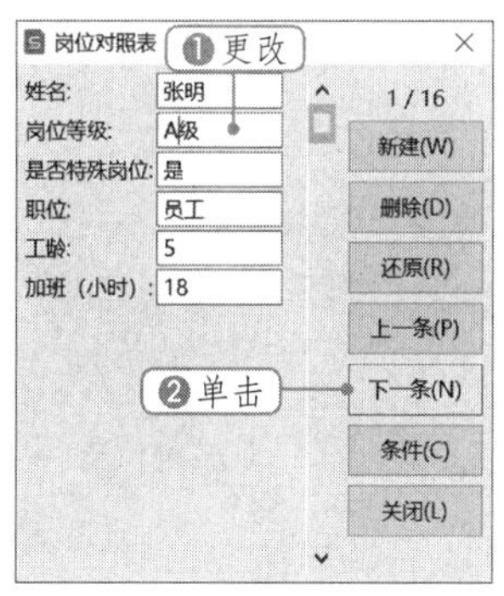

图 5-75 修改第 1 条数据

STEP 3 当对话框中显示第 2 条数据记录时，将“加班（小时）”更改为“8”，单击 下一条(N) 按钮，如图 5-76 所示。

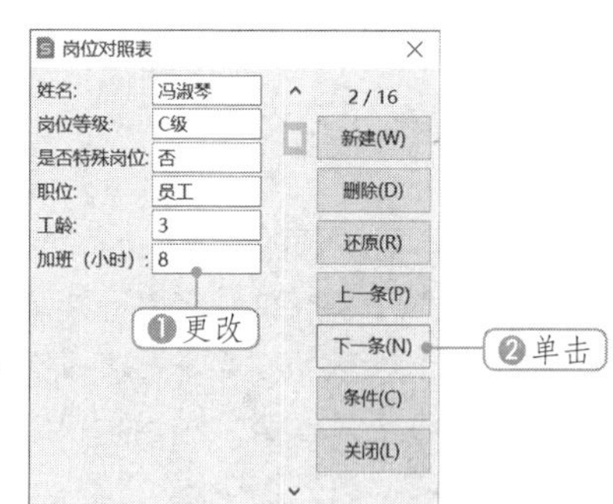

图 5-76 修改第 2 条数据

STEP 4 使用相同的方法继续修改工作表中的其他数据记录，修改完成后单击 关闭(L) 按钮关闭对话框，如图 5-77 所示。

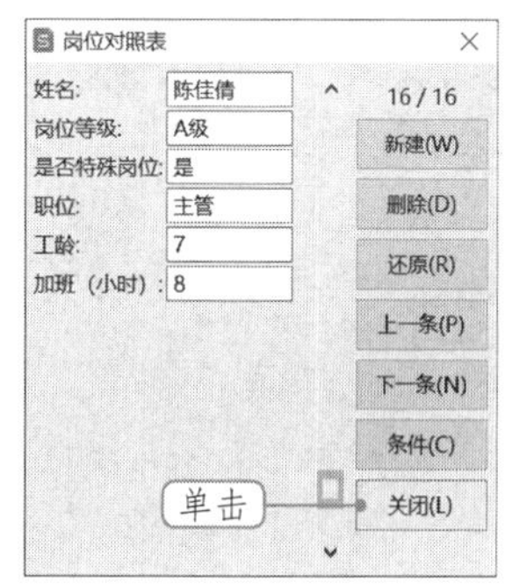

图 5-77 修改其他数据

STEP 5 返回工作表中，可查看修改数据后的效果如图 5-78 所示。

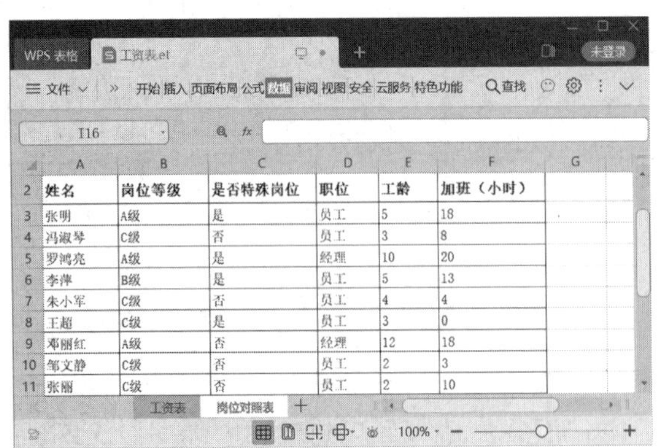

姓名	岗位等级	是否特殊岗位	职位	工龄	加班（小时）
张明	A级	是	员工	5	18
冯淑琴	C级	否	员工	3	8
罗鸿亮	A级	是	经理	10	20
李萍	B级	是	员工	5	13
朱小军	C级	否	员工	4	4
王超	C级	是	员工	3	0
邓丽红	A级	否	经理	12	18
邹文静	C级	否	员工	2	3
张丽	C级	否	员工	2	10

图 5-78 查看数据修改效果

知识补充

通过记录单编辑数据

在记录单对话框中单击 新建(W) 按钮，可在工作表数据区域末尾增加一条数据记录；单击 删除(D) 按钮，在打开的提示对话框中单击 确定 按钮，将删除当前显示的数据记录；单击 还原(R) 按钮，可将当前的数据记录中的数据还原到原始数据，也就是未修改前的数据。

5.5.2 突出显示重复项

当需要查找表格中相同的数据时，可以通过设置高亮突出显示重复项，这样既快速又方便。下面将在“销售提成表.et”工作簿中高亮显示销售数量相同的单元格，具体操作如下。

素材所在位置 素材文件\第 5 章\销售提成表.et

效果所在位置 效果文件\第 5 章\销售提成表.et

微课视频

STEP 1 打开“销售提成表.et”工作簿，选择需要高亮显示重复值的 D4:D14 单元格区域，单击“数据”选项卡中的“高亮重复项”按钮，在打开的下拉列表中选择“设置高亮重复项”选项，打开“高亮显示重复值”对话框，在其中确认高亮显示重复值的单元格区域，这里保持默认设置不变，单击 确定 按钮，如图 5-79 所示。

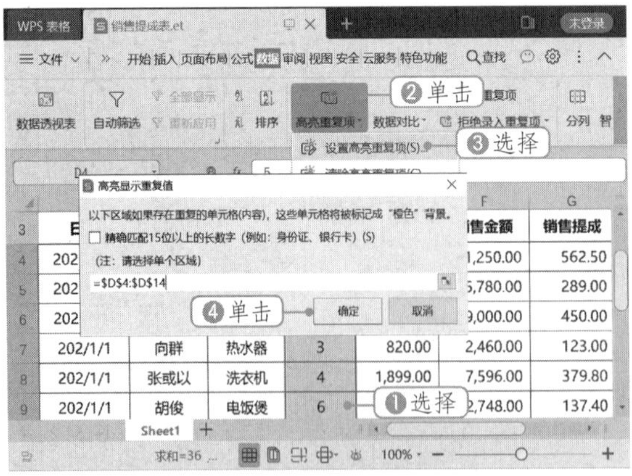

图 5-79 高亮重置值设置

STEP 2 返回工作表中，可看到重复值所在的单元格将以橙色底纹突出显示，效果如图 5-80 所示。

日期	员工姓名	产品名称	数量	单价	销售金额	销售提成
2021/1/1	王猛	电冰箱	5	2,250.00	11,250.00	562.50
2021/1/1	赵宇	电视机	2	2,890.00	5,780.00	289.00
2021/1/1	陈瑞林	空调	2	4,500.00	9,000.00	450.00
202/1/1	向群	热水器	3	820.00	2,460.00	123.00
202/1/1	张彧以	洗衣机	4	1,899.00	7,596.00	379.80
202/1/1	胡俊	电饭煲	6	458.00	2,748.00	137.40
202/1/1	付琴	破壁机	3	1,500.00	4,500.00	225.00
202/1/1	承德徐	豆浆机	5	368.00	1,840.00	92.00
202/1/1	刑风	洗衣机	2	2,499.00	4,998.00	249.90
202/1/1	赵玉清	电冰箱	3	3,250.00	9,750.00	487.50
202/1/1	陈全德	空调	1	4,500.00	4,500.00	225.00

图 5-80 突出显示重复值效果

知识补充

清除高亮重复值

查看完重复值后，如果不需要再高亮显示，可清除高亮重复值。其方法是：选择已设置高亮重复值的单元格区域，单击“数据”选项卡中的“高亮重复项”按钮，在打开的下拉列表中选择“清除高亮重复项”选项，清除所选单元格区域的高亮显示重复值效果。

5.5.3 数据对比并标记

在日常工作中，对比分析表格中的数据时，可以使用 WPS 表格提供的数据对比功能，它既能对比一个或两个区域（包括多列）中的数据，还能将数据中的重复值或唯一值标识和提取出来。下面将在“销售提成表 .et”工作簿中标识出两个单元格区域的唯一值，具体操作如下。

素材所在位置 素材文件 \ 第 5 章 \ 销售提成表.et

效果所在位置 效果文件 \ 第 5 章 \ 销售提成表 1.et

微课视频

STEP 1 打开“销售提成表.et”工作簿，选择数据对比的第一个单元格区域 E4:F14，单击“数据”选项卡中的“数据对比”按钮，在打开的下拉列表中选择“标记两区域中唯一值”选项，如图 5-81 所示。

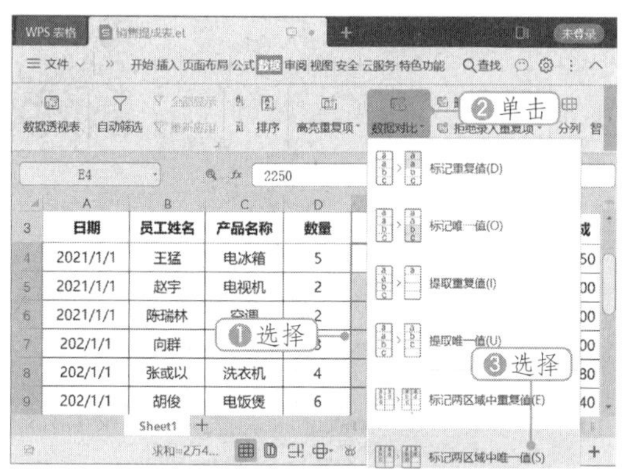

图 5-81 选择数据对比选项

STEP 2 打开“标记唯一值”对话框后，在“区域 2”文本框后面单击按钮，缩小对话框，在工作表中拖动鼠标选择 F4:F14 单元格区域，并单击对话框中文本框右侧的按钮，如图 5-82 所示。

标记唯一值

=Sheet1!$F$4:$F$14

❷单击

	A	B	C	D	E	F	G
6	2021/1/1	陈瑞林	空调	2	4,500.00	9,000.00	450.00
7	202/1/1	向群	热水器	3	820.00	2,460.00	123.00
8	202/1/1	张或以	洗衣机	4	1,899.00	7,596.00	379.80
9	202/1/1	胡俊	电饭煲	6	458.00	2,748.00	137.40
10	202/1/1	付琴	破壁机	3	1,500.00	4,500.00	225.00
11	202/1/1	承德徐	豆浆机	5	368.00	1,840.00	92.00
12	202/1/1	刑风	洗衣机	2	2,499.00	4,998.00	249.90
13	202/1/1	赵玉清	电冰箱	3	3,250.00	9,750.00	487.50
14	202/1/1	陈全德	空调	1	4,500.00	4,500.00	225.00

❶选择

图 5-82 选择“区域 2”

STEP 3 展开对话框，单击“指定颜色”下拉列表框右侧的下拉按钮，在打开的下拉列表中选择标识出唯一值需要的颜色，如选择“浅绿，着色 6，淡色 60%”选项，单击 确定 按钮，如图 5-83 所示。

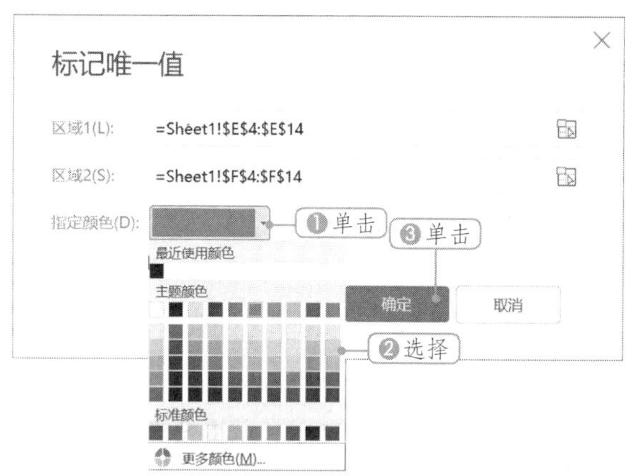

图 5-83 指定标识颜色

STEP 4 返回工作表，可看到两个区域中的唯一值将使用选择的颜色突出显示单元格，如图 5-84 所示。

3	日期	员工姓名	产品名称	数量	单价	销售金额	销售提成
4	2021/1/1	王猛	电冰箱	5	2,250.00	11,250.00	562.50
5	2021/1/1	赵宇	电视机	2	2,890.00	5,780.00	289.00
6	2021/1/1	陈瑞林	空调	2	4,500.00	9,000.00	450.00
7	202/1/1	向群	热水器	3	820.00	2,460.00	123.00
8	202/1/1	张或以	洗衣机	4	1,899.00	7,596.00	379.80
9	202/1/1	胡俊	电饭煲	6	458.00	2,748.00	137.40
10	202/1/1	付琴	破壁机	3	1,500.00	4,500.00	225.00
11	202/1/1	承德徐	豆浆机	5	368.00	1,840.00	92.00
12	202/1/1	刑风	洗衣机	2	2,499.00	4,998.00	249.90
13	202/1/1	赵玉清	电冰箱	3	3,250.00	9,750.00	487.50
14	202/1/1	陈全德	空调	1	4,500.00	4,500.00	225.00

图 5-84 查看数据对比效果

知识补充

删除重复项

在录入大量的表格数据时，难免会将某些数据多次重复录入，此时，就可通过WPS表格提供的删除重复项功能，将工作表中重复录入的数据记录删除。其方法是：选择需要删除重复项的数据区域，单击“数据”选项卡中的“删除重复项”按钮，打开“删除重复项”对话框，在其中设置包含重复项的一个或多个列，单击删除重复项(R)按钮，按设置的列字段删除重复项。需要注意的是，不是只删除重复值所在的单元格，而是重复值所在的整行都被删除。

5.5.4 合并表格

合并表格是指将多个表格快速合并为一个表格。在 WPS 表格中提供了多个工作表合并为一个工作表、合并多个工作簿中的同名工作表和多个工作簿合并成一个工作簿 3 种合并方式，用户可以根据需要选择合适的合并方式来合并表格。下面介绍将两个工作簿中相同名称的工作表合并到一起的具体操作。

素材所在位置 素材文件\第 5 章\4 月采购表.et、5 月采购表.et

效果所在位置 效果文件\第 5 章\采购表.et

微课视频

STEP 1 打开“4 月采购表.et”工作簿，单击“数据”选项卡中的“合并表格”按钮，在打开的下拉列表中选择需要的合并方式，这里选择“合并多个工作簿中同名工作表”选项，如图 5-85 所示。

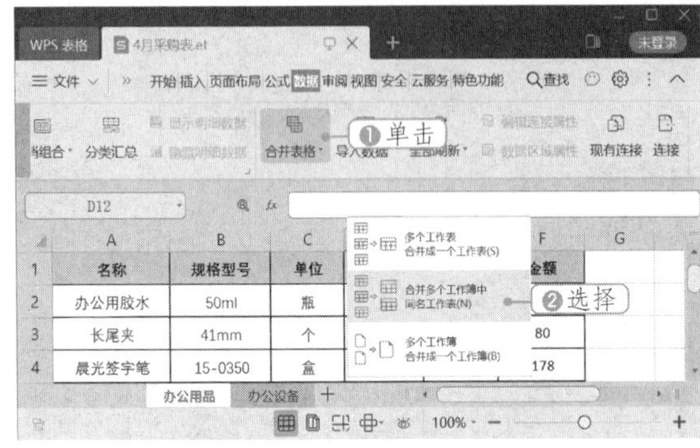

图 5-85 选择合并选项

STEP 2 打开“合并同名工作表”对话框后，默认选中当前工作簿中的“办公用品”工作表对应的“办公用品”复选框，再单击选中“办公设备”复选框，单击添加文件(A)按钮，如图 5-86 所示。

STEP 3 打开“打开”对话框后，在地址栏中选择文件保存位置，接着选择“5 月采购表.et”文件，并单击打开(O)按钮，如图 5-87 所示。

图 5-86 单击“添加文件”按钮

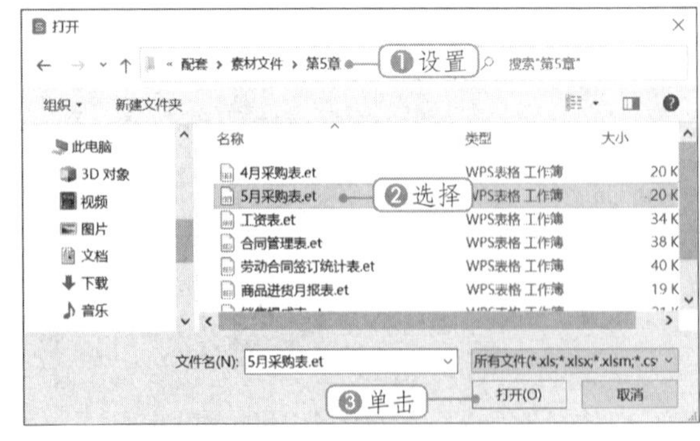

图 5-87 添加文件

STEP 4 返回“合并同名工作表”对话框，可看到已添加的工作簿，在“从第几行开始合并”数值框中输入“2”，单击 开始合并 按钮，如图 5-88 所示。

图 5-88 设置合并

STEP 5 开始合并同名称的工作表，并在打开的提示对话框中显示合并进度。合并完成后，会在新建的工作簿中显示合并效果，在“报告”工作表中可查看合并后自动生成的报告，如图 5-89 所示。

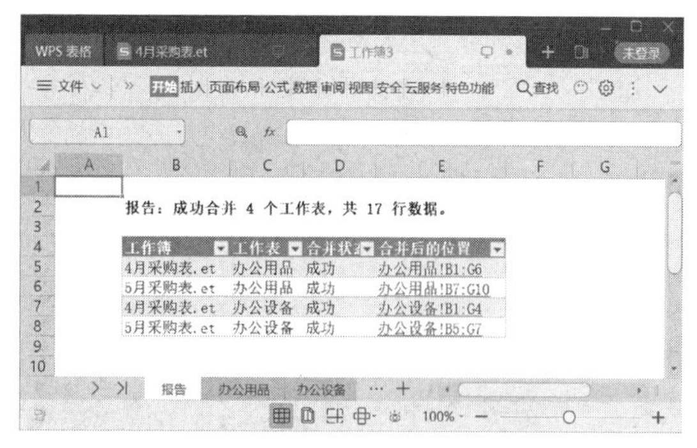

图 5-89 查看自动生成的报告

STEP 6 在其他工作表中可查看合并后的效果，如图 5-90 所示。最后以“采购表”为名进行保存。

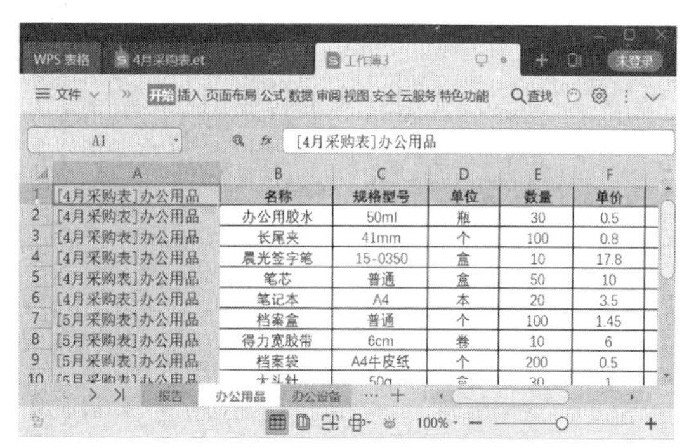

图 5-90 查看合并后的工作表效果

5.5.5 快速定位单元格

在编辑和查看表格数据时，用户经常需要定位到某个单元格或单元格区域，如果表格中的数据比较多，要想快速找到目标单元格就会有些困难，此时可使用 WPS 表格提供的定位功能，根据条件快速定位。其方法是：单击“开始”选项卡中的“查找”按钮，在打开的下拉列表中选择“定位”选项，打开“定位”对话框，如图 5-91 所示，在其中可以选择定位指定数据、批注、空值、可见单元格、最后一个单元格、当前数据区域、对象、行内容差异单元格、列内容差异单元格等，设置完成后，单击 定位(T) 按钮，将会按照指定条件定位工作表中符合条件的单元格或单元格区域。

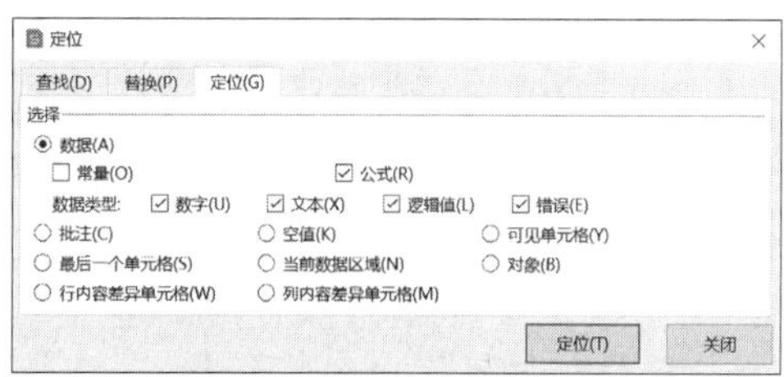

图 5-91 “定位”对话框

5.6 表格美化

已制作好的表格还可根据情况进行美化，使表格整体效果更加美观。在 WPS 表格中，可通过应用单元格样式、套用表格样式来达到美化表格的目的。

5.6.1 应用单元格样式

单元格样式集合了字体格式、数字格式、对齐方式、边框和底纹等效果的样式，能快速更改单元格的效果。应用单元格样式的方法为：选择需要应用样式的单元格或单元格区域，单击“开始”选项卡中的“格式”按钮，在打开的下拉列表中选择“样式”选项，在打开的子列表中显示了WPS表格提供的单元格样式，选择需要的单元格样式，如图5-92所示，则所选样式将会应用于所选单元格中，效果如图5-93所示。

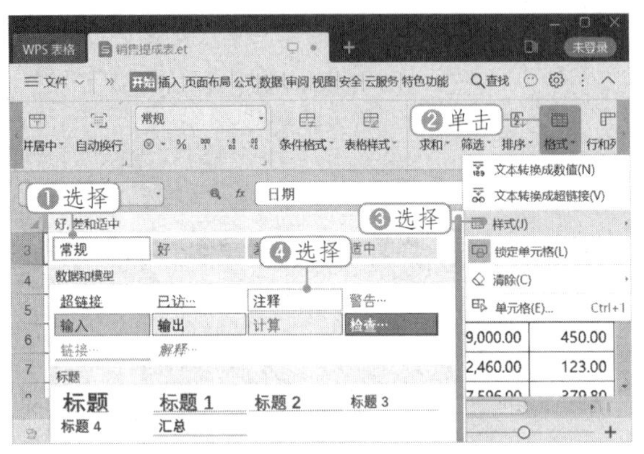

图5-92　选择单元格样式

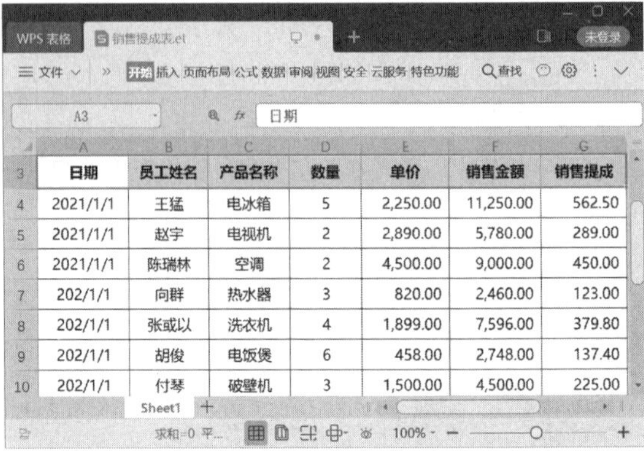

日期	员工姓名	产品名称	数量	单价	销售金额	销售提成
2021/1/1	王猛	电冰箱	5	2,250.00	11,250.00	562.50
2021/1/1	赵宇	电视机	2	2,890.00	5,780.00	289.00
2021/1/1	陈瑞林	空调	2	4,500.00	9,000.00	450.00
202/1/1	向群	热水器	3	820.00	2,460.00	123.00
202/1/1	张或以	洗衣机	4	1,899.00	7,596.00	379.80
202/1/1	胡俊	电饭煲	6	458.00	2,748.00	137.40
202/1/1	付琴	破壁机	3	1,500.00	4,500.00	225.00

图5-93　查看单元格效果

第2部分

知识补充

新建单元格样式

如果内置的单元格样式不能满足需要，可自定义单元格样式。其方法是：在“格式”下拉列表中选择“样式”选项，在打开的子列表中选择“新建单元格样式”选项，打开“样式”对话框，在“样式”文本框中输入样式名称，单击 格式(F)... 按钮，打开“单元格格式”对话框，在其中根据需要设置单元格样式的数字格式、字体格式、对齐方式、边框和图案等。

5.6.2 套用表格样式

套用表格样式可以快速美化选中的单元格区域。下面将为“商品进货月报表1.er”工作簿中的表格应用表格样式，具体操作如下。

素材所在位置　素材文件\第5章\商品进货月报表1.et

效果所在位置　效果文件\第5章\商品进货月报表1.et

微课视频

STEP 1 打开“商品进货月报表1.et”工作簿，选择A2:F11单元格区域，单击“开始”选项卡中的“表格样式”按钮，在打开的下拉列表中选择需要的表格样式，如选择“表样式中等深浅9”选项，如图5-94所示。

STEP 2 打开“套用表格样式”对话框后，在“表数据的来源”文本框中显示了选择的表格区域，确认无误后，单击 确定 按钮，如图5-95所示。

STEP 3 返回工作表中，可查看到应用表格样式后的效果，如图5-96所示。

知识补充

套用表格样式

在“套用表格样式”对话框中单击选中“转换成表格，并套用表格样式”单选按钮，所选单元格区域将转换成一个整体。在这个整体中添加行或列后，会自动应用表格样式，而且会激活“表格工具”选项卡，在其中可设置表格样式。

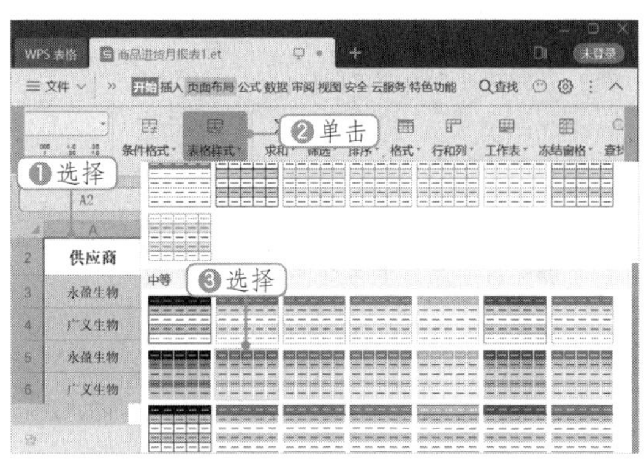

图 5-94　选择表格样式

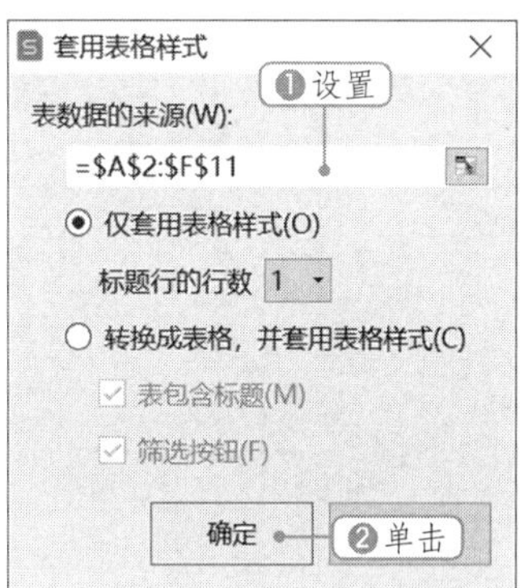

图 5-95　设置数据区域

供应商	产品名称	进货次数	本月累计进货数量(箱)	进货金额	本月销售量累计(箱)
永盈生物	SB1295	1	40	¥8,000	36
广义生物	YE7653	1	30	¥30,000	30
永盈生物	TU2294	1	100	¥10,000	79
广义生物	LW7655	2	200	¥10,000	170
广义生物	OR1345	2	100	¥20,000	99
永盈生物	SB5290	3	100	¥15,000	78
广义生物	TR7901	4	190	¥57,000	170
永盈生物	SA8200	1	30	¥30,000	30
永盈生物	SB4368	1	100	¥20,000	99

图 5-96　应用表格样式后的效果

技巧秒杀

使用格式刷批量调整样式

在设置单元格格式时，可以先设置部分单元格的格式，如字体、对齐方式、边框和底纹等，然后选择设置好格式的单元格或单元格区域，单击“开始”选项卡中的“格式刷”按钮复制所选单元格的格式，拖动鼠标选择需应用格式的单元格或单元格区域，将复制的格式快速应用到单元格或单元格区域中。

如果需要多次应用复制的格式，可先双击格式刷，将格式刷固定，再以无限次套用格式至其他单元格。若要取消格式刷，再次单击“格式刷”按钮即可。

5.7 课堂案例：制作“员工档案表”表格

员工档案表是企业人力资源管理中的一份重要资料，它记录了员工的个人信息、联系方式、学历、入职时间等信息，能够方便企业快速了解每一位员工，为企业人力资源数据分析提供有效的数据支撑。

5.7.1 案例目标

本例制作“员工档案表”表格需要综合运用本章所学知识，从而让数据录入更轻松，表格整体效果更美观。本例制作后的参考效果如图 5-97 所示。

员工档案表

员工编号	姓名	性别	所属部门	职位	身份证号码	出生年月	年龄	学历	入职时间	工龄	联系电话
SR-1001	朱小军	男	销售部	销售经理	51xxxx19941125xxxx	1994年11月25日	26	本科	2018年7月23日	2	1234567xxxx
SR-1002	李欣	女	行政部	行政文员	11xxxx19881013xxxx	1988年10月13日	32	专科	2014年4月7日	6	1234568xxxx
SR-1003	王超	男	销售部	销售代表	51xxxx19900414xxxx	1990年4月14日	30	专科	2017年2月6日	3	1234569xxxx
SR-1004	洪伟	男	市场部	市场专员	31xxxx19960918xxxx	1996年9月18日	24	本科	2020年3月6日	0	1234570xxxx
SR-1005	袁落落	女	行政部	行政文员	65xxxx19921011xxxx	1992年10月11日	28	本科	2016年3月20日	4	1234571xxxx
SR-1006	付晓宇	男	市场部	市场专员	51xxxx19841205xxxx	1984年12月5日	36	专科	2014年5月10日	6	1234572xxxx
SR-1007	郭凯	男	市场部	市场经理	21xxxx19890128xxxx	1989年1月28日	31	本科	2015年9月15日	5	1234573xxxx
SR-1008	谭桦	男	销售部	销售代表	51xxxx19910218xxxx	1991年2月18日	29	本科	2017年11月4日	3	1234574xxxx
SR-1009	邢启	男	销售部	销售代表	11xxxx19880715xxxx	1988年7月15日	32	高中	2013年4月8日	7	1234575xxxx
SR-1010	杨雪华	女	市场部	市场专员	12xxxx19930715xxxx	1993年7月15日	27	专科	2016年3月7日	4	1234576xxxx
SR-1011	彭静	女	行政部	行政经理	13xxxx19761015xxxx	1976年10月15日	44	专科	2018年1月1日	3	1234577xxxx
SR-1012	赖宇	男	销售部	销售主管	14xxxx19870707xxxx	1987年7月7日	33	本科	2015年6月16日	5	1234578xxxx
SR-1013	王睿	男	市场部	市场专员	12xxxx19851125xxxx	1985年11月25日	35	高中	2011年9月15日	9	1234579xxxx
SR-1014	穆奇	男	市场部	市场专员	13xxxx19921125xxxx	1992年11月25日	28	专科	2017年5月4日	3	1234580xxxx
SR-1015	陈宇轩	男	销售部	销售代表	16xxxx19960502xxxx	1996年5月2日	24	专科	2018年9月15日	2	1234581xxxx
SR-1016	李佳玉	女	销售部	销售代表	21xxxx19940322xxxx	1994年3月22日	26	本科	2017年7月15日	3	1234582xxxx
SR-1017	欧阳夏	女	行政部	行政前台	32xxxx19880125xxxx	1988年1月25日	32	专科	2013年5月29日	7	1234583xxxx
SR-1018	陈佳倩	女	销售部	销售代表	41xxxx19860612xxxx	1986年6月12日	34	高中	2012年6月11日	8	1234584xxxx

图 5-97　参考效果

效果所在位置　效果文件\第 5 章\员工档案表 .et

微课视频

5.7.2 制作思路

“员工档案表”的制作主要涉及数据的录入、单元格格式的设置、工作表的美化等知识。其具体制作思路如图 5-98 所示。

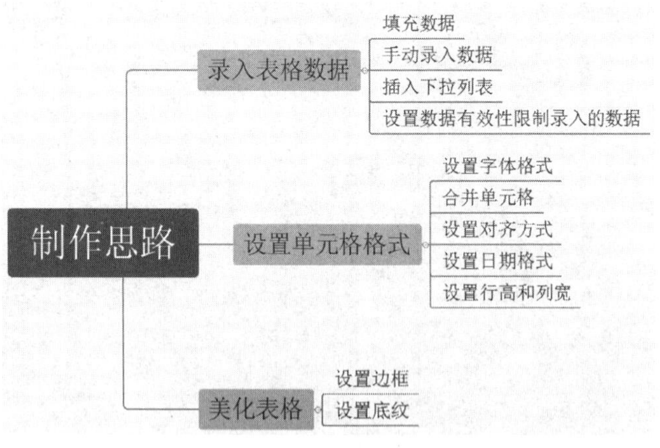

图 5-98　制作思路

5.7.3 操作步骤

1. 录入表格数据

下面将在新建的工作簿中录入需要的各种数据，其具体操作如下。

STEP 1 启动 WPS，新建一个名为“员工档案表”的工作簿，在 A1:L2 单元格区域输入标题和表字段，在 A3 单元格中输入“SR-1001”，将鼠标指针移动到该单元格右下角，并按住鼠标左键不放向下拖动，如图 5-99 所示。

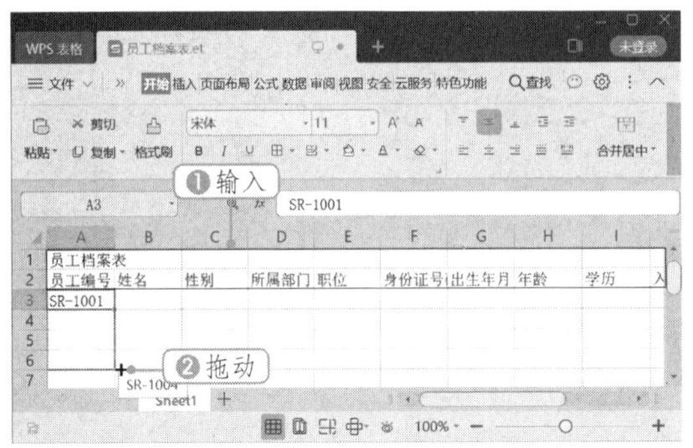

图 5-99 填充数据

STEP 2 拖动到 A20 单元格后释放鼠标，即可填充等差为“1”的数据，在 B3:B20 单元格中输入对应员工编号的员工姓名。

STEP 3 按住【Ctrl】键，依次单击选择 C3:C20 单元格区域中需要输入“男”的单元格，在最后一个选择的 C17 单元格中输入“男”文本，如图 5-100 所示。按【Ctrl+Enter】键确认输入。

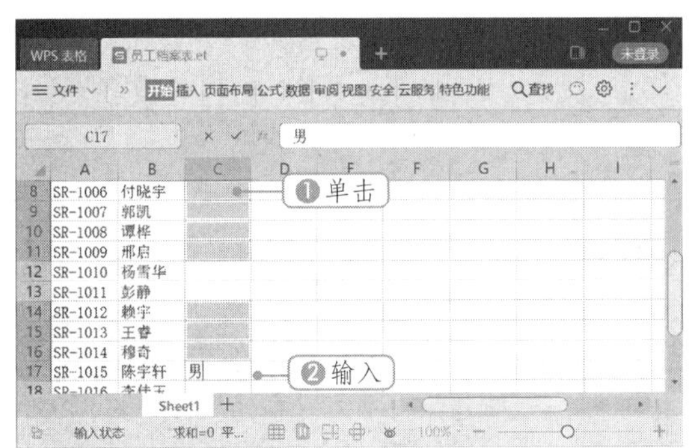

图 5-100 输入相同的数据

STEP 4 使用相同的方法在“性别”列的其他单元格中输入“女”，按【Ctrl+Enter】键确认输入。

STEP 5 选择 D3:D20 单元格区域，单击“数据”选项卡中的“插入下拉列表”按钮，打开“插入下拉列表”对话框，在文本框中添加“销售部”“行政部”和“市场部”下拉选项，单击 确定 按钮，如图 5-101 所示。

STEP 6 在 D3:D20 单元格区域中选择输入员工对应的部门，在 E3:E20 单元格区域中输入员工对应的职位。

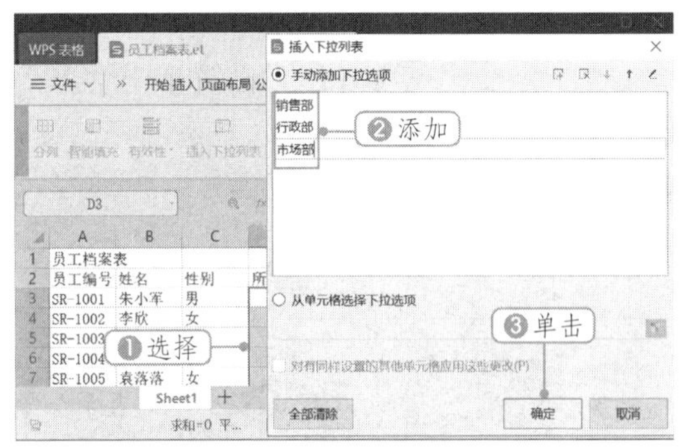

图 5-101 添加下拉选项

STEP 7 选择 F3:F20 单元格区域，单击“数据”选项卡中的“有效性”按钮，打开“数据有效性”对话框，在“允许”下拉列表框中选择“文本长度”选项，在“数据”下拉列表框中选择“等于”选项，在“数值”数值框中输入“18”，如图 5-102 所示。

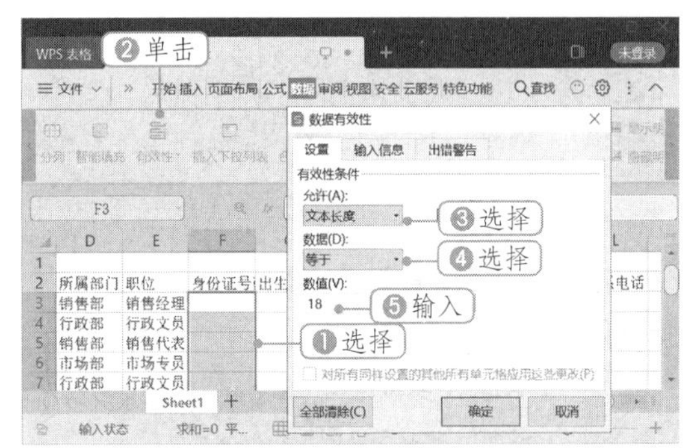

图 5-102 设置数据验证条件

STEP 8 单击切换到“出错警告”选项卡，在“样式”下拉列表框中选择“警告”选项，在“标题”文本框中输入“输入的位数不对”，在“出错信息”列表框中输入出错提示信息，单击 确定 按钮，如图 5-103 所示。

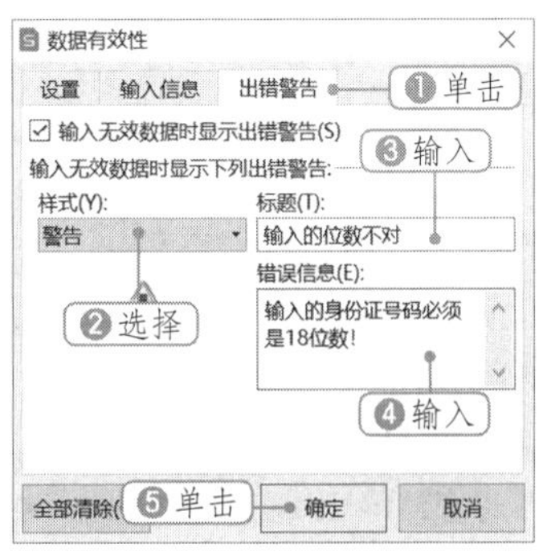

图 5-103 设置出错警告

STEP 9 返回工作表，输入员工的身份证号码，然后在 G3 单元格中输入 F3 单元格中代表出生日期的数字“1994/11/25”，选择 G3:G20 单元格区域，按【Ctrl+E】组合键智能填充出生年月。

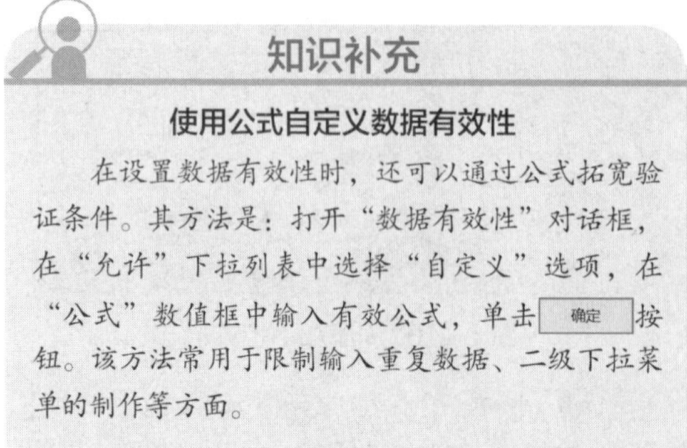

知识补充

使用公式自定义数据有效性

在设置数据有效性时，还可以通过公式拓宽验证条件。其方法是：打开“数据有效性”对话框，在“允许”下拉列表中选择“自定义”选项，在“公式”数值框中输入有效公式，单击 确定 按钮。该方法常用于限制输入重复数据、二级下拉菜单的制作等方面。

STEP 10 继续在 H3:L20 单元格中输入对应的年龄、学历、入职时间、工龄和联系电话等信息，输入完成后的效果如图 5-104 所示。

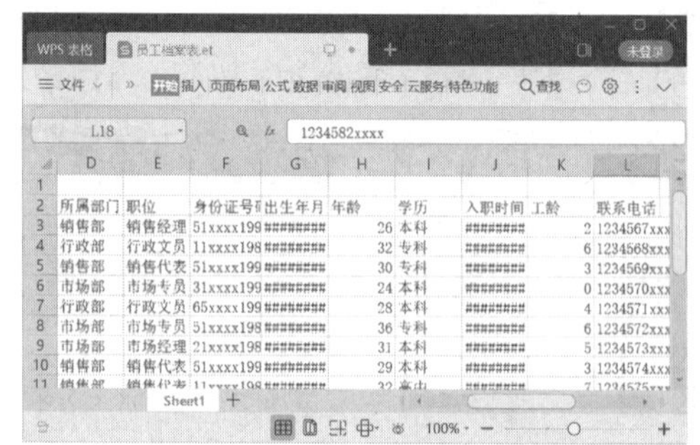

图 5-104　查看录入的数据

2. 设置单元格格式

下面将设置单元格的字体格式、对齐方式、数字格式、行高和列宽等，让表格中的数据规范显示，其具体操作如下。

STEP 1 选择 A1:L1 单元格区域，在“开始”选项卡的“字体”下拉列表框中选择“方正兰亭黑_GBK”选项，在“字号”下拉列表框中选择“20”选项，单击“合并居中”按钮，如图 5-105 所示，合并所选单元格区域，合并后单元格中的文本会居中对齐。

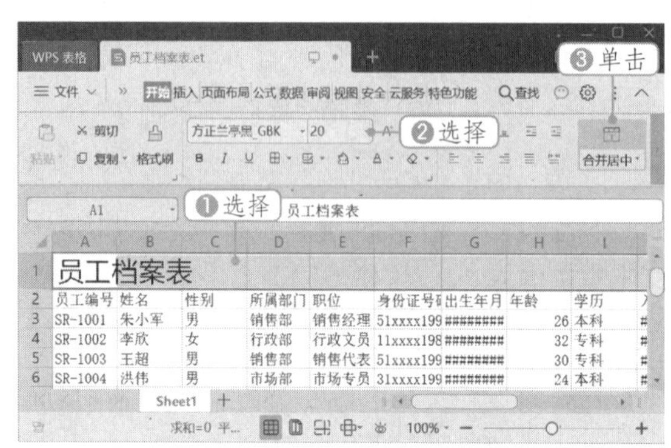

图 5-105　合并居中单元格

STEP 2 选择 A2:L2 单元格区域，单击“开始”选项卡中的“加粗”按钮 **B** 加粗文本，再选择 A2:L20 单元格区域，并单击“水平居中”按钮，如图 5-106 所示。

STEP 3 选择 G2:G20 单元格区域，单击“开始”选项卡中的“数字格式”下拉列表框，在打开的下拉列表中选择“长日期”选项，如图 5-107 所示。

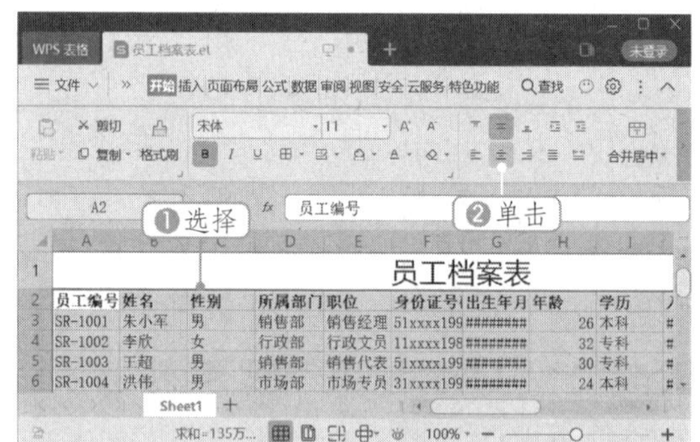

图 5-106　设置对齐方式

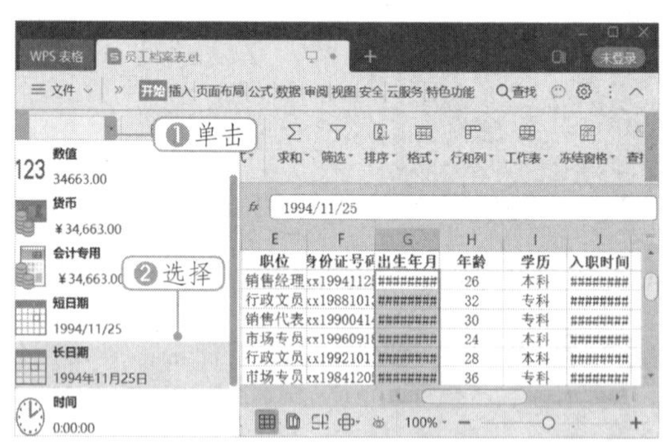

图 5-107　设置日期格式

STEP 4 按住【Ctrl】键，依次单击 A、E、F、G、J 和 L 列标以选择不连续的多列，单击“开始”选项卡中的“行和列”按钮，在打开的下拉列表中选择“最合适的列宽”选项，如图 5-108 所示，自动根据单元格中的文本调整合适的列宽。

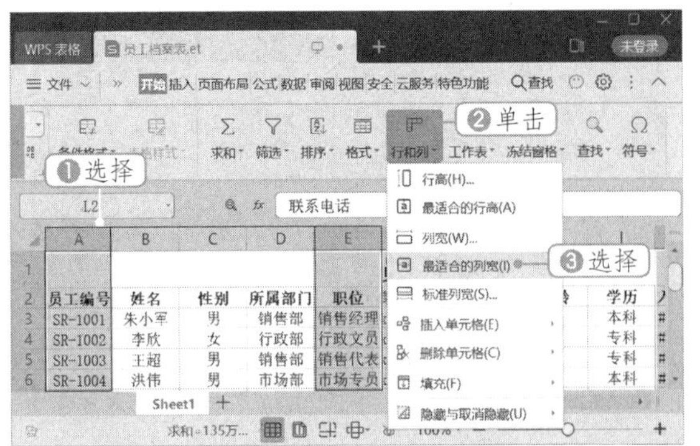

图 5-108　选择“最合适的列宽”选项

STEP 5　选择 A2:L20 单元格区域，在“行和列”下拉列表中选择“行高”选项，打开“行高”对话框，在“行高”数值框中输入“22”，单击确定按钮，如图 5-109 所示。

STEP 6　返回工作表中，可查看调整行高后的效果，如图 5-110 所示。

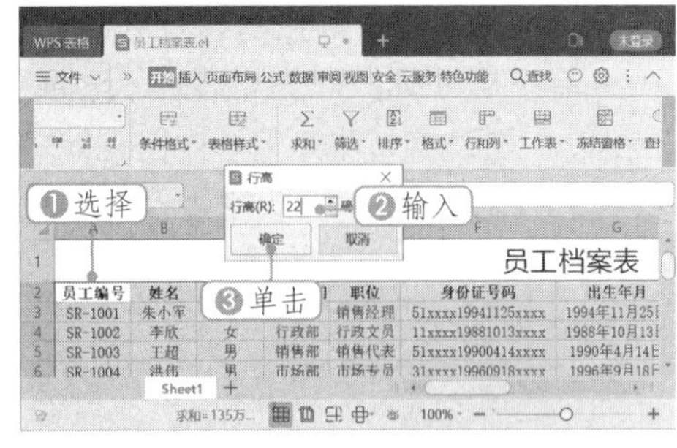

图 5-109　设置行高

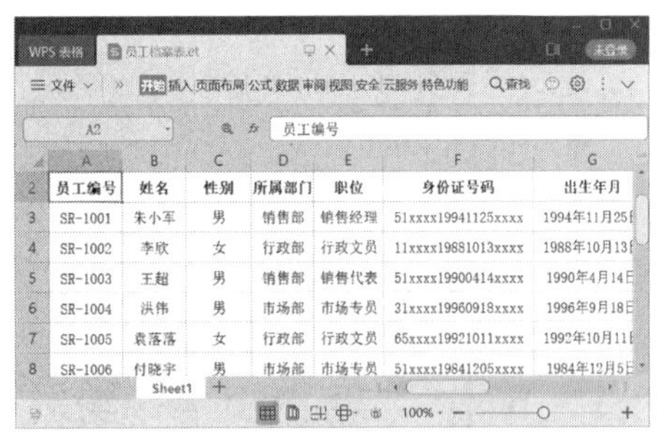

图 5-110　查看调整行高后的效果

3. 美化表格

下面将通过设置边框和底纹美化工作表，其具体操作如下。

STEP 1　单击“开始”选项卡中“绘图边框”按钮右侧的下拉按钮，在打开的下拉列表中选择“线条颜色”选项，在打开的子列表中选择需要的“浅绿”选项，如图 5-111 所示。

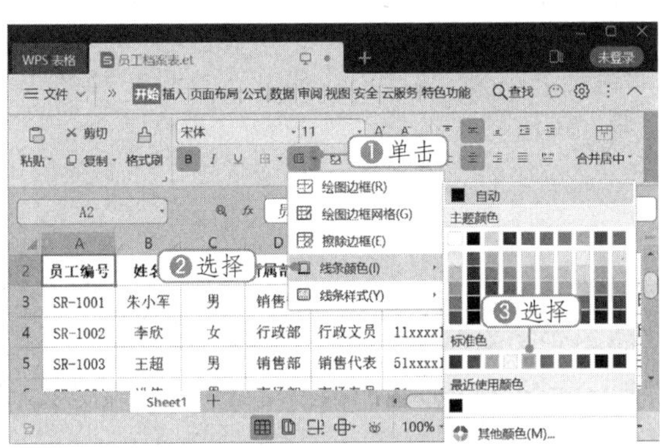

图 5-111　选择边框颜色

STEP 2　继续在“绘图边框”下拉列表中选择“线条样式”选项，在打开的子列表中选择需要的双线样式，如图 5-112 所示。

STEP 3　此时，鼠标指针将变成形状，将鼠标指针移动到 A2 单元格右上角，按住鼠标左键不放，向右下角拖动绘制边框，如图 5-113 所示。

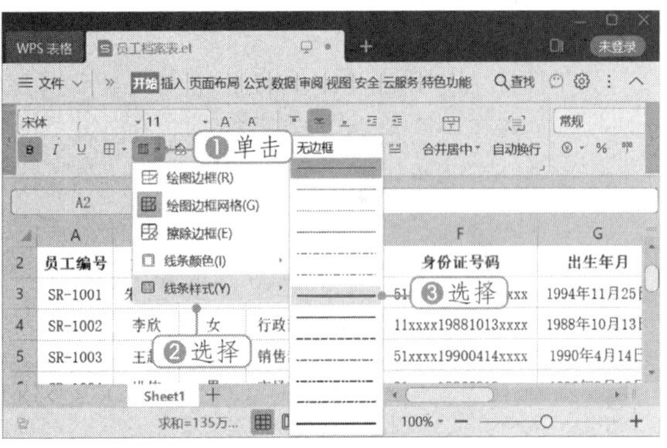

图 5-112　选择边框样式

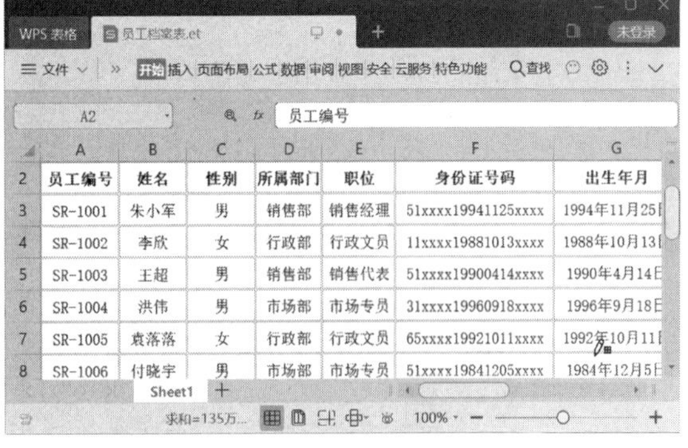

图 5-113　绘制边框

STEP 4 拖动到 L20 单元格后释放鼠标，选择 A2:L2 单元格区域，单击“开始”选项卡中“填充颜色”按钮右侧的下拉按钮，在打开的下拉列表中选择需要的“浅绿，着色 6，浅色 60%”选项，如图 5-114 所示。

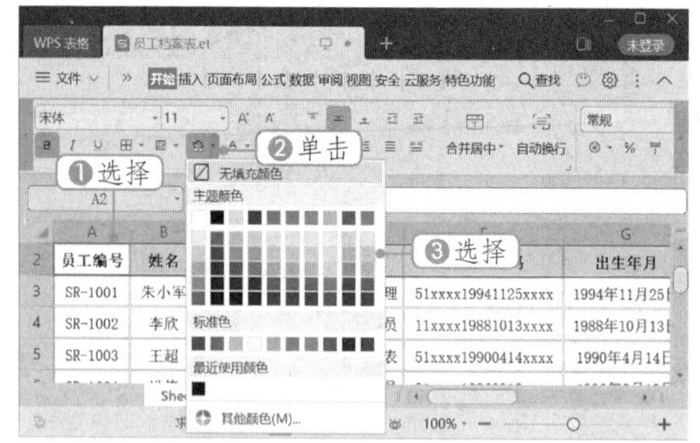

图 5-114 选择底纹颜色

5.8 强化实训

本章详细介绍了 WPS 表格的创建和编辑方法，为了帮助读者进一步掌握表格的制作方法，下面将制作“商品出入库明细表”表格和“工作计划表”表格。

5.8.1 制作“商品出入库明细表”表格

商品出入库明细表是一种常用的电子表格，在超市数据统计和日常办公中经常使用。制作表格是为了方便用户查看商品的出入库信息，而这种表格中的数据量较大，因此在制作时需要编辑工作表，如将已有的样式应用在表格中。

【制作效果与思路】

本例制作的“商品出入库明细表”表格效果如图 5-115 所示，具体制作思路如下。

（1）新建一个名为“商品出入库明细表”的工作表，并在工作表中录入需要的各种数据。

（2）设置表格标题、表字段的字体格式，然后对工作表的数据区域设置相应的对齐方式。

（3）为单元格调整合适的行高和列宽，将 D3:D17 单元格区域设置为货币数字格式。

（4）自定义名为“表字段”的单元格样式（主要是设置字体加粗效果、字体颜色、对齐方式、边框和底纹），并将“表字段”单元格样式应用于 A2:L2 单元格区域。

（5）为 A3:L17 单元格区域应用表格样式“表样式浅色 16”，并在“套用表格样式”对话框中将“标题行的行数”设置为“0”。

商品出入库明细表

序号	商品名称	入库时间	单价	数量	规格	经办人	确认人	领用时间	数量	领用人	备注
1	面膜	2021/1/8	¥15.60	20	盒	李可薪	熊小虎	2021/3/5	5	陈明	
2	眼霜	2021/1/8	¥208.00	100	瓶	沈明佳	熊小虎	2021/3/6	60	李玥	
3	面霜	2021/1/8	¥108.00	300	瓶	李可薪	熊小虎	2021/3/7	30	张晓珮	
4	精华素	2021/1/11	¥88.00	50	件	李可薪	熊小虎	2021/3/25	10	沈佳华	
5	洁面乳	2021/1/11	¥58.00	50	件	李可薪	熊小虎	2021/3/25	10	陈德华	
6	精华液	2021/1/11	¥68.00	20	件	李可薪	熊小虎	2021/3/25	8	蒋婷婷	
7	爽肤水	2021/1/11	¥55.00	300	瓶	李可薪	熊小虎	2021/3/25	120	王佳一	
8	乳液	2021/1/11	¥58.00	200	瓶	李可薪	熊小虎	2021/3/25	105	彭丽丽	
9	冰肌水	2021/1/11	¥108.00	100	瓶	李可薪	熊小虎	2021/3/25	50	寥一明	
10	面部润肤	2021/2/16	¥218.00	30	件	李可薪	熊小虎	2021/4/6	10	沈佳华	
11	隔离霜	2021/2/16	¥186.00	10	件	李可薪	熊小虎	2021/4/6	5	陈明	
12	BB霜	2021/2/16	¥158.00	50	件	李可薪	熊小虎	2021/4/6	20	蒋婷婷	
13	CC霜	2021/2/16	¥118.00	30	件	李可薪	熊小虎	2021/4/28	15	张晓珮	
14	防晒霜	2021/2/16	¥128.00	10	件	李可薪	熊小虎	2021/4/28	5	王佳一	
15	化妆水	2021/2/16	¥45.00	150	瓶	李可薪	熊小虎	2021/4/28	85	张晓珮	

图 5-115 “商品出入库明细表”表格

效果所在位置 效果文件\第 5 章\商品出入库明细表.et

微课视频

5.8.2 制作“工作计划表”表格

工作计划表可以反映工作计划的内容，显示某段时间内要完成的工作项目，并指明计划完成的时间和实际完成的时间，帮助自己有计划地完成工作。

【制作效果与思路】

本例制作的“工作计划表”表格效果如图 5-116 所示，具体制作思路如下。

（1）新建“工作计划表”工作簿，将工作表名称更改为“第 1 周”。

（2）在工作表中输入和填充相应的数据，在 C4:C9 单元格区域中通过插入下拉列表选择输入数据，并设置工作表中数据的字体格式和对齐方式。

（3）根据需要对工作表中的部分单元格执行合并操作。

（4）为 A3:F3 单元格区域设置底纹填充，为 A3:F11 单元格区域添加自定义的边框。

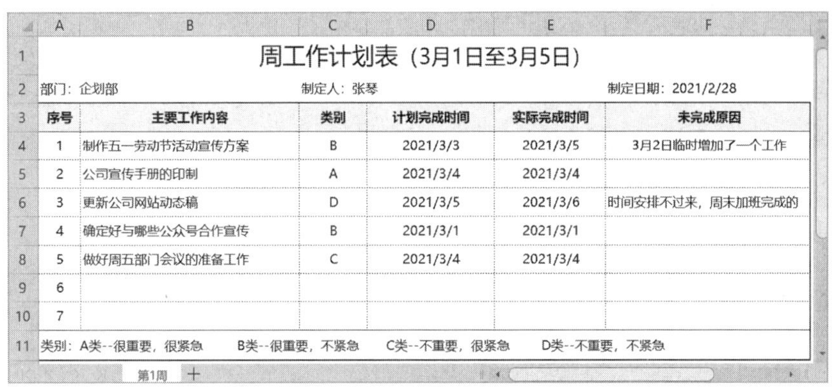

周工作计划表（3月1日至3月5日）

部门：企划部　制定人：张琴　制定日期：2021/2/28

序号	主要工作内容	类别	计划完成时间	实际完成时间	未完成原因
1	制作五一劳动节活动宣传方案	B	2021/3/3	2021/3/5	3月2日临时增加了一个工作
2	公司宣传手册的印制	A	2021/3/4	2021/3/4	
3	更新公司网站动态稿	D	2021/3/5	2021/3/6	时间安排不过来，周末加班完成的
4	确定好与哪些公众号合作宣传	B	2021/3/1	2021/3/1	
5	做好周五部门会议的准备工作	C	2021/3/4	2021/3/4	
6					
7					

类别：A类--很重要，很紧急　B类--很重要，不紧急　C类--不重要，很紧急　D类--不重要，不紧急

图 5-116 “工作计划表”表格

效果所在位置 效果文件\第 5 章\工作计划表.et

微课视频

5.9 知识拓展

下面介绍一些 WPS 表格创建与制作的拓展知识，帮助读者更好地录入和编辑表格数据，使制作的表格更加符合需要。

1. 在单元格中输入以“0”开头的数字

在录入序号、编号等数据时，经常会需要录入以“0”开头的数字，但在 WPS 表格中，输入以“0”开头的数字后，默认只显示“0”后面的数字，不会显示“0”。要让以“0”开头的数字完整显示，就需要先将单元格的数字格式设置为“文本”后再输入。其方法是：选择单元格区域，单击“开始”选项卡中的“数字格式”下拉列表框，在打开的下拉列表中选择“文本”选项，在单元格中输入以“0”开头的数字。

2. 自定义单元格数字格式

在 WPS 表格中，“单元格格式”对话框的“数字”选项卡中提供了数值、货币、合计专用、日期、时间、百分比、分数、科学记数、文本等多种类别的数字格式，且每种类别又提供了很多相关的数字格式，读者可根据需要进行选择设置。若提供的这些数字格式都不能满足需要时，那么用户可自定义数字格式。

在“单元格格式”对话框的“数字”选项卡中选择“分类”列表框中的“自定义”选项，在“类型”列表框中显示了 WPS 表格内置的数字格式代码，选择需要的代码自定义数字格式，或直接在“类型”文本框中输入自定义数字格式的代码即可。

3. 巧用选择性粘贴

在处理表格数据的过程中，经常会用到复制和粘贴功能，但很多时候直接粘贴并不能满足当前单元格的需要，如格式、边框、底纹等，此时，就需要运用选择性粘贴功能来实现。

在 WPS 表格中，选择性粘贴的功能非常强大，不仅能按照指定的条件粘贴，还能在粘贴时完成加、减、乘、除的批量运算，以及执行行列转置。选择性粘贴的方法是：选择需要复制的单元格或单元格区域，单击“开始”选项卡中的“复制”按钮复制，选择粘贴的目标单元格或单元格区域，单击“开始”选项卡中“粘贴”按钮右侧的下拉按钮，在打开的下拉列表中选择“选择性粘贴”选项，打开“选择性粘贴”对话框，在其中选中相应的单选按钮或复选框，将按照指定的方式粘贴。

5.10 课后练习：编辑“库存清单表”表格

本章主要介绍了 WPS 表格的创建与编辑方法，本练习将通过编辑“库存清单表”表格来加强前述部分知识的应用。表格编辑后的效果如图 5-117 所示。

素材所在位置　素材文件 \ 第 5 章 \ 库存清单表.et

效果所在位置　效果文件 \ 第 5 章 \ 库存清单表.et

库存清单表

库存编号	产品名称	单价	在库数量	库存价值	续订水平	续订时间(天)	续订数量
IN0001	产品A	¥51	25	¥1,275	29	13	50
IN0002	产品B	¥93	132	¥12,276	231	4	50
IN0003	产品C	¥57	151	¥8,607	114	11	150
IN0004	产品D	¥19	186	¥3,534	158	6	50
IN0005	产品E	¥75	62	¥4,650	39	12	80
IN0006	产品F	¥56	58	¥3,248	109	7	100
IN0007	产品G	¥59	122	¥7,198	82	3	150
IN0008	产品H	¥59	176	¥10,384	229	1	100
IN0009	产品I	¥90	96	¥8,640	180	3	50
IN0010	产品J	¥97	57	¥5,529	98	12	50

图 5-117　“库存清单表”表格的最终效果

操作要求如下。

- 打开工作簿，合并居中 A1:H1 单元格区域，并设置 A1:H12 单元格区域中的字体格式和对齐方式。
- 将 A2:H12 单元格区域的行高设置为“20”，列宽设置为“12”，将 C3:C12 和 E3:E12 单元格区域的数字格式设置为不带小数的货币格式。
- 为表格套用“表样式深色 10”。

第2部分

第6章 WPS表格的计算与管理

/ 本章导读

在日常工作中，处理数据时往往离不开数据的计算，而通过WPS表格提供的公式和函数，可以快速汇总统计数据。另外，通过WPS提供的数据分析工具，还可以分析和管理数据。本章将主要介绍计算和管理数据的方法。

/ 技能目标

掌握使用公式和函数计算数据的方法。

掌握数据排序、筛选、分类汇总和合并计算的方法。

掌握条件格式的使用方法。

/ 案例展示

	A	B	C	D	E	F	G	H	I	J
1	加班时间	姓名	部门	加班是由	加班类别	上班打卡	下班打卡	加班时数	加班工资	核对人
2	2021/1/2	张明	人力资源部	招聘会	节假日加班	9:00	17:00	8	¥720.00	李乐
3	2021/1/2	冯淑琴	人力资源部	招聘会	节假日加班	10:00	17:30	7.5	¥675.00	李乐
4	2021/1/2	罗鸿亮	销售部	谈事	节假日加班	9:00	17:30	8.5	¥765.00	李乐
8	2021/1/21	邓丽红	生产部	赶进度	周末加班	9:00	17:00	8	¥360.00	李乐
9	2021/1/23	邹文静	生产部	赶进度	周末加班	9:00	17:00	8	¥360.00	李乐
10	2021/1/23	张丽	生产部	赶进度	周末加班	9:00	17:00	8	¥360.00	李乐
11	2021/1/23	杨雪华	生产部	赶进度	周末加班	9:00	17:00	8	¥360.00	李乐
13										

加班统计表

在 11 个记录中筛选出 7 个　720　100%

6.1 公式的相关知识

公式是 WPS 表格中计算数据必不可缺的表达式，所以要使用公式计算数据，就必须掌握公式的一些基础知识，以便快速输入需要的公式，得到正确的计算结果。

6.1.1 公式的使用

公式是以等号“=”开头，运用各种运算符号将常量或单元格引用组合形成的表达式。在 WPS 表格中计算数据时，需要先输入公式，如果输入错误或对输入的公式不满意，还需要编辑或修改公式。

1. 输入公式

在 WPS 表格中输入公式时，既可以在单元格中输入，也可以在编辑栏中输入，但不管在哪里输入，都是先输入“=”，再输入单元格引用或数据、运算符号。其方法是：将文本插入点定位到需要存放计算结果的单元格，先输入“=”，然后单击需要参与计算的第 1 个单元格，输入运算符号，再单击参与计算的第 2 个单元格，如图 6-1 所示。公式输入完成后，按【Enter】键确认，所选单元格中将显示计算结果，编辑栏中将显示公式，如图 6-2 所示。

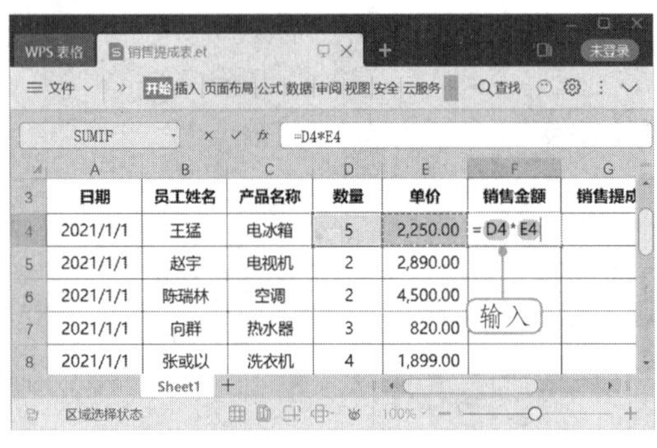

图 6-1　输入公式

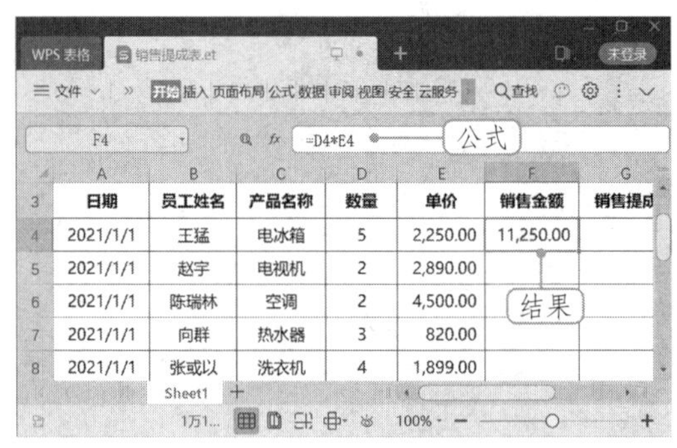

图 6-2　查看计算结果 1

第2部分

知识补充

运算符区别

在WPS表格的公式中，部分运算符与数学中的运算符还是有所区别的，如数学公式中的乘（×）、除（÷）、大于或等于（≥）、小于或等于（≤）和不等于（≠）运算符，在WPS表格中则有所不同，分别为*（乘）、/（除）、>=（大于或等于）、<=（小于或等于）和<>（不等于）。

2. 修改公式

当输入的公式有误时，可以修改公式。其方法是：在单元格或编辑栏中删除公式中错误的部分，然后重新输入正确的公式。

3. 复制和填充公式

当需要将单元格中的公式运用到其他单元格计算时，不需要重新输入公式，可直接通过复制和填充公式的方式快速计算。复制和填充公式的方法分别如下。

- **复制公式：**选择含公式的单元格，单击“开始”选项卡中的“复制”按钮，复制单元格，选择需要计算的单元格或单元格区域，单击“开始”选项卡中的“粘贴”按钮，在打开的下拉列表中选择“公式”选项，如图 6-3 所示。粘贴复制公式，计算出的结果如图 6-4 所示。

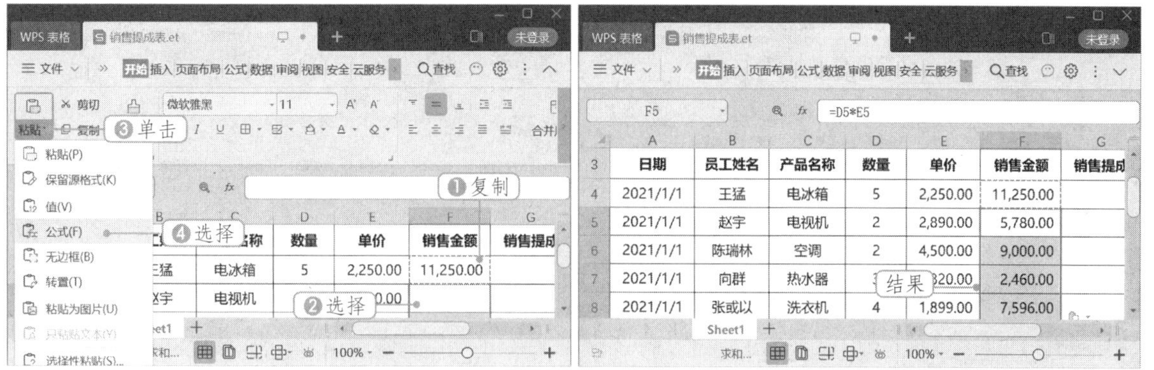

图 6-3　选择“公式”选项　　图 6-4　查看计算结果 2

- **填充公式：**选择含公式的单元格，将鼠标指针移动到单元格右下角，当鼠标指针变成➕形状时，按住鼠标左键不放，向下拖动至目标单元格，如图 6-5 所示，释放鼠标后即可计算出结果，如图 6-6 所示。

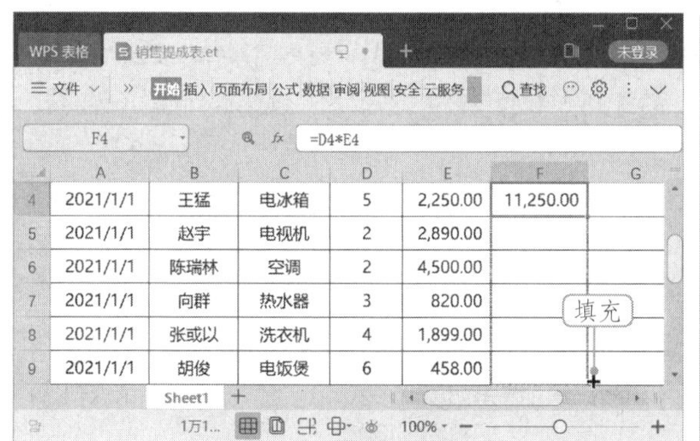

图 6-5　向下填充公式

图 6-6　查看计算结果 3

6.1.2 单元格引用

单元格引用可通过行号和列标标识出公式中所使用的数据地址，WPS 表格会自动根据写入的行号和列标查找单元格，并引用单元格中的数据计算结果。在公式中，常用的单元格引用包括相对引用、绝对引用和混合引用 3 种。

1. 相对引用

相对引用是指公式中的单元格地址会随着存放计算结果的单元格位置的变化而自动变化。也就是说，将公式复制到其他单元格时，单元格中公式的引用位置会发生相应的变化，但引用的单元格与包含公式的单元格的相对位置不变。例如，将 F4 单元格中的公式“=D4*E4”复制并粘贴到 F7 单元格中，公式将自动变成“=D7*E7”，如图 6-7 所示。

2. 绝对引用

绝对引用是指引用单元格的绝对地址，被引用单元格与引用单元格之间的关系是绝对的，在单元格地址的行号和列标前会有一个“$”符号，以锁住单元格的位置。无论将公式复制到哪里，引用的单元格都不会发生任何变化。例如，在 G4 单元格中输入公式“=F4*$B$2”，然后将该单元格中的公式向下填充到 G7 单元格，G7 单元格中的公式会变成“=F7*$B$2”，如图 6-8 所示。公式中相对引用部分“F4”变成了“F7”，而绝对引用部分“$B$2”却始终没有发生变化。

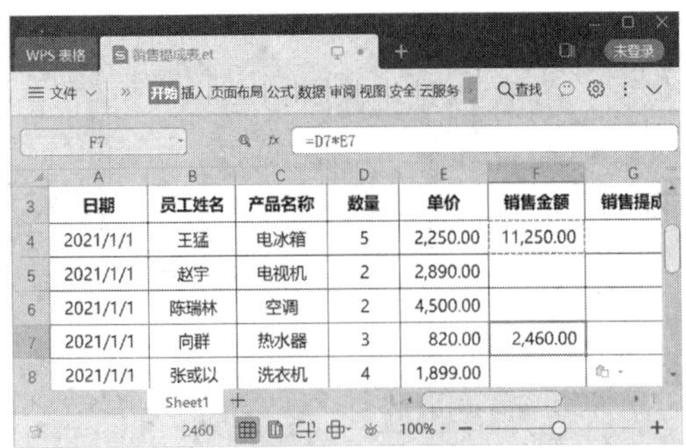

图 6-7　相对引用

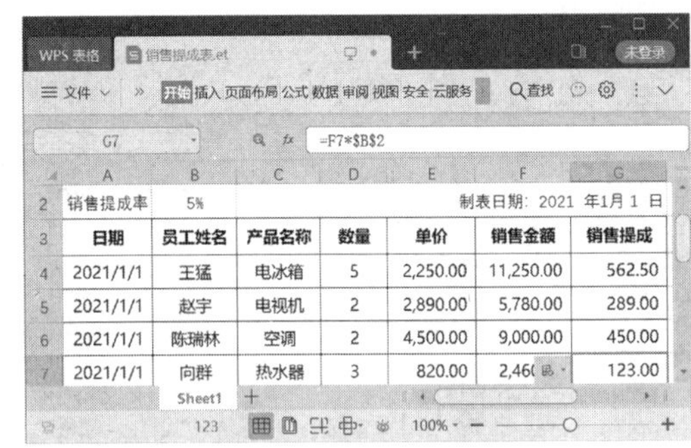

图 6-8　绝对引用

知识补充

跨工作表和工作簿引用单元格

在日常工作中，有时需要跨工作表或工作簿引用单元格中的数据，那么，该如何引用呢？

在公式中，引用同一工作簿其他工作表中的单元格区域时，需要在单元格地址前加上工作表名称和半角感叹号“!”，也就是“工作表名称!+单元格引用”这种表述形式；引用其他工作簿工作表中的单元格时，需要在跨工作表引用的表述形式前加上工作簿名称，也就是“[工作簿名称]+工作表名称!+单元格引用”这种表述形式。

3．混合引用

混合引用是指相对引用与绝对引用同时存在一个单元格引用中，它包括绝对列和相对行（即在列标前添加“$”符号）、绝对行和相对列（即在行号前添加“$”符号）两种形式。

在混合引用中，复制和填充公式时，绝对引用的部分始终保持绝对引用的性质，不会发生变化，而相对引用的部分同样保持相对引用的性质，会自动随着单元格的变化而变化。

技巧秒杀

快速在不同的单元格引用中切换

将鼠标指针定位到公式的单元格引用中，按1次【F4】键，可由默认的相对引用切换到绝对引用；按2次【F4】键，切换到绝对行引用；按3次【F4】键，切换到绝对列引用。

6.1.3　名称的使用

默认情况下，WPS 表格中的单元格会以行号和列标标识。读者也可以根据实际情况，为单元格、单元格区域、数据常量、公式定义一个名称，这样可以简化公式，方便理解。下面将在“销售日报表.et”工作簿中定义名称，具体操作如下。

素材所在位置　素材文件\第 6 章\销售日报表.et

效果所在位置　效果文件\第 6 章\销售日报表.et

微课视频

STEP 1　打开“销售日报表.et”工作簿，选择需要定义名称的D4:D14单元格区域，单击“公式”选项卡中的“名称管理器”按钮，如图6-9所示。

STEP 2　在打开的“名称管理器”对话框中，单击 新建(N)... 按钮，打开“新建名称”对话框，在“名称”文本框中为选择的单元格区域命名，这里输入“数量”文本，在“范围”下拉列表框中选择该名称的适用范围，这里保持默认设置，在“引用位置”文本框中会自动将选择的单元格区域作为引用位置，单击 确定 按钮，如图 6-10 所示。

STEP 3 返回“名称管理器”对话框，单击 新建(N)... 按钮，打开“新建名称”对话框，在“名称”文本框中输入“单价”，在“引用位置”文本框中输入“=Sheet1!$E$4:$E$14”，单击 确定 按钮，如图 6-11 所示。

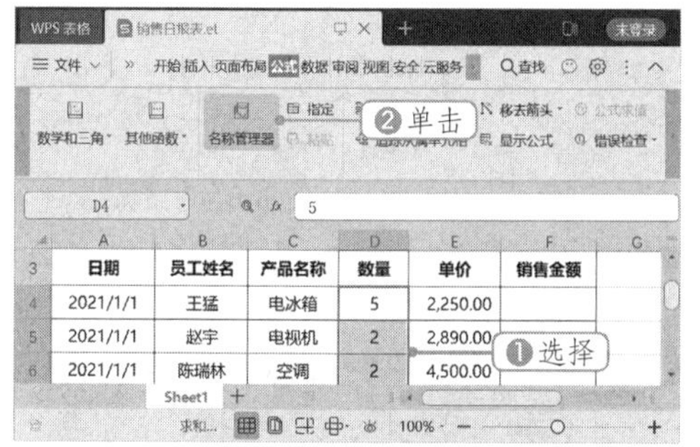

图 6-9　单击“名称管理器”按钮

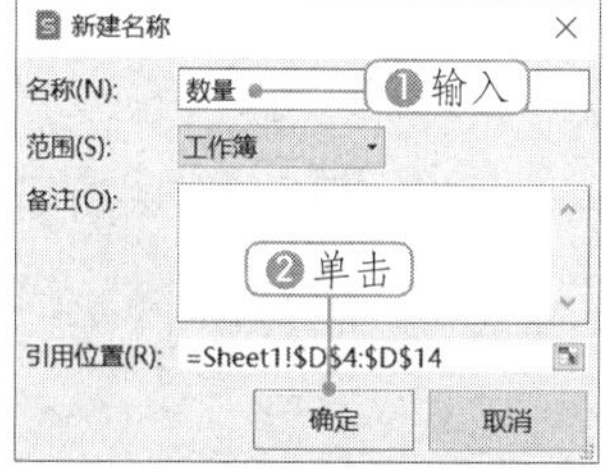

图 6-10　新建“数量”名称

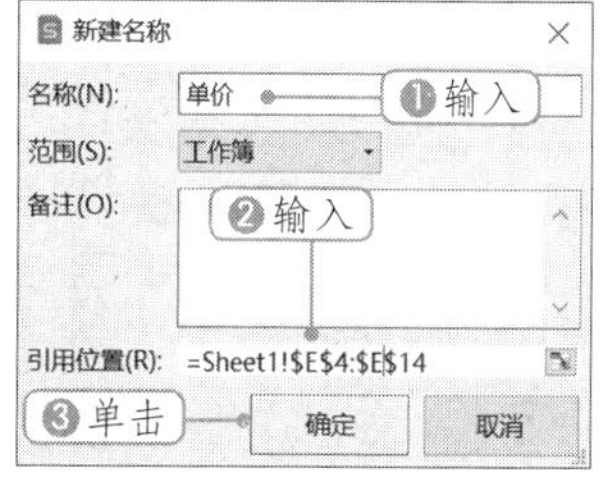

图 6-11　新建“单价”名称

知识补充

通过名称框创建名称

当需要为某个单元格区域创建名称时，可以通过名称框快速创建。其方法是：选择不连续或连续的单元格区域，在名称框中输入名称，按【Enter】键确认即可。

STEP 4 返回“名称管理器”对话框，查看定义的名称，单击 关闭 按钮，如图 6-12 所示。

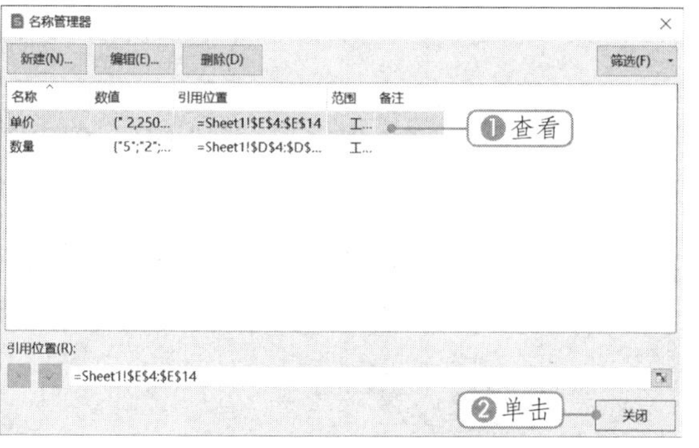

图 6-12　查看定义的名称

STEP 5 在 F4 单元格中输入公式“= 单价 * 数量”，按【Enter】键计算出销售金额，再向下填充公式至 F14 单元格，计算其他产品的销售额，如图 6-13 所示。

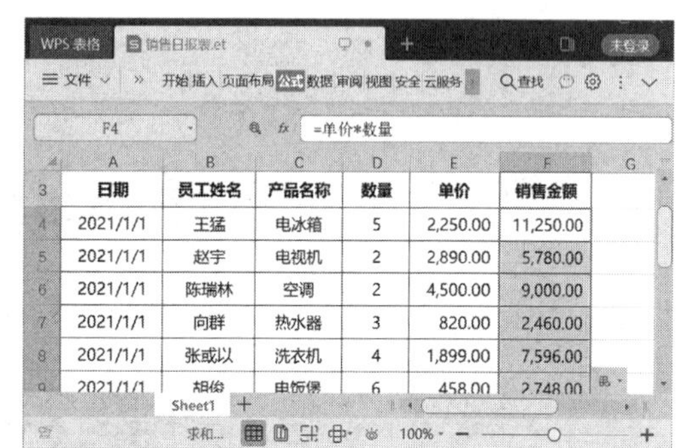

图 6-13　填充公式计算数据

技巧秒杀

批量定义名称

如果需要按照标题行或标题列的名称定义名称，则可通过指定的方法快速为多行或多列单元格区域同时定义名称。其方法是：选择表格中的多行或多列，单击“公式”选项卡中的“指定”按钮，打开“指定名称”对话框，根据需要选中相应的复选框，确定名称创建标准，单击 确定 按钮，根据选择的行或列批量定义名称。

6.1.4 审核公式

使用公式计算数据时，可能会因为输入的公式有误而导致计算结果不正确。为了减少因公式错误导致计算出错的情况，用户可以根据情况检查输入的公式。

1. 错误检查

WPS 表格中提供了错误检查功能，可以快速检查工作表中公式常见的错误，并显示出错误原因。其方法是：单击“公式”选项卡中的“错误检查”按钮，开始检查工作表中的公式，如果没发现错误，则会打开图 6-14 所示的提示对话框；如果检查出错误，则会自动定位到含错误公式的单元格，并且会打开图 6-15 所示的提示对话框，在其中显示出错的单元格及公式错误的原因，用户按照提示修改公式即可。

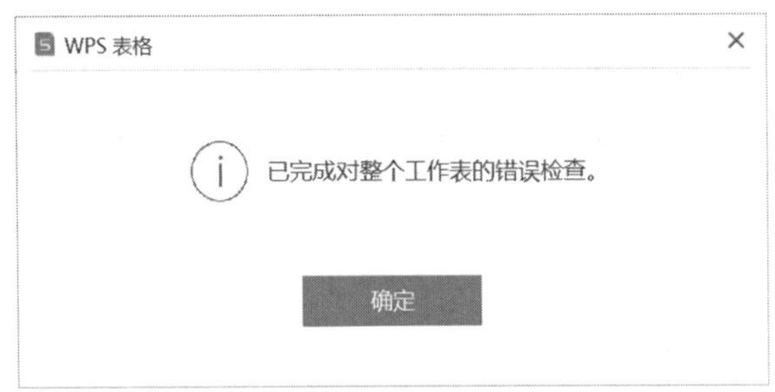

图 6-14 检查完成提示

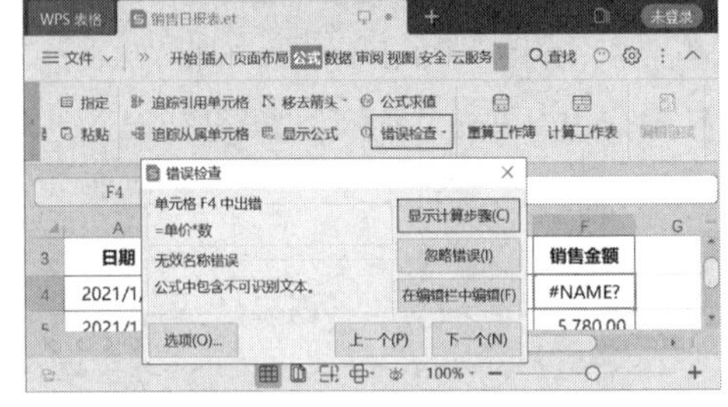

图 6-15 显示公式错误原因

第2部分

2. 追踪单元格引用

在检查公式时，可以通过追踪单元格功能查看公式中引用单元格的位置是否正确。追踪单元格分为追踪引用单元格和追踪从属单元格两种，方法分别如下。

- **追踪引用单元格：** 选择含公式的单元格，单击“公式”选项卡中的“追踪引用单元格”按钮，将以蓝色箭头符号标识出所选单元格中公式引用的单元格，方便用户追踪检查引用数据来源，如图 6-16 所示。
- **追踪从属单元格：** 选择含公式的单元格，单击“公式”选项卡中的“追踪从属单元格”按钮，将以蓝色箭头符号标识出所选单元格数据被引用公式所在的单元格，如图 6-17 所示。

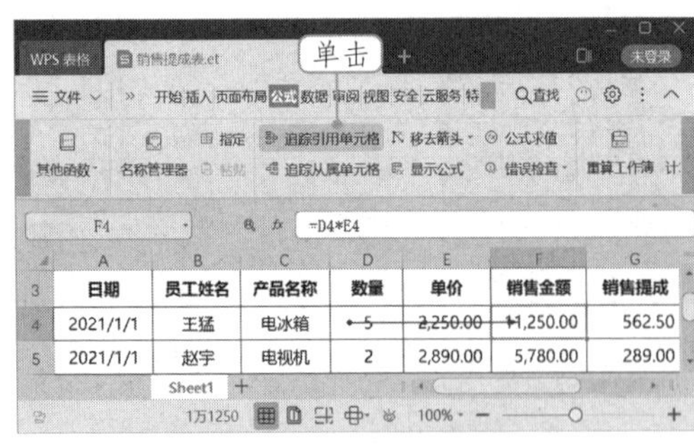

图 6-16 追踪引用单元格

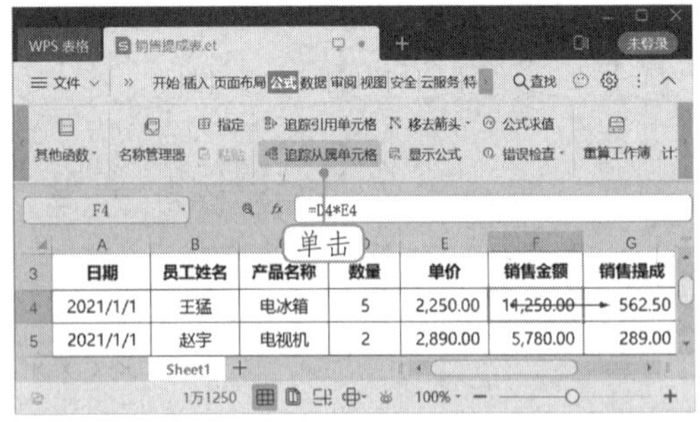

图 6-17 追踪从属单元格

知识补充

移除箭头

追中单元格时会在工作表中显示出追踪箭头，如果不再需要查看公式与单元格之间的引用关系，可以移除箭头。其方法是：在工作表中单击“公式”选项卡中的“移去箭头”按钮，即可移除工作表中所有的箭头。

3. 查看公式求值过程

对于比较复杂的公式，可以通过公式求值功能逐步查看公式的计算过程，快速确定公式的出错步骤。其方法是：选择含公式的单元格，单击“公式”选项卡中的“公式求值”按钮，打开“公式求值”对话框，在“求值”列表框中显示出了该单元格中的公式，并用下画线标记出第一步要计算的内容，如图 6-18 所示；单击 求值(E) 按钮，会计算出该公式第一步要计算的结果，同时用下画线标记出下一步要计算的内容，如图 6-19 所示；单击 求值(E) 按钮，继续查看公式的求值过程。

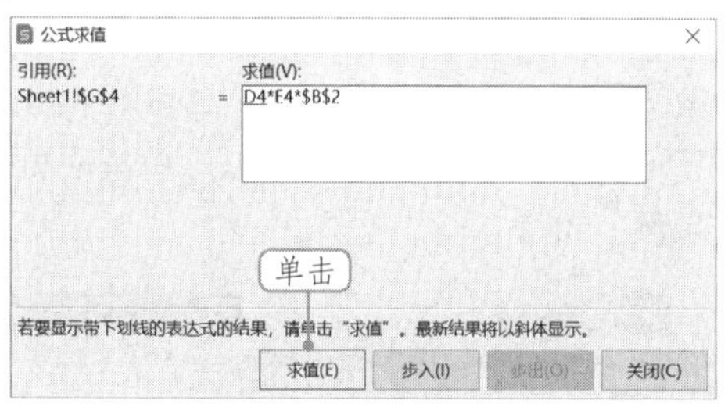

图 6-18　查看第一步

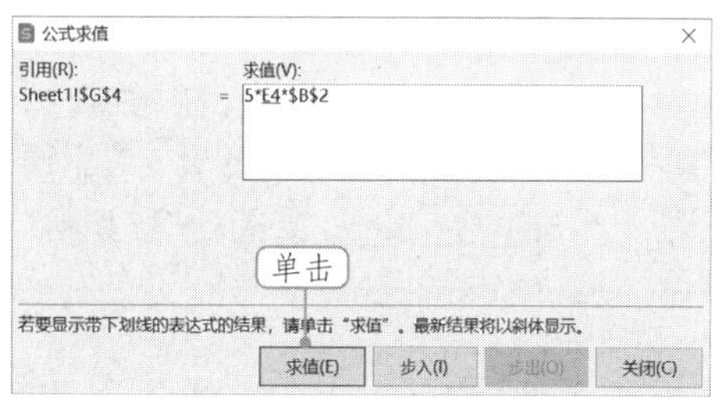

图 6-19　查看第二步

6.2 函数的基本操作

使用公式只能完成一些简单的计算。当需要执行一些复杂的计算时，只能借助 WPS 表格提供的函数才能完成；此外，函数还能提高计算效率。

6.2.1 输入函数

如果对函数比较熟悉，则可像输入公式一样，直接在单元格和编辑栏中输入。如果对函数不熟悉，那么最好的方法是通过插入函数功能一步步操作。下面将在“销售日报表.et”工作簿中输入函数计算销售金额，具体操作如下。

素材所在位置　素材文件 \ 第 6 章 \ 销售日报表.et

效果所在位置　效果文件 \ 第 6 章 \ 销售日报表 1.et

微课视频

STEP 1　打开“销售日报表 .et”工作簿，选择 F4 单元格，单击“公式”选项卡中的“插入函数”按钮 fx，如图 6-20 所示。

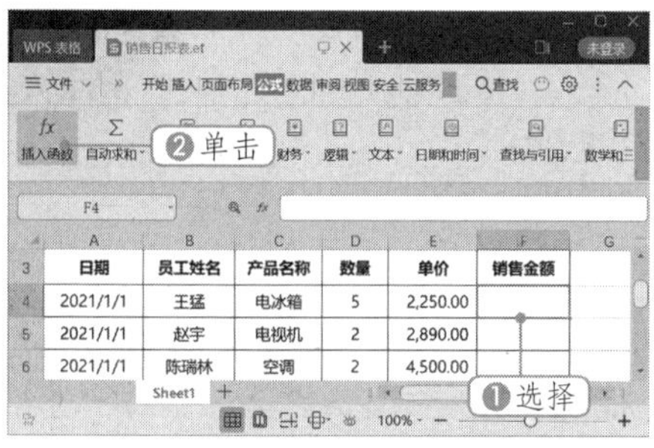

图 6-20　单击“插入函数”按钮

STEP 2　打开“插入函数”对话框，在“查找函数”文本框中输入要查找函数的关键字，如输入“相乘”文本，在“选择函数”列表框中将显示与输入关键字相关的函数，这里选择“PRODUCT”函数选项，单击 确定 按钮，如图 6-21 所示。

图 6-21　选择函数

知识补充

使用常用公式计算数据

在“插入函数”对话框的“常用公式”选项卡中提供了日常工作中一些常用的公式，如个人所得税、出生日期、性别、多条件求和等计算公式，读者可直接选择需要的公式，再设置参与计算的单元格或单元格区域。

STEP 3 打开“函数参数”对话框后，在“数值 1”数值框中输入需要参与计算的单元格区域，这里输入“D4:E4”，单击 确定 按钮，如图 6-22 所示。

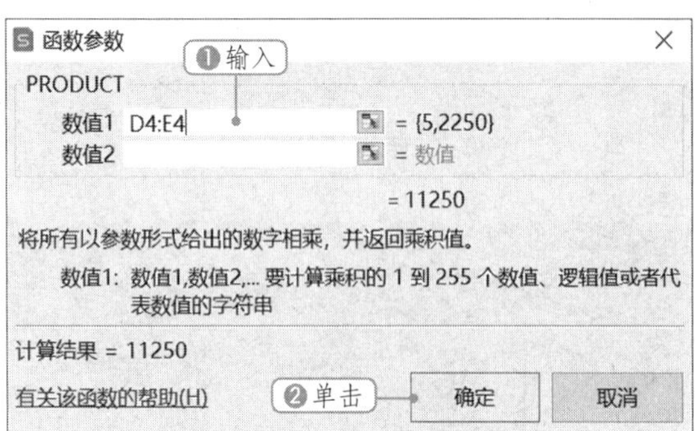

图 6-22　设置函数参数

STEP 4 返回工作表中，可查看计算结果，向下填充函数至 F14 单元格以计算其他员工的销售金额，如图 6-23 所示。

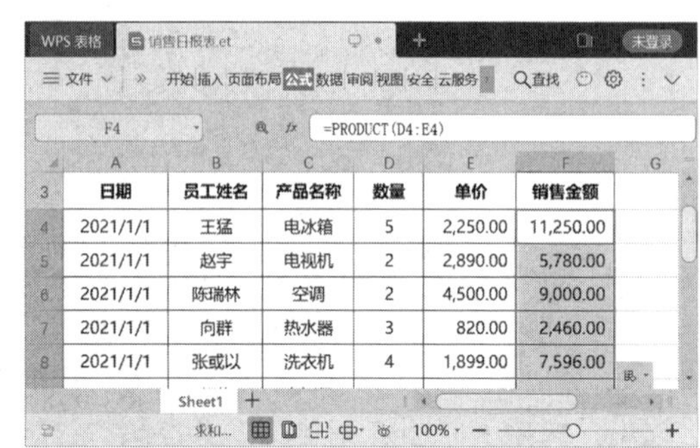

图 6-23　查看计算结果

知识补充

函数参数

函数其实是一些预先编写好的程序，它主要由函数名称、函数参数等组成。不同的函数包含的参数会有所不同，有些函数没有参数，如NOW( )、TODAY( )等；有些函数则有多个参数，如IF( )、VLOOKUP( )等，函数各参数之间用英文状态下的分号（;）隔开。

6.2.2　嵌套函数

嵌套函数是指将一个函数作为另一个函数的参数使用，常用于复杂数据的计算。下面将在“面试成绩表.et”工作簿中使用嵌套函数判断面试人员是否通过面试，具体操作如下。

素材所在位置　素材文件 \ 第 6 章 \ 面试成绩表.et

效果所在位置　效果文件 \ 第 6 章 \ 面试成绩表.et

微课视频

STEP 1 打开“面试成绩表.et”工作簿，选择 E2 单元格，在编辑栏中输入公式“=IF(SUM(C2:D2)>160,"是","否")”，该公式是 SUM 函数作为 IF 函数第一个参数的一部分，如图 6-24 所示。

STEP 2 按【Enter】键判断当前面试人员是否通过面试，然后向下填充至 E11 单元格，可判断出其他面试人员的面试情况，如图 6-25 所示。

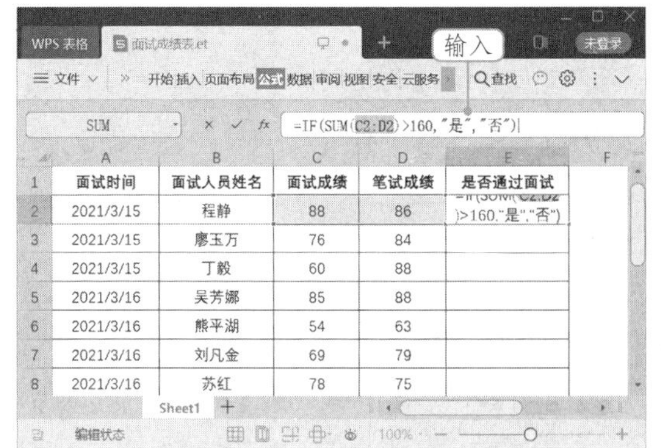

图 6-24　输入嵌套公式

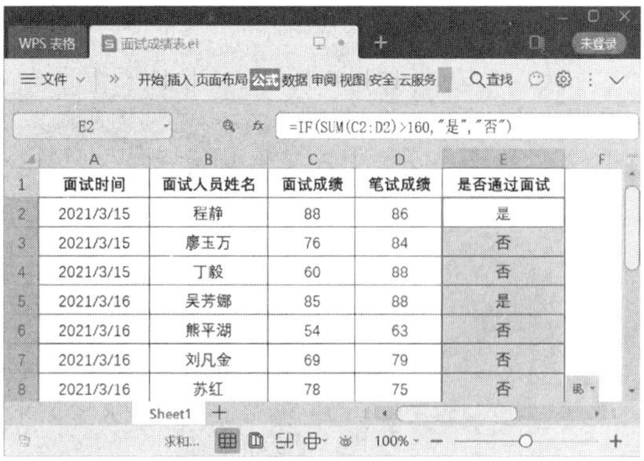

图 6-25　查看计算结果

6.2.3　工作中常用的函数

WPS 表格中提供的函数有几百个。对于大部分人来说，只需掌握常用的一些函数，如 SUM、IF、VLOOKUP、RANK、AVERAGE、MAX、MIN 等函数，就能满足日常工作中数据计算的需要。

1. SUM 求和函数

SUM 函数用于计算所选单元格或单元格区域的和，既可以是连续的单元格或单元格区域，也可以是不连续的单元格或单元格区域。其语法结构为：SUM(数值 1, 数值 2,…)。例如，要计算员工面试总成绩，只需在 E2 单元格中输入公式“=SUM(C2:D2)”，按【Enter】键，向下填充公式即可，如图 6-26 所示。

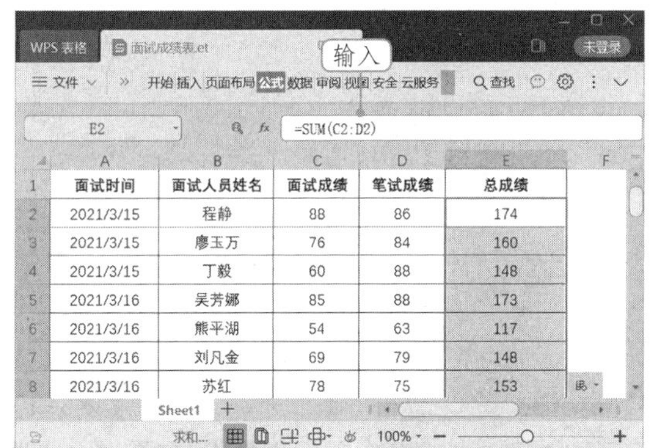

图 6-26　求和

知识补充

使用 SUMIF 函数按条件求和

SUMIF函数用于计算单元格区域中满足条件的数据的和，其语法结构为：SUMIF(区域,条件,[求和区域])。其中，区域为必选参数，表示用于条件判断的单元格区域；条件为必选参数，表示求和条件，可以是由数字、逻辑表达式、文本等组成的判定条件；求和区域为可选参数，表示需要求和的实际单元格，如果该参数省略，则会自动将求和区域作为条件区域。

2. AVERAGE 求平均值函数

AVERAGE 函数用于求取一组数据中的平均值，其语法结构为：AVERAGE(数值 1, 数值 2,…)，常用于平均成绩、平均工资、平均年龄、平均销量等的计算。例如，要计算每位面试人员的平均成绩，只需在 E2 单元格中输入公式“=AVERAGE(C2:D2)”，按【Enter】键，向下填充公式即可，如图 6-27 所示。

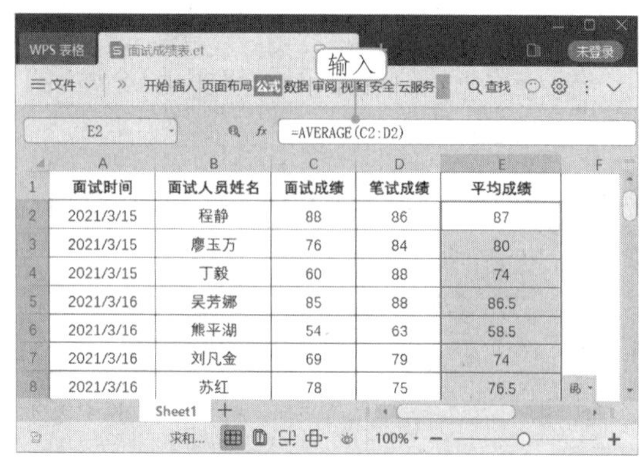

面试时间	面试人员姓名	面试成绩	笔试成绩	平均成绩
2021/3/15	程静	88	86	87
2021/3/15	廖玉万	76	84	80
2021/3/15	丁毅	60	88	74
2021/3/16	吴芳娜	85	88	86.5
2021/3/16	熊平湖	54	63	58.5
2021/3/16	刘凡金	69	79	74
2021/3/16	苏红	78	75	76.5

图 6-27　求平均值

3. MAX 和 MIN 求最大值 / 最小值

MAX 函数用于返回一组数据中的最大值，其语法结构为：MAX(数值 1, 数值 2,…)。MIN 函数用于返回一组数据中的最小值，其语法结构为：MIN(数值 1, 数值 2,…)。这两个函数的使用方法均与 AVERAGE 函数相同。

4. IF 条件判断函数

IF 函数用于根据指定的条件判断真假，如果满足条件，则返回一个值；如果不满足条件，则返回另外一个值。其语法结构为：=IF(测试条件 , 真值 ,[假值])。其中，测试条件为必选参数，表示用于判断的条件；真值为必选参数，表示条件成立时返回的值；[假值] 为可选参数，表示条件不成立时返回的值，如果省略，则返回 FALSE。

第2部分

例如，要根据面试总成绩判断面试人员是否通过面试，只需要在 F2 单元格中输入公式“=IF(E2>=160,"通过","不通过")”，按【Enter】键，再向下填充至 F11 单元格，即可判断所有面试人员是否通过了面试，如图 6-28 所示。

在 WPS 表格中，一个 IF 函数只能执行一次选择，当需要选择多次时，就需要嵌套相应的 IF 函数。如果要用“优秀”“良好”“差”判断面试人员的面试结果，只需要在 F2 单元格中输入公式“=IF(E2>=170,"优秀",IF(E2>=150,"良好","差"))”，按【Enter】键，再向下填充至 F11 单元格，即可评定出所有面试人员的面试结果，如图 6-29 所示。

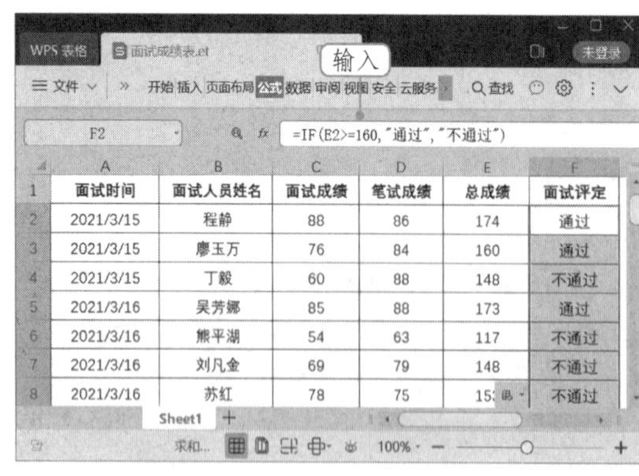

面试时间	面试人员姓名	面试成绩	笔试成绩	总成绩	面试评定
2021/3/15	程静	88	86	174	通过
2021/3/15	廖玉万	76	84	160	通过
2021/3/15	丁毅	60	88	148	不通过
2021/3/16	吴芳娜	85	88	173	通过
2021/3/16	熊平湖	54	63	117	不通过
2021/3/16	刘凡金	69	79	148	不通过
2021/3/16	苏红	78	75	15	不通过

图 6-28　判断是否通过面试

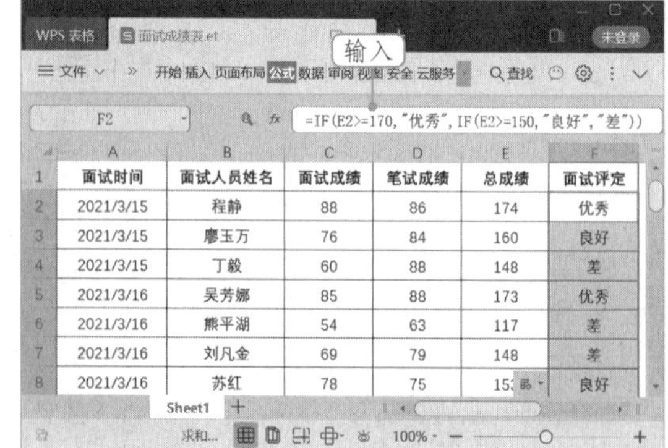

面试时间	面试人员姓名	面试成绩	笔试成绩	总成绩	面试评定
2021/3/15	程静	88	86	174	优秀
2021/3/15	廖玉万	76	84	160	良好
2021/3/15	丁毅	60	88	148	差
2021/3/16	吴芳娜	85	88	173	优秀
2021/3/16	熊平湖	54	63	117	差
2021/3/16	刘凡金	69	79	148	差
2021/3/16	苏红	78	75	15	良好

图 6-29　IF 函数的嵌套使用

5. RANK 排名函数

RANK 函数常用于统计排名时，返回某数字在一列数字中的大小排名，其语法结构为：Rank(数值 ,

引用,[排位方式])。其中，数值为必选参数，表示排名的数字；引用为必选参数，表示参照排名数值区域，它可以是单元格区域，也可以是数组；[排位方式]为可选参数，表示排序方式，如果忽略或为 0，则表示降序。例如，根据面试总成绩排名时，只需要在 F2 单元格中输入公式“=RANK(E2,$E$2:$E$11)”，按【Enter】键，再向下填充公式至 F14 单元格，即可计算所有面试人员的排名，如图 6-30 所示。

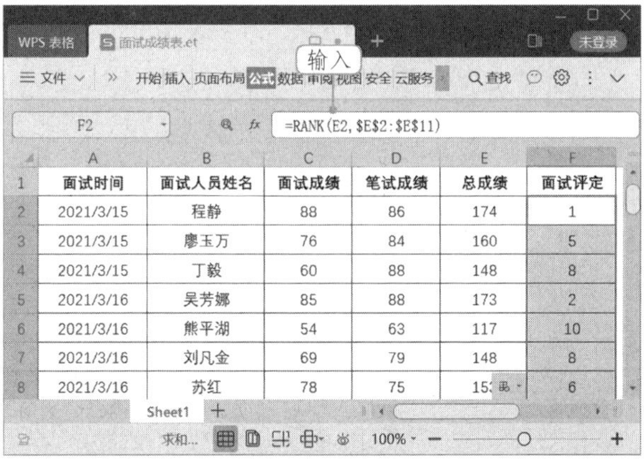

输入

=RANK(E2, $E$2:$E$11)

	A	B	C	D	E	F
1	面试时间	面试人员姓名	面试成绩	笔试成绩	总成绩	面试评定
2	2021/3/15	程静	88	86	174	1
3	2021/3/15	廖玉万	76	84	160	5
4	2021/3/15	丁毅	60	88	148	8
5	2021/3/16	吴芳娜	85	88	173	2
6	2021/3/16	熊平湖	54	63	117	10
7	2021/3/16	刘凡金	69	79	148	8
8	2021/3/16	苏红	78	75	153	6

图 6-30　排名

知识补充

RANK 函数的用法

使用RANK函数排名时，若出现重复数值，则会赋予相同的排名，但会影响后续数值的排位。例如，表格排名中如果出现了两个“3”，后续排名将没有“4”，而是从“5”开始排位。

6. VLOOKUP 查找函数

VLOOKUP 函数可以根据给定的条件，在指定的区域中查找与之相匹配的数据。语法结构为：VLOOKUP(查找值,数据表,列序数,[匹配条件])。其中，查找值为必选参数，表示要查找的值，它可以是数值、引用或文本字符串；数据表为必选参数，表示要查找的区域；列序数为必选参数，表示要返回查询区域第几列中的数据；[匹配条件]为可选参数，表示模糊匹配 / 精确匹配，如果是 0 或 FALSE，则表示精确匹配，如果忽略或是 TRUE，则表示模糊匹配。例如，根据面试人员姓名查找对应的笔试成绩，只需在 H2 单元格中输入公式“=VLOOKUP(G2,B1:E11,3,0)”，按【Enter】键，如图 6-31 所示。

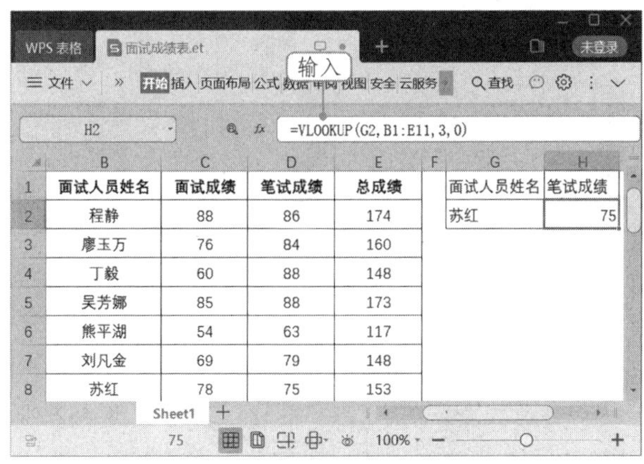

图 6-31　按条件查找数据

6.3 管理表格数据

在 WPS 表格中，除了可计算数据外，还可分析和管理数据，以便获取更有效的信息。在 WPS 表格中提供了很多数据分析和管理的工具，如排序、筛选、分类汇总、合并计算和条件格式等，用户可根据数据特点选择合适的工具分析和管理数据。

6.3.1 数据排序

排序可以将表格中杂乱的数据按一定的条件排列，便于数据的查看和管理。在 WPS 表格中，排序可以分为按条件排序和自定义排序两种。

1. 按条件排序

按条件排序就是根据数据表格中的相关字段名，按照指定的一个条件及多个条件升序或降序排列。下面将在“商品出入库明细表.et”工作簿中对表格数据进行排序，具体操作如下。

素材所在位置 素材文件\第 6 章\商品出入库明细表.et

效果所在位置 效果文件\第 6 章\商品出入库明细表.et

微课视频

知识补充

直接排序

直接排序就是让工作表中的各项数据根据某一列单元格中数字的大小、首字字母的先后顺序升序或降序排列。其方法是：选择需要排序列中的任意一个单元格，单击“数据”选项卡中的“升序”按钮或“降序”按钮即可。

STEP 1 打开“商品出入库明细表.et”工作簿，选择数据区域的任意单元格，单击“数据”选项卡中的“排序”按钮，如图 6-32 所示。

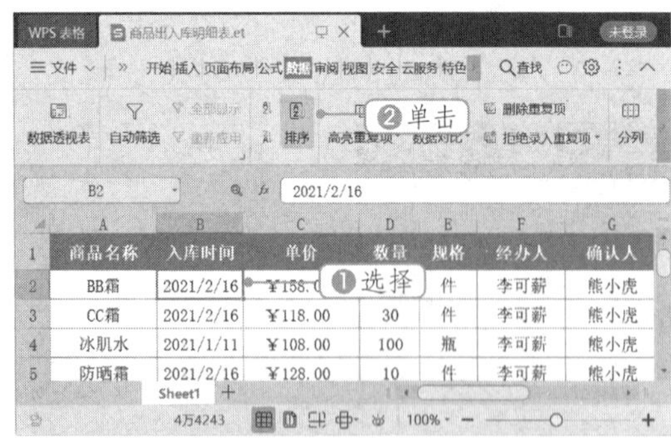

图 6-32 单击“排序”按钮

STEP 2 打开“排序”对话框后，在“主要关键字”下拉列表框中选择排序关键字，这里选择“入库时间”选项，在“次序”下拉列表框中选择“升序”选项，单击 + 添加条件(A) 按钮，如图 6-33 所示。

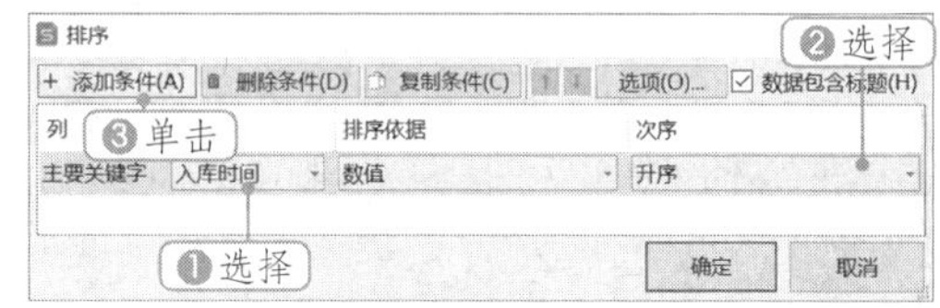

图 6-33 设置主要筛选条件

STEP 3 添加一个次要条件，在“次要关键字”下拉列表框中选择“商品名称”选项，其他保持默认设置，单击 确定 按钮，如图 6-34 所示。

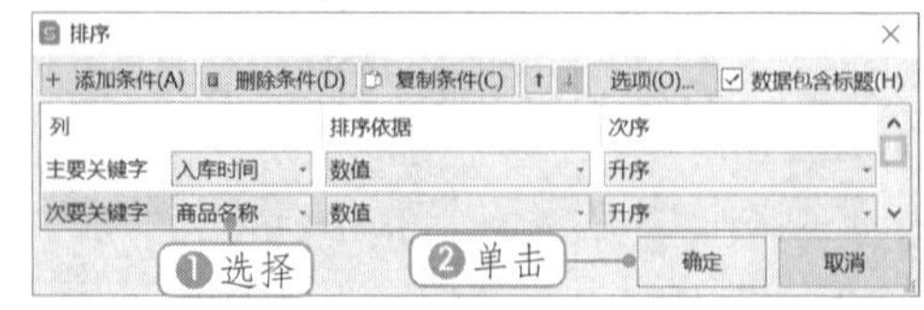

图 6-34 设置次要排序条件

STEP 4 系统将按照入库时间的先后顺序排序，当入库时间一致时，则按照商品名称首字字母的先后顺序排序，效果如图 6-35 所示。

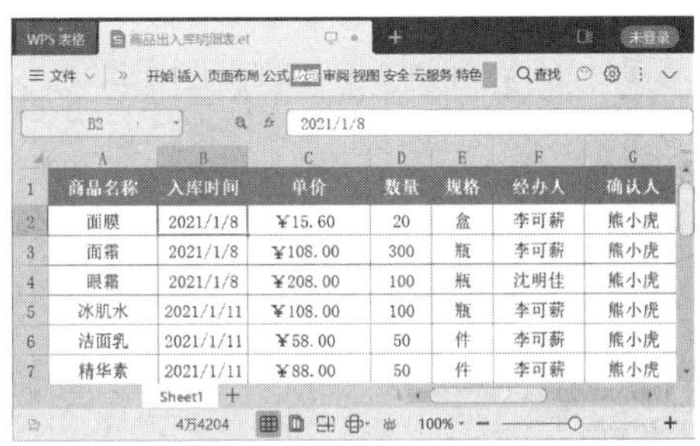

	A	B	C	D	E	F	G
1	商品名称	入库时间	单价	数量	规格	经办人	确认人
2	面膜	2021/1/8	¥15.60	20	盒	李可薪	熊小虎
3	面霜	2021/1/8	¥108.00	300	瓶	李可薪	熊小虎
4	眼霜	2021/1/8	¥208.00	100	瓶	沈明佳	熊小虎
5	冰肌水	2021/1/11	¥108.00	100	瓶	李可薪	熊小虎
6	洁面乳	2021/1/11	¥58.00	50	件	李可薪	熊小虎
7	精华素	2021/1/11	¥88.00	50	件	李可薪	熊小虎

图 6-35　查看排序效果

知识补充

多条件排序

在WPS表格中，次要关键字条件可以添加多个，但主要关键字条件只有一个，当主要关键字条件相同时，则按照第一个次要关键字条件排序。

2. 自定义排序

除了可按条件排序外，用户还可根据需要进行自定义排序，也就是按照指定的排序顺序排列。其方法是：在“排序”对话框的“次序”下拉列表框中选择“自定义序列”选项，打开“自定义序列”对话框，在“输入序列”列表框中输入需要定义的序列，单击 添加(A) 按钮，添加到“自定义序列”列表框中，单击 确定 按钮；返回“排序”对话框，在“主要关键字”下拉列表框中选择排序关键字，单击 确定 按钮，如图 6-36 所示；返回工作表中，可查看自定义排序效果，如图 6-37 所示。

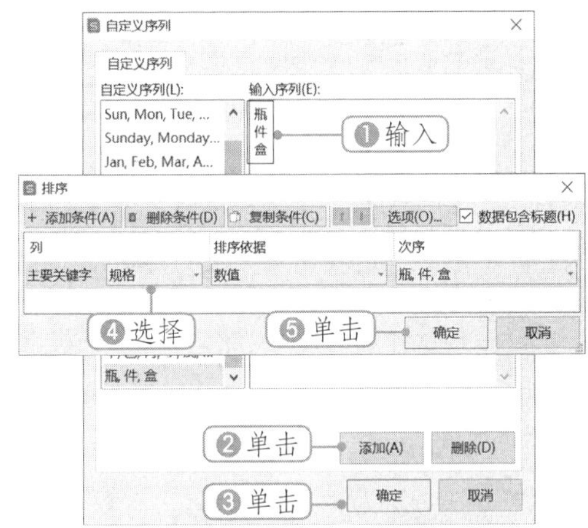

图 6-36　自定义序列

	A	B	C	D	E	F	G
1	商品名称	入库时间	单价	数量	规格	经办人	确认人
2	冰肌水	2021/1/11	¥108.00	100	瓶	李可薪	熊小虎
3	化妆水	2021/2/16	¥45.00	150	瓶	李可薪	熊小虎
4	面霜	2021/1/8	¥108.00	300	瓶	李可薪	熊小虎
5	乳液	2021/1/11	¥58.00	200	瓶	李可薪	熊小虎
6	爽肤水	2021/1/11	¥55.00	300	瓶	李可薪	熊小虎
7	眼霜	2021/1/8	¥208.00	100	瓶	沈明佳	熊小虎
8	BB霜	2021/2/16	¥158.00	50	件	李可薪	熊小虎
9	CC霜	2021/2/16	¥118.00	30	件	李可薪	熊小虎
10	防晒霜	2021/2/16	¥128.00	10	件	李可薪	熊小虎
11	隔离霜	2021/2/16	¥186.00	10	件	李可薪	熊小虎
12	洁面乳	2021/1/11	¥58.00	50	件	李可薪	熊小虎
13	精华素	2021/1/11	¥88.00	50	件	李可薪	熊小虎
14	精华液	2021/1/11	¥68.00	20	件	李可薪	熊小虎
15	面部润肤	2021/2/16	¥218.00	30	件	李可薪	熊小虎
16	面膜	2021/1/8	¥15.60	20	盒	李可薪	熊小虎

图 6-37　查看自定义排序效果

6.3.2　数据筛选

用户在分析数据时，有时需要从数据繁多的工作簿中查找符合某一个或多个条件的数据，此时可采用 WPS 表格的筛选功能，轻松地筛选出符合条件的数据。筛选主要分为自动筛选和自定义筛选两种。

1. 自动筛选

自动筛选就是通过设置简单的筛选条件快速定位符合要求的数据，显示满足条件的数据，隐藏不符合条件的数据。在 WPS 表格中，自动筛选有内容筛选、颜色筛选和数字筛选 3 种，用户可以根据表格中数据的特点，选择相应的筛选方式。下面将在“加班统计表.et”工作簿中筛选数据，其具体操作如下。

素材所在位置　素材文件 \ 第 6 章 \ 加班统计表.et

效果所在位置　效果文件 \ 第 6 章 \ 加班统计表.et

微课视频

STEP 1　打开“加班统计表.et”工作簿，选择数据区域的任意单元格，单击“数据”选项卡中的“自动筛选”按钮，进入筛选状态，单击“加班类别”单元格右侧的下拉按钮，在打开的下

拉列表中选择“内容筛选”选项，在下方设置筛选项，这里取消“工作日加班”复选框和“节假日加班”复选框，单击 确定 按钮，如图 6-38 所示。

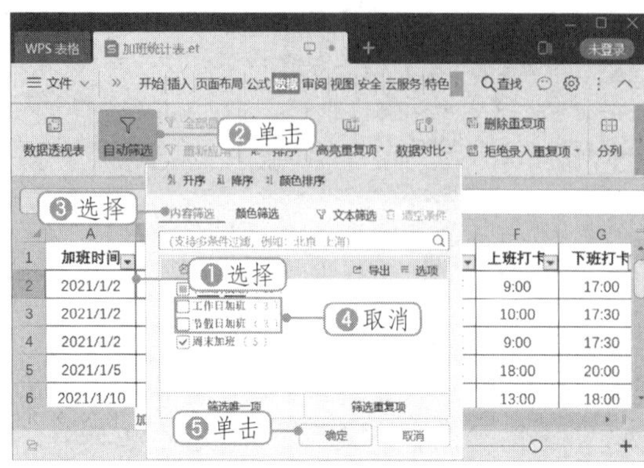

图 6-38 设置筛选项

STEP 2 返回工作表中，可筛选出周末加班的数据记录，如图 6-39 所示。

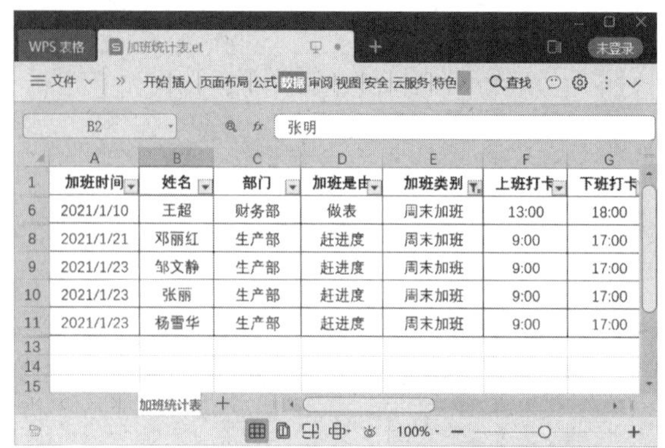

图 6-39 查看筛选数据

知识补充

其他筛选

在筛选下拉列表中有一个“搜索”文本框，当需要筛选出包含某个文字或某数字的数据时，就可直接在搜索文本框中输入关键字。另外，在输入关键字时，如果筛选条件不明确，可以借助星号“*”和问号“？”两个通配符模糊筛选条件，星号“*”表示多个字符，问号“？”表示一个字符。

2. 自定义筛选

如果自动筛选方式不能满足用户需要，则可自定义筛选条件。自定义筛选一般用于筛选数值型数据，通过设定筛选条件将符合条件的数据筛选出来。下面将在“加班统计表 .et”中使用自定义筛选方式筛选数据，其具体操作如下。

素材所在位置 素材文件 \ 第 6 章 \ 加班统计表.et

效果所在位置 效果文件 \ 第 6 章 \ 加班统计表 1.et

微课视频

STEP 1 打开“加班统计表.et”工作簿，单击“数据”选项卡中的“自动筛选”按钮，进入筛选状态，单击“加班工资”单元格右侧的下拉按钮，在打开的下拉列表框中单击“数字筛选”选项，接着在打开的下拉列表中选择“自定义筛选”选项，如图 6-40 所示。

STEP 2 打开“自定义自动筛选方式”对话框后，在“等于”下拉列表框中选择“大于或等于”选项，在其后的下拉列表框中输入筛选条件，这里输入“300”，单击 确定 按钮，如图 6-41 所示。

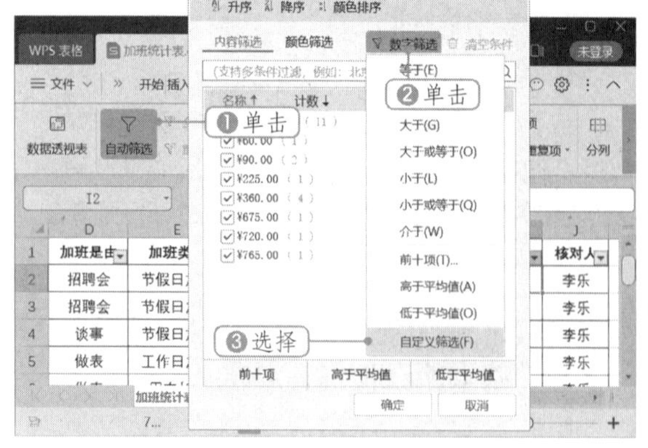

图 6-40 选择“自定义筛选”选项

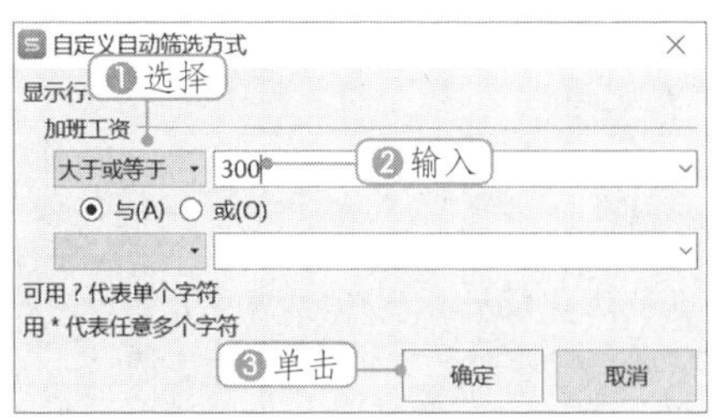

图 6-41　设置筛选条件

STEP 3　将筛选出加班工资大于或等于 300 的数据记录，效果如图 6-42 所示。

知识补充

自定义筛选

单击选中“自定义自动筛选方式”对话框中的“或”单选按钮，表示筛选出的数据只要满足其中一个条件即可；单击选中“与”单选按钮，表示筛选出的数据要同时满足两个条件。

	A	B	C	D	E	F	G	H	I	J
1	加班时间	姓名	部门	加班是由	加班类别	上班打卡	下班打卡	加班时数	加班工资	核对人
2	2021/1/2	张明	人力资源部	招聘会	节假日加班	9:00	17:00	8	¥720.00	李乐
3	2021/1/2	冯淑琴	人力资源部	招聘会	节假日加班	10:00	17:30	7.5	¥675.00	李乐
4	2021/1/2	罗鸿亮	销售部	谈事	节假日加班	9:00	17:30	8.5	¥765.00	李乐
8	2021/1/21	邓丽红	生产部	赶进度	周末加班	9:00	17:00	8	¥360.00	李乐
9	2021/1/23	邹文静	生产部	赶进度	周末加班	9:00	17:00	8	¥360.00	李乐
10	2021/1/23	张丽	生产部	赶进度	周末加班	9:00	17:00	8	¥360.00	李乐
11	2021/1/23	杨雪华	生产部	赶进度	周末加班	9:00	17:00	8	¥360.00	李乐
13										

加班统计表　在 11 个记录中筛选出 7 个　720　100%

图 6-42　查看筛选结果

6.3.3　数据分类汇总

在 WPS 表格中，除了可使用函数汇总数据外，还可使用分类汇总功能快速分类汇总数据。但在执行分类汇总操作前，须先排序要分类汇总的字段。下面将在“加班统计表.et”工作簿中按部门汇总加班工资，其具体操作如下。

素材所在位置　素材文件 \ 第 6 章 \ 加班统计表.et

效果所在位置　效果文件 \ 第 6 章 \ 加班统计表 2.et

STEP 1　打开“加班统计表.et”工作簿，选择 C2 单元格，单击“数据”选项卡中的“升序”按钮，按文本字母的先后顺序升序排列。

STEP 2　单击“数据”选项卡中的“分类汇总”按钮，打开“分类汇总”对话框，在“分类字段”下拉列表框中选择“部门”选项，在“汇总方式”下拉列表框中选择“求和”选项，在“选定汇总项”列表框中单击选中“加班工资”复选框，单击 确定 按钮，如图 6-43 所示。

STEP 3　在工作表中可查看分类汇总结果，效果如图 6-44 所示。单击左侧代表级别的 1 、2 、3 图标，可显示相关级别的数据。

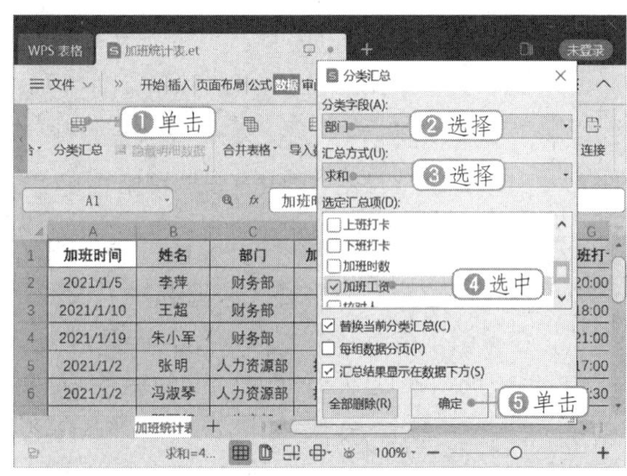

图 6-43　分类汇总设置

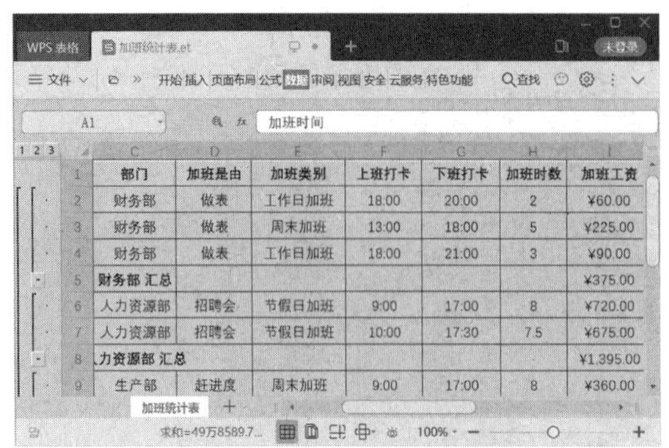

图 6-44　查看分类汇总效果

知识补充

执行多重分类汇总

如果需要汇总多个分类字段，就需要用到多重分类汇总。其方法与执行分类汇总的方法相同，只不过在执行第二重分类汇总时，必须在“分类汇总”对话框中取消“替换当前分类汇总”复选框，表示当前分类汇总不会替换掉前一重分类汇总；如果选中，则表示当前分类汇总替换掉前一重分类汇总，结果只会保留最后一重分类汇总。

6.3.4　数据合并计算

在 WPS 表格中，除了可使用分类汇总功能汇总数据外，还可通过合并计算功能将同类别的数据汇总到一起，并将汇总结果在指定的区域中显示。下面将在“门店统计表.et”工作簿中按门店汇总数据，其具体操作如下。

素材所在位置　素材文件\第 6 章\门店统计表.et

效果所在位置　效果文件\第 6 章\门店统计表.et

微课视频

STEP 1　打开“门店统计表.et”工作簿，选择需要存放汇总结果的单元格，这里选择 E1 单元格，单击“数据”选项卡中的“合并计算”按钮，如图 6-45 所示。

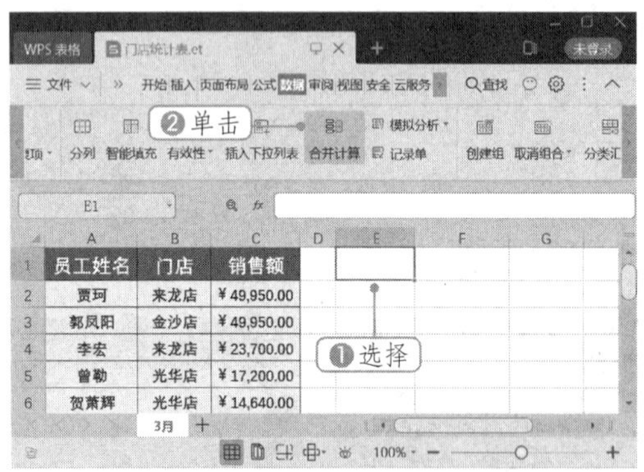

图 6-45　单击“合并计算”按钮

STEP 2　打开“合并计算”对话框后，在“函数”下拉列表框中选择汇总方式，这里选择“求和”选项，在“引用位置”文本框中输入计算区域，这里输入“'3 月 '!$B$1:$C$19”，单击添加(A)按钮，如图 6-46 所示。

STEP 3　将引用区域添加到“所有引用位置”文本框中，在“标签位置”栏中单击选中“首行”复选框和“最左列”复选框，单击确定按钮，如图 6-47 所示。

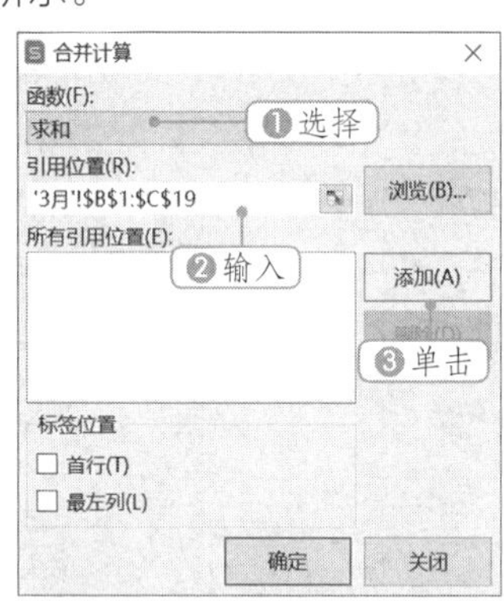

图 6-46　添加引用位置

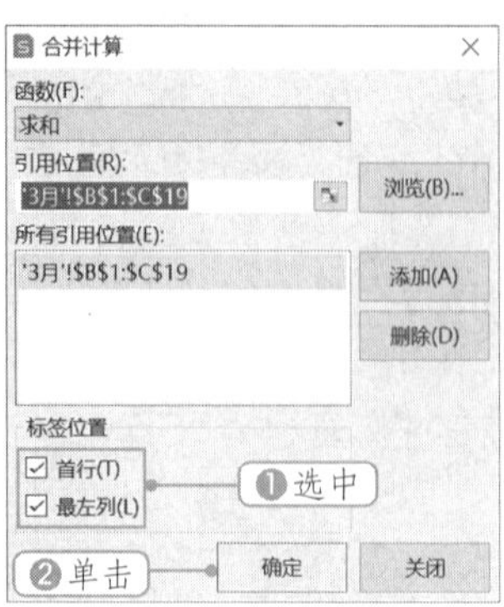

图 6-47　设置标签位置

根据引用区域最左列中的数据类别，计算各门店的销售额，如图 6-48 所示。

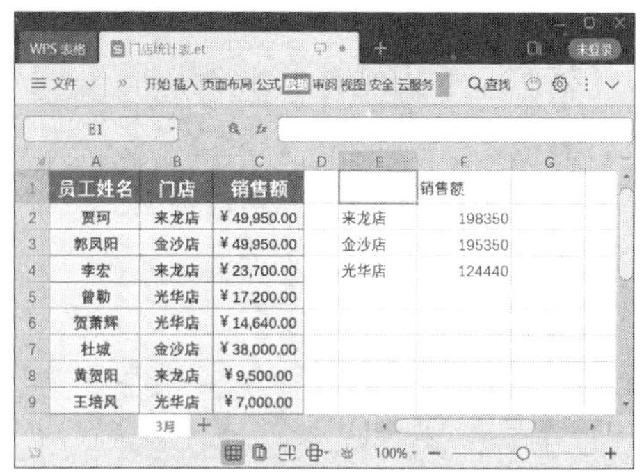

图 6-48　查看合并计算结果

知识补充

合并计算

默认情况下，合并计算的结果是以数值的形式显示在单元格中的，当引用位置中的数据发生变化时，合并计算结果并不会自动更改。

6.3.5　条件格式的妙用

条件格式用于将数据表中满足指定条件的数据以特定的格式显示出来，以便于用户直观查看与区分数据。在 WPS 表格中，用户既可以使用内置的条件格式，也可根据需要新建条件格式规则。

1. 使用内置条件格式

WPS 表格中内置的条件格式有突出显示单元格规则、项目选取规则、数据条、色阶和图标集 5 种，用户可以根据需要设置相应的条件格式。内置的条件格式分别介绍如下。

- **突出显示单元格规则：** 用于突出显示工作表中满足某个条件的数据，如大于某个数据、小于某个数据、等于某个数据、介于两个数据之间、文本包含于某个数据等。其方法是：选择需要突出显示的单元格区域，单击“开始”选项卡中的“条件格式”按钮，在打开的下拉列表中选择“突出显示单元格规则”选项，在打开的子列表中选择某个条件，如图 6-49 所示，在打开的“介入”对话框中设置满足的条件和格式，然后单击 确定 按钮，就可按设置的格式突出显示满足条件的数据，如图 6-50 所示。

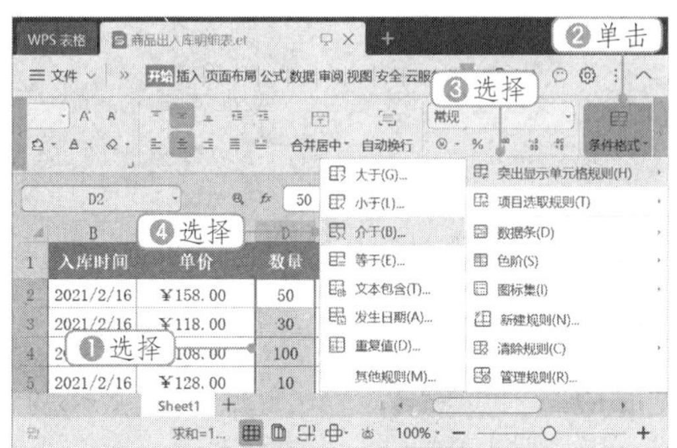

图 6-49　选择条件

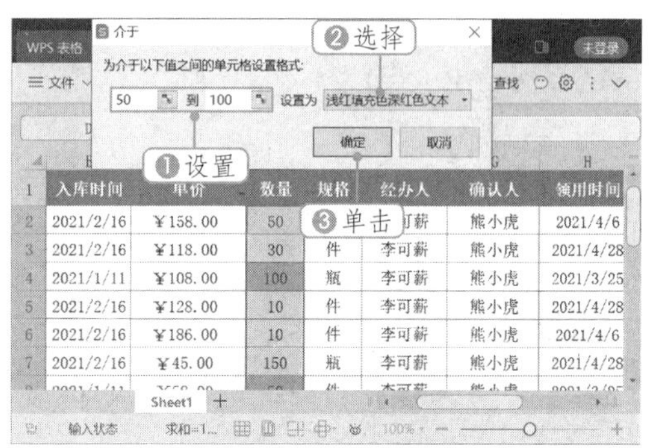

图 6-50　设置条件格式

知识补充

项目选取规则

使用项目选取规则突出显示工作表中满足条件的数据时，如果所选单元格区域中数据有重复值，那么突出显示的项数相比实际的项数可能会有所增加。例如，突出显示所选单元格区域中的前8项数据，如果前7项数据中有重复值，则突出显示的项数是8项；如果第8项有重复值，则突出显示的项数会大于8。

- **项目选取规则：** 用于突出显示前几项、后几项、高于平均值或低于平均值的数据。其方法是：选择需要突出显示的单元格区域，在“条件格式”下拉列表中选择“项目选取规则”选项，在打开的子列表中选择某个条件，在打开的对话框中设置满足的条件和格式后单击确定按钮，就可按设置的格式突出相对应的数据，如图 6-51 所示。

- **数据条：**用数据条标识单元格值的大小，数据条越长，表示单元格中的值越大；反之，则表示值越小。其方法是：选择需要突出显示的单元格区域，在“条件格式”下拉列表中选择“数据条”选项，在打开的子列表中选择需要的数据条选项，如图 6-52 所示。

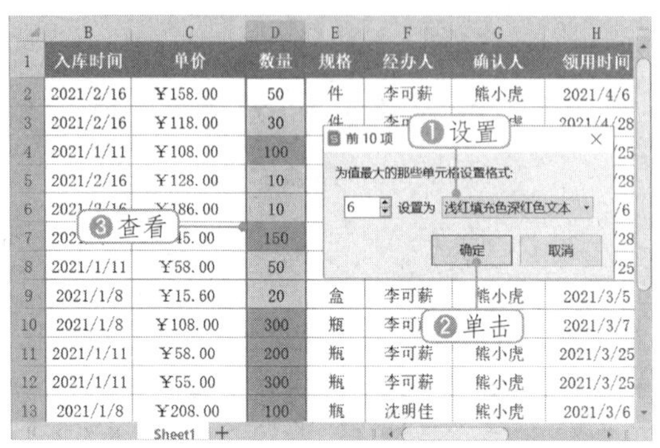

图 6-51　设置项目突出规则

图 6-52　数据条

- **色阶：**将不同范围内的数据用不同的颜色渐变区分。其方法是：选择需要突出显示的单元格区域，在“条件格式”下拉列表中选择“色阶”选项，并在打开的子列表中选择需要的色阶选项，如图 6-53 所示。
- **图标集：**它会以不同的形状或颜色表示数据的大小，可以按阈值将数据分为 3 ~ 5 个类别，每个图标代表一个数值范围。其方法是：选择需要突出显示的单元格区域，在“条件格式”下拉列表中选择“图标集”选项，在打开的子列表中选择需要的图标集选项，如图 6-54 所示。

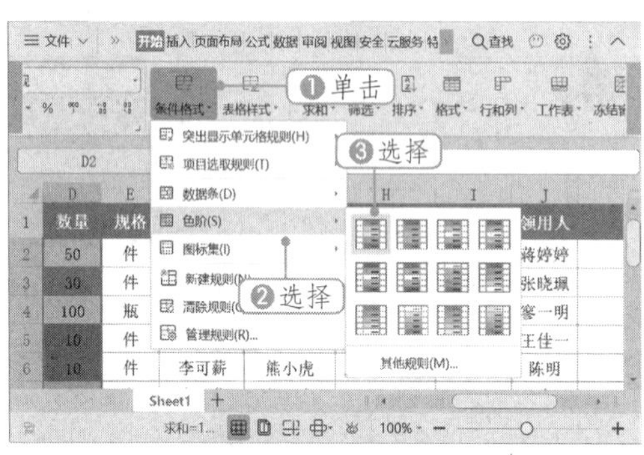

图 6-53　色阶

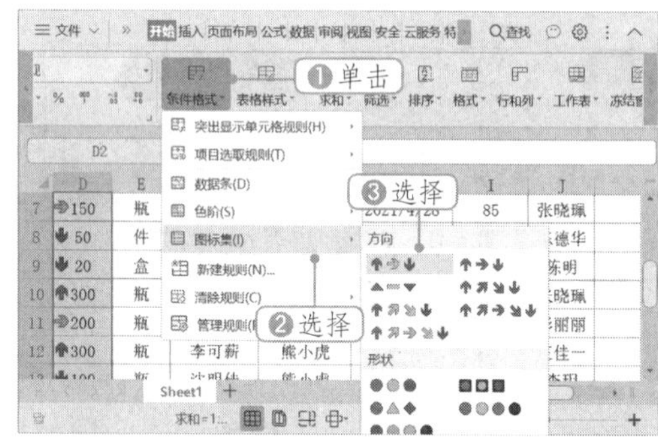

图 6-54　图标集

2. 新建条件格式

当内置的这些条件格式不能满足用户需要时，可以根据 WPS 表格提供的新建规则功能自定义条件格式。下面将在“加班记录表.et”中新建条件规则，以突出显示周末日期，其具体操作如下。

素材所在位置　素材文件 \ 第 6 章 \ 加班记录表.et

效果所在位置　效果文件 \ 第 6 章 \ 加班记录表.et

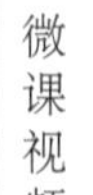

STEP 1　打开“加班记录表.et”工作簿，选择 A2:A12 单元格区域，单击“开始”选项卡中的“条件格式”按钮，在打开的下拉列表中选择“新建规则”选项，如图 6-55 所示。

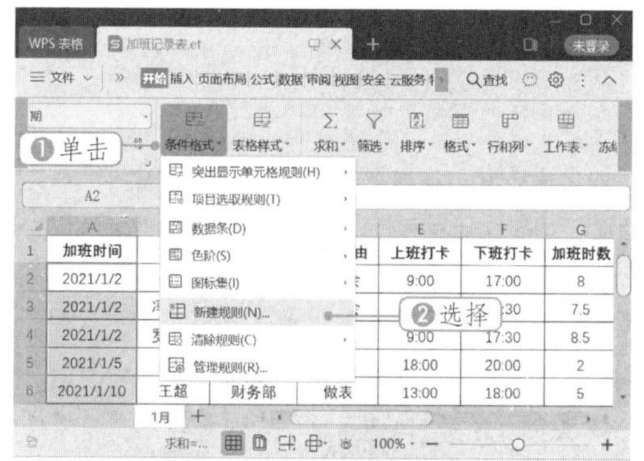

图 6-55　选择“新建规则”选项

STEP 2 打开“新建格式规则”对话框，在“选择规则类型”列表框中选择需要的规则类型，这里选择“使用公式确定要设置格式的单元格”选项，在“只为满足以下条件的单元格设置格式”文本框中输入公式“=WEEKDAY(A2,2)>5”，单击 格式(F)... 按钮，如图 6-56 所示。

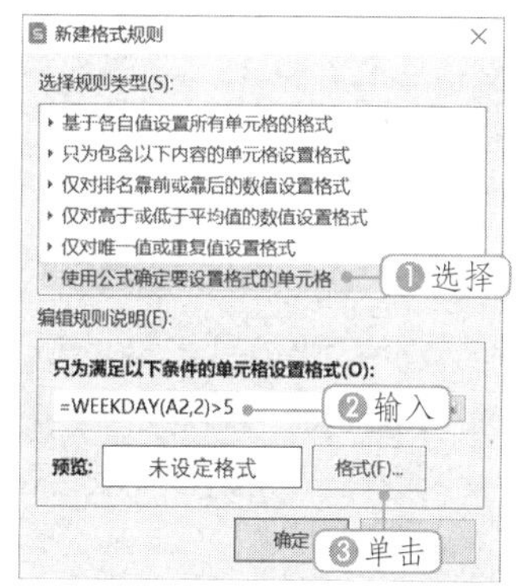

图 6-56　新建格式规则

知识补充

新建规则类型

在“新建格式规则”对话框的“选择规则类型”列表框中提供了6种格式规则，用户可以根据需要选择对应类型。“基于各自值设置所有单元格的格式”选项可以根据所选单元格区域中的具体值，使用双色刻度、三色刻度和图标集表示单元格中数值的大小；“只为包含以下内容的单元格设置格式”选项可以为单元格值、特定文本、发生日期、空值、无空值、错误和无错误等单元格设置指定的条件格式；“仅对排名靠前或靠后的数值设置格式”选项可以对前几项或后几项数值设置格式；“仅对高于或低于平均值的数值设置格式”选项可以为高于、低于、等于或高于、等于或低于、标准偏高于或低于选定范围的平均值的数值设置格式；“仅对唯一值或重复值设置格式”选项只对所选区域中的唯一值或重复值设置格式；“使用公式确定要设置格式的单元格”选项可以使用公式自定义条件，并对满足条件的单元格设置格式。

STEP 3 打开“单元格格式”对话框后，单击切换到“图案”选项卡，在“颜色”栏中单击“黄色”色块，单击 确定 按钮，如图 6-57 所示。

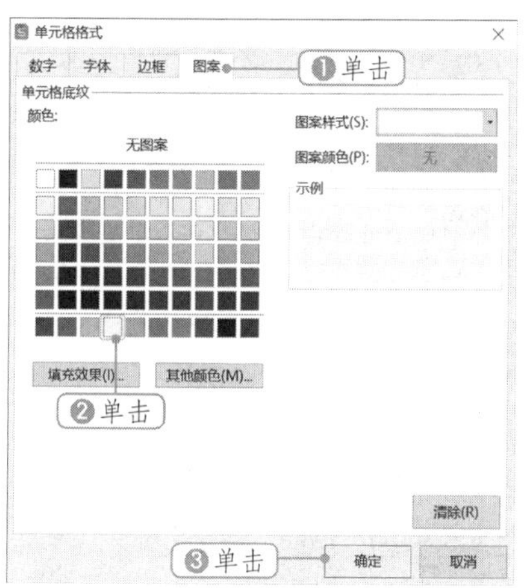

图 6-57　设置满足条件的格式

STEP 4 返回“新建格式规则”对话框，单击 确定 按钮。返回工作表中，可看到属于星期六和星期天的日期将以黄色底纹突出显示，如图 6-58 所示。

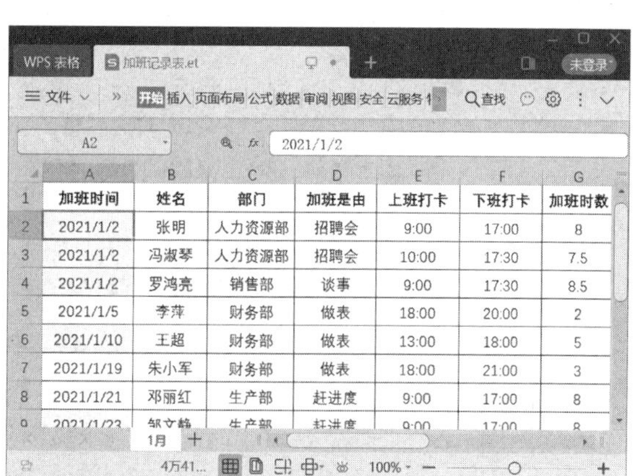

加班时间	姓名	部门	加班是由	上班打卡	下班打卡	加班时数
2021/1/2	张明	人力资源部	招聘会	9:00	17:00	8
2021/1/2	冯淑琴	人力资源部	招聘会	10:00	17:30	7.5
2021/1/2	罗鸿亮	销售部	谈事	9:00	17:30	8.5
2021/1/5	李萍	财务部	做表	18:00	20:00	2
2021/1/10	王超	财务部	做表	13:00	18:00	5
2021/1/19	朱小军	财务部	做表	18:00	21:00	3
2021/1/21	邓丽红	生产部	赶进度	9:00	17:00	8

图 6-58　查看突出显示效果

知识补充

管理规则

用户还可设置条件的格式、应用范围等。其方法是：在“条件格式”下拉列表中选择“管理规则”选项，打开“条件格式规则管理器”对话框，选择需要更改的条件规则，单击 编辑规则(E)... 按钮，在打开的对话框中可重新设置条件格式，在“应用于”参数框中可设置条件格式的应用范围。

6.4 课堂案例：计算“员工工资表”表格

工资表又称工资结算表，用于核算员工工资。员工工资表一般包括工资表和工资条两部分，工资表能统计所有员工的工资，如应发工资、代扣款项和实发金额部分，而工资条是发放到员工手上的一种依据。

6.4.1 案例目标

本例将计算“员工工资表”表格需要运用公式和函数的相关知识，计算和汇总表格中的数据。本例制作后的参考效果如图 6-59 所示。

第2部分

姓名	部门	职务	基本工资	餐补	工龄工资	全勤奖	提成工资	应发工资	考勤扣款	社保代扣	个人所得税	实发工资
朱小军	销售部	销售经理	6,000	200	150	100	15,300	21,750	0	337	1,873	19,541
李欣	行政部	行政文员	3,800	200	100	100	0	4,200	0	337	0	3,863
王超	销售部	销售代表	3,000	200	50	0	3,720	6,970	40	337	48	6,546
洪伟	市场部	市场专员	3,000	200	200	100	1,720	5,220	0	337	0	4,883
袁落落	行政部	行政文员	3,800	200	100	100	0	4,200	0	337	0	3,863
付晓宇	市场部	市场专员	3,000	200	50	0	4,161	7,411	60	337	60	6,954
郭凯	市场部	市场经理	6,000	200	100	100	8,708	15,108	0	337	767	14,004
谭桦	销售部	销售代表	3,000	200	150	0	5,699	9,049	10	337	160	8,542
邢启	销售部	销售代表	3,000	200	0	0	5,315	8,515	30	337	105	8,043
杨雪华	市场部	市场专员	3,000	200	100	0	7,200	10,500	15	337	305	9,844
彭静	行政部	行政经理	5,000	200	50	100	0	5,350	0	337	0	5,013
赖宇	销售部	销售主管	4,000	200	100	0	9,350	13,650	30	337	618	12,665
王睿	市场部	市场专员	3,000	200	100	100	8,792	12,192	0	337	476	11,380
穆奇	市场部	市场专员	3,000	200	200	100	1,450	4,950	0	337	0	4,613
陈宇轩	销售部	销售代表	3,000	200	100	0	5,940	9,240	20	337	178	8,705
李佳玉	销售部	销售代表	3,000	200	0	100	3,800	7,100	0	337	53	6,711
欧阳夏	行政部	行政前台	3,800	200	250	0	0	4,250	30	337	0	3,883
陈佳倩	销售部	销售代表	3,000	200	100	100	4,008	7,408	0	337	62	7,009

6月考勤表 6月销售提成 6月工资表 6月工资条 部门工资汇总

工资条												
姓名	部门	职务	基本工资	餐补	工龄工资	全勤奖	提成工资	应发工资	考勤扣款	社保代扣	个人所得税	实发工资
朱小军	销售部	销售经理	6,000	200	150	100	15,300	21,750	0	337	1,873	19,541
工资条												
姓名	部门	职务	基本工资	餐补	工龄工资	全勤奖	提成工资	应发工资	考勤扣款	社保代扣	个人所得税	实发工资
李欣	行政部	行政文员	3,800	200	100	100	0	4,200	0	337	0	3,863
工资条												
姓名	部门	职务	基本工资	餐补	工龄工资	全勤奖	提成工资	应发工资	考勤扣款	社保代扣	个人所得税	实发工资
王超	销售部	销售代表	3,000	200	50	0	3,720	6,970	40	337	48	6,546
工资条												
姓名	部门	职务	基本工资	餐补	工龄工资	全勤奖	提成工资	应发工资	考勤扣款	社保代扣	个人所得税	实发工资
洪伟	市场部	市场专员	3,000	200	200	100	1,720	5,220	0	337	0	4,883
工资条												
姓名	部门	职务	基本工资	餐补	工龄工资	全勤奖	提成工资	应发工资	考勤扣款	社保代扣	个人所得税	实发工资
袁落落	行政部	行政文员	3,800	200	100	100	0	4,200	0	337	0	3,863

6月考勤表 6月销售提成 6月工资表 6月工资条 部门工资汇总

部门	基本工资	餐补	工龄工资	全勤奖	提成工资	应发工资	考勤扣款	社保代扣	个人所得税	实发工资
销售部	28,000	1,600	650	300	53,132	83,682	130	2,692	3,097	77,762
行政部	16,400	800	500	300	0	18,000	30	1,346	0	16,623
市场部	21,000	1,200	750	400	32,031	55,381	75	2,019	1,608	51,679

6月考勤表 6月销售提成 6月工资表 6月工资条 部门工资汇总

图 6-59 “员工工资表”表格

素材所在位置 素材文件 \ 第 6 章 \ 员工工资表.et

效果所在位置 效果文件 \ 第 6 章 \ 员工工资表.et

微课视频

6.4.2 制作思路

“员工工资表”的制作主要涉及公式、函数等知识。其具体制作思路如图 6-60 所示。

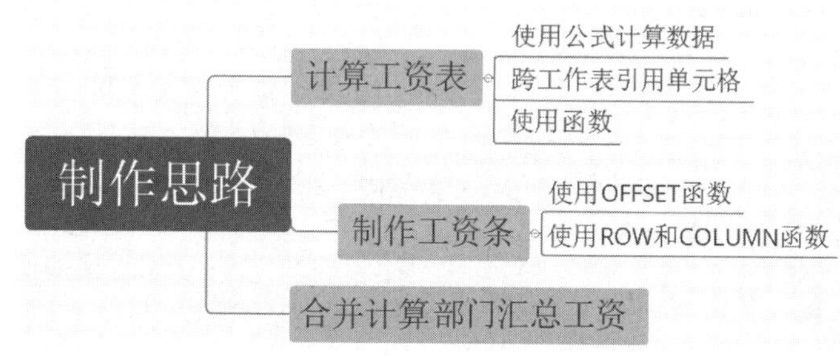

图 6-60 制作思路

6.4.3 操作步骤

1. 计算工资表

下面将使用公式、IF 函数、ROUND 函数、MAX 函数、SUM 函数等来计算工资表中的数据，其具体操作如下。

STEP 1 打开“员工工资表.et”工作簿，在“6 月工资表”工作表中选择 G2 单元格，在编辑栏中输入“=IF()"，将文本插入点定位到括号中，单击工作表标签中的“6 月考勤表”，如图 6-61 所示。

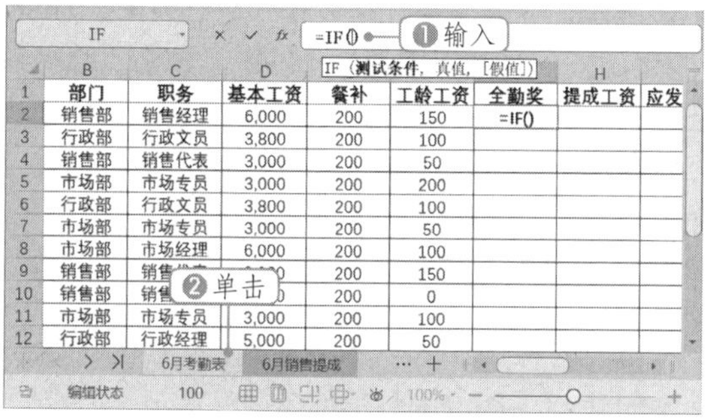

图 6-61 切换到工作表

STEP 2 切换到“6 月考勤表”工作表中，单击选择 G2 单元格，在公式中显示引用的单元格地址，因为是跨工作表引用，所以单元格地址前会显示工作表的名称，如图 6-62 所示。

STEP 3 切换到“6 月工资表”工作表中，在编辑栏中继续完成“=IF('6 月考勤表'!G2=0,100,0)”公式的输入，如图 6-63 所示。

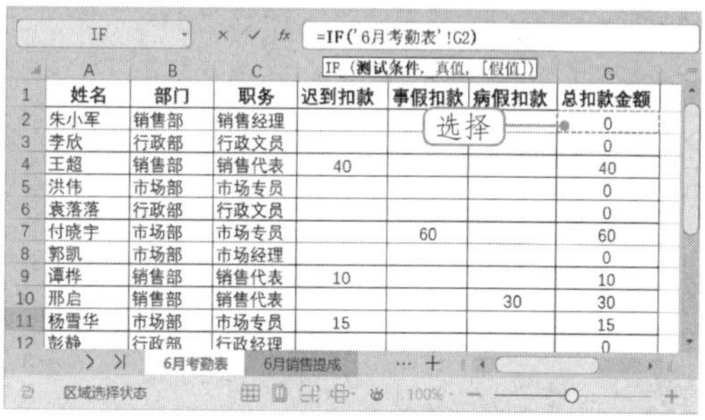

图 6-62 选择单元格引用

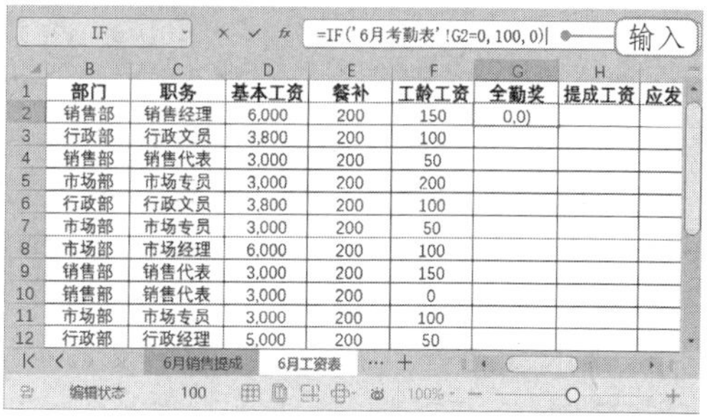

图 6-63 继续输入公式

STEP 4 按【Enter】键计算全勤奖，并向下填充公式至 G19 单元格，然后在 H2 单元格中输入“=”，再切换到“6 月销售提成”工作表中，选择“F2”单元格，如图 6-64 所示。

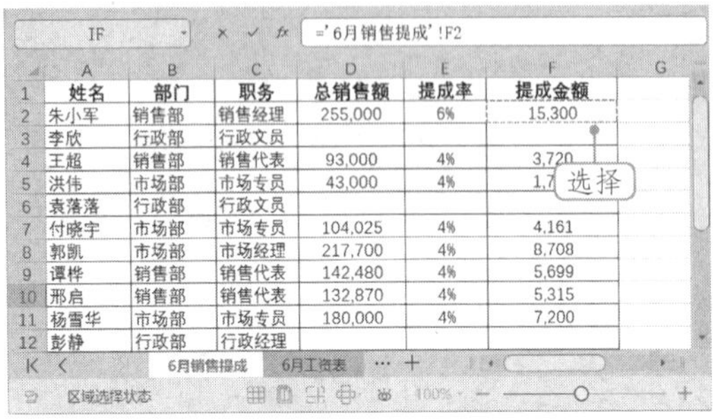

IF　=’6月销售提成’!F2

	A	B	C	D	E	F
1	姓名	部门	职务	总销售额	提成率	提成金额
2	朱小军	销售部	销售经理	255,000	6%	15,300
3	李欣	行政部	行政文员			
4	王超	销售部	销售代表	93,000	4%	3,720
5	洪伟	市场部	市场专员	43,000	4%	1,7[illegible]
6	袁落落	行政部	行政文员			
7	付晓宇	市场部	市场专员	104,025	4%	4,161
8	郭凯	市场部	市场经理	217,700	4%	8,708
9	谭桦	销售部	销售代表	142,480	4%	5,699
10	邢启	销售部	销售代表	132,870	4%	5,315
11	杨雪华	市场部	市场专员	180,000	4%	7,200
12	彭静	行政部	行政经理			

选择

6月销售提成　6月工资表

区域选择状态

图 6-64　跨工作表引用单元格

STEP 5 按【Enter】键计算提成工资，向下填充公式至 H19 单元格，计算其他员工的提成工资。

STEP 6 选择 C2:H2 单元格区域，单击“公式”选项卡中的“自动求和”按钮∑，如图 6-65 所示，对选择的单元格自动求和，并将计算结果显示在 I2 单元格中，再向下填充公式至 I19 单元格。

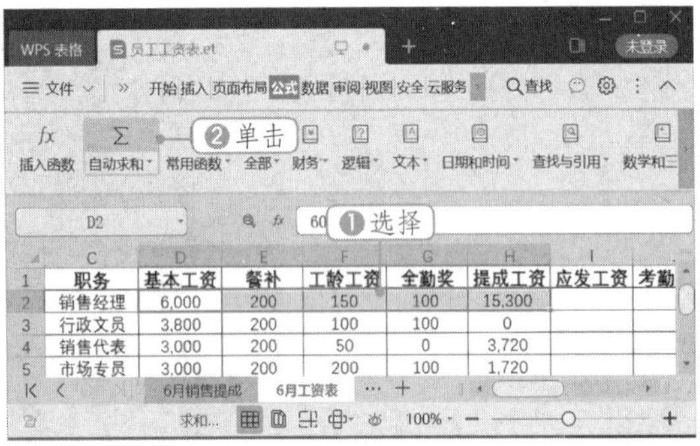

WPS 表格　员工工资表.et

文件　开始 插入 页面布局 公式 数据 审阅 视图 安全 云服务　查找

插入函数　自动求和　②单击　常用函数　全部　财务　逻辑　文本　日期和时间　查找与引用　数学和三

D2　60　①选择

	C	D	E	F	G	H	I	
1	职务	基本工资	餐补	工龄工资	全勤奖	提成工资	应发工资	考勤
2	销售经理	6,000	200	150	100	15,300		
3	行政文员	3,800	200	100	100	0		
4	销售代表	3,000	200	50	0	3,720		
5	市场专员	3,000	200	200	100	1,720		

6月销售提成　6月工资表

求和…　100%

图 6-65　自动求和

STEP 7 在 J2 单元格中输入公式“='6 月考勤表'!G2”，并向下填充至 J19 单元格，然后在 K2 单元格中输入公式“=3236*0.4%+3236*8%+3236*2%”，并向下填充至 K19 单元格。

知识补充

社保代扣

社保代扣计算公式“=3236*0.4%+3236*8%+3236*2%”中的3236表示缴费基数，0.4%是社保中失业保险的个人缴费比例，8%是社保中养老保险的个人缴费比例，2%是社保中医疗保险的个人缴费比例，不同的地区或公司，个人缴费基数和缴费比例会略有不同。

STEP 8 在 L2 单元格中输入公式“=ROUND(MAX((I2-SUM(J2:K2)-5000)*{3,10,20,25,30,35,45}%-{0,210,1410,2660,4410,7160,15160},0),2)”，并向下填充至 L19 单元格，以计算出员工应缴纳的个人所得税，如图 6-66 所示。

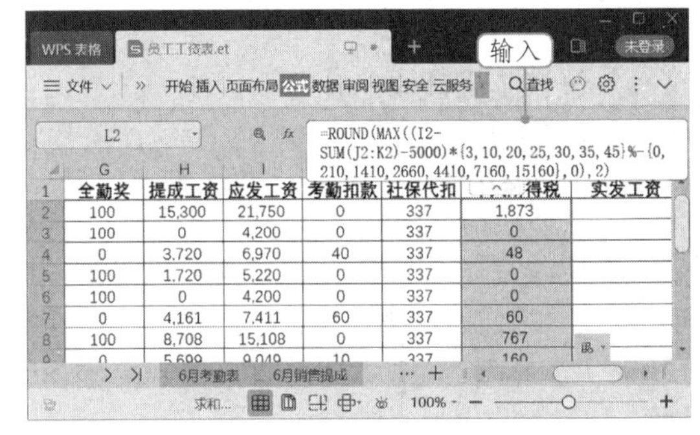

图 6-66　计算个人所得税

STEP 9 在 M2 单元格中输入公式“=I2-SUM(J2:L2)”，并向下填充至 M19 单元格，以计算出所有员工的实发工资。

知识补充

个人所得税公式

个人所得税=(工资薪金所得-“五险一金”-扣除数)×适用税率-速算扣除数。公式为“=ROUND(MAX((I2-SUM(J2:K2)-5000)*{3,10,20,25,30,35,45}%-{0,210,1410,2660,4410,7160,15160},0),2)”，其中，“I2-SUM(J2:K2)”表示工资所得，“5000”表示个人所得税起征点，也就是扣除数。整个公式表示I2-SUM(J2:K2)所得值与相应税级百分数（3%,10%,20%,25%,30%,35%,45%）的乘积减去税率所在级距的速算扣除数0、210、1410……所得到的最大值，然后使用ROUND函数使个人所得税最终返回的是整数。

2. 制作工资条

下面将使用 OFFSET、ROW 和 COLUMN 函数制作工资条，其具体操作如下。

第2部分

STEP 1 新建“6 月工资条”工作表，在 A1:M3 相应的单元格中输入文本，并设置格式，在 A3 单元格中输入公式“=OFFSET('6 月工资表'!$A$1,ROW()/3,COLUMN()-1)”，按【Enter】键引用“6月工资表”工作表中A2单元格的数据，如图6-67所示。

图 6-67 输入查找公式

STEP 2 向右填充公式至 M3 单元格，查找引用第一位员工的工资记录。选择 A1:M3 单元格区域，拖动鼠标向下填充，如图 6-68 所示。

图 6-68 向下填充公式

STEP 3 向下填充至 M54 单元格，制作其他员工的工资条，如图 6-69 所示。

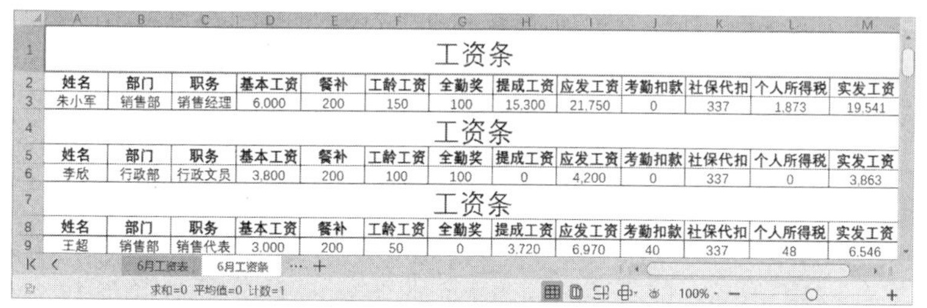

图 6-69 查看工资条

知识补充

公式解析

公式“=OFFSET('6月工资表'!$A$1,ROW()/3,COLUMN()-1)”中的ROW()表示返回当前单元格行号，当前所选单元格是A3，所以返回3；COLUMN()表示返回当前单元格列标，A3是第1列，所以返回1；OFFSET函数表示以指定的引用为参照系，通过给定偏移量得到新的引用，并可以指定返回的行数或列数。返回的引用可以为一个单元格或单元格区域。所以公式表示以A1单元格为参照，向下偏移1行，向右不偏移，最后返回“6月工资表”工作表中A2单元格的值。

3. 按部门汇总工资

下面通过合并计算功能按部门汇总工资数据，其具体操作如下。

STEP 1 新建“部门工资汇总”工资表，选择 A1 单元格，单击“数据”选项卡中的“合并计算”按钮，如图 6-70 所示。

STEP 2 打开“合并计算”对话框，在“函数”下拉列表框中选择“求和”选项，单击“引用位置”文本框右侧的按钮，缩小对话框，切换到“6月工资表”工作表，拖动鼠标选择 B1:M19 单元格区域，单击按钮，如图 6-71 所示。

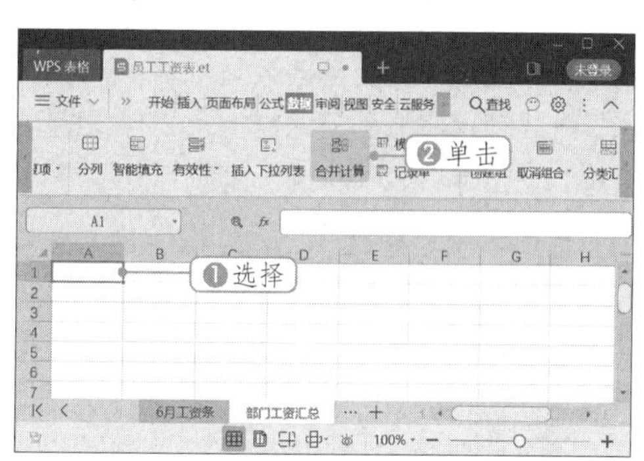

图 6-70 单击“合并计算”按钮

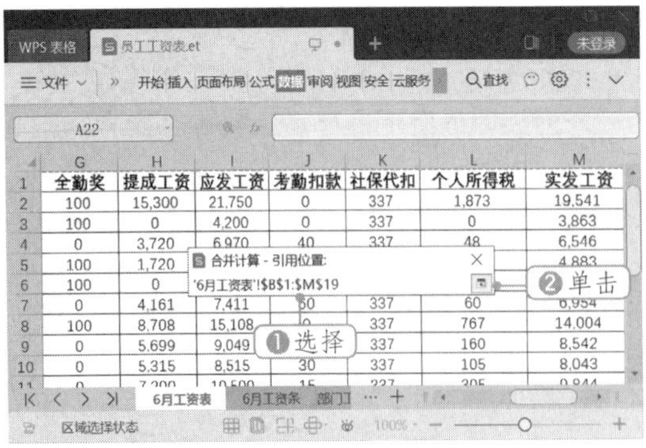

图 6-71　选择引用位置

STEP 3　展开对话框，单击 添加(A) 按钮，将引用区域添加到“所有引用位置”文本框中，在“标签位置”栏中单击选中“首行”复选框和“最左列”复选框，单击 确定 按钮，如图 6-72 所示。

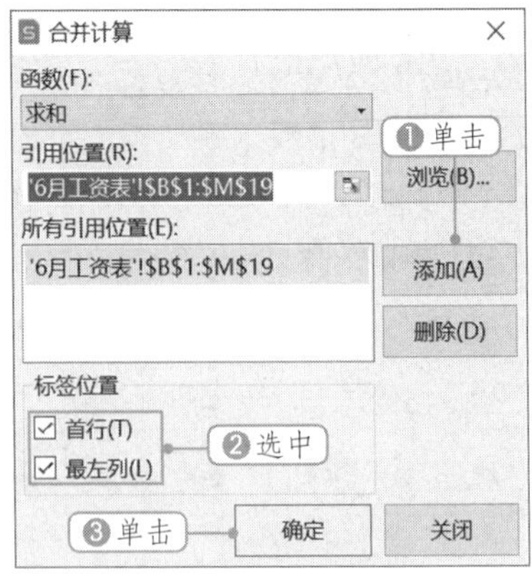

图 6-72　合并计算设置

STEP 4　根据引用区域最左列中的数据类别，计算各部门各项工资的总额，如图 6-73 所示。然后根据需要编辑工作表，完成本例的制作。

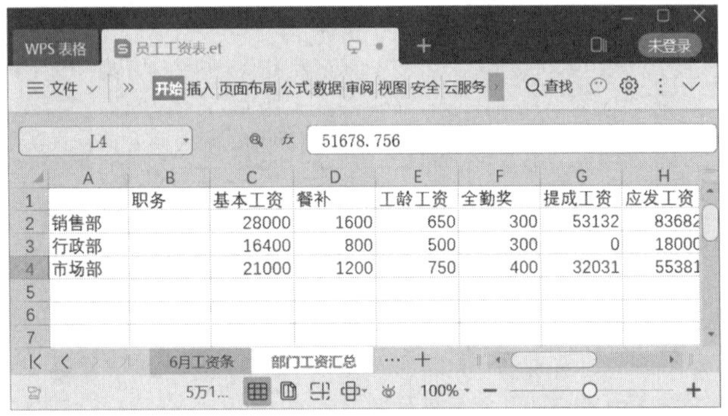

	A	B	C	D	E	F	G	H
1		职务	基本工资	餐补	工龄工资	全勤奖	提成工资	应发工资
2	销售部		28000	1600	650	300	53132	83682
3	行政部		16400	800	500	300	0	18000
4	市场部		21000	1200	750	400	32031	55381

图 6-73　计算部门汇总工资

6.5　强化实训

本章详细介绍了 WPS 表格的创建和编辑方法，为了帮助读者进一步掌握表格的制作方法，下面将计算“销售额统计表”表格和分析“产品订单明细表”表格。

6.5.1　计算“销售额统计表”表格

销售额是指销售某种商品获得的收入。对于销售型的公司来说，销售额是衡量销售人员绩效的一个重要指标，也是决定着销售人员工资多少的重要因素。通过销售额统计表不仅可以了解销售人员每月的销售情况，还可以找到公司销售人员存在的问题。销售额统计表可以根据时间按日统计、按月统计、按季度统计、按半年统计和按年度统计等，还可以根据公司要求来统计。

【制作效果与思路】

本例制作的“销售额统计表”表格效果如图 6-74 所示，具体制作思路如下。

（1）打开工作簿，在 I3 单元格中输入求和公式“=SUM(C3:H3)”，并向下填充至 I20 单元格，计算出所有员工的总销售额。

（2）在 J3 单元格中输入公式“=RANK(I3,$I$3:$I$20)”，并向下填充公式至 J20 单元格，计算出所有员工的排名。

（3）在 C23 单元格中输入公式“=AVERAGE(C3:C20)”，并向右填充至 I23 单元格，计算出每月平均销售额。

（4）在 C24 单元格中输入公式“=MAX(C3:C20)”，并向右填充至 I24 单元格，计算出每月最高销售额。

（5）在 C25 单元格中输入公式“=MIN(C3:C20)”，并向右填充至 I25 单元格，计算出每月最低销售额。

（6）在 B28 单元格中输入公式“=COUNTIF($B$3:$B$20,A28)”，并向下填充至 B30 单元格，计算出各门店人数。

（7）在 C28 单元格中输入公式“=SUMIF($B$3:$B$20,$A$28,C3:C20)”，并向右填充至 I28 单元格，计算龙城店每月总销售额和 1 ~ 6 月的销售额。

（8）在 C29 单元格中输入公式“=SUMIF($B$3:$B$20,$A$29,C3:C20)”，在 D30 单元格中输入公式“=SUMIF($B$3:$B$20,$A$30,C3:C20)”，然后选择 C29:C30 单元格区域，向右下方拖动至 I30 单元格，分别计算其他两个门店的每月总销售额和 1 ~ 6 月的销售额。

2021年1~6月销售额统计表

姓名	门店	一月份	二月份	三月份	四月份	五月份	六月份	总销售额	排名
贾珂	五星店	70,000	79,500	92,500	73,000	68,500	96,500	480,000	2
郭凤阳	龙城店	82,000	63,500	90,500	77,000	75,150	89,000	477,150	4
李宏	龙城店	80,500	71,000	69,500	79,500	84,500	88,000	473,000	6
曾勤	五星店	60,500	90,000	78,500	88,000	80,000	65,000	462,000	13
贺蕾晖	龙城店	72,500	62,500	97,000	74,500	78,000	81,000	465,500	10
杜城	荔城店	62,500	76,000	87,000	67,500	88,000	84,500	465,500	10
黄贺阳	龙城店	66,000	82,500	85,500	80,000	86,500	71,000	471,500	7
王榆风	五星店	58,000	77,500	75,000	83,000	74,500	79,000	447,000	18
黄月	荔城店	68,500	67,500	85,000	89,000	79,000	61,500	450,500	16
杨伟刚	荔城店	73,500	70,000	84,000	75,000	87,000	78,000	467,500	8
董风	龙城店	80,000	78,000	81,000	76,500	80,500	67,000	463,000	12
李嘉文	五星店	72,500	74,500	60,500	87,000	77,000	78,000	449,500	17
刘晓冬	荔城店	75,500	72,500	75,000	82,000	86,000	65,000	456,000	14
吴佳加	龙城店	71,500	81,500	79,500	73,500	84,000	68,000	478,000	3
赵惠	龙城店	79,000	88,500	88,000	80,000	86,000	76,000	497,500	1
张岩	龙城店	85,500	63,500	67,500	88,500	78,500	64,000	467,500	8
王梦源	五星店	72,000	72,500	77,000	84,000	78,000	90,000	473,500	5
胡路豪	荔城店	70,000	60,500	66,050	84,000	88,000	83,000	451,550	15

	1月	2月	3月	4月	5月	6月	总销售额
每月平均销售额	72,222	73,972	79,947	80,111	81,064	79,139	466,456
每月最高销售额	85,500	90,000	97,000	89,000	88,000	96,500	497,500
每月最低销售额	58,000	60,500	60,500	67,500	68,500	61,500	447,000

部门	人数	1月	2月	3月	4月	5月	6月	总销售额
龙城店	8	617,000	591,000	658,500	629,500	653,150	644,000	3,793,150
五星店	4	333,000	394,000	383,500	415,000	378,000	408,500	2,312,000
荔城店	5	350,000	346,500	397,050	397,500	428,000	372,000	2,291,050

图 6-74 “销售额统计表”表格

素材所在位置 素材文件 \ 第 6 章 \ 销售额统计表.et

效果所在位置 效果文件 \ 第 6 章 \ 销售额统计表.et

微课视频

6.5.2 分析“产品订单明细表”表格

产品订单明细表一般用于记录其他企业向本企业订购商品的订单情况（包括订购日期、发货日期、订购数量、订购单价、订购金额等），它既便于跟踪订单，也便于相关人员查看产品订单信息、分析产品订单数据。

【制作效果与思路】

本例制作的“产品订单明细表”表格效果如图 6-75 所示，具体制作思路如下。

（1）进入筛选状态，根据“订购日期”字段筛选出 2021 年 1 月的数据记录。

（2）升序排列“订购客户”列中的数据。

（3）根据“订购客户”字段按求和的方式汇总统计“金额”。

	销售人	订单编号	订购客户	订购日期	到货日期	发货日期	运货商	产品名称	单价	数量	折扣	总价
34	胡勇	10810	合福食府	2021/1/1	2021/1/29	2021/1/7	联邦货运	三文鱼	99	7	0.25	519.75
35	胡勇	10810	合福食府	2021/1/1	2021/1/29	2021/1/7	联邦货运	三文鱼	99	5	0.25	371.25
36	胡勇	10810	合福食府	2021/1/1	2021/1/29	2021/1/7	联邦货运	三文鱼	99	5	0.25	371.25
37			合福食府 汇总									1,262.25
38	王菲菲	10850	千固	2021/1/23	2021/3/6	2021/1/30	急速快递	德国奶酪	38	20	0.00	760.00
39	王菲菲	10850	千固	2021/1/23	2021/3/6	2021/1/30	急速快递	德国奶酪	38	4	0.00	152.00
40	王菲菲	10850	千固	2021/1/23	2021/3/6	2021/1/30	急速快递	德国奶酪	38	30	0.00	1,140.00
41	赖玉琪	10814	千固	2021/1/5	2021/2/2	2021/1/14	联邦货运	花奶酪	34	20	0.00	680.00
42	赖玉琪	10814	千固	2021/1/5	2021/2/2	2021/1/14	联邦货运	花奶酪	34	20	0.00	680.00
43	赖玉琪	10814	千固	2021/1/5	2021/2/2	2021/1/14	联邦货运	花奶酪	34	8	0.00	272.00
44	赖玉琪	10814	千固	2021/1/5	2021/2/2	2021/1/14	联邦货运	花奶酪	34	30	0.00	1,020.00
45			千固 汇总									4,704.00
46	刘英玫	10824	五洲信托	2021/1/9	2021/2/6	2021/1/30	急速快递	德国奶酪	38	12	0.00	456.00
47	刘英玫	10824	五洲信托	2021/1/9	2021/2/6	2021/1/30	急速快递	德国奶酪	38	9	0.00	342.00
48			五洲信托 汇总									798.00
49	张晓婷	10849	永业食品	2021/1/23	2021/2/20	2021/1/30	统一包裹	德国奶酪	38	49	0.00	1,862.00
50	张晓婷	10849	永业食品	2021/1/23	2021/2/20	2021/1/30	统一包裹	德国奶酪	38	18	0.00	684.00
51	赖玉琪	10817	永业食品	2021/1/6	2021/1/20	2021/1/13	统一包裹	与喜糖	31	40	0.15	1,054.00
52	赖玉琪	10817	永业食品	2021/1/6	2021/1/20	2021/1/13	统一包裹	与喜糖	31	30	0.15	790.50
53	赖玉琪	10817	永业食品	2021/1/6	2021/1/20	2021/1/13	统一包裹	与喜糖	31	60	0.15	1,581.00
54	赖玉琪	10817	永业食品	2021/1/6	2021/1/20	2021/1/13	统一包裹	与喜糖	31	25	0.15	658.75
55			永业食品 汇总									6,630.25

记录表

图 6-75 “产品订单明细表”表格

素材所在位置 素材文件 \ 第 6 章 \ 产品订单明细表.et

效果所在位置 效果文件 \ 第 6 章 \ 产品订单明细表.et

微课视频

6.6 知识拓展

下面介绍一些 WPS 表格计算与管理的拓展知识，帮助读者更好地应用表格数据，使制作的表格更加符合需要，更便于查看。

1. 根据返回的错误值判断公式出错原因

在公式中，WPS 表格会根据返回的错误值提示公式错误的原因，所以只要正确认识每种错误值，就能快速找到公式出错的原因及解决办法。在 WPS 表格中，公式错误值有以下 8 种。

- **#DIV/0! 错误值：** 在 WPS 表格中，0 不能作为除数，因此在执行除法运算时，如果除数是 0 或空白单元格（在算术运算中，Excel 会自动将空白单元格当作 0 处理），那么，公式计算结果将返回 #DIV/0！错误值。
- **#VALUE! 错误值：** 在 WPS 表格中，当将两种不同的数据类型放在一起执行同一种运算时，就会返回 #VALUE！错误值。另外，如果参与计算的两组区域参数数量不一致，那么也会返回 #VALUE！错误值。
- **#N/A 错误值：** 当引用的值不可用时，就会返回 #N/A 错误值，这种情况多出现于含 VLOOKUP、HLOOKUP、LOOKUP、MATCH 等查找函数的公式中。当函数无法查找到与查找值匹配的数据时，就会返回 #N/A 错误值。
- **#NUM! 错误值：** 如果公式和函数中使用了无效数值，或输入的数值超出了 WPS 表格能处理的最大值数值范围，公式计算结果就会返回 #NUM! 错误值。
- **#REF! 错误值：** 如果公式中引用的单元格已被删除或本来就不存在，公式计算结果就会返回 #REF! 错误值。
- **#NAME？错误值：** 在 WPS 表格中，如果公式中的文本没有写在英文半角双引号（""）之间，且这个文本既不是函数名，也不是单元格引用或定义的名称，那么 WPS 表格将无法识别这些文本字符，这时公式的计算结果就会返回 #NAME？错误值。

第2部分

- **#NULL! 错误值：**在公式中，空格是交集运算符，表示引用两个数据区域中相交的单元格，如果在公式中使用空格运算符连接两个不相交的单元格区域，就会返回 #NULL! 错误值。
- **##### 错误值：**在 WPS 表格公式中，当单元格列宽不够（不能完全显示计算结果）或单元格中的日期数据无效时，就会返回 ##### 错误值。

2. 数组公式

数组公式以数组为参数，按【Ctrl+Shift+Enter】组合键可完成编辑。与普通公式相比，数组公式最外层有大括号“{}”标识，且其返回的计算结果既可以是一个，也可以是多个。另外，在编辑数组公式时，必须选择整个数组区域，编辑结束后，还必须以【Ctrl+Shift+Enter】组合键结束。

3. 分组显示表格数据

WPS Office 提供了组合功能，通过该功能可根据表格数据的特点，自动判断分级的位置，将某个范围内的数据记录整合在一起，从而实现分组显示数据表。其方法是：选择数据区域中的任意单元格，单击“数据”选项卡中的“创建组”按钮，在打开的“创建组”对话框中选择以行或列的方式创建组。

6.7 课后练习：制作动态“考勤表”表格

本章主要介绍了 WPS 表格中数据的计算和管理的方法，本练习将通过制作动态“考勤表.et”表格，加强对前述部分知识的应用。文档编辑后的效果如图 6-76 所示。

素材所在位置 素材文件 \ 第 6 章 \ 考勤表.et

效果所在位置 效果文件 \ 第 6 章 \ 考勤表.et

微课视频

	A	B	C	D	E	F	G	H	I	J	K	L	M	N	O	P	Q	R	S	T	U	V	W	X	Y	Z	AA	AB	AC	AD	AE	AF	AG
1	考勤日期：	2021	年	1	月																												
2	姓名	部门	五	六	日	一	二	三	四	五	六	日	一	二	三	四	五	六	日	一	二	三	四	五	六	日	一	二	三	四	五	六	日
3			1	2	3	4	5	6	7	8	9	10	11	12	13	14	15	16	17	18	19	20	21	22	23	24	25	26	27	28	29	30	31
4	贾珂	行政部																															
5	郭凤阳	行政部																															
6	李宏	行政部																															
7	曾勒	销售部																															
8	贺萧辉	销售部																															
9	杜城	销售部																															
10	黄贺阳	销售部																															
11	王培风	销售部																															
12	黄月	销售部																															
13	杨伟刚	销售部																															
14	董风	销售部																															
15	李嘉文	市场部																															
16	刘晓冬	市场部																															
17	吴佳加	市场部																															
18	赵惠	市场部																															
19	张岩	销售部																															
20	王梦源	市场部																															
21	胡路曦	市场部																															

Sheet1

图 6-76 “考勤表”表格

操作要求如下。

- 打开工作簿，在 C3 单元格中输入公式“=IF(MONTH(DATE($B$1,$D$1,COLUMN(A1)))=$D$1,DATE($B$1,$D$1,COLUMN(A1)),"")”，向右填充至 AG3 单元格，并返回月份天数。
- 在 C2 单元格中输入公式“=TEXT(C3,"AAA")”，向右填充至 AG2 单元格，并返回天数对应的星期。
- 选择 C2:AG21 单元格区域，通过“=C$2="六"”和“=C$2="日"”定义两个条件格式，并将条件格式的应用范围设置为 C2:AG21，以突出显示星期六和星期天对应的列。

第2部分

第 7 章

WPS 表格的数据分析

/ 本章导读

在 WPS 表格中，除了可使用排序、筛选、分类汇总、条件格式等工具分析数据外，还可使用图表、数据透视表、数据透视图等方式直观地分析图表。本章将主要介绍使用图表、数据透视表和数据透视图分析数据的方法。

/ 技能目标

掌握使用图表分析数据的方法。
掌握使用数据透视表分析数据的方法。
掌握使用数据透视图分析数据的方法。

/ 案例展示

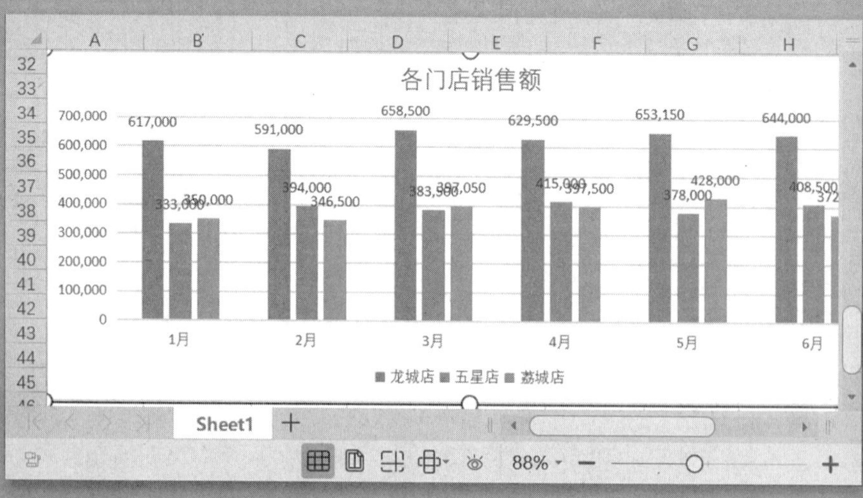

7.1 数据分析必备“武器”

图表可以将表格数据直观、形象地展示出来，它已成为大部人分析数据的首要选择。而掌握图表的相关操作知识，可以帮助用户快速地选择合适的图表分析数据。

7.1.1 常用图表介绍

WPS 表格中提供了柱形图、折线图、饼图、条形图、面积图、XY（散点图）、股价图、雷达图和组合图等图表类型，每种图表类型下还包括多种子图表类型。不同类型的图表表现数据的意义和作用是不同的，下面介绍几种较为常见的图表类型。

- **柱形图：**柱形图是分析数据最常用的一种图表，主要用于显示一段时间内数据的变化情况，或者展示各类别之间数据的比较情况。另外，还可以同时显示不同时期、不同类别数据的变化和差异。柱形图包括簇状柱形图、堆积柱形图和百分比堆积柱形图 3 种。图 7-1 所示为分析各部门人数的簇状柱形图。
- **折线图：**折线图可按时间或类别显示数据的变化趋势，利用它可轻松判断在不同时间段内，数据是呈上升趋势还是下降趋势，数据变化是呈平稳趋势还是波动趋势。折线图包括（普遍）折线图、堆积折线图、百分比堆积折线图、带数据标记的折线图、带数据标记的堆积折线图和带数据标记的百分比堆积折线图 6 种。图 7-2 所示为分析培训直接成本和间接成本的折线图。

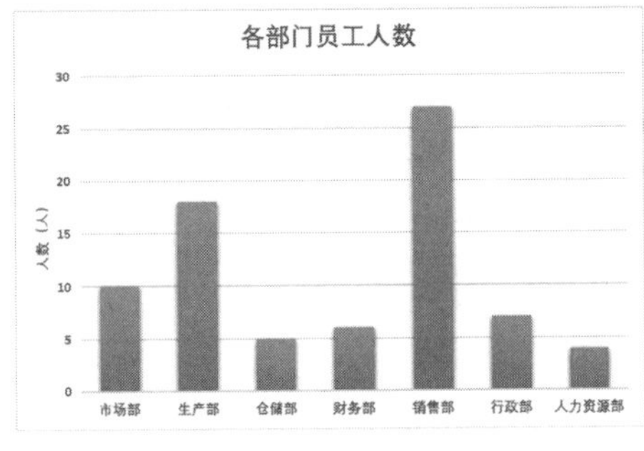

图 7-1　簇状柱形图

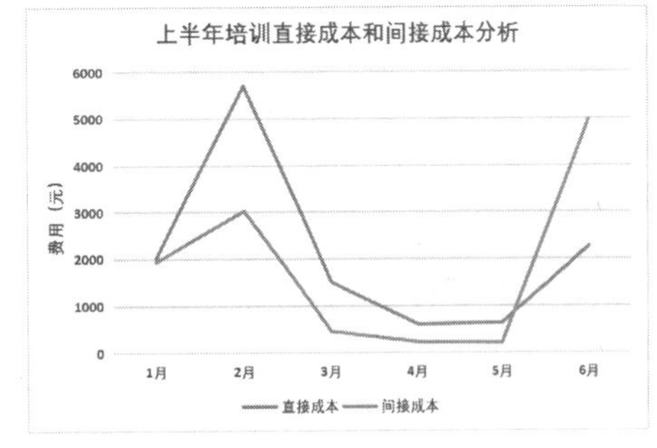

图 7-2　折线图

- **饼图：**用于显示一个数据系列中各项的大小与各项总和的比例，饼图中的数据点为各项占整个饼图的百分比。饼图包括（普通）饼图、复合饼图、复合条饼图和圆环图 4 种。图 7-3 所示为分析各部门人数所占比例的饼图。
- **条形图：**条形图用于显示各项目之间数据的差异，它与柱形图具有相同的表现目的，但不同的是，柱形图是在水平方向上依次展示数据，条形图是在垂直方向上依次展示数据。条形图包括簇状条形图、堆积条形图和百分比堆积条形图 3 种。图 7-4 所示为分析员工离职原因的簇状条形图。

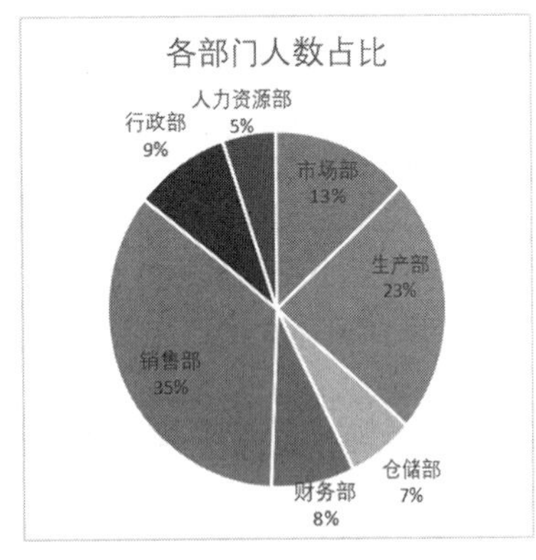

图 7-3　饼图

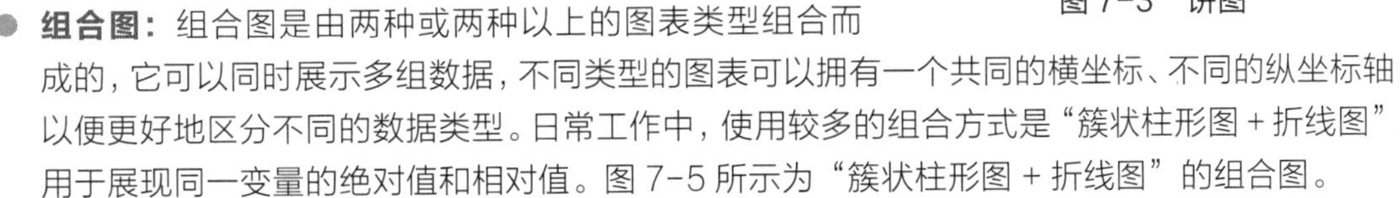

- **组合图：**组合图是由两种或两种以上的图表类型组合而成的，它可以同时展示多组数据，不同类型的图表可以拥有一个共同的横坐标、不同的纵坐标轴，以便更好地区分不同的数据类型。日常工作中，使用较多的组合方式是“簇状柱形图 + 折线图”，用于展现同一变量的绝对值和相对值。图 7-5 所示为“簇状柱形图 + 折线图”的组合图。

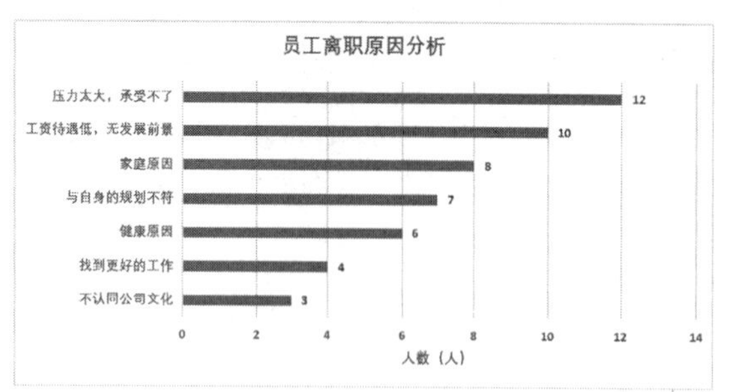

图 7-4　簇状条形图

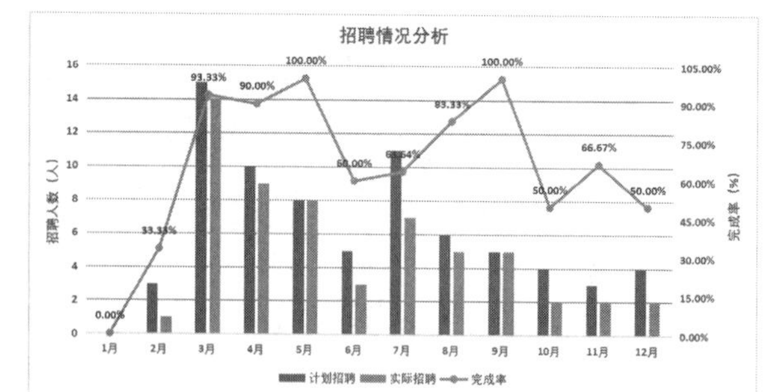

图 7-5　“簇状柱形图 + 折线图”的组合图

7.1.2　插入图表

在 WPS 表格中，要使用图表分析数据，首先需要根据数据插入合适的图表类型。其方法是：在工作表中选择需要用图表展示的单元格区域，单击“插入”选项卡中的“图表”按钮，打开“插入图表”对话框，在左侧选择需要的图表类型，在右侧选择具体的图表，单击 确定 按钮，如图 7-6 所示。

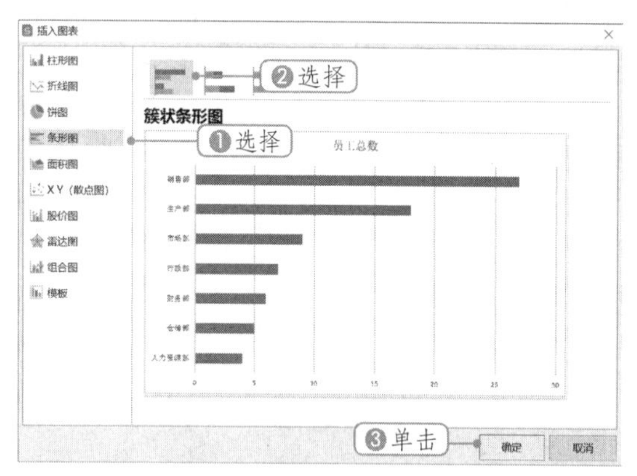

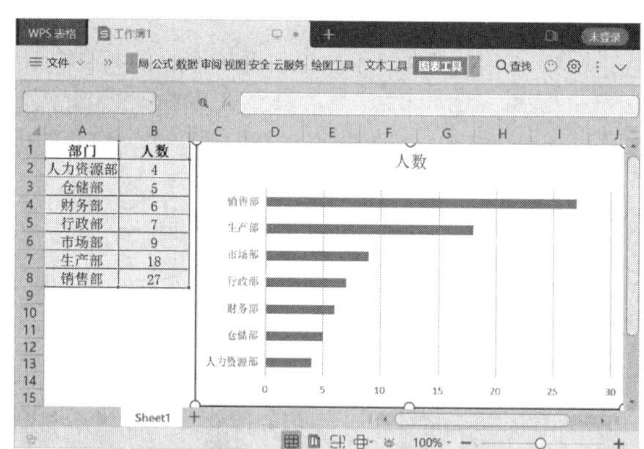

图 7-6　插入图表

7.1.3　编辑图表

已插入的图表，还可根据需要编辑图表的大小、位置、类型、数据源、布局等，使制作的图表更能直观地展示数据。

1. 调整图表大小和位置

对于插入的图表，其大小和位置绝大多数都不能满足用户的实际需要，此时，就需要根据实际情况调整图表的大小和位置，方法分别如下。

- **调整图表大小：**选择图表，将鼠标指针移动到图表四周的控制点上，拖动鼠标可以直接调整图表的大小。
- **调整图表位置：**选择图表，将鼠标指针移动到图表上，按住鼠标左键不放，拖动鼠标可以直接调整图表的位置。

2. 更改图表类型

如果插入的图表类型不能直观地体现数据，可以通过 WPS 表格提供的“更改类型”按钮，将图表更改为其他类型。其方法是：选择图表，单击“图表工具”选项卡中的“更改类型”按钮，打开“更改图表类型”对话框，在左侧选择图表类型，在右侧选择具体的图表，然后单击 确定 按钮，即可将图表更改为选择的类型。

知识补充

移动图表到其他工作表

选择图表，单击“图表工具”选项卡中的“移动图表”按钮，打开“移动图表”对话框，单击选中“新工作表”单选按钮，在其后的文本框中输入工作表名称，表示创建一个新工作表，并将图表移动到该工作表中。单击选中“对象位于”单选按钮，在其后的下拉列表中可选择需要移动到的工作表，单击确定按钮。

3. 编辑图表数据源

图表是依据数据表而创建的，若创建图表时选择的数据区域有误，那么在创建图表后，可以根据需要修改图表数据源。其方法是：选择图表，单击“图表工具”选项卡中的“选择数据”按钮，如图 7-7 所示，打开“编辑数据源”对话框，在“图表数据区域”文本框中重新设置数据区域，该区域可以是连续的一个区域，也可以是不连续的多个区域，如图 7-8 所示。

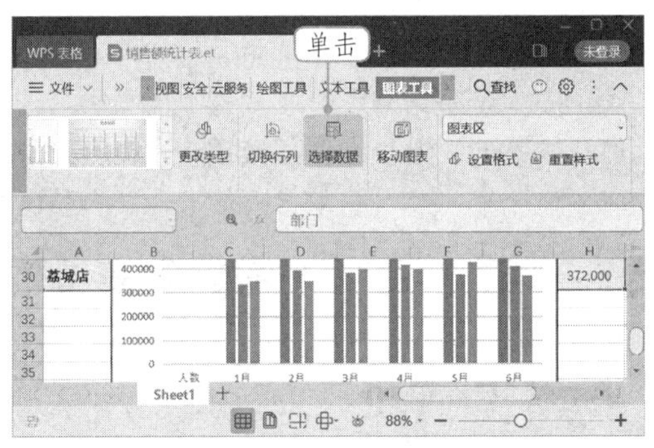

图 7-7　单击“选择数据”按钮

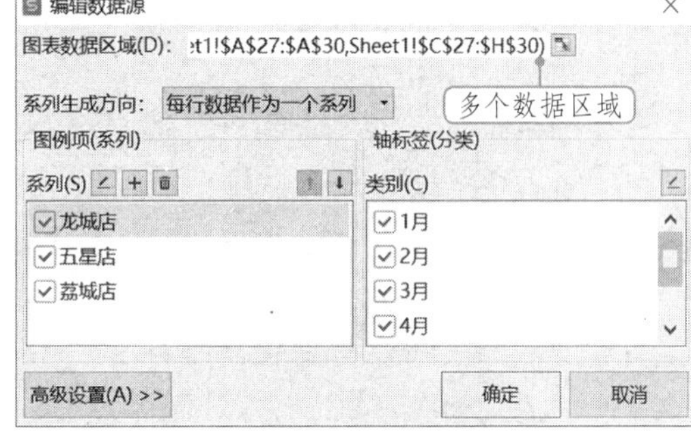

图 7-8　设置数据源

知识补充

编辑数据系列和轴标签

编辑图表数据源时，除了可直接更改图表数据区域外，还可编辑图表的数据系列和轴标签。其方法是：在“编辑数据源”对话框的“系列”列表框或“类别”列表框中选择编辑项，单击按钮，打开“编辑数据系列”或“轴标签”对话框，在其中根据需要编辑，编辑完成后单击确定按钮。

4. 更改图表布局

图表是由坐标轴、图表标题、数据标签、图例、网格线等多个元素组合成的，我们可以通过添加或隐藏图表中的元素来更改图表的整体布局。其方法是：选择图表，单击“图表工具”选项卡中的“添加元素”按钮，在打开的下拉列表中可以选择图表相应的元素，这里选择“数据标签”选项，在打开的子列表中会显示数据标签的相关选项，这里选择“数据标签外”选项，如图 7-9 所示，即可在图表的数据系列上方添加一个数据标签，如图 7-10 所示。

技巧秒杀

通过布局样式快速更改布局

在WPS表格中提供了多种布局样式，可通过应用布局样式快速更改图表的布局。其方法是：选择图表，单击“图表工具”选项卡中的“快速布局”按钮，在打开的下拉列表中选择需要的布局样式即可。

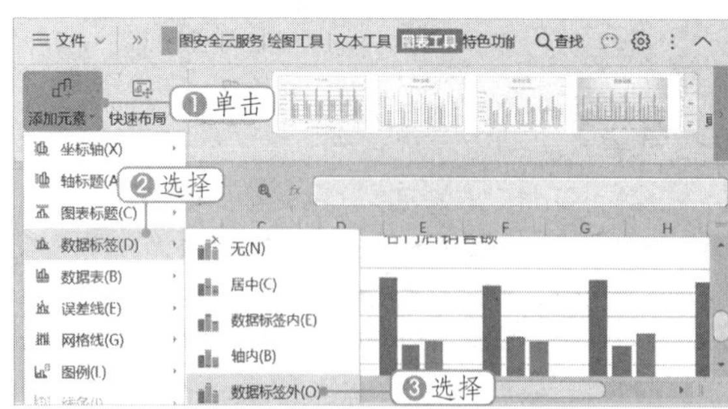

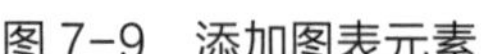

图 7-9　添加图表元素

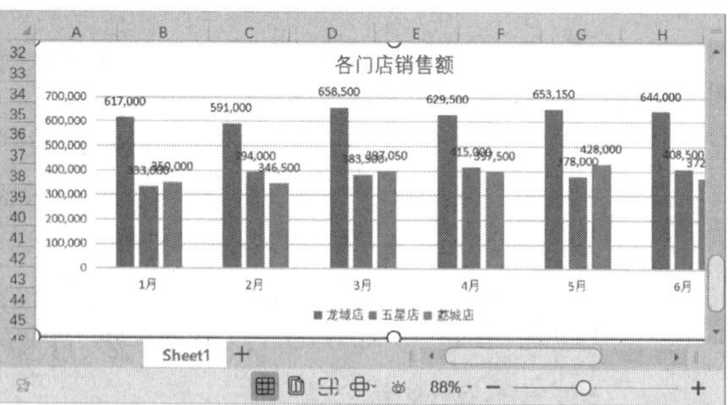

图 7-10　查看添加效果

7.1.4　美化图表

在 WPS 表格中，通过应用图表样式和更改图表颜色可以快速美化图表。

- **应用图表样式：** 选择图表，在“图表工具”选项卡的列表框中选择需要的样式应用到选择的图表中，如图 7-11 所示。
- **更改图表颜色：** 选择图表，在“图表工具”选项卡中单击“更改颜色”按钮，在打开的下拉列表中选择需要的颜色即可，如图 7-12 所示。

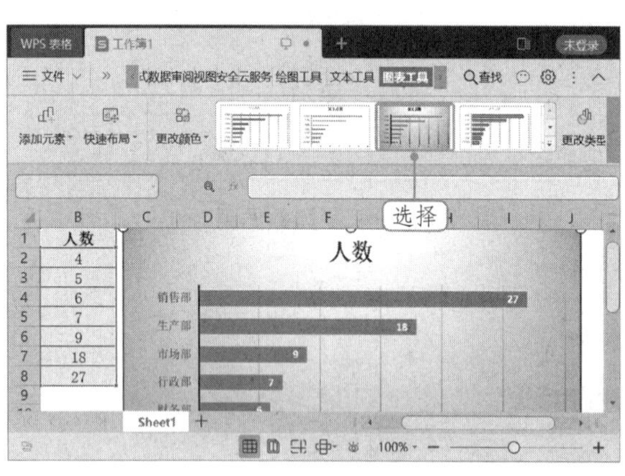

图 7-11　选择图表样式

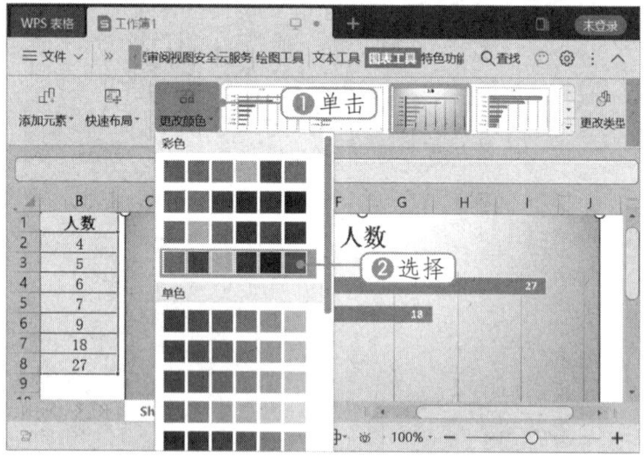

图 7-12　更改图表颜色

知识补充

通过“绘图工具”选项卡美化图表

选择图表，在图表中单击选择需要设置格式的部分，在“绘图工具”选项卡中可单独对所选部分应用形状样式，设置轮廓、填充色和形状效果等，达到美化的目的。

7.1.5　制作动态图表

动态图表可以根据选项变化，生成不同数据源的图表，以便用户查看数据。在 WPS 表格中，可以利用数据有效性和函数制作动态图表，下面将在“门店销售额统计表.et”中制作动态图表，具体操作如下。

素材所在位置　素材文件\第 7 章\门店销售额统计表.et

效果所在位置　效果文件\第 7 章\门店销售额统计表.et

STEP 1 打开“门店销售额统计表.et”工作簿，选择 J1 单元格，打开“数据有效性”对话框，在“有效性条件”栏中设置“允许”为“序列”，在“来源”参数框中输入公式“=$B$1:$H$1”，单击 确定 按钮，如图 7-13 所示。

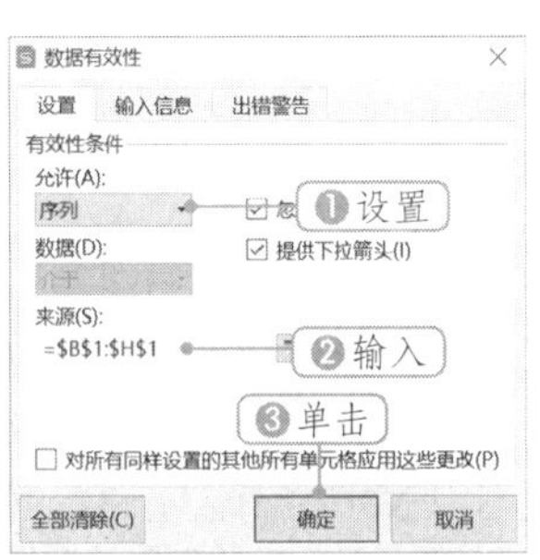

图 7-13　设置数据有效性

STEP 2 在 J2 单元格中输入公式“=HLOOKUP($J$1,$A$1:$H$9,ROW(),0)”，按【Enter】键计算结果，并将公式向下填充至 J9 单元格，如图 7-14 所示。

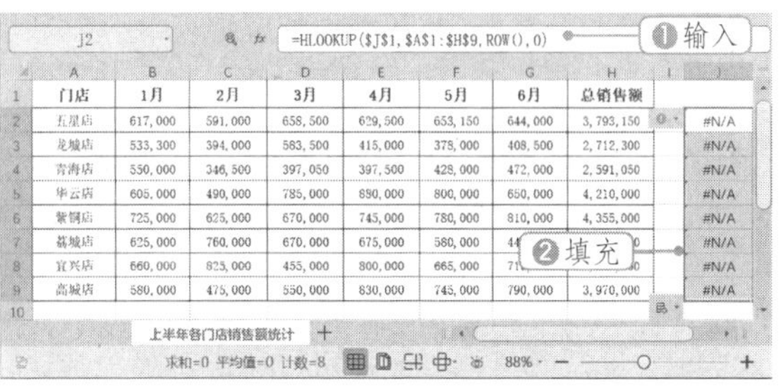

门店	1月	2月	3月	4月	5月	6月	总销售额	
五星店	617,000	591,000	658,500	629,500	653,150	644,000	3,793,150	#N/A
龙城店	533,300	394,000	583,500	415,000	378,000	408,500	2,712,300	#N/A
青海店	550,000	346,500	397,050	397,500	428,000	472,000	2,591,050	#N/A
华云店	605,000	490,000	785,000	880,000	800,000	650,000	4,210,000	#N/A
紫荆店	725,000	625,000	670,000	745,000	780,000	810,000	4,355,000	#N/A
嘉城店	625,000	760,000	670,000	675,000	580,000	[illegible]	[illegible]	#N/A
宜兴店	660,000	825,000	455,000	800,000	665,000	[illegible]	[illegible]	#N/A
高城店	580,000	475,000	550,000	830,000	745,000	790,000	3,970,000	#N/A

图 7-14　输入公式

知识补充

公式解析

公式“=HLOOKUP($J$1,$A$1:$H$9,ROW(),0)”中的HLOOKUP函数可以在数据区域中按照指定的条件查找数据。与VLOOKUP函数不同的是，VLOOKUP函数是按列查找，而HLOOKUP函数是按行查找。整个公式表示根据J1单元格的值，在A1:H9单元格区域第2行中查找符合条件的值。公式最后返回的是“#N/A”错误值，是因为J1单元格中没输入数据，输入后就会显示相关结果。

STEP 3 在 J1 单元格的下拉菜单中选择“1 月”，J2:J9 单元格区域中将显示“1 月”各门店对应的销售额，选择 A1:A9 和 J1:J9 单元格区域，插入“簇状柱形图”图表，如图 7-15 所示。

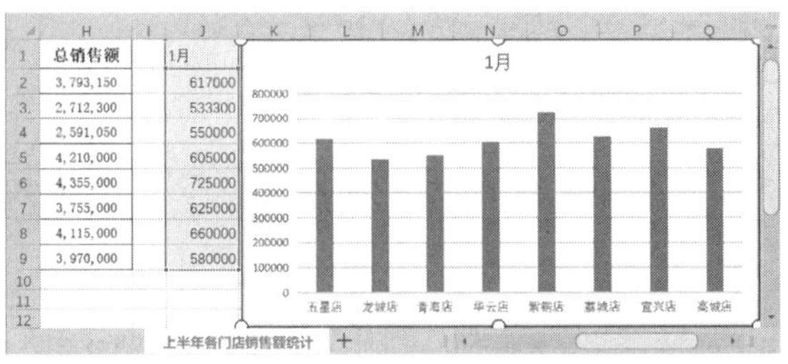

图 7-15　1 月销售额

STEP 4 如果要查看门店其他月份的销售额，只需在 J1 单元格的下拉菜单中选择要查看的月份，如 4 月，图表中就会显示各门店 4 月对应的销售额，如图 7-16 所示。

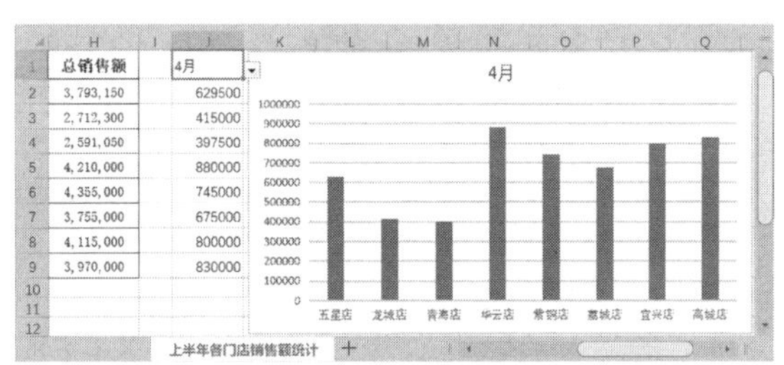

图 7-16　4 月销售额

知识补充

通过自动筛选功能快速制作动态图表

图表会随着引用的数据源的变化而变化，筛选数据源后，图表也会随着筛选结果而变化，所以制作动态图表也可通过筛选实现。其方法是：根据数据源插入合适的图表，然后筛选图表对应的数据源中的图例项，图表中将展示筛选出来的结果。

7.2 数据分析秘密“武器”

在 WPS 表格中，数据透视表也是分析数据非常重要的一个工具，它是集排序、筛选和分类汇总功能于一体的交互式报表，能将数据按照不同的需求和类别提取出来。另外，数据透视表中的数据还能使用数据透视图来直观展现。

7.2.1 创建数据透视表

在 WPS 表格中，要使用数据透视表分析数据，首先需要根据需求和数据特征创建数据透视表。其方法是：选择数据源区域，单击“插入”选项卡中的“数据透视表”按钮，打开“创建数据透视表”对话框，确认选择的单元格区域是否正确，确认完后，在“请选择放置数据透视表的位置”栏中单击选中相应的单选按钮，单击 确定 按钮，如图 7-17 所示；在新建的工作表中将创建空白数据透视表，并自动打开“数据透视表”任务窗格，在“将字段拖动至数据透视表区域”列表框中依次选中相应的字段，如图 7-18 所示，则系统会根据数据的特征自动确定数据透视表的行字段、列字段和汇总方式。

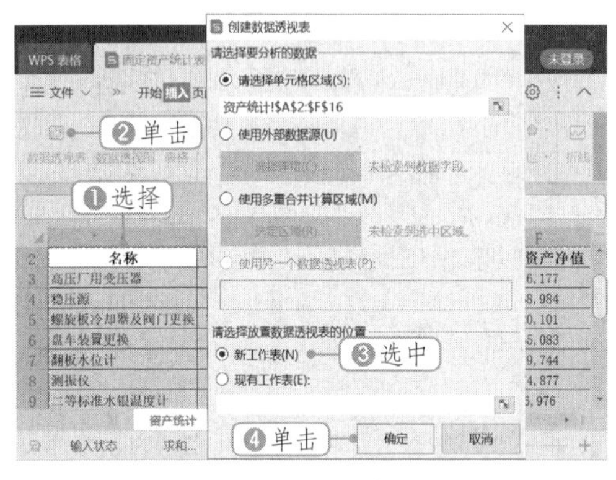

图 7-17　创建数据透视表

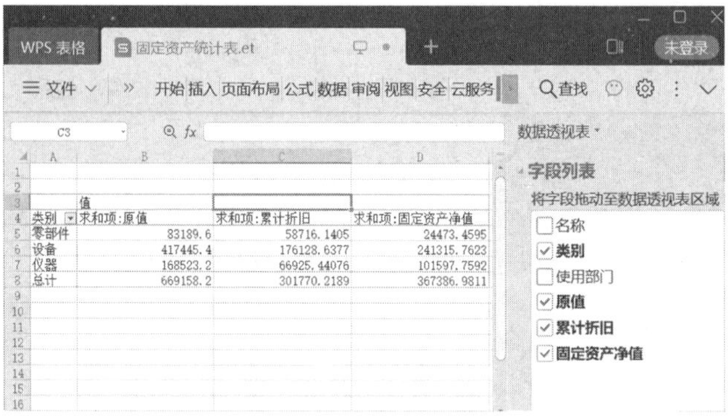

图 7-18　添加字段

第2部分

知识补充

拖动字段到数据透视表区域的列表框中

要根据需求制作数据透视表，则需要通过拖动字段确定放置位置。其方法是：在“将字段拖动至数据透视表区域”列表框中选择需要的字段，按住鼠标左键不放，将其拖动到“数据透视表区域”下方的“筛选器”“列”“行”或“值”列表框中即可。

7.2.2 改变数据透视表的布局

在 WPS 表格中，数据透视表中的值字段会按照数据源中的方式显示，且汇总方式为求和，用户可以根据实际需要对数据透视表中值的显示方式及汇总方式进行设置，以改变数据透视表默认的布局。其方法是：选择数据透视表中的单元格，单击“分析”选项卡中的“字段设置”按钮，打开“值字段设置”对话框，在“自定义名称”文本框中可设置值字段名称，在“值汇总方式”选项卡中设置所选字段的汇总方式，如求和、计数、平均值、最大值、最小值等，如图 7-19 所示；在“值显示方式”选项卡中的“值显示方式”下拉列表框中提供了值字段的显示方式，如总计的百分比、行汇总的百分比、列汇总的百分比、差异、指数等，如图 7-20 所示，用户可根据需要自行选择。

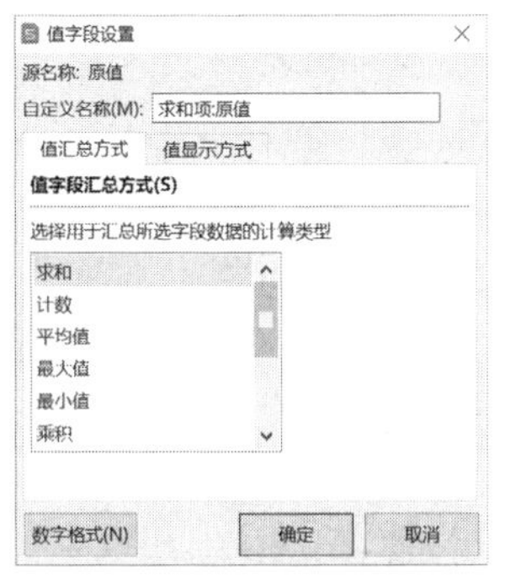

图 7-19 设置值汇总方式

图 7-20 设置值显示方式

知识补充

设置数字格式

在"值字段设置"对话框中单击数字格式(N)按钮，打开"单元格格式"对话框，在其中可设置数据透视表中数据的数字格式。

7.2.3 应用数据透视表样式

对于已创建的数据透视表，用户还可通过应用数据透视表样式快速美化它。其方法是：选择数据透视表中的任意单元格，在"设计"选项卡中选择需要的样式，并将样式应用到数据透视表中，如图 7-21 所示。

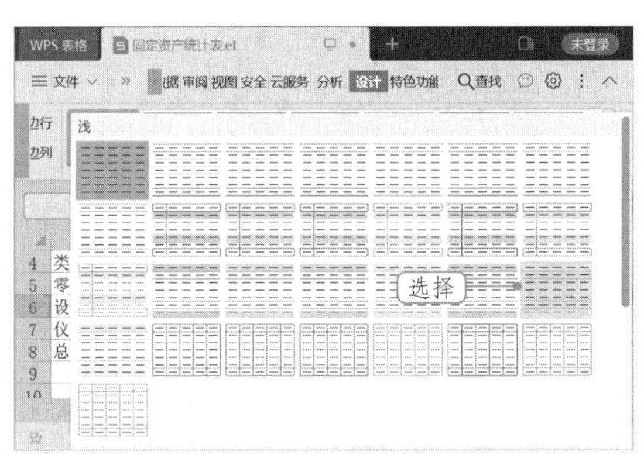

图 7-21 应用数据透视表样式

7.2.4 创建与编辑数据透视图

数据透视图是以图表的形式直观地分析数据透视表中的数据，它与数据透视表相关，无论哪一个对象发生了变化，另外一个对象也会发生相同的变化。下面将在"固定资产统计表.et"工作簿中创建数据透视图，并根据需要编辑数据透视图，编辑方法与普通图表的编辑方法相同，具体操作方法如下。

素材所在位置 素材文件 \ 第 7 章 \ 固定资产统计表.et

效果所在位置 效果文件 \ 第 7 章 \ 固定资产统计表.et

微课视频

STEP 1 打开“固定资产统计表.et”工作簿，选择 A2:F16 单元格区域，单击“插入”选项卡中的“数据透视图”按钮，如图 7-22 所示。

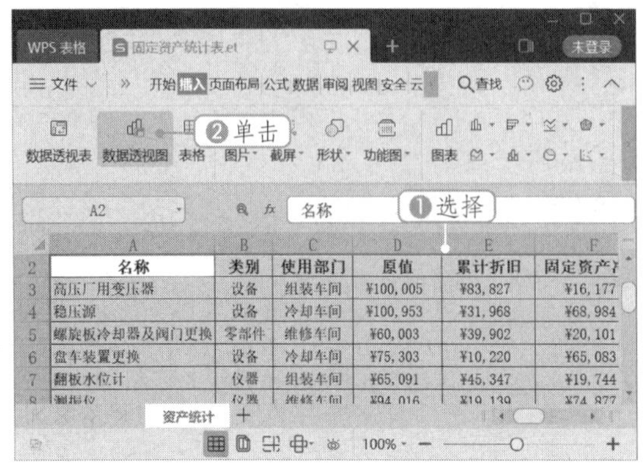

图 7-22 单击“数据透视图”按钮

STEP 2 在打开的“创建数据透视图”对话框中，保持默认设置，单击 确定 按钮，如图 7-23 所示。

图 7-23 创建数据透视图

STEP 3 新建一个工作表，并创建一个空白数据透视图，在“字段列表”下方的列表框中单击选中“类别”“原值”“累计折旧”“固定资产净值”复选框，创建数据透视表和数据透视图，如图 7-24 所示。

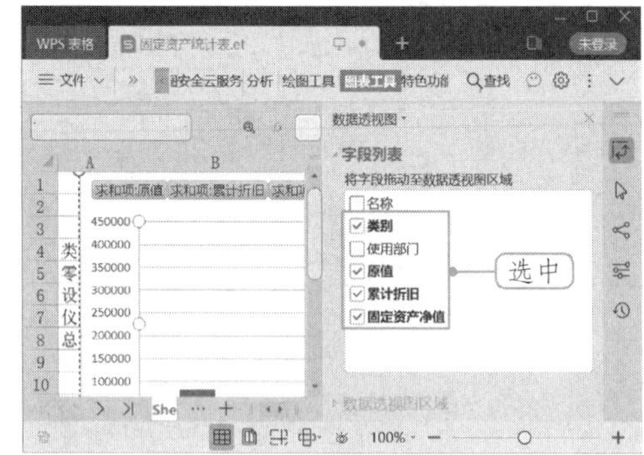

图 7-24 添加字段

STEP 4 将数据透视图移动到数据透视表下方，并调整大小，然后选择图表，单击“图表工具”选项卡中的“快速布局”按钮，并在打开的下拉列表中选择“布局 1”选项，如图 7-25 所示。

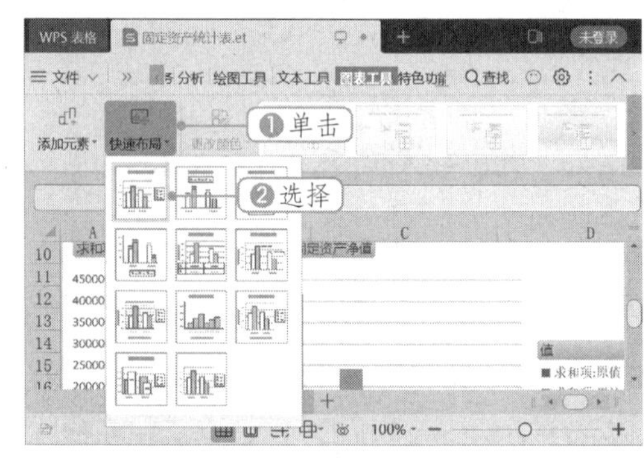

图 7-25 选择布局样式

STEP 5 在图表标题文本框中输入“固定资产分析表”文本，完成图表的编辑，如图 7-26 所示。

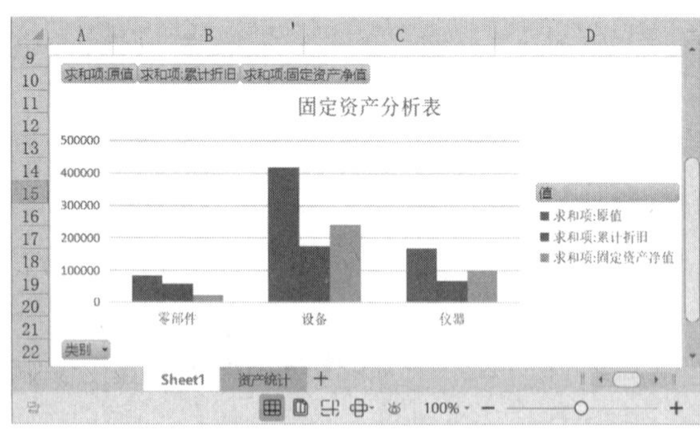

图 7-26 设置图表标题

7.3 课堂案例：分析“人员结构统计表”表格

分析企业人力资源结构有助于了解企业人力资源现状，为企业优化人力资源配置提供有力的数据支撑。分析人力资源结构主要是分析部门员工的人数、性别、年龄、学历、工龄等。

7.3.1 案例目标

本例将制作“人员结构统计表”表格，需要运用数据透视表和数据透视图的相关知识。本例制作后的参考效果如图 7-27 所示。

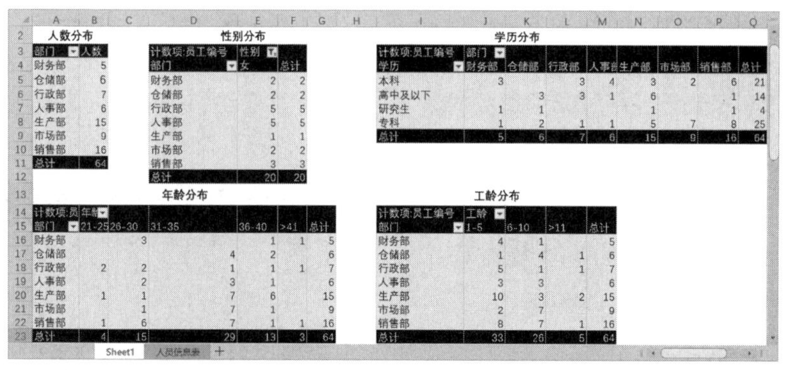

人数分布

部门	人数
财务部	5
仓储部	6
行政部	7
人事部	6
生产部	15
市场部	9
销售部	16
总计	64

性别分布

计数项:员工编号	性别	
部门	女	总计
财务部	2	2
仓储部	2	2
行政部	5	5
人事部	5	5
生产部	1	1
市场部	2	2
销售部	3	3
总计	20	20

学历分布

计数项:员工编号	部门							
学历	财务部	仓储部	行政部	人事部	生产部	市场部	销售部	总计
本科	3		3	4	3	2	6	21
高中及以下		3	3	1	6		1	14
研究生	1	1			1		1	4
专科	1	2	1	1	5	7	8	25
总计	5	6	7	6	15	9	16	64

年龄分布

计数项:员	年龄					
部门	21-25	26-30	31-35	36-40	>41	总计
财务部		3		1	1	5
仓储部			4	2		6
行政部	2	2	1	1	1	7
人事部		2	3	1		6
生产部	1	1	7	6		15
市场部		1	7	1		9
销售部	1	6	7	1	1	16
总计	4	15	29	13	3	64

工龄分布

计数项:员工编号	工龄			
部门	1-5	6-10	>11	总计
财务部	4	1		5
仓储部	1	4	1	6
行政部	5	1	1	7
人事部	3	3		6
生产部	10	3	2	15
市场部	2	7		9
销售部	8	7	1	16
总计	33	26	5	64

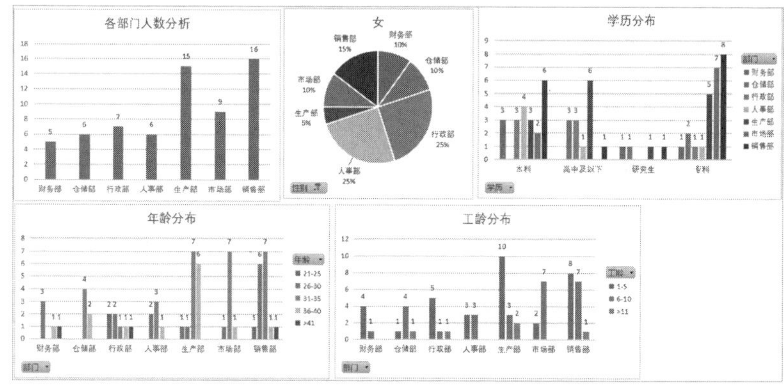

图 7-27 “人员结构统计表”表格

素材所在位置 素材文件 \ 第 7 章 \ 人员结构统计表.et

效果所在位置 效果文件 \ 第 7 章 \ 人员结构统计表.et

微课视频

7.3.2 制作思路

分析“人员结构统计表”表格，主要是使用数据透视表按不同类别汇总数据，然后使用数据透视图分析数据透视表中的数据。具体制作思路如图 7-28 所示。

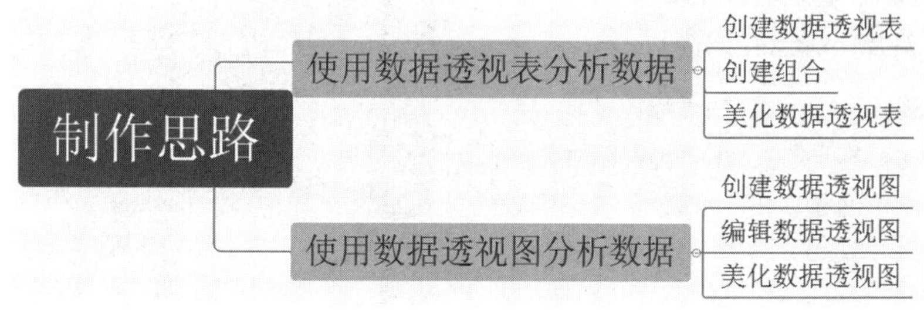

图 7-28 制作思路

7.3.3 操作步骤

1. 使用数据透视表分析数据

下面使用数据透视表汇总不同类别的数据，具体操作如下。

STEP 1 打开“人员结构统计表.et”工作簿，选择 A1:K65 单元格区域，单击“插入”选项卡中的“数据透视表”按钮，打开“创建数据透视表”对话框，保持默认设置，单击 确定 按钮，如图 7-29 所示。

图 7-29 创建数据透视表

第2部分

STEP 2 新建一个名为“Sheet1”的新工作表，并在工作表中插入空白数据透视表，在“数据透视表”任务窗格的“字段列表”下方的列表框中单击选中“部门”和“员工编号”复选框，单击下方的“数据透视表区域”文本，如图 7-30 所示。

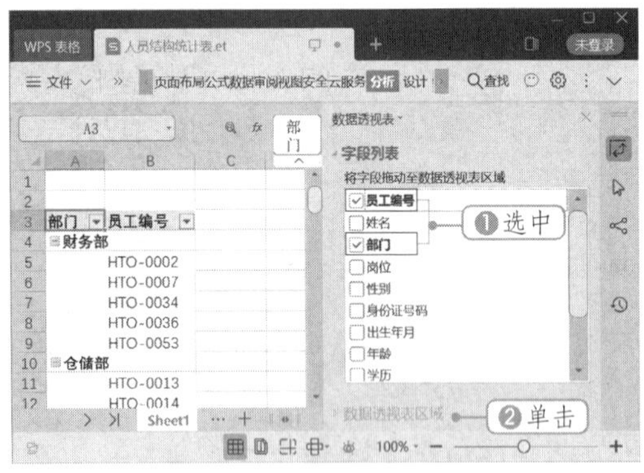

图 7-30 添加表字段

STEP 3 展开选项，在“行”列表框中选择“员工编号”选项，将其拖动到“值”列表框中，在“分析”选项卡的“活动字段”文本框中将字段名更改为“人数”，如图 7-31 所示，按【Enter】键完成更改。

STEP 4 在 D3 单元格区域中新建一个空白数据透视表，将“部门”字段拖动到“行”列表框中，将“员工编号”字段拖动到“值”列表框中，将“性别”字段拖动到“列”列表框中，并统计出各部门男女人数。

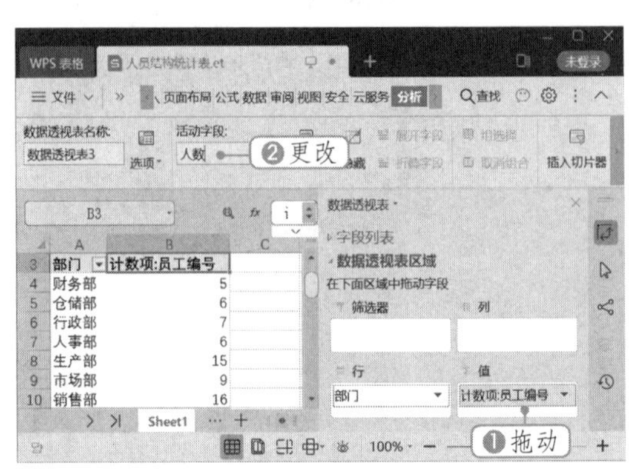

图 7-31 更改字段名

STEP 5 在 I3 单元格区域中新建一个空白数据透视表，将“部门”字段拖动到“行”列表框中，将“员工编号”字段拖动到“值”列表框中，将“学历”字段拖动到“列”列表框中，并统计出各部门不同学历的员工人数。

STEP 6 在 A14 单元格区域中新建一个空白数据透视表，将“部门”字段拖动到“行”列表框中，将“员工编号”字段拖动到“值”列表框中，将“年龄”字段拖动到“列”列表框中，并统计出各部门不同年龄的员工人数。在年龄一行的任意单元格上单击鼠标右键，并在弹出的快捷菜单中选择“组合”命令，如图 7-32 所示。

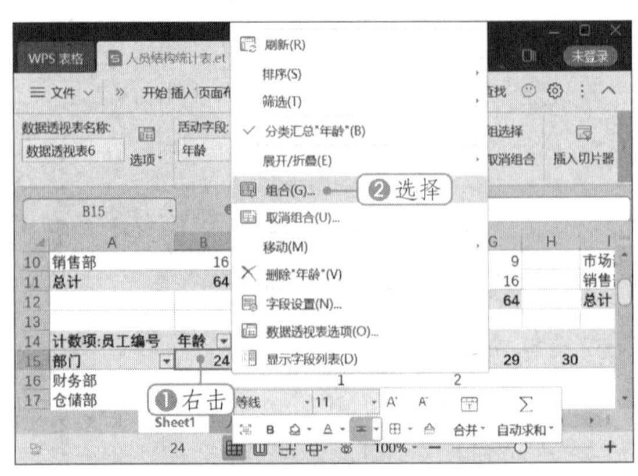

图 7-32 选择“组合”命令

STEP 7 打开“组合”对话框后，在“起始于”文本框中输入“21”文本，在“终止于”文本框中输入“40”文本，在“步长”文本框中输入“5”文本，单击 确定 按钮，如图 7-33 所示。

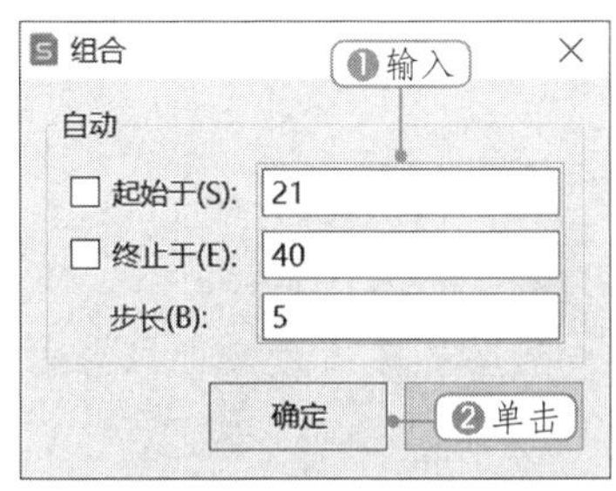

图 7-33 分组设置

STEP 8 数据透视表“列”中的年龄将按照设置的步长分组，如图 7-34 所示。

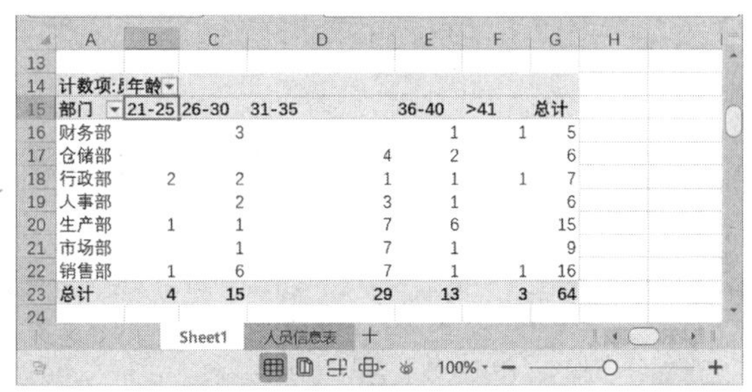

计数项:年龄	年龄						
部门	21-25	26-30	31-35	36-40	>41	总计	
财务部		3			1	1	5
仓储部				4	2		6
行政部	2	2		1	1	1	7
人事部		2		3	1		6
生产部	1	1		7	6		15
市场部		1		7	1		9
销售部	1	6		7	1	1	16
总计	4	15		29	13	3	64

图 7-34 查看分组效果

STEP 9 使用相同的方法按工龄段统计各部门员工的工龄，然后在每个数据透视表的前面添加相应的标题，并设置标题的格式。

STEP 10 选择第一个数据透视表中的任意单元格，在“设计”选项卡的“中等”栏中选择“数据透视表样式中等深浅 16”选项，如图 7-35 所示。

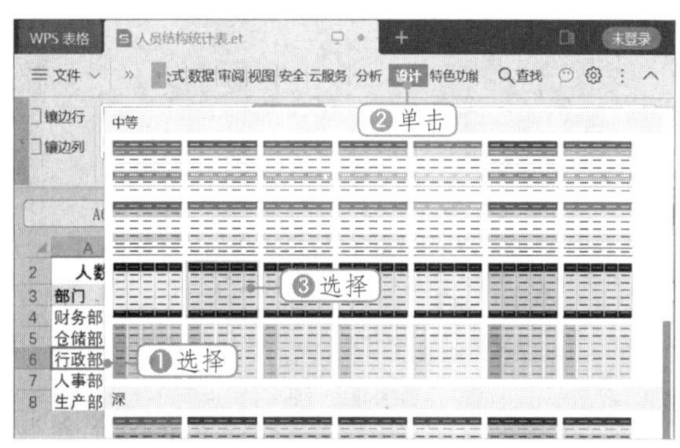

图 7-35 选择数据透视表样式

STEP 11 为当前的数据透视表应用选择的样式，并使用相同的方法为其他数据透视表应用相同的数据透视表样式，如图 7-36 所示。

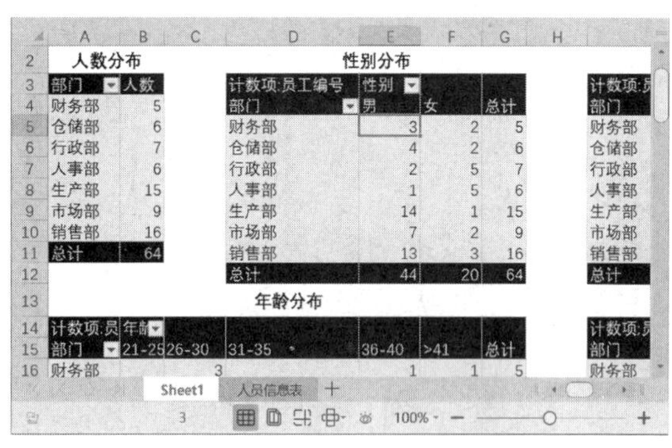

图 7-36 创建其他数据透视表

2. 使用数据透视图分析数据

下面将使用不同的数据透视图分析数据透视表中的数据，其具体操作如下。

STEP 1 选择第 1 张数据透视表中的任意单元格，单击“分析”选项卡中的“数据透视图”按钮，打开“插入图表”对话框，在左侧选择“柱形图”选项，在右侧选择“簇状柱形图”选项，并单击 确定 按钮插入。

STEP 2 将数据透视图移动到数据透视表的下方，选择数据透视图，在字段上单击鼠标右键，并在打开的快捷菜单中选择“隐藏图表上的所有字段按钮”命令，隐藏数据透视图上的“部门”和“人数”字段按钮，如图 7-37 所示。

STEP 3 选择数据透视图，单击“图表工具”选项卡中的“添加元素”按钮，在打开的下拉列表中选择“图表标题”选项，在打开的子列表中选择“图表上方”选项，如图 7-38 所示。

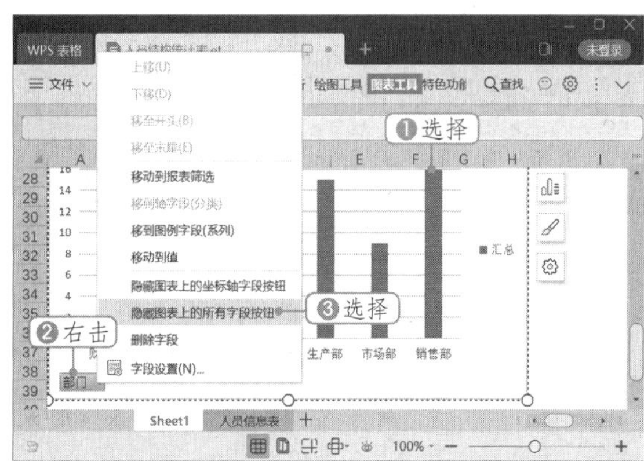

图 7-37 隐藏数据透视图中的字段

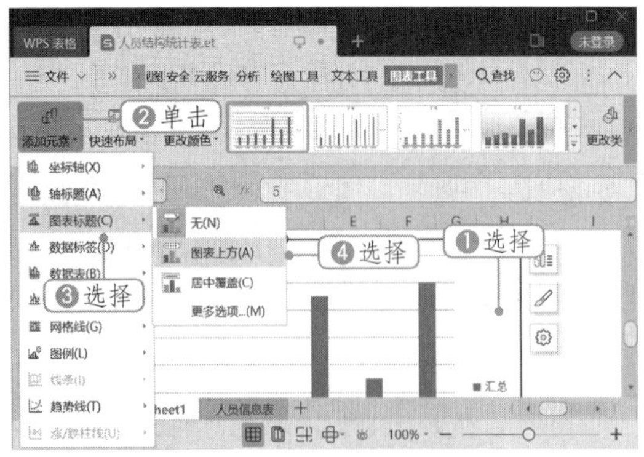

图 7-38　添加图表标题

STEP 4　为数据透视图添加标题，并将标题更改为“各部门人数分析”，再单击数据透视图右侧的，在打开的面板中单击选中“数据标签”复选框，取消“图例”复选框，如图 7-39 所示。

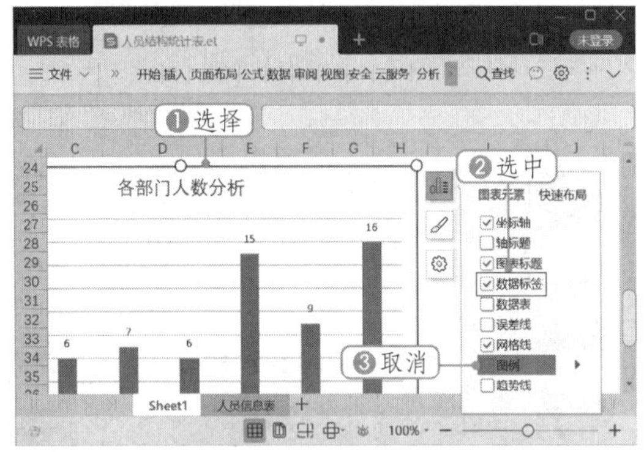

图 7-39　添加图表元素

STEP 5　选择 D4:F11 单元格区域，插入饼图，然后隐藏图表上的值字段按钮、添加图表标题和数据标签、取消图例的显示，接着在图表数据标签上单击鼠标右键，在打开的快捷菜单中选择“设置数据标签格式”选项，如图 7-40 所示。

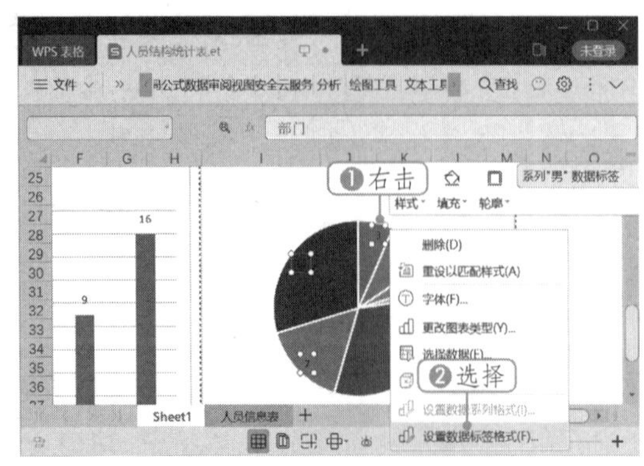

图 7-40　选择“设置数据标签格式”命令

STEP 6　打开“属性”任务窗格后，在“标签包括”栏中单击选中“类别名称”和“百分比”复选框，取消“值”复选框，如图 7-41 所示。

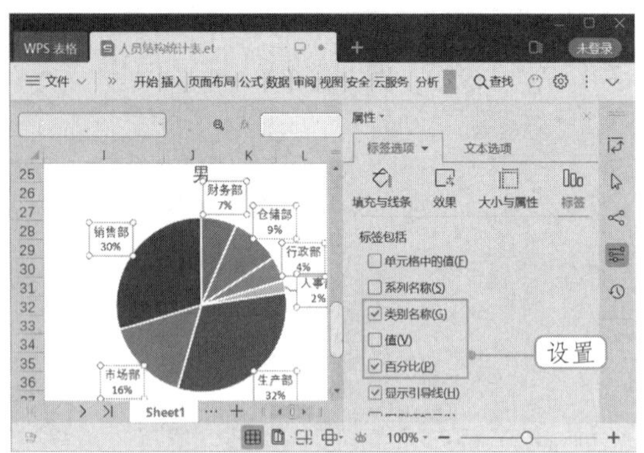

图 7-41　设置图表标签

STEP 7　在图表中单击性别按钮，在打开的面板中默认选中所有复选框，取消“男”复选框，单击确定按钮，如图 7-42 所示，饼图中将显示各部门女员工的占比情况。

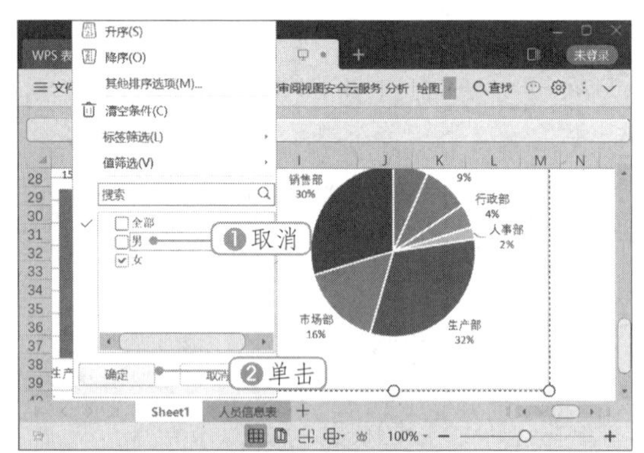

图 7-42　筛选图表数据

STEP 8　插入“学历分布”的柱形图，选择图表，单击“图表工具”选项卡中的“切换行列”按钮，如图 7-43 所示。

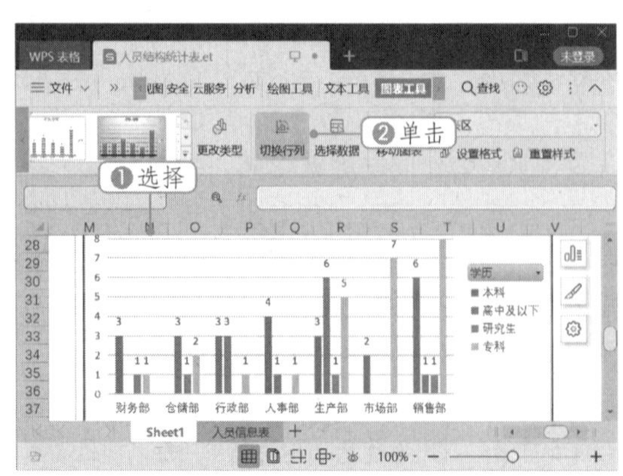

图 7-43　切换图表行列

STEP 9 调换图表中水平轴和分类轴的位置，可发现数据透视表中数据的位置也会自动发生相同的变化，如图 7-44 所示。

STEP 10 使用前面制作图表的方法，插入柱形图来分析年龄和工龄数据透视表中的数据，完成本例的制作。

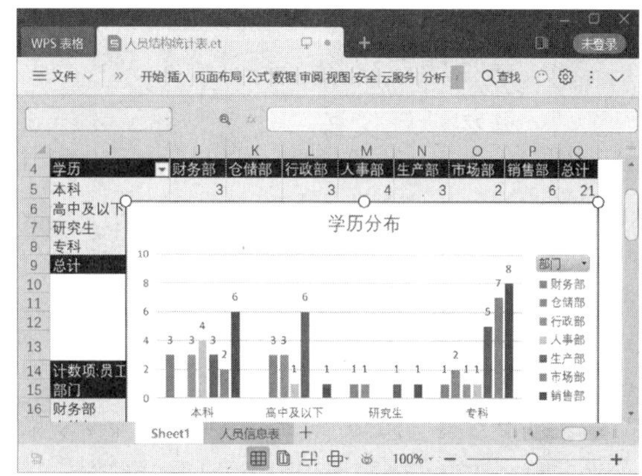

图 7-44 查看图表效果

7.4 强化实训

本章详细介绍了 WPS 表格中数据的分析方法，为了帮助用户能够快速选择合适的方法分析数据，下面将制作“质量问题反馈表”表格和“公司费用表”表格。

7.4.1 制作“质量问题反馈表”表格

质量问题反馈表主要用于反馈产品的质量问题，如生产的产品质量问题反馈或消费者对已购买产品质量的反馈，以方便企业分析产品的质量问题，找出问题，提高产品的质量。

【制作效果与思路】

本例制作的“质量问题反馈表”表格效果如图 7-45 所示，具体制作思路如下。

（1）打开工作簿，选择 C2:F15 单元格区域，插入条形图，将图表移动到表格右侧，并调整到合适的大小，为图表添加标题和数据标签。

（2）选择数据透视图，将其填充为“矢车菊蓝，着色 5，浅色 80%”。

（3）加粗显示图表标题、纵坐标轴、图例和横坐标轴文本。

硬件质量问题反馈表

销售区域	产品名称	质量问题	赔偿人数	退货人数	换货人数
明悦电子市场	电源	电源插座接触不良	154	261	236
海龙电子市场	风扇	风扇散热性能差	250	213	658
鑫华湖电脑城	风扇	风扇散热性能差	256	182	489
世纪电脑城	机箱	机箱漏电	104	209	261
世纪电脑城	机箱	机箱有划痕	268	360	414
明悦电子市场	网卡	集成网卡带宽小	140	185	198
鑫华湖电脑城	显示器	显示器没反应	168	156	398
科海电子市场	显示器	显示器有划痕	205	256	468
世纪电脑城	显示器	显示器黑屏	160	260	414
东华电脑城	硬盘	硬盘易损坏	252	136	340
明悦电子市场	硬盘	硬盘空间太小	156	264	236
科海电子市场	主板	主板兼容性不好	458	363	268
科海电子市场	主板	主板温度过高	246	364	236

图 7-45 质量问题反馈表

素材所在位置 素材文件\第 7 章\质量问题反馈表.et

效果所在位置 效果文件\第 7 章\质量问题反馈表.et

7.4.2 制作“公司费用表”表格

公司在生产经营过程中会产生很多费用，如员工成本、办公成本、管理成本、营销成本、培训成本等，不同的公司产生的成本也会有所不同。分析公司的各项成本，可以为下一次成本的预估提供参考依据。

【制作效果与思路】

本例制作的“公司费用表”表格效果如图 7-46 所示，具体制作思路如下。

（1）打开工作簿，根据 A2:G7 单元格区域中的数据插入柱形图，将图表移动到表格区域下方，并调整到合适的大小。

（2）为图表添加标题“1 ~ 6 月公司费用分析”，然后选择图表，单击“开始”选项卡中的“加粗”按钮**B**，加粗显示图表中的数据。

（3）进入表格数据自动筛选模式，筛选出除“员工成本”外的其他成本数据，并且图表中也只展示筛选出来的数据。

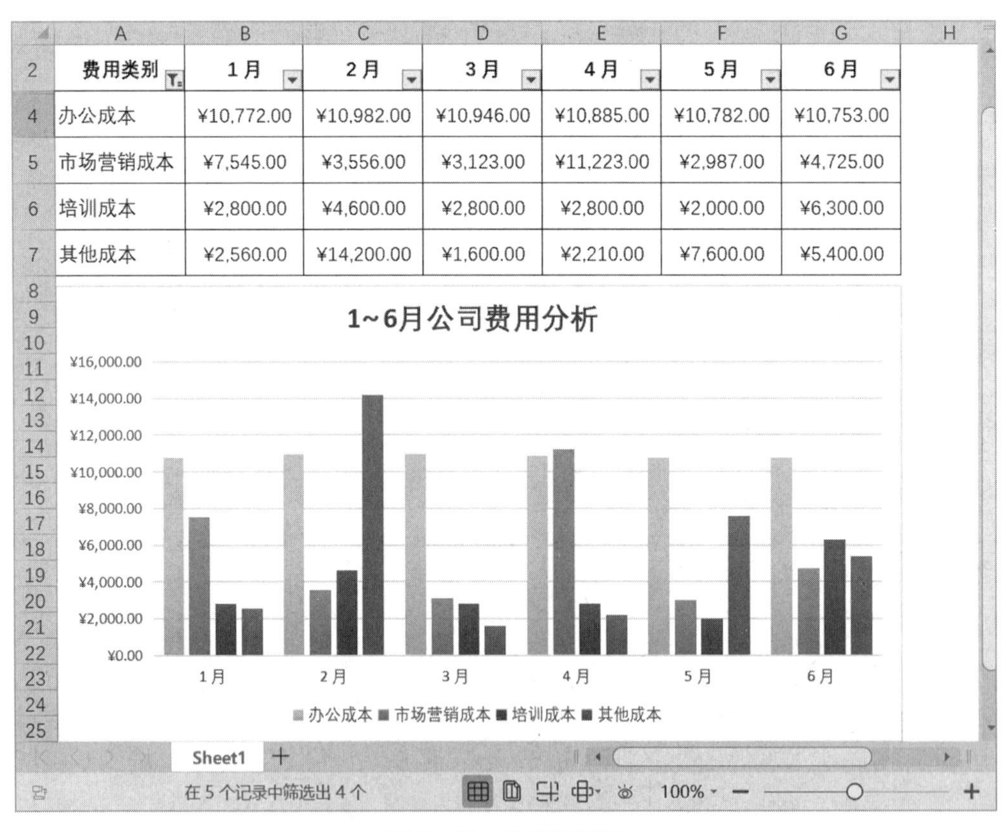

	A	B	C	D	E	F	G
2	费用类别	1月	2月	3月	4月	5月	6月
4	办公成本	¥10,772.00	¥10,982.00	¥10,946.00	¥10,885.00	¥10,782.00	¥10,753.00
5	市场营销成本	¥7,545.00	¥3,556.00	¥3,123.00	¥11,223.00	¥2,987.00	¥4,725.00
6	培训成本	¥2,800.00	¥4,600.00	¥2,800.00	¥2,800.00	¥2,000.00	¥6,300.00
7	其他成本	¥2,560.00	¥14,200.00	¥1,600.00	¥2,210.00	¥7,600.00	¥5,400.00

图 7-46 公司费用表

素材所在位置 素材文件\第 7 章\公司费用表.et

效果所在位置 效果文件\第 7 章\公司费用表.et

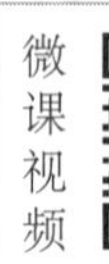

7.5 知识拓展

下面介绍有关 WPS 表格的数据分析拓展知识，以帮助用户更好地分析数据。

1. 使用图片填充图表数据系列

使用图表分析人、产品时，可以使用相关的图片填充图表数据系列，让图表展现的数据更形象、直观。其方法是：选择图表中的数据系列，在其上单击鼠标右键，在打开的快捷菜单中选择“设置数据系列格式”命令，打开“属性”任务窗格，单击“填充与线条”按钮，在“填充”选项下单击选中“图片或纹理填充”单选按钮，在“图片填充”下拉列表中选择“本地文件”选项，打开“选择纹理”对话框，选择相应的图片，单击 打开 按钮，所选图片将填充到图表的数据系列中，然后根据需要设置填充图片的透明度、填充方式等。

2. 插入切片器筛选数据

创建数据透视表后，会自动在筛选字段、行字段和列字段中提供筛选按钮，用户可按照筛选普通数据的方法筛选数据透视表中的数据。另外，还可使用切片器筛选数据透视表中的数据。其方法是：选择数据透视表中的任意单元格，单击“分析”选项卡中的“插入切片器”按钮，打开“插入切片器”对话框，单击选中字段对应的复选框，单击 确定 按钮，在工作表中插入字段名对应的切片器，选择切片器中的某个字段，可以在数据透视表中筛选出该字段对应的数据。

7.6 课后练习：制作“产品订购明细表”表格

本章主要介绍了使用图表、数据透视表和数据透视图分析表格数据的方法，本练习将通过制作“产品订购明细表.et”表格来加强对前述部分知识的应用。最终的表格效果如图 7-47 所示。

素材所在位置 素材文件\第 7 章\产品订购明细表.et

效果所在位置 效果文件\第 7 章\产品订购明细表.et

微课视频

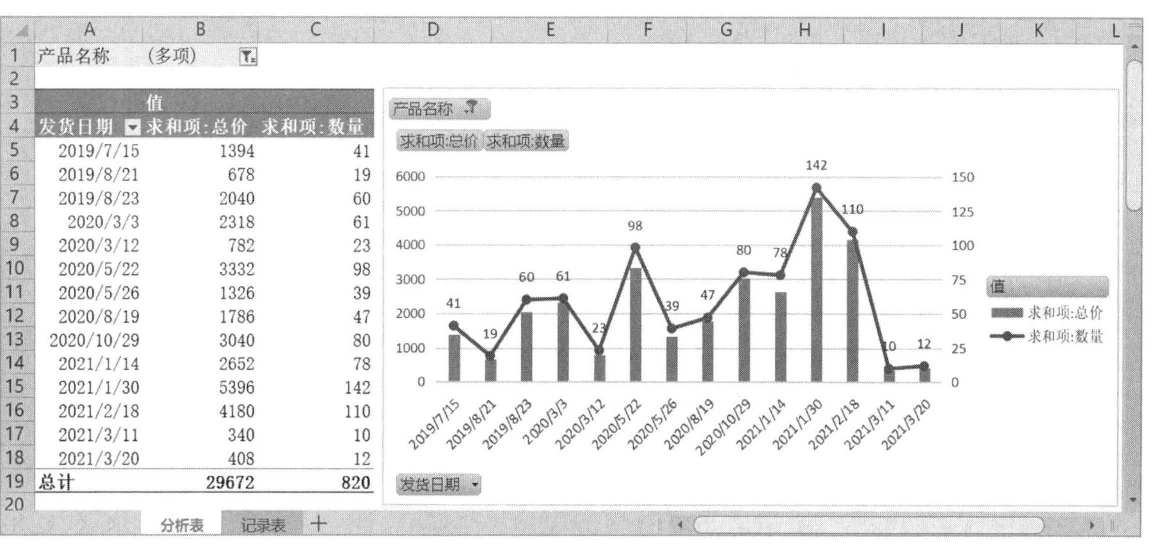

产品名称	(多项)	
	值	
发货日期	求和项:总价	求和项:数量
2019/7/15	1394	41
2019/8/21	678	19
2019/8/23	2040	60
2020/3/3	2318	61
2020/3/12	782	23
2020/5/22	3332	98
2020/5/26	1326	39
2020/8/19	1786	47
2020/10/29	3040	80
2021/1/14	2652	78
2021/1/30	5396	142
2021/2/18	4180	110
2021/3/11	340	10
2021/3/20	408	12
总计	29672	820

图 7-47 “产品订购明细表”表格

操作要求如下。

- 打开工作簿，根据 A1:L129 单元格区域中的数据在新工作表中创建数据透视表，并将工作表命名为“分析表”。
- 将“产品名称”字段拖动到“筛选器”列表框中，筛选出“德国奶酪”和“花奶酪”产品的数据汇总信息，并为数据透视表应用样式。
- 根据数据透视表创建“簇状折线图 + 柱形图”的数据透视图，为折线图数据系列添加分类轴。
- 为数据透视图中的折线添加数据标签，选择折线图的纵坐标轴，打开“属性”任务窗格，在“坐标轴选项”选项卡的“坐标轴”栏中设置坐标轴的边界和单位，使图表中柱形数据系列和折线数据系列的纵坐标轴刻度值个数一样。

第3部分

第 8 章

WPS 演示的创建

/ 本章导读

WPS 演示是 WPS Office 2019 办公软件中的演示文稿制作软件，它增加了动画和多媒体功能，能让文档的效果更加生动、形象，而且能根据场合的不同以不同的方式播放演示文稿。本章将主要介绍 WPS 演示的创建方法。

/ 技能目标

掌握演示文稿的基本操作方法。
掌握幻灯片的基本操作方法。
掌握幻灯片母版的使用方法。

/ 案例展示

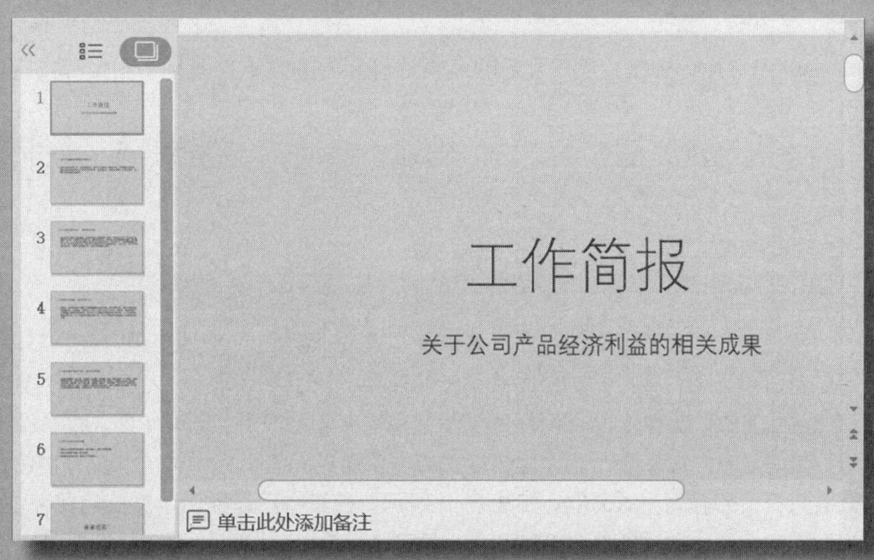

8.1 演示文稿的基本操作

要制作演示文稿，首先需要掌握演示文稿的一些基本操作，这样才能灵活应用 WPS 演示制作出需要的演示文稿。

8.1.1 WPS 演示的工作界面

WPS 演示的工作界面与 WPS 文字的工作界面大致相同，只有导航窗格、幻灯片编辑区和备注窗格等部分不同，如图 8-1 所示。

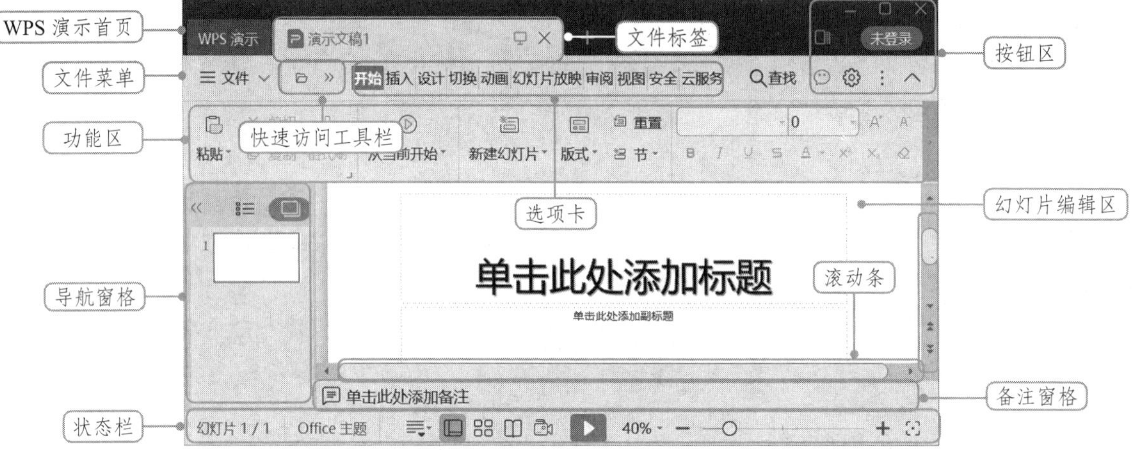

图 8-1　WPS 演示工作界面

各部分的作用介绍如下。

- **导航窗格：**包括大纲和幻灯片导航窗格两部分，大纲导航窗格用于输入和显示幻灯片内容，调整幻灯片结构；幻灯片导航窗格用于显示当前演示文稿中的幻灯片，用户可对幻灯片执行新建、删除、复制、移动等基本操作。
- **幻灯片编辑区：**用于显示或编辑幻灯片中的文本、图片、图形等内容，它是制作幻灯片的主要场所。
- **备注窗格：**在其中可为幻灯片添加备注信息，以方便演讲者在演示幻灯片时查看。添加备注信息时可先将文本插入点定位在其中，然后输入内容即可。

8.1.2 新建并保存演示文稿

启动 WPS Office 2019 后，会进入图 8-2 所示的 WPS 首页，在上方单击“新建”按钮，或选择“新建”选项，在打开的页面中单击切换到“演示”选项卡，选择“新建空白文档”选项，新建一个空白演示文稿。另外，为已新建的演示文稿输入内容并制作好后，还应该及时保存，以方便下次打开查看。其方法是：按【Ctrl+S】组合键或单击快速访问工具栏中的“保存”按钮，如果是第一次保存，则会打开“另存为”对话框，如图 8-3 所示，在其中可设置演示文稿的保存位置、文件名和保存类型，设置完成后单击 保存(S) 按钮即可。如果已经保存过，单击“保存”按钮，则会直接以原名称和原位置保存。

图 8-2　WPS 演示首页

图 8-3　“另存为”对话框

8.1.3　根据模板新建演示文稿

新建演示文稿时，除了可新建空白演示文稿外，还可根据模板新建带内容的演示文稿。其方法是：在 WPS 演示的首页界面中选择“从模板中新建”选项，打开“新建”页面，在“本地模板”栏中单击“更多”超链接以显示更多模板，从中选择需要的模板（见图 8-4），新建一个带内容的演示文稿，如图 8-5 所示，然后根据需要修改文档内容，以便快速制作文档。

图 8-4　选择需要的模板

图 8-5　查看新建的演示文稿

8.1.4　关闭演示文稿

已打开的演示文稿，当不再需要操作时，可以将其关闭。在 WPS 演示中，关闭演示文稿的方法主要有以下 3 种。

- **单击按钮关闭：**在需要关闭的演示文稿文件标签上单击×按钮，将关闭当前演示文稿；单击工作界面右上角的×按钮，可关闭当前打开的 3 个演示文稿，并退出 WPS Office 2019。
- **通过命令关闭：**单击☰文件按钮，在打开的下拉菜单中选择“退出”命令，即可关闭所有演示文稿，并退出 WPS Office 2019。
- **通过快捷键关闭：**按【Alt+F4】组合键，将关闭当前打开的所有演示文稿，并自动退出 WPS Office 2019。

知识补充

通过任务栏关闭演示文稿

在任务栏上的WPS Office 2019图标上单击鼠标右键，在打开的快捷菜单中选择“关闭窗口”命令，即可关闭演示文稿，退出WPS Office 2019。

8.2 幻灯片的基本操作

演示文稿是由一张张幻灯片组成的，所以用户必须掌握幻灯片的一些基本操作，如新建、删除、复制、移动、隐藏、显示、播放等操作。

8.2.1 新建幻灯片

新建的空白演示文稿默认只有一张幻灯片，但这并不能满足演示文稿的制作需要，此时，就需要新建幻灯片。在 WPS 演示中，新建幻灯片的方法有以下 3 种。

- **单击按钮新建：** 单击“开始”选项卡中的“新建幻灯片”按钮，可以新建一张“标题和内容”版式的幻灯片，如图 8-6 所示。
- **通过快捷菜单新建：** 在幻灯片导航窗格的幻灯片上单击鼠标右键，在打开的快捷菜单中选择“新建幻灯片”命令，如图 8-7 所示，可以在所选幻灯片下方新建一张幻灯片。

第3部分

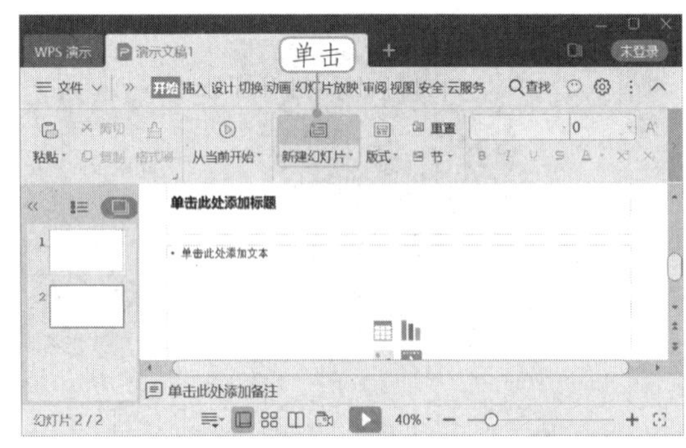

图 8-6 单击“新建幻灯片”按钮

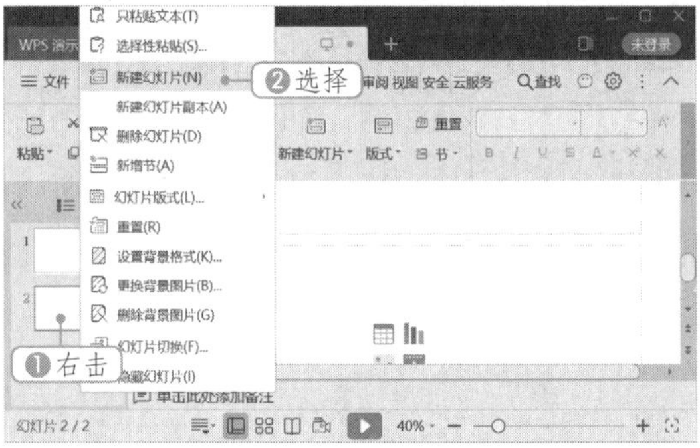

❶右击
❷选择
新建幻灯片(N)
新建幻灯片副本(A)

图 8-7 选择“新建幻灯片”命令

- **通过快捷键新建：** 按【Enter】键可以新建一张幻灯片。

知识补充

新建与所选幻灯片相同的幻灯片

如果要新建一张与所选幻灯片完全相同的幻灯片，只需要在幻灯片导航窗格中选中该幻灯片，然后单击鼠标右键，并在打开的快捷菜单中选择“新建幻灯片副本”命令即可。

8.2.2 删除幻灯片

对于演示文稿中多余的幻灯片，可将其删除，以方便演示文稿的管理。其方法为：在幻灯片导航窗格中选择需要删除的幻灯片，按【Delete】键或【Backspace】键即可将其删除。

8.2.3 复制和移动幻灯片

当需要在演示文稿中制作结构和格式相同的幻灯片时，可以通过复制已有的幻灯片来快速制作；当幻灯片的位置不正确时，可通过移动幻灯片调整其位置。在 WPS 演示中，复制或移动幻灯片既可以通过鼠标来实现，也可通过单击按钮来实现，方法分别如下。

- **通过拖动鼠标复制或移动幻灯片：**在幻灯片导航窗格中选择需要复制或移动的幻灯片，将鼠标指针移动到所选幻灯片上，按住鼠标左键不放并将其拖动到目标位置，如图 8-8 所示，释放鼠标后，所选幻灯片将移动到目标位置。在移动幻灯片的过程中，按住【Ctrl+Alt】组合键的同时移动所选幻灯片到目标位置后释放鼠标，将会复制一张完全相同的幻灯片，如图 8-9 所示。

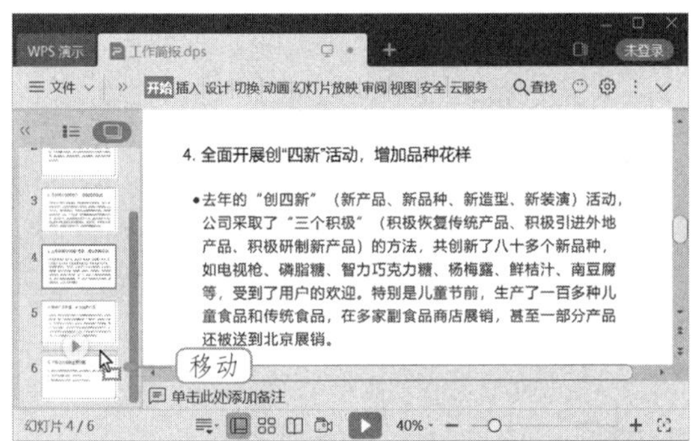

图 8-8　移动幻灯片

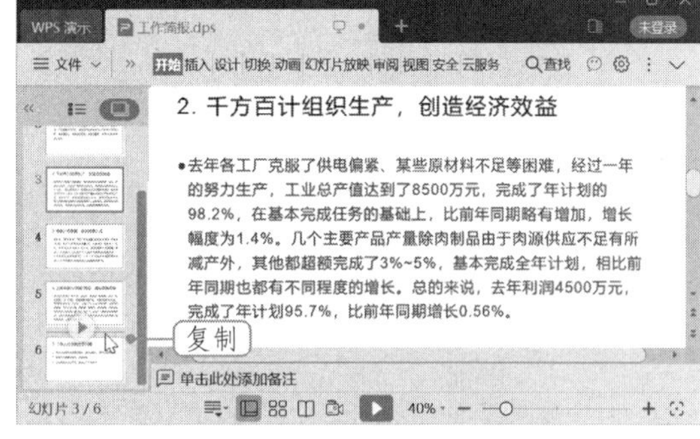

图 8-9　复制幻灯片

- **通过单击按钮复制或移动幻灯片：**选择需要复制或移动的幻灯片，先单击"开始"选项卡中的"复制"按钮复制幻灯片或单击"剪切"按钮剪切幻灯片，再将鼠标指针定位到目标位置，单击"粘贴"按钮，即可将复制或剪切的幻灯片粘贴到目标位置。

技巧秒杀

按快捷键复制和移动幻灯片

选择需要复制或移动的幻灯片，先按【Ctrl+C】组合键复制幻灯片或按【Ctrl+X】组合键剪切幻灯片，然后在目标位置上按【Ctrl+V】组合键，即可将复制或剪切的幻灯片粘贴到目标位置。

8.2.4 隐藏和显示幻灯片

对于演示文稿中不需要放映的幻灯片，可将其隐藏。其方法是：选择需要隐藏的幻灯片，单击"幻灯片放映"选项卡中的"隐藏幻灯片"按钮，此时，幻灯片导航窗格中所对应幻灯片的编号上将添加一条斜线，且编号下方将添加灰色底纹，如图 8-10 所示，这样在放映幻灯片时，就不会放映此幻灯片。当需要将隐藏的幻灯片显示出来时，再次单击"隐藏幻灯片"按钮，就可将隐藏的幻灯片显示出来。

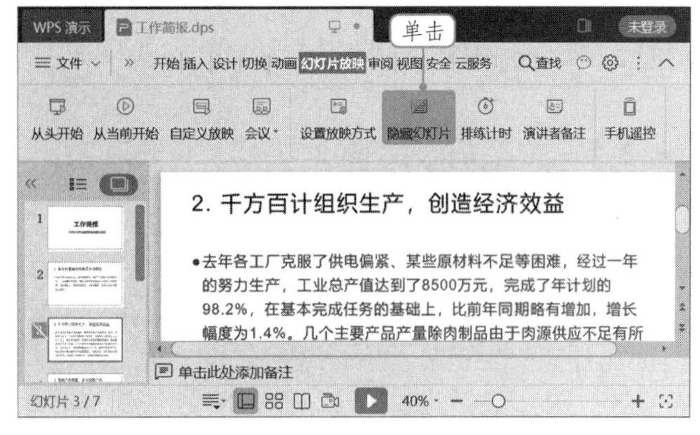

图 8-10　隐藏幻灯片

8.2.5 设置幻灯片大小

演示文稿中的幻灯片默认大小为宽屏（16:9），如果不能满足用户需要，可将其设置为标准（4:3）或自定义幻灯片的大小。其方法是：在演示文稿中单击“设计”选项卡中的“幻灯片大小”按钮，在打开的下拉列表中选择“标准（4:3）”选项，更改幻灯片为标准大小；或选择“自定义大小”选项，打开“页面设置”对话框，在“幻灯片大小”栏中可设置幻灯片的宽度、高度，完成后单击 确定 按钮，如图 8-11 所示。在打开的“页面缩放选项”对话框中，确认是按最大化内容缩放还是按比例缩小，如图 8-12 所示，演示文稿中的所有幻灯片将调整为设置的大小。

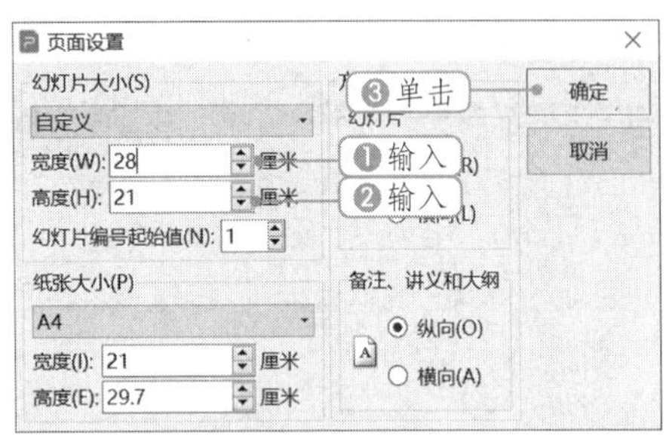

图 8-11 设置幻灯片大小

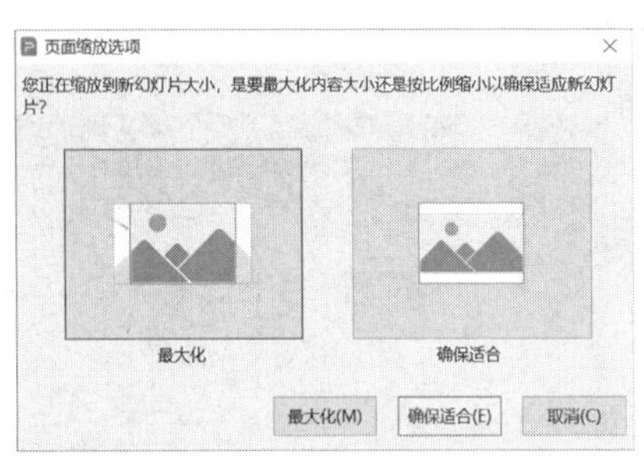

图 8-12 缩放幻灯片

知识补充

缩放幻灯片内容

在“页面缩放选项”对话框中单击 最大化(M) 按钮，则会使幻灯片内容充满整个页面；单击 确保适合(E) 按钮，则会按比例缩放幻灯片大小，以确保幻灯片中的内容能适应新幻灯片大小。

第3部分

8.2.6 播放幻灯片

在幻灯片编辑区中虽然也能查看幻灯片的整体效果，但不能直接查看音频、视频、幻灯片切换和动画等效果，此时就可通过放映幻灯片来查看。其方法是：按【F5】键，可从演示文稿的第 1 张幻灯片开始放映，而单击“开始”选项卡中的“从当前开始”按钮，可从当前选择的幻灯片开始放映。

8.3 幻灯片母版的妙用

幻灯片母版相当于一种模板，通过制作幻灯片母版可以快速制作风格（如背景效果、文本格式、配色方案、页眉和页脚等）统一的演示文稿，提高了演示文稿的制作效率。

8.3.1 设置母版背景

WPS 演示中提供了纯色填充、渐变填充、纹理填充和图案填充等幻灯片背景填充方式，用户可以根据需要填充幻灯片背景和幻灯片母版的背景，使幻灯片的效果更加美观。下面将在“工作简报.dps”演示文稿中用纯色填充幻灯片母版，具体操作如下。

素材所在位置 素材文件 \ 第 8 章 \ 工作简报.dps

效果所在位置 效果文件 \ 第 8 章 \ 工作简报.dps

微课视频

STEP 1 打开“工作简报.dps”演示文稿，单击“视图”选项卡中的“幻灯片母版”按钮，如图 8-13 所示。

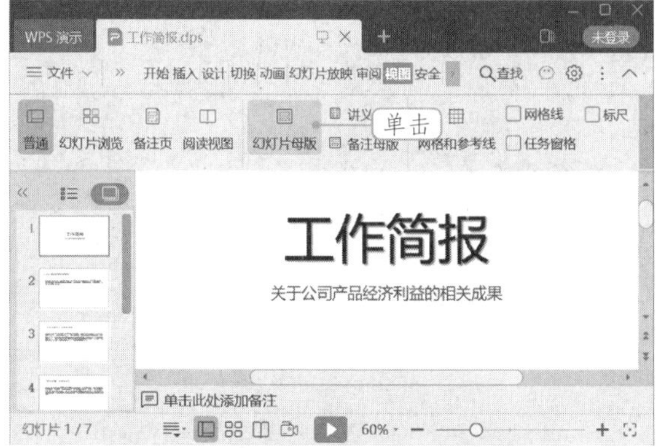

图 8-13 单击“幻灯片母版”按钮

STEP 2 进入幻灯片母版视图，选择母版版式的幻灯片，单击“幻灯片母版”选项卡中的“背景”按钮，如图 8-14 所示。

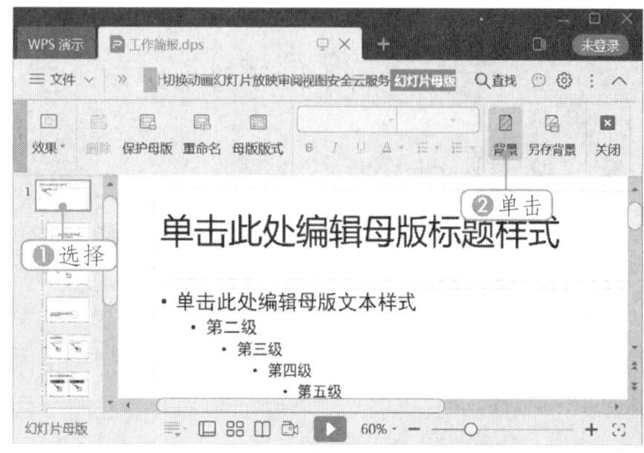

图 8-14 单击“背景”按钮

知识补充

母版版式

幻灯片母版视图中提供了多种幻灯片版式，不同的版式可应用于不同的幻灯片。母版版式应用于演示文稿的所有幻灯片，如果要为演示文稿中不同版式的幻灯片应用不同的背景效果，只需在母版视图中为不同的版式设置不同的填充效果。需要注意的是，要先设置母版版式的背景效果，再设置其他版式的背景效果，否则母版版式效果会替代其他版式的效果。

STEP 3 打开“对象属性”任务窗格后，在“填充”栏中选择填充方式，这里单击选中“纯色填充”单选按钮，在“颜色”下拉列表框中选择“橙色”选项，该填充效果将应用于幻灯片母版版式中，如图 8-15 所示。

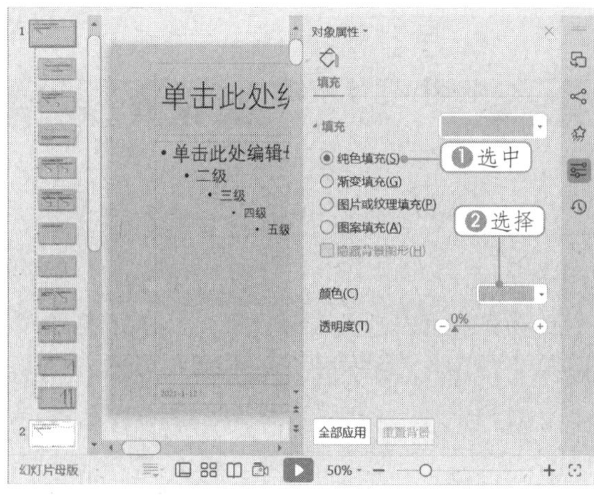

图 8-15 设置背景填充效果

STEP 4 单击“幻灯片母版”选项卡中的“关闭”按钮，退出幻灯片母版视图。返回普通视图中，可查看到幻灯片背景的效果已发生变化，如图 8-16 所示。

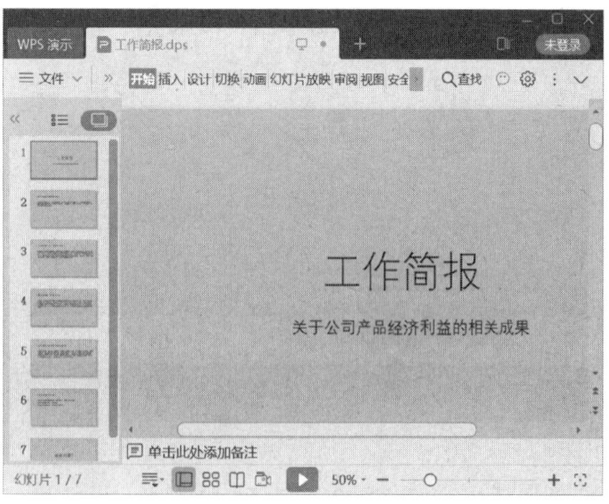

图 8-16 查看效果

知识补充

设置幻灯片背景

在普通视图中设置幻灯片背景的方法与设置母版视图的方法一样，只是设置场合不同。设置幻灯片背景只需要在“设计”选项卡中单击“背景”按钮，就可打开“对象属性”任务窗格，设置填充效果。

8.3.2 设置母版占位符

演示文稿中有些幻灯片的占位符是固定的，如果要逐一更改占位符格式，既费时又费力，此时，可以在幻灯片母版中预先设置好各占位符的位置、大小、字体格式、段落格式和填充效果等，使幻灯片中的占位符自动应用该格式。下面继续上例操作，设置“工作简报.dps”演示文稿中的母版占位符，具体操作如下。

效果所在位置 效果文件\第 8 章\工作简报 1.dps

微课视频

STEP 1 在“工作简报”演示文稿中单击“幻灯片母版”按钮，进入幻灯片母版视图，选择母版版式中的内容占位符，单击“开始”选项卡中的“项目符号”按钮右侧的下拉按钮，在打开的下拉列表中选择第 5 种项目符号样式，以更改占位符中的项目符号，如图 8-17 所示。

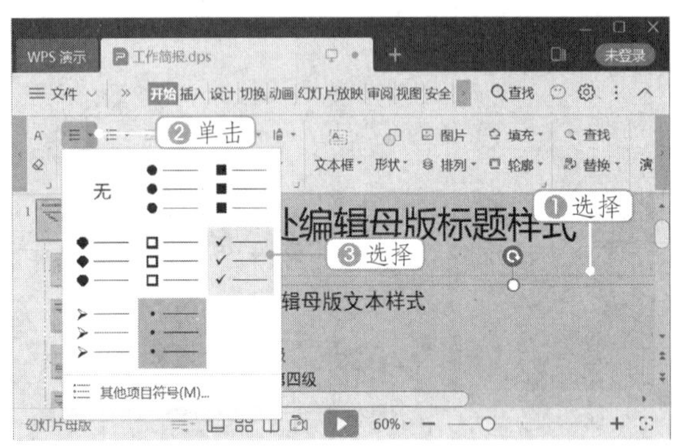

图 8-17 选择项目符号

STEP 2 保持占位符的选中状态，单击“开始”选项卡中的“行距”按钮，在打开的下拉列表中选择“2.0”选项，以调整段落行距，如图 8-18 所示。

STEP 3 将鼠标指针移动到占位符上，按住鼠标左键不放并向上拖动，以调整占位符的位置，如图 8-19 所示。

STEP 4 保持占位符的选中状态，单击“绘图工具”选项卡中“填充”按钮右侧的下拉按钮，在打开的下拉列表中选择“白色”选项，如图 8-20 所示。

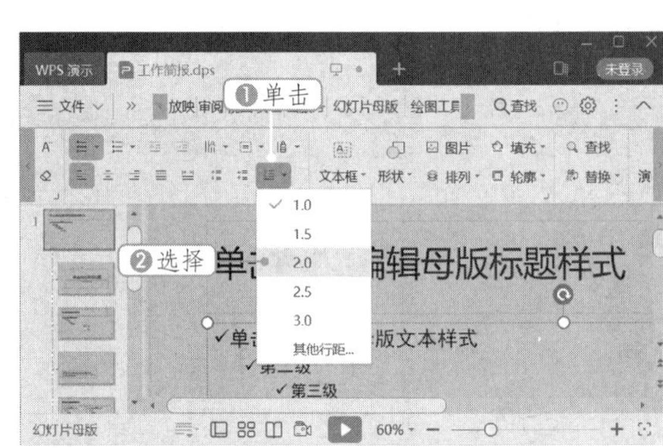

图 8-18 设置段落行距

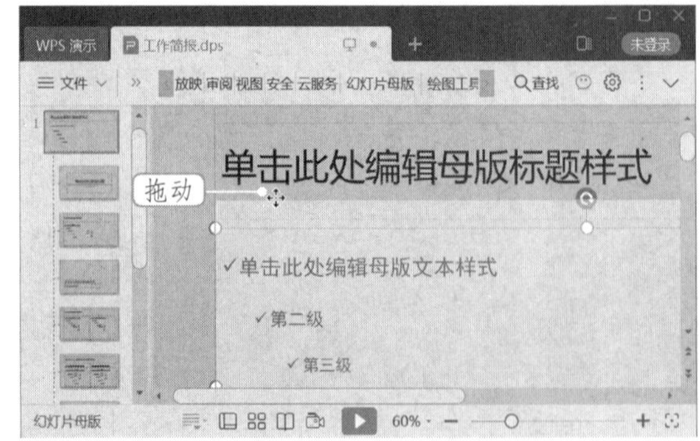

图 8-19 调整占位符位置

STEP 5 占位符将填充为白色，单击“幻灯片母版”选项卡中的“关闭”按钮，如图 8-21 所示。

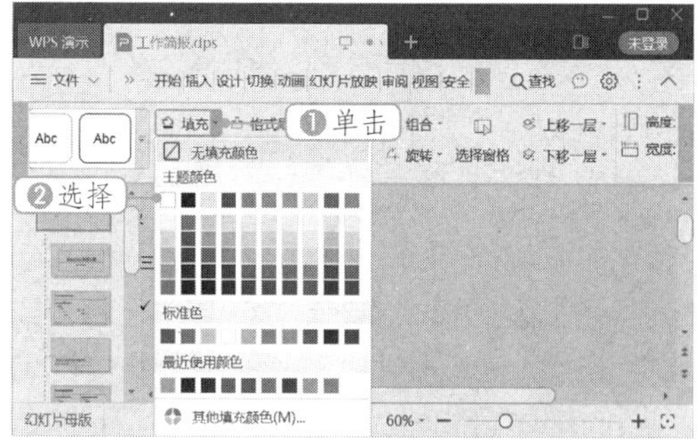

图 8-20　设置填充色

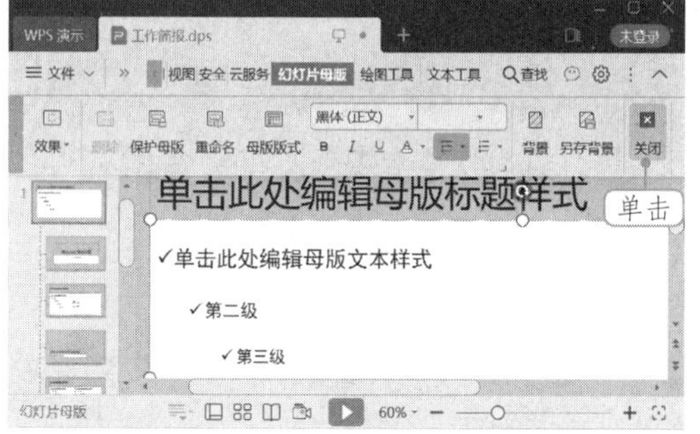

图 8-21　在母版中查看效果

STEP 6　返回普通视图中，可查看在幻灯片母版中设置占位符后的效果，如图 8-22 所示。

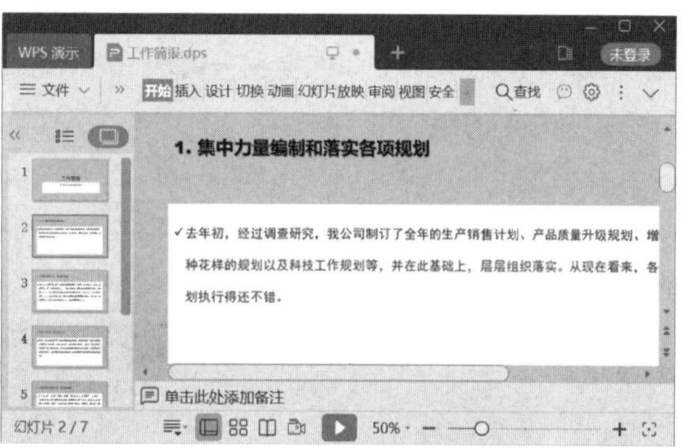

图 8-22　在普通视图中查看效果

8.3.3　设置页眉和页脚

当需要为演示文稿中的幻灯片添加日期、时间、编号、公司名称等页眉及页脚信息时，可以通过母版快速为所有幻灯片添加。其方法是：在幻灯片母版视图中选择母版版式，单击“插入”选项卡中的“页眉和页脚”按钮，打开“页眉和页脚”对话框，单击选中“日期和时间”复选框，设置自动更新的日期和时间或固定的日期和时间，单击选中“幻灯片编号”复选框为幻灯片添加编号，单击选中“页脚”复选框，并在下方的文本框中输入页脚信息，如输入公司名称，再单击选中“标题幻灯片不显示”复选框，让标题页幻灯片不显示页眉和页脚，单击“全部应用”按钮，如图 8-23 所示。为演示文稿中的所有幻灯片添加设置的页眉和页脚信息，退出幻灯片母版可查看效果如图 8-24 所示。

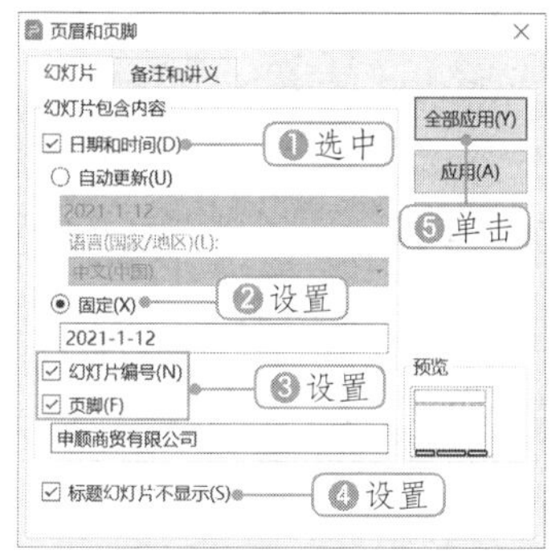

图 8-23　添加页眉和页脚信息

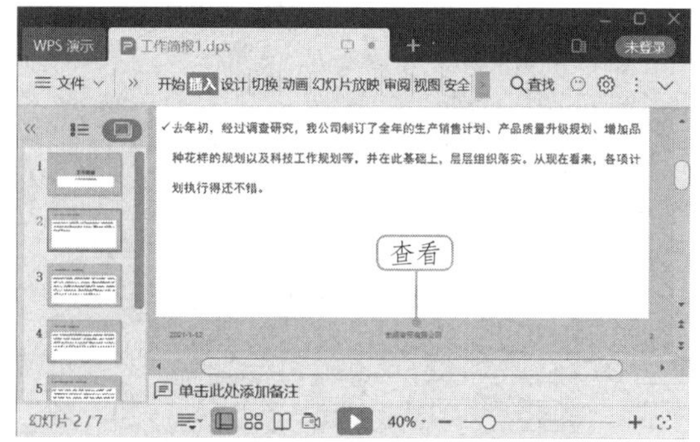

图 8-24　查看页眉和页脚的效果

知识补充

打开“页眉和页脚”对话框

在“插入”选项卡中单击“幻灯片编号”按钮和“日期和时间”按钮，都可以打开“页眉和页脚”对话框。

8.3.4 编辑母版

在 WPS 演示中，除了可设置幻灯片母版外，还可编辑幻灯片母版，如插入母版、插入版式、重命名版式、删除版式等，以方便用户管理幻灯片母版。

1. 插入母版

在同一个演示文稿中，可以插入多个幻灯片母版，这样可以为演示文稿中的幻灯片应用多个主题或模板。其方法是：进入幻灯片母版，单击图 8-25 所示“幻灯片母版”选项卡中的“插入母版”按钮，在母版后面插入一个新的幻灯片母版，如图 8-26 所示。

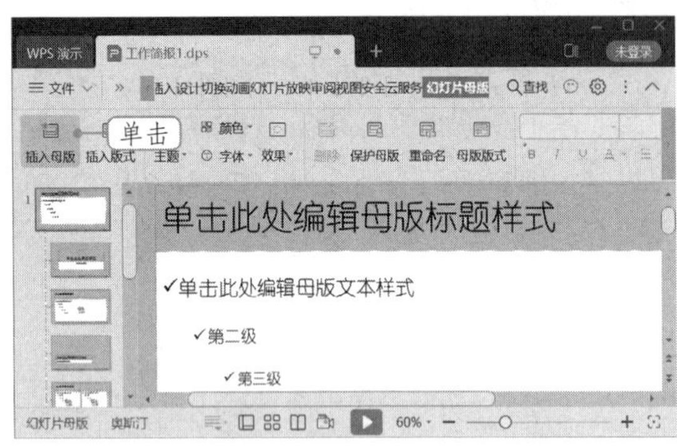

图 8-25 单击“插入母版”按钮

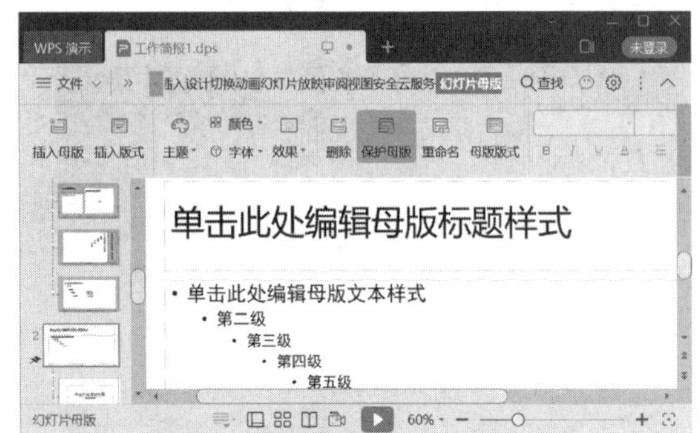

图 8-26 查看插入母版后的效果

2. 插入版式

当幻灯片母版中的版式不能满足用户需要时，用户可以自行插入版式。其方法是：单击“幻灯片母版”选项卡中的“插入版式”按钮，在所选幻灯片母版版式的最后一个版式后面插入一个带标题的版式，如图 8-27 所示。

3. 重命名版式

重命名版式的方法是：在幻灯片母版中选择需要重命名的版式，单击“幻灯片母版”选项卡中的“重命名”按钮，打开“重命名”对话框，在“名称”文本框中重新输入版式名称，单击重命名(R)按钮，如图 8-28 所示。

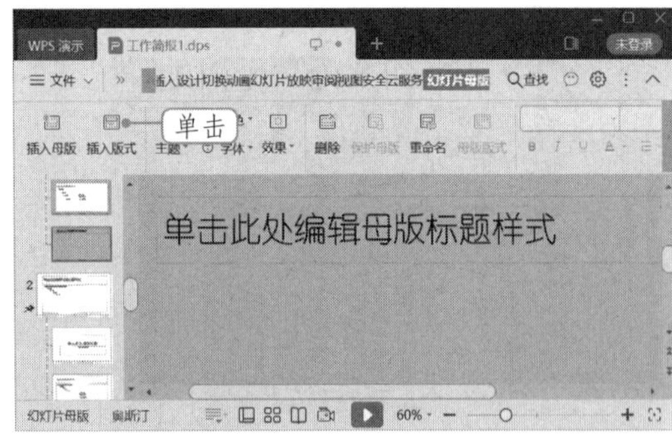

图 8-27 插入版式

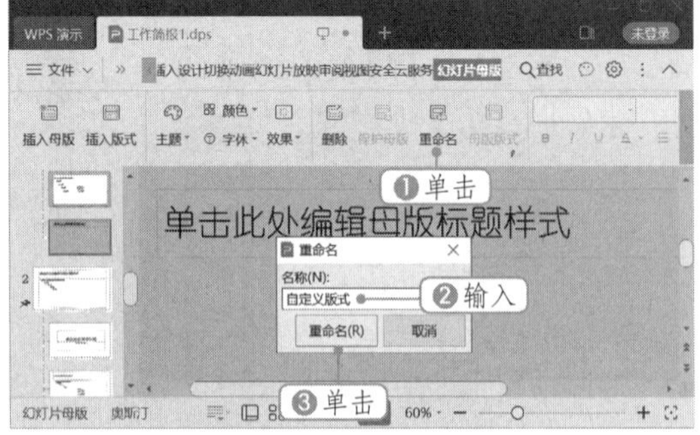

图 8-28 重命名版式

4. 删除版式

默认情况下，幻灯片母版中包含很多版式。对于演示文稿中没有用到的版式，用户可以根据需要将其删除。其方法是：在幻灯片母版中选择没有用于幻灯片的版式，单击“幻灯片母版”选项卡中的“删除”按钮就可将其删除；或在版式上单击鼠标右键，在打开的快捷菜单中选择“删除版式”命令也可将其删除。

知识补充

查看版式应用于的幻灯片

在幻灯片母版中，不同的版式应用于演示文稿不同的幻灯片，如果不知道该版式应用于哪些幻灯片，可将鼠标指针移动到幻灯片版式上停留一会，在打开的面板中将显示该版式的名称，以及应用的幻灯片。

8.4 课堂案例：制作“工作总结报告”演示文稿

工作总结报告是我们日常工作中最常见的一种报告，它是对我们某一段时间所做工作的全面回顾、分析和总结，主要包括取得的成绩、工作中存在的不足及下一步的工作计划等内容。

日常工作中常见的工作总结报告有日报告、周报告、月报告、季度报告、年终报告等，其中，年终工作总结报告更是很多公司必不可少的一种报告。

8.4.1 案例目标

本例将制作“工作总结报告”演示文稿，需要运用 WPS 演示的很多基础知识，以及设置幻灯片效果的相关知识。本例制作后的参考效果如图 8-29 所示。

图 8-29 “工作总结报告”演示文稿

素材所在位置 素材文件\第 8 章\多边形背景.jpg、蓝色背景.jpg

效果所在位置 效果文件\第 8 章\工作总结报告.dps

微课视频

8.4.2 制作思路

“工作总结报告”的制作涉及幻灯片操作和母版的知识。其具体制作思路如图 8-30 所示。

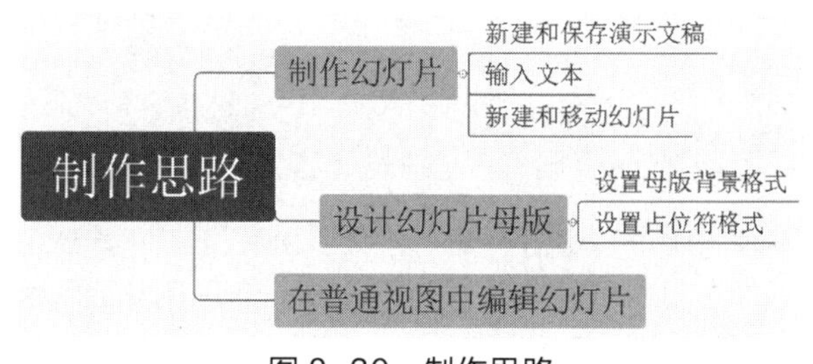

图 8-30 制作思路

8.4.3 操作步骤

1. 制作幻灯片

下面新建幻灯片、移动幻灯片及在幻灯片中输入文本，具体操作如下。

STEP 1 启动 WPS Office 2019，新建一个空白演示文稿，按【Ctrl+S】组合键打开“另存为”对话框，在“位置”下拉列表框中选择“第8章”选项，在“文件名”下拉列表框中输入“工作总结报告”文本，在“文件类型”下拉列表框中选择“WPS 演示文件（*.dps）”选项，单击保存(S)按钮，如图 8-31 所示。

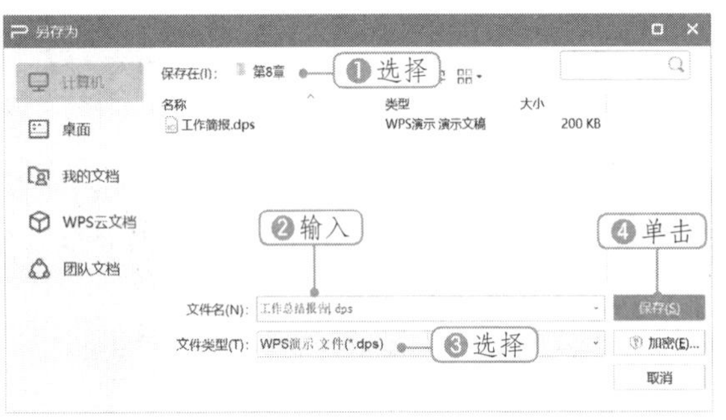

图 8-31 保存演示文稿

STEP 2 在第 1 张幻灯片的标题占位符和副标题占位符中分别输入相应的文本，按【Enter】键，新建一张幻灯片，在标题和内容占位符中输入相应的文本，如图 8-32 所示。

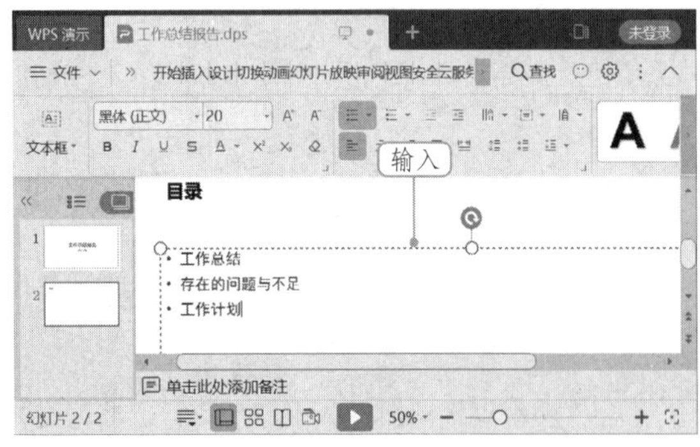

图 8-32 制作第 2 张幻灯片

STEP 3 使用相同的方法制作第 3 张、第 4 张和第 5 张幻灯片，然后选择第 1 张幻灯片，单击“开始”选项卡中的“新建幻灯片”按钮右侧的下拉按钮，在打开的下拉列表中选择“幻灯片副本”选项，如图 8-33 所示。

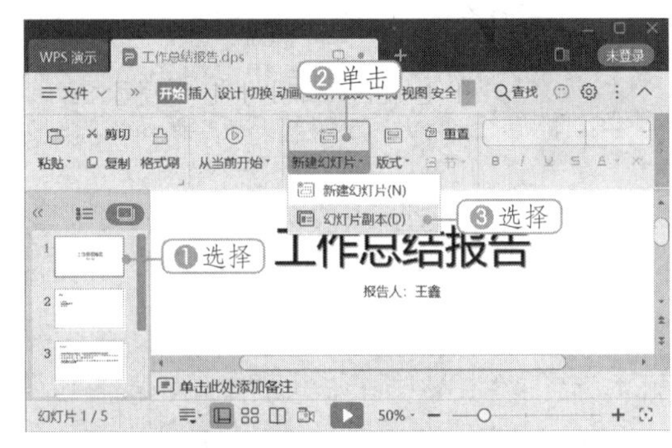

图 8-33 选择“幻灯片副本”选项

STEP 4 在第 1 张幻灯片后面新建一张相同的幻灯片，更改标题占位符中的文本，选择副标题占位符，并按【Delete】键将其删除。

STEP 5 选择第 2 张幻灯片，按住鼠标左键不放将其拖动到第 6 张幻灯片后面，如图 8-34 所示，释放鼠标后，第 2 张幻灯片将移动到最后。除第 1 张幻灯片外，所有幻灯片的编号将依次变化。

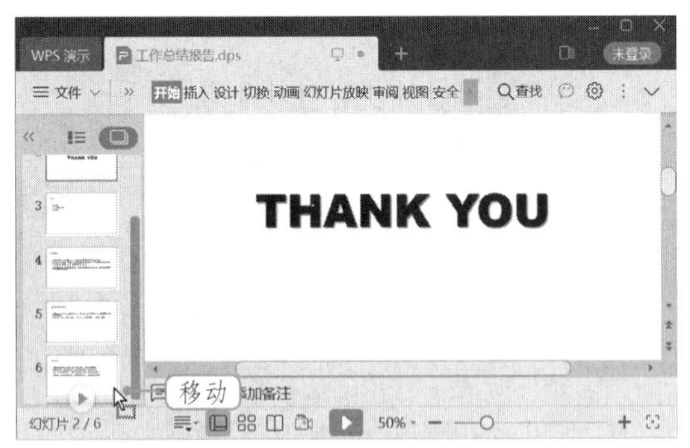

图 8-34 移动幻灯片

2. 设计幻灯片母版

下面将在幻灯片母版中设置幻灯片背景、占位符格式等，具体操作如下。

STEP 1 单击“视图”选项卡中的“幻灯片母版”按钮，进入幻灯片母版视图，选择母版版式，单击“背景”按钮，打开“对象属性”任务窗格，在“填充”栏中单击选中“图片或纹理填充”单选项，在“请选择图片”下拉列表中选择“本地文件”选项，如图 8-35 所示。

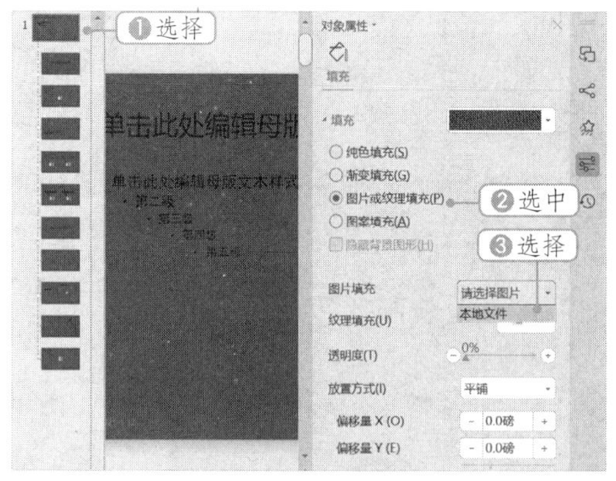

图 8-35　图片填充

STEP 2　打开“选择纹理”对话框后，在“位置”下拉列表框中选择图片的保存位置，选择需要插入的“多边形背景.jpg”文件，单击 打开 按钮，如图 8-36 所示。

图 8-36　选择图片文件

STEP 3　选择的图片将填充为母版背景，在“对象属性”任务窗格中拖动“透明度”滑块，将其设置为“84%”，如图 8-37 所示。

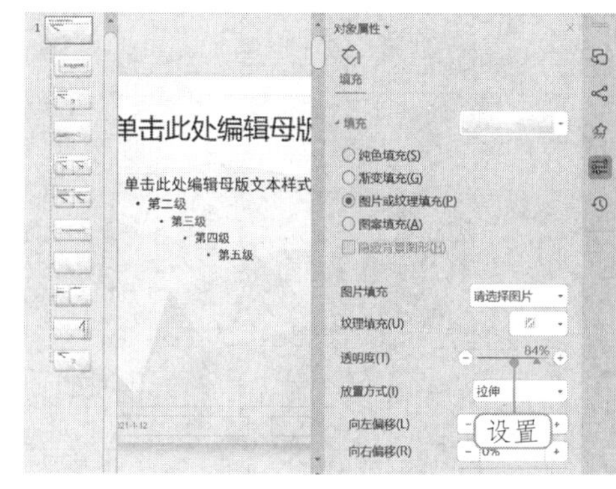

图 8-37　设置图片透明度 1

STEP 4　选择标题页版式，使用“蓝色背景.jpg”图片文件作为填充背景，将图片透明度设置为“62%”，如图 8-38 所示。

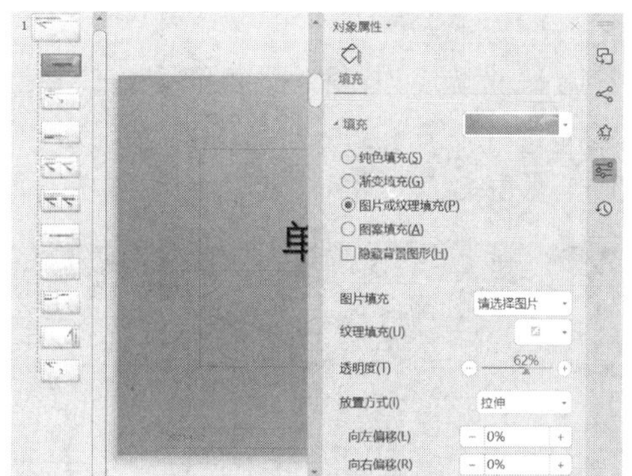

图 8-38　设置图片透明度 2

STEP 5　选择标题页版式中的标题占位符，在“文本工具”选项卡中将字体设置为“方正兰亭刊黑＿GBK”，字号设置为“66”，单击“加粗”按钮**B**和“文字阴影”按钮**S**，单击“文字颜色”按钮**A**右侧的下拉按钮▾，在打开的下拉列表中选择“白色”选项，如图 8-39 所示。

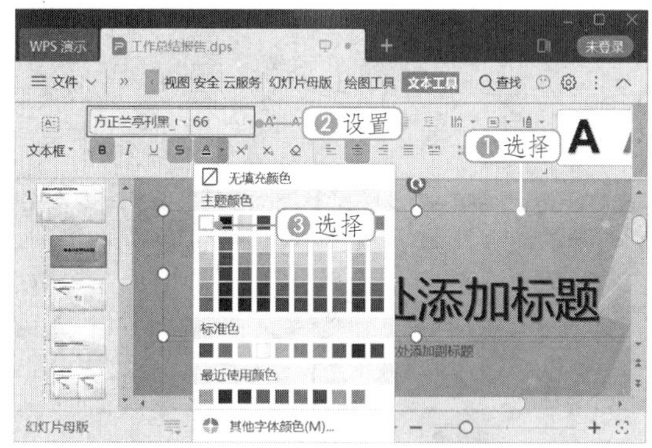

图 8-39　设置标题占位符

STEP 6　选择副标题占位符，在“文本工具”选项卡中将字体设置为“方正兰亭刊黑＿GBK”，字号设置为“40”，单击“加粗”按钮**B**和“文字阴影”按钮**S**，如图 8-40 所示。

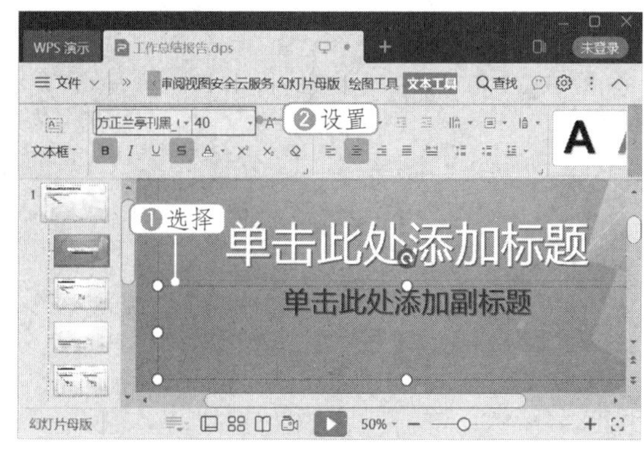

图 8-40　设置副标题占位符

第 8 章　WPS 演示的创建

STEP 7 选择标题和内容页版式，设置标题占位符和内容占位符的字体格式，选择内容占位符，单击“文本工具”选项卡中的“行距”按钮，在打开的下拉列表中选择“2.0”选项，如图 8-41 所示。

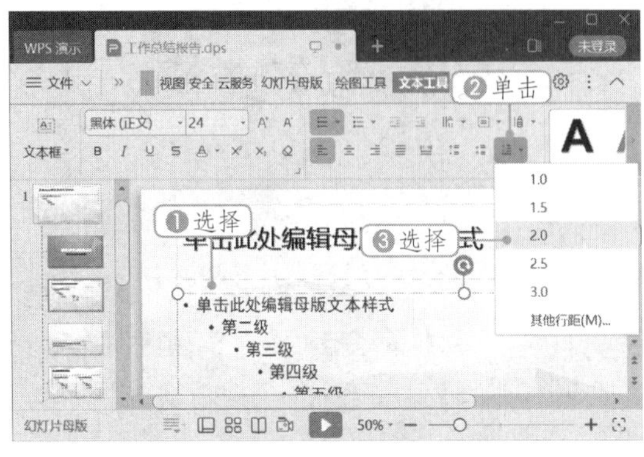

图 8-41　设置行距

STEP 8 可以看到，占位符中文本行距将发生变化。单击“幻灯片母版”选项卡中的“关闭”按钮，退出幻灯片母版，如图 8-42 所示。

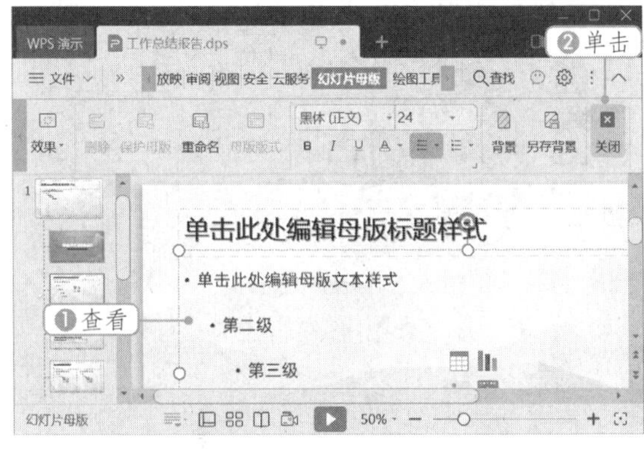

图 8-42　关闭幻灯片母版

3. 在普通视图中编辑幻灯片

下面将在普通视图中设置占位符格式、大小和填充效果。

STEP 1 选择第 2 张幻灯片中的标题占位符，设置字号为“54”，单击“文本工具”选项卡中的“居中对齐”按钮，如图 8-43 所示。

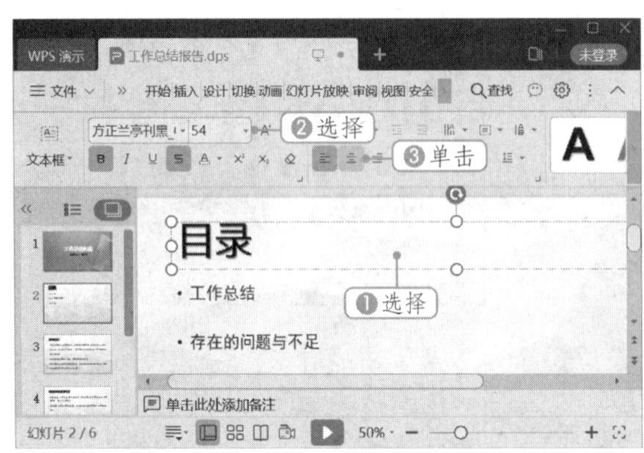

图 8-43　设置居中对齐

STEP 2 选择内容占位符，设置字号为“32”，单击“文本工具”选项卡中的“编号”按钮右侧的下拉按钮，在打开的下拉列表中选择第 1 种编号样式，如图 8-44 所示。

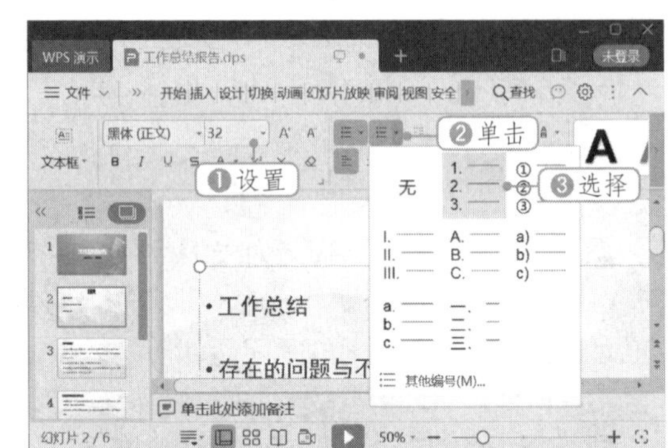

图 8-44　选择编号样式

知识补充

设置编号

若需要设置编号的大小、高度及颜色，可在“编号”下拉列表中选择“其他编号”选项，打开“项目符号和编号”对话框，在“编号”选项卡中可选择需要的编号样式，然后根据需要设置编号大小、高度和颜色，完成后单击 确定 按钮。

STEP 3 保持内容占位符的选中状态，在“绘图工具”选项卡的列表框中选择“彩色轮廓 - 矢车菊蓝，强调颜色 1”选项，并应用于占位符，如图 8-45 所示。

STEP 4 调整内容占位符的大小和位置，使内容占位符居于标题下，如图 8-46 所示。

图 8-45　为占位符应用样式　　　　图 8-46　调整占位符大小和位置

8.5 强化实训

本章详细介绍了 WPS 演示文稿的制作方法，为了帮助用户快速制作出需要的演示文稿，下面将制作“招标方案”演示文稿和“产品销售计划书”演示文稿。

8.5.1 制作“招标方案”演示文稿

招标方案是指招标人为了有效实施工程、货物和服务招标，通过分析和掌握招标项目的技术、经济、管理的特征，以及招标项目的功能、规模、质量、价格、进度等需求目标，针对招标项目制作的总体规划。

【制作效果与思路】

本例制作的“招标方案”演示文稿效果如图 8-47 所示，具体制作思路如下。

图 8-47　“招标方案”演示文稿

（1）新建一个名为“招标方案”的空白演示文稿，在幻灯片占位符中输入相应的文本内容，新建幻灯片以制作第 2 ~ 7 张幻灯片。

（2）复制第 1 张幻灯片，将复制的幻灯片移动到第 7 张幻灯片后，并更改幻灯片占位符中的文本内容。

（3）选择演示文稿中的所有幻灯片，使用“建筑 .jpg”填充幻灯片背景，然后选择第 2 ~ 7 张幻灯片，并将背景填充透明度设置为“65%”。

（4）使用替换字体功能将演示文稿中的“微软雅黑”替换成“方正准圆简体”。

（5）选择第 2 张幻灯片中的内容占位符，为其设置编号、段落行距和缩进，然后为占位符应用形状样式和填充效果。

（6）使用编辑第 2 张幻灯片的方法编辑其他幻灯片。

素材所在位置 素材文件 \ 第 8 章 \ 建筑.jpg

效果所在位置 效果文件 \ 第 8 章 \ 招标方案.dps

微课视频

8.5.2 制作“产品销售计划书”演示文稿

第3部分

产品销售计划书是企业在某一时期对商品销售活动制订的具体安排，其是为了更好地开展产品销售工作，推进产品的市场推广。

【制作效果与思路】

本例制作的“产品销售计划书”演示文稿部分效果如图 8-48 所示，具体制作思路如下。

（1）打开演示文稿，在幻灯片母版中设置母版版式的背景为纹理填充。

（2）根据需要设置幻灯片占位符的字体、字号和填充色等。

（3）为第 2 张幻灯片内容占位符中的段落添加编号，并设置文字方向为“竖向”。

（4）为第 4 张和第 6 张幻灯片不同占位符中的段落添加编号，并设置编号的起始值。

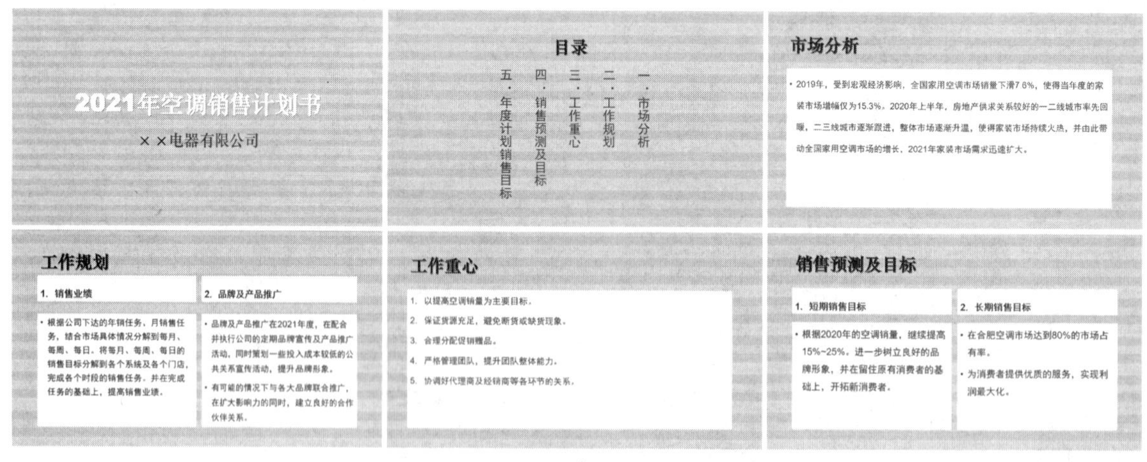

图 8-48 “产品销售计划书”演示文稿

素材所在位置 素材文件 \ 第 8 章 \ 产品销售计划书.dps

效果所在位置 效果文件 \ 第 8 章 \ 产品销售计划书.dps

微课视频

8.6 知识拓展

下面介绍一些 WPS 演示文稿制作的拓展知识，以帮助读者更好地制作演示文稿，使制作的演示文稿更加美观。

1．使用节管理幻灯片

对于含有十多张或几十张幻灯片的大型演示文稿，为了便于理清演示文稿的结构，可以使用 WPS 演示提供的节功能分节管理演示文稿中的幻灯片。其方法是：首先在幻灯片导航窗格中需要分节的位置上单击鼠标以进行定位，然后单击“开始”选项卡中“节”按钮右侧的下拉按钮，在打开的下拉列表中选择“新增节”选项，新建一个节；在节名称上单击鼠标右键，在打开的快捷菜单中选择“重命名节”命令，打开“重命名”对话框，在“名称”文本框中输入节名称，单击重命名(R)按钮。

2．更改幻灯片版式

在演示文稿中新建幻灯片时，默认新建“标题和内容”版式的幻灯片，如果该版式不能满足用户需要，则可以利用版式功能更改。其方法是：选中演示文稿中需要更改版式的幻灯片，单击“开始”选项卡中的“版式”按钮，在打开的下拉列表中显示了系统提供的版式样式，其中包括通过幻灯片母版自定义的版式等。选择需要的版式样式后，即可将其应用于前面选中的幻灯片。

3．使用演示工具

演示工具是 WPS 演示提供的一个方便、快捷的“小助手”，可以帮助用户快速完成很多操作。其操作方法是：在演示文稿中单击“开始”选项卡中“演示工具”按钮下方的下拉按钮，在打开的下拉列表中提供了替换字体、批量设置字体、自定义母版字体和分页插图 4 个选项，选择需要的选项，并在打开的对话框中设置相关参数。“替换字体”选项可将全部幻灯片内使用的某种字体快速替换为其他字体；“批量设置字体”选项是更详细的替换字体设置，可选择字体的替换范围、替换目标、设置样式等；“自定义母版字体”选项可选择设置母版内的某项文本框的文本格式；“分页插图”选项可一次在演示文稿内插入多张图片，且每张图片自动分页添加，若幻灯片页数不足，会自动新建幻灯片并插入图片。

8.7 课后练习：制作“公司宣传”演示文稿

本章主要介绍了 WPS 演示文稿的制作方法，本练习将通过制作“公司宣传.dps”演示文稿来加强对前述部分知识的应用。演示文稿制作好的效果如图 8-49 所示。

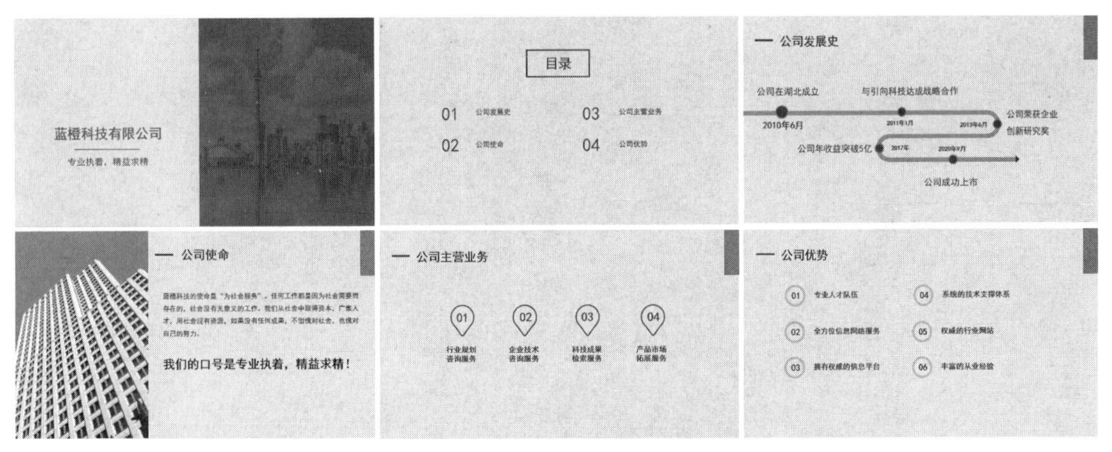

图 8-49 “公司宣传”演示文稿

效果所在位置 效果文件\第 8 章\公司宣传.dps

微课视频

操作要求如下。

- 根据模板“企业宣传”新建演示文稿，并将其保存为“公司宣传”。
- 删除演示文稿中的第 5 张、第 6 张、第 7 张、第 9 张、第 11 张幻灯片，将第 3 张幻灯片移动到第 4 张幻灯片后，将第 5 张幻灯片移动到第 6 张幻灯片后。
- 在幻灯片的占位符中输入相应的文本，并设置文本的格式，然后删除幻灯片中多余的图形和占位符。

第3部分

第9章

WPS 演示的美化与放映

/ 本章导读

在制作幻灯片时，我们常常需要使用很多元素，如图片、形状、智能图形、表格、图表、音频、视频、动画等，一是为了丰富幻灯片的内容，二是为了使幻灯片更加美观、形象。本章将主要讲解幻灯片对象的美化方法及幻灯片的放映方法等。

/ 技能目标

掌握美化幻灯片的原则和方法。

掌握多媒体对象的插入与编辑方法。

掌握设置与放映幻灯片的方法。

/ 案例展示

9.1 幻灯片美化原则

幻灯片的美感会影响演示文稿的整体效果。在制作幻灯片时，想要让设计、制作的幻灯片既美观又专业，就需要在编辑和排版布局幻灯片时遵循一定的幻灯片美化原则。

9.1.1 对齐

对齐是排版布局幻灯片的基本原则，它是指让幻灯片中各元素的边缘或中心在同一视线上，这样可以让幻灯片页面显得更加规整、统一。

在幻灯片的排版布局中，常用的对齐方式有左对齐、右对齐、居中对齐、顶端对齐和底端对齐 5 种。不同的对齐方式带来的效果是不一样的，图 9-1 所示的两张幻灯片虽然幻灯片的背景和内容完全一样，但由于采用了不同的对齐方式，故而带来的视觉效果也就不一样了。

图 9-1　采用不同对齐方式的效果

9.1.2 对比

对比就是要强调差异化，突出重点，让幻灯片中内容要点的展现更有条理，从而更有效地传递信息。在幻灯片中，可以通过颜色、大小、粗细、底色等来进行对比。例如，要使用大小来体现出幻灯片内容的差异化，一是可以通过字体的大小来体现，如图 9-2 所示；二是可以通过形状的大小来体现，如图 9-3 所示。

图 9-2　通过字体大小来进行对比

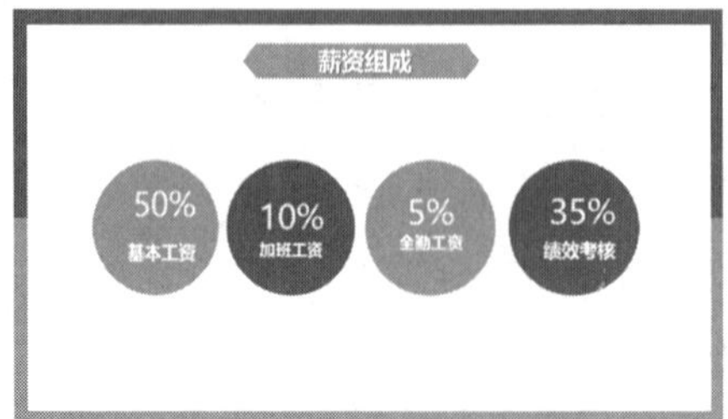

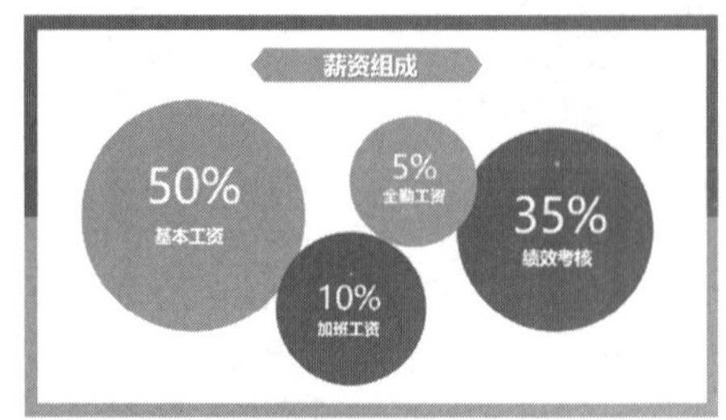

图 9-3　通过形状大小来对比

9.1.3 重复

重复是指某一视觉要素，如字体、字号、配色、图形和图片等在演示文稿中多次出现，既可以是同一幻灯片，也可以是不同幻灯片，这样可以保证整个演示文稿的风格统一，因为制作演示文稿非常重要的一点就是要保持风格的统一性。图 9-4 所示为同一演示文稿中的 4 张幻灯片，它们采用了相同的配色，且装饰形状都一样。

图 9-4 采用相同配色

9.1.4 留白

幻灯片中的留白并不是指白色区域，而是指幻灯片页面某一区域中无额外元素、无装饰的空白区域，也就是未使用的区域。可能很多人觉得幻灯片中的留白区域没什么用，但其实它的作用非常大，它可以平衡幻灯片的布局，更好地衬托出中心区域的内容，从而吸引观众的注意。

用户在设计幻灯片时，不要为了留白而一味地留白，而是要注意元素之间的联系性。适当的留白能保持幻灯片中各元素的联系，提高幻灯片的美观性，但过度的留白却会降低幻灯片的美观性，影响幻灯片信息的传递。图 9-5 所示的两张幻灯片，同样是在幻灯片的左、右两侧留白，但右边的幻灯片相对于左边的幻灯片来说，左右更加平衡、整体更加美观。

图 9-5 幻灯片留白

9.1.5 分离

分离原则是指将幻灯片中的内容按照逻辑分解出来，分开展示，以方便观众理解。如图 9-6 所示，左边幻灯片的内容是聚拢在一起展示的，内容集中且密集，不方便观众获取信息，而右边幻灯片则将左边幻灯片的内容分解展示，显得条例清晰，更加便于观众阅读。

图 9-6 内容分离

9.2 美化幻灯片内容

幻灯片内容是幻灯片的主体。在幻灯片中添加合适的幻灯片内容，并编辑、美化添加的内容，可以提升幻灯片的美感，更好地吸引观众的注意。

9.2.1 应用设计方案

WPS 演示中提供了很多设计方案，可用来快速美化演示文稿的整体内容。其方法是：在演示文稿中单击“设计”选项卡中的“设计方案”按钮，打开“在线设计方案”对话框，在搜索文本框中输入要搜索方案的关键字，单击按钮，下方将显示出搜索到的设计方案；将鼠标指针移动到需要的设计方案上，并单击出现的应用风格按钮，如图 9-7 所示，即会开始下载模板；下载完成后，模板将应用于当前演示文稿，如图 9-8 所示。

图 9-7　选择设计方案

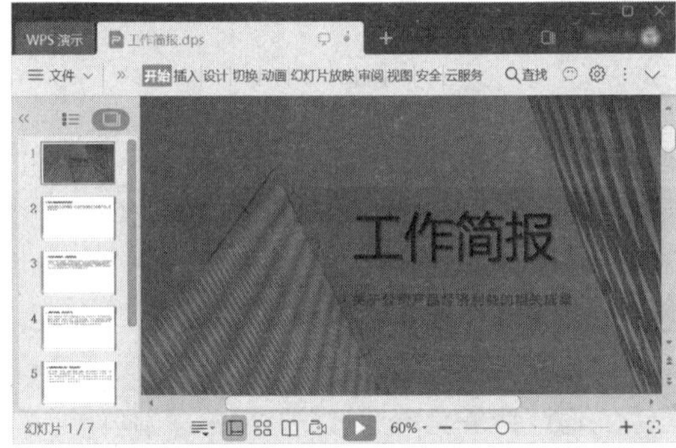

图 9-8　查看效果

第3部分

知识补充

设计方案的应用

在“设计”选项卡的列表框中也提供了几种设计方案，可以直接选取使用。另外，设计方案既可以应用在空白演示文稿中，也可以应用在含内容的演示文稿中。

9.2.2 应用配色方案

配色的好坏直接影响幻灯片的美观度。当需要整体修改演示文稿的配色时，可以直接通过配色方案快速完成。其方法是：单击“设计”选项卡中的“配色方案”按钮，在打开的下拉列表中提供了多种配色方案，选择需要的配色方案（见图 9-9），即可将所选配色方案应用于演示文稿中，如图 9-10 所示。

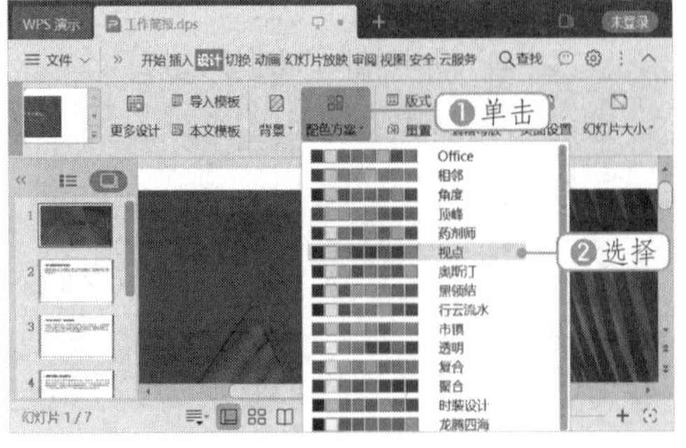

图 9-9　选择配色

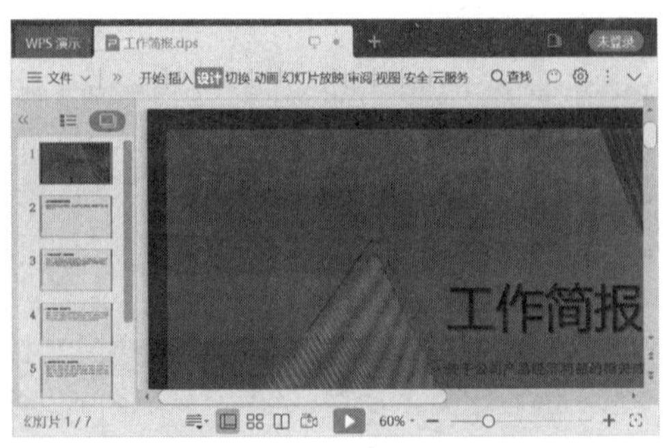

图 9-10　查看配色效果

9.2.3 插入并设置图片

图片是幻灯片中使用较多的对象，它既可以补充说明文字内容，也可以作为幻灯片背景起到美化作用。下面将在“工作总结.dps”演示文稿中插入需要的图片，并根据需要编辑和美化图片，具体操作如下。

素材所在位置 素材文件\第 9 章\工作总结.dps、图书馆.jpg、图片 1.jpg

效果所在位置 效果文件\第 9 章\工作总结.dps

微课视频

STEP 1 打开“工作总结.dps”演示文稿，选择第 1 张幻灯片，单击“插入”选项卡中“图片”按钮右侧的下拉按钮，在打开的下拉列表中选择“来自文件”选项，如图 9-11 所示。

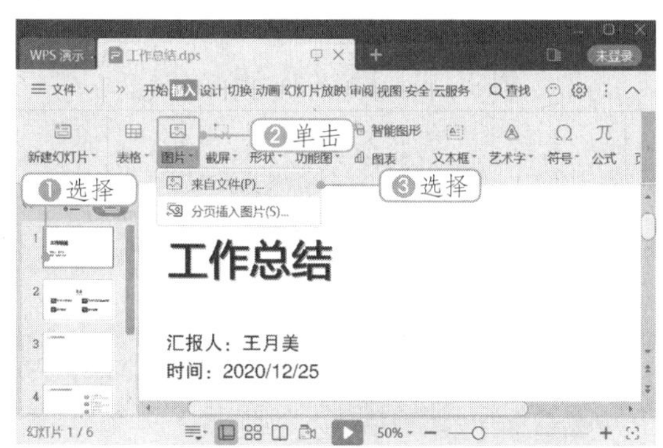

图 9-11 单击“图片”按钮

STEP 2 打开“插入图片”对话框，选择需要插入的“图书馆.jpg”文件，单击 打开 按钮，如图 9-12 所示。

图 9-12 选择图片文件

STEP 3 将图片调整到合适的位置，在“图片工具”选项卡的“宽度”数值框中输入图片需要的宽度“33.92 厘米”，按【Enter】键，可根据宽度自动等比例调整图片；单击“裁剪”按钮，进入裁剪状态，可裁剪图片，如图 9-13 所示。

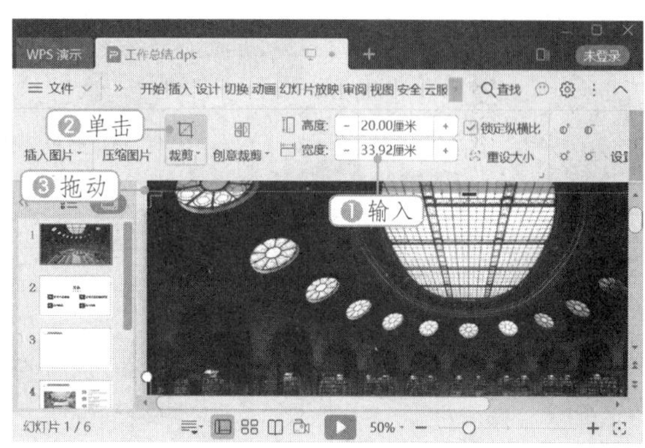

图 9-13 裁剪图片

STEP 4 再次单击“裁剪”按钮，退出裁剪状态。单击“图片工具”选项卡中“下移一层”按钮右侧的下拉按钮，在打开的下拉列表中选择“置于底层”选项，如图 9-14 所示，将图片移动到底层。

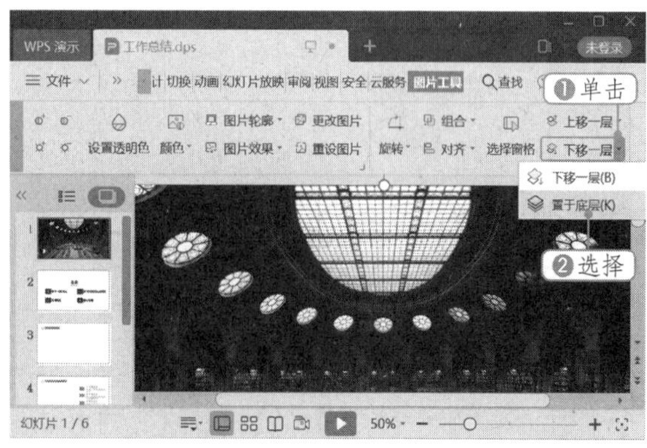

图 9-14 调整图片叠放顺序

知识补充

分页插入图片

分页插入图片是指将选择的多张图片一次性插入幻灯片中，且每张图片自动各占用一张幻灯片，图片不重叠，在制作旅游宣传、产品相册、婚纱相册等演示文稿时经常使用。分页插入图片的方法是：在“图片”下拉列表中选择“分页插入图片”选项，打开“分页插入图片”对话框，选择多个图片文件，单击 打开 按钮。

STEP 5 在第4张幻灯片中插入“图片1.jpg”，将图片调整到合适的位置和大小，单击“图片工具”选项卡中“图片轮廓”按钮右侧的下拉按钮，在打开的下拉列表中选择矢车菊蓝（RGB:57,160,184），然后在该下拉列表中选择“线型”选项，在打开的子列表中选择“4.5磅”选项，如图9-15所示，为图片添加边框。

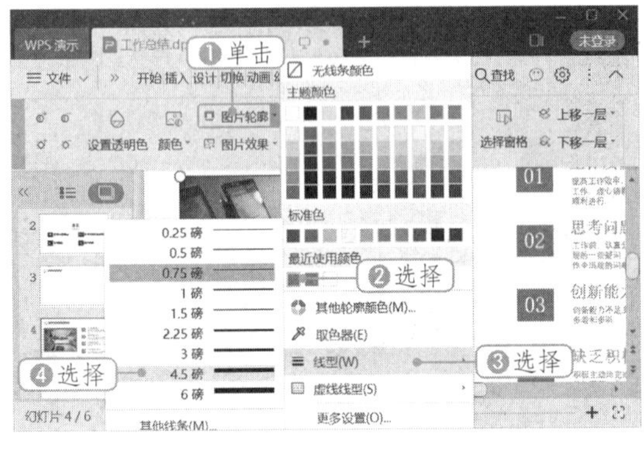

图 9-15　添加图片边框

STEP 6 保持图片的选中状态，单击“图片效果”按钮，在打开的下拉列表中选择“阴影”选项，在打开的子列表中选择“右下斜偏移”选项，如图9-16所示。

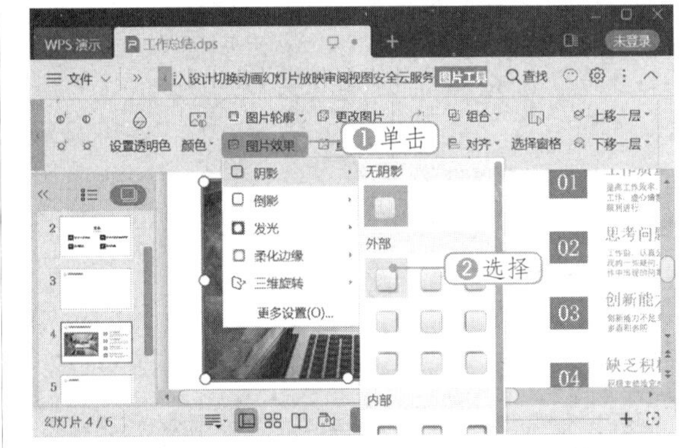

图 9-16　添加图片阴影效果

知识补充

创意裁剪

WPS演示中提供了创意裁剪功能，可以将图片裁剪为指定的图案效果。其方法是：登录WPS账户，选择幻灯片中的图片，单击“图片工具”选项卡中的“创意裁剪”按钮，在打开的下拉列表中选择需要进行的裁剪样式，即可将所选图片裁剪为选择的图案效果。

9.2.4 插入并设置图形

图形包括形状和智能图形，用于图示化展示文字信息。另外，形状还有美化幻灯片和引导阅读的作用。下面将继续上例操作，在幻灯片中插入形状和智能图形，并根据需要进行编辑，具体操作如下。

效果所在位置　效果文件\第9章\工作总结1.dps

微课视频

STEP 1 选择第1张幻灯片，单击“插入”选项卡中的“形状”按钮，在打开的下拉列表中选择“矩形”选项，如图9-17所示。

STEP 2 在幻灯片中拖动鼠标绘制一个与幻灯片大小相等的矩形，选择形状，在形状上单击鼠标右键，在打开的快捷菜单中选择“设置形状格式”命令。

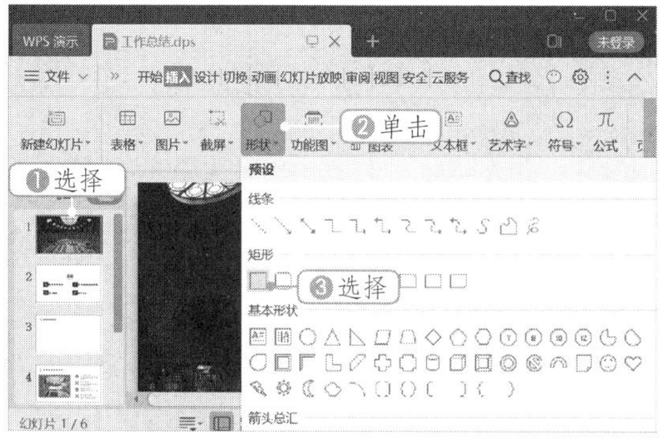

图 9-17 选择形状

STEP 3 打开“对象属性”任务窗格后，在“填充”选项下单击选中“渐变填充”单选按钮，将“渐变样式”设置为“线性渐变”的“到右侧”，选择第1个渐变光圈，将其填充为矢车菊蓝，位置设置为“35%”，选择第2个渐变光圈，将位置设置为“89%”，透明度设置为“55%”，删除第3个渐变光圈，在“线条”选项下单击选中“无线条”单选按钮，取消形状的轮廓，如图 9-18 所示。

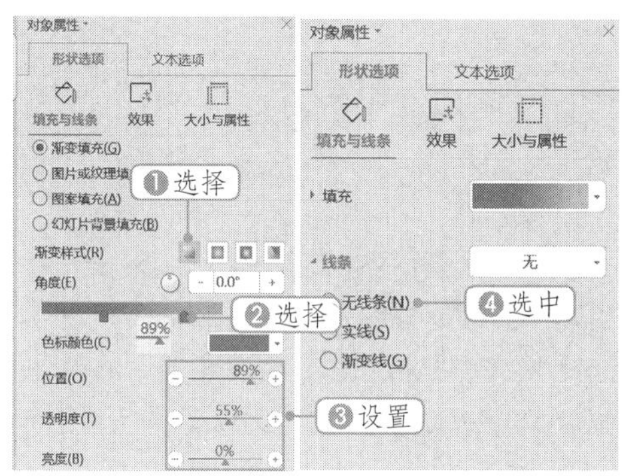

图 9-18 设置形状填充色和轮廓

STEP 4 将矩形置于占位符下方，并将占位符中的字体颜色设置为白色，提高幻灯片美观性，如图 9-19 所示。

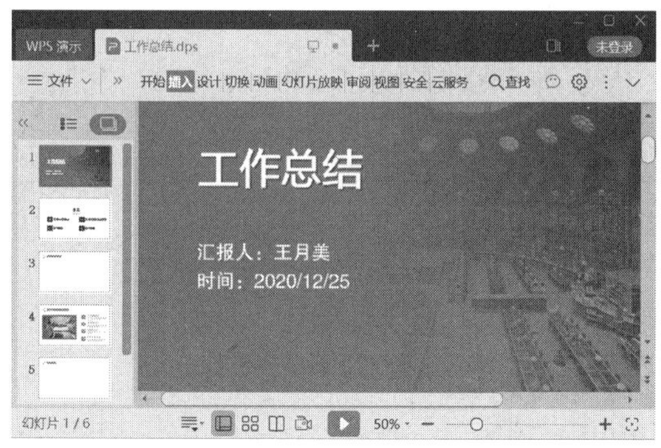

图 9-19 查看形状效果

STEP 5 在第2张幻灯片中绘制一个矩形和一个等腰三角形，选择等腰三角形，单击“绘图工具”选项卡中的“旋转”按钮，在打开的下拉列表中选择“垂直翻转”选项，调整形状的方向，如图 9-20 所示。

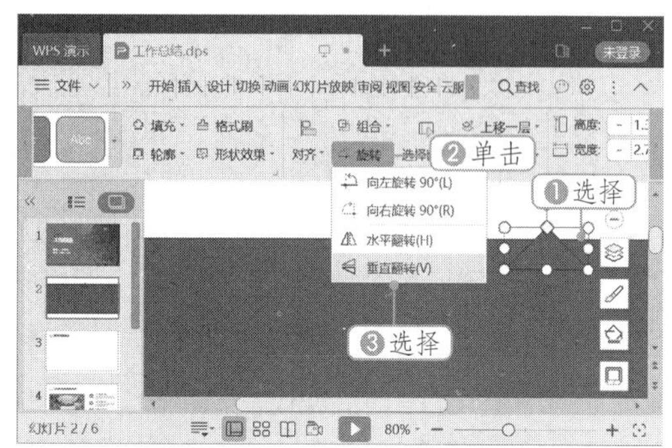

图 9-20 调整形状的旋转方向

STEP 6 选择矩形和等腰三角形，在出现的浮动工具栏中单击“靠上对齐”按钮，使两个形状的顶端对齐，如图 9-21 所示。

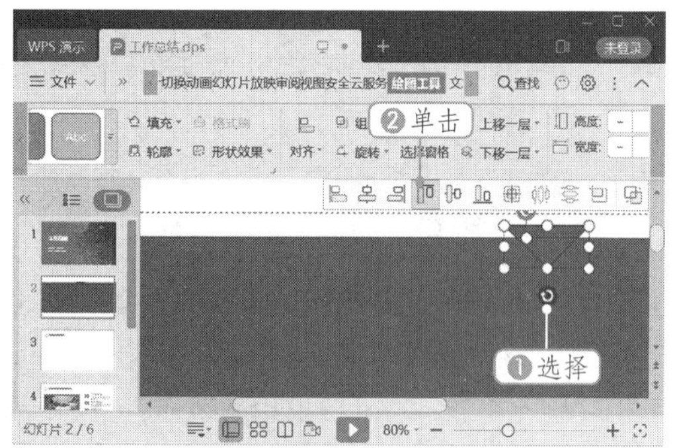

图 9-21 对齐形状

STEP 7 将矩形和等腰三角形填充为矢车菊蓝，取消轮廓，然后单击“绘图工具”选项卡中的“合并形状”按钮，在打开的下拉列表中选择“组合”选项，如图 9-22 所示。

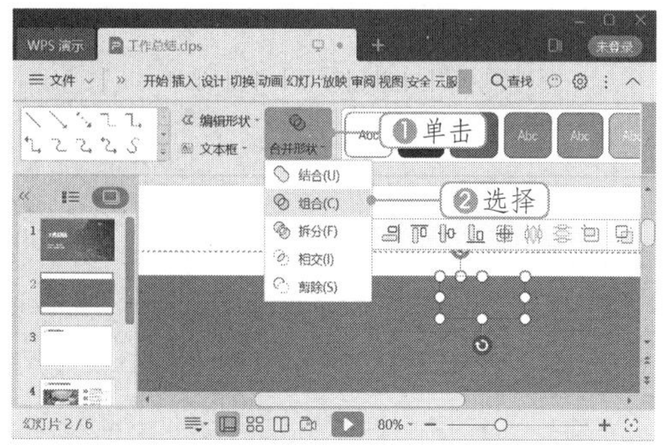

图 9-22 合并形状

知识补充

合并形状

"合并形状"下拉列表中的"结合"选项表示将多个相互重叠或分离的形状结合生成一个新的形状；"组合"选项表示将多个相互重叠或分离的形状结合生成一个新的形状，但形状的重合部分将被剪除；"拆分"选项表示将多个形状重合或未重合的部分拆分为多个形状；"相交"选项表示将多个形状未重叠的部分剪除，重叠的部分将被保留；"剪除"选项表示将被剪除的形状覆盖或被其他对象覆盖的部分清除所产生新的对象。

STEP 8 选择的两个形状将组合为一个新的形状，将形状置于底层，选择幻灯片中的占位符和文本框，将字体颜色设置为"白色"，文本框轮廓设置白色，取消文本框的填充色，效果如图 9-23 所示。

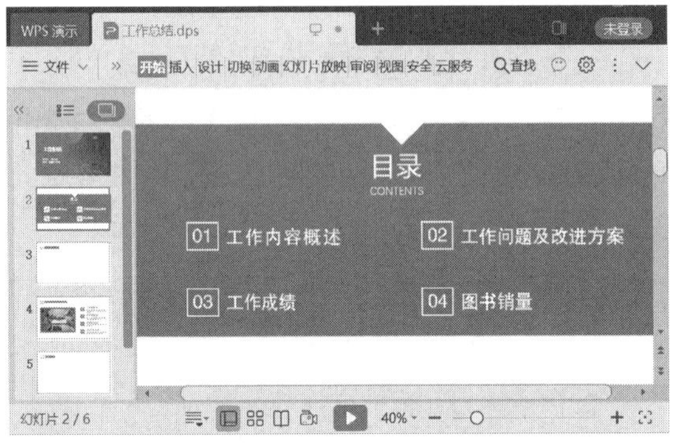

图 9-23　查看幻灯片效果

STEP 9 选择第 3 张幻灯片，单击"智能图形"按钮，打开"选择智能图形"对话框，选择需要的"堆叠列表"选项，单击 按钮，如图 9-24 所示。

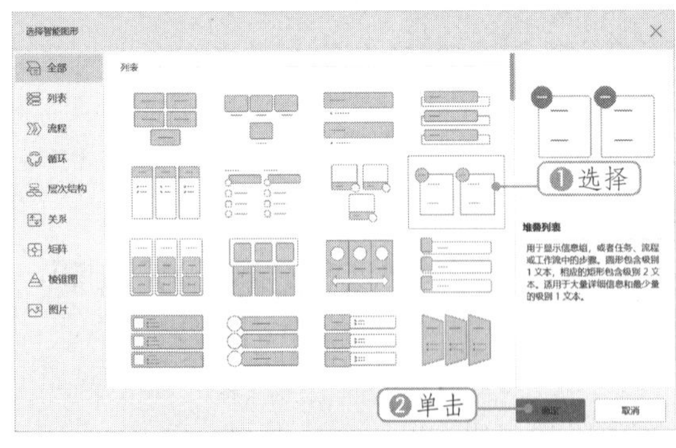

图 9-24　选择智能图形

STEP 10 选择智能图形中的第 2 个圆，单击"设计"选项卡中的"添加项目"按钮，在打开的下拉列表中选择"在后面添加项目"选项，如图 9-25 所示。

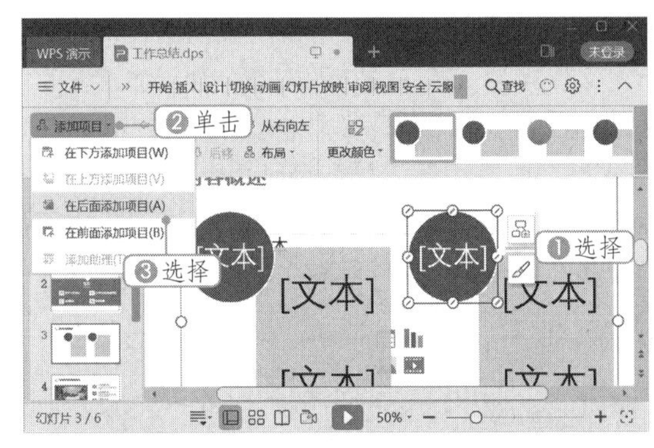

图 9-25　为图形添加项目

STEP 11 在图形中增加一个项目，在智能图形的各形状中输入需要的文本，并删除多余的形状，将智能图形调整到合适的大小，然后将智能图形中的 3 个圆的填充色设置为矢车菊蓝，效果如图 9-26 所示。

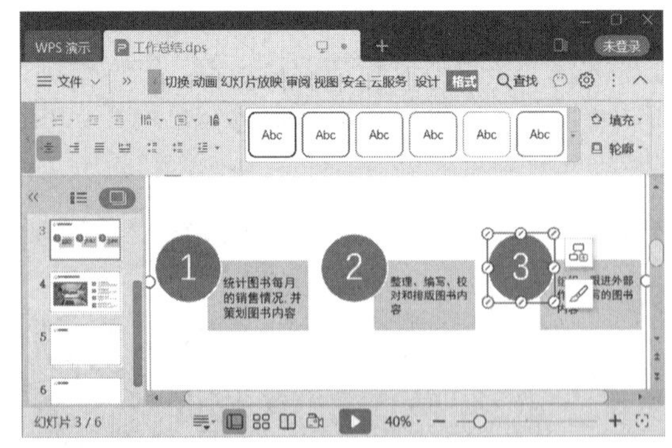

图 9-26　查看图形效果

9.2.5 插入并设置表格和图表

当幻灯片中展示的数据信息含多个类别时，可以使用表格直观地展示数据信息，还可使用图表来分析数据。下面将继续上例操作，在幻灯片中插入表格和图表，具体操作如下。

第3部分

效果所在位置 效果文件 \ 第 9 章 \ 工作总结 2.dps

微课视频

STEP 1 选择第 5 张幻灯片，单击内容占位符中的“插入表格”图标，打开“插入表格”对话框，在“行数”数值框中输入“5”，在“列数”数值框中输入“5”，单击 确定 按钮，如图 9-27 所示。

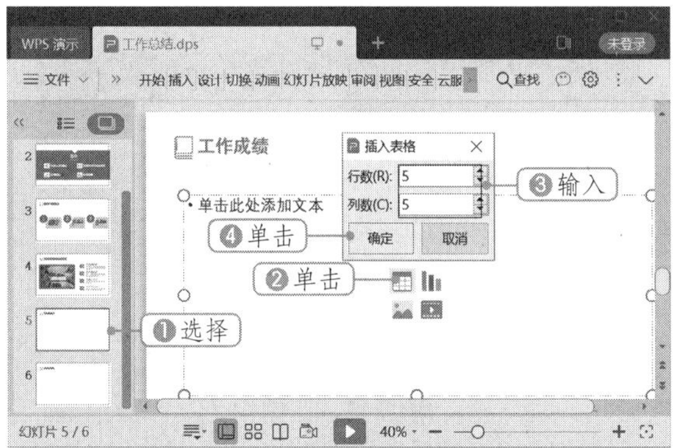

图 9-27 插入表格

STEP 2 在幻灯片中插入 5 行 5 列的表格，在表格中输入需要的数据，选择表格，单击“表格工具”选项卡中的“居中对齐”按钮和“水平居中”按钮，如图 9-28 所示。

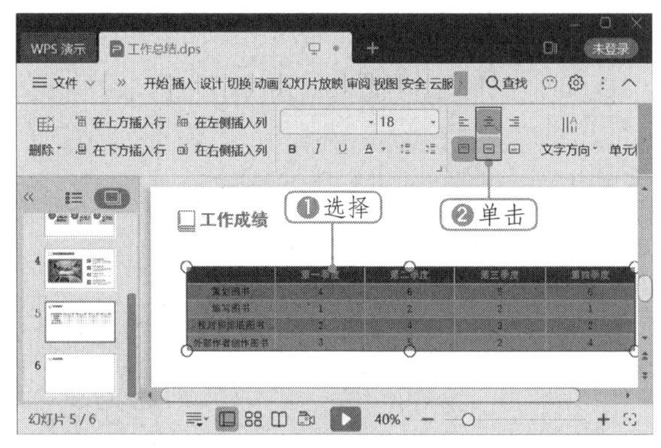

图 9-28 设置表格文本对齐方式

STEP 3 将表格调整到合适的大小，选择表格第 1 行，在“表格样式”选项卡的“填充”下拉列表中选择之前设置的“矢车菊蓝”选项，设置表格底纹效果如图 9-29 所示。

STEP 4 选择第 6 张幻灯片，单击内容占位符中的“插入图表”图标，打开“插入图表”对话框，保持默认选择的“簇状柱形图”选项，单击 确定 按钮，如图 9-30 所示。

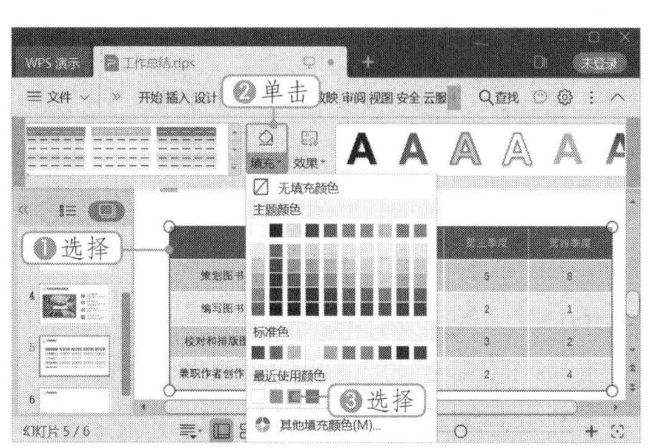

图 9-29 选择底纹填充色

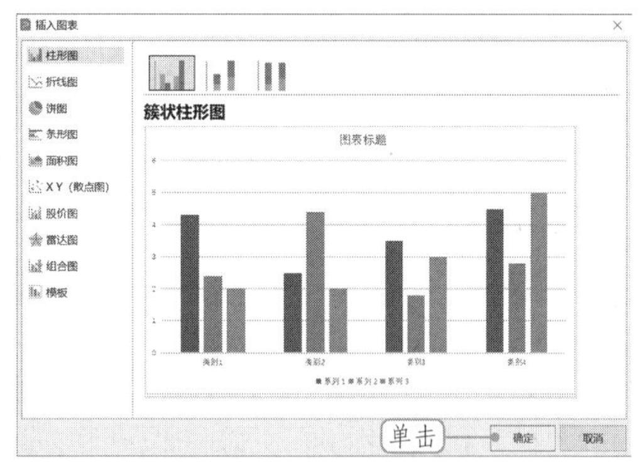

图 9-30 选择图表

STEP 5 在幻灯片中插入图表，选择图表，并单击“图表工具”选项卡中的“编辑数据”按钮，如图 9-31 所示。

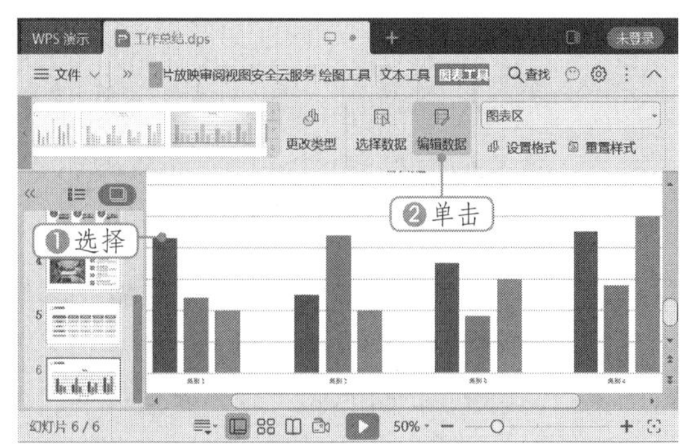

图 9-31 单击“编辑数据”按钮

STEP 6 启动 WPS 表格，在单元格中输入需要在图表中展示的数据，单击“关闭”按钮退出程序，如图 9-32 所示。

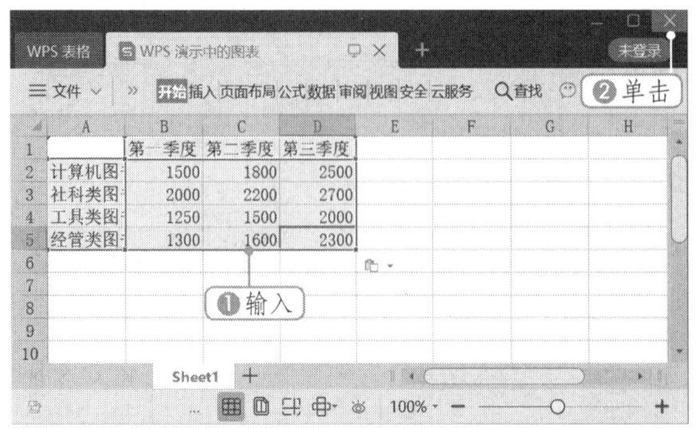

图 9-32　输入图表数据

STEP 7　保持图表的选中状态，单击图表右侧的“图表元素”按钮，在打开的面板中取消“图表标题”复选框，单击选中“数据标签”复选框，删除图表的标题，显示出数据标签，如图 9-33 所示。

STEP 8　选择图表，在“开始”选项卡中设置字号为“16”，单击“加粗”按钮**B**，加粗图表中的文本，效果如图 9-34 所示。

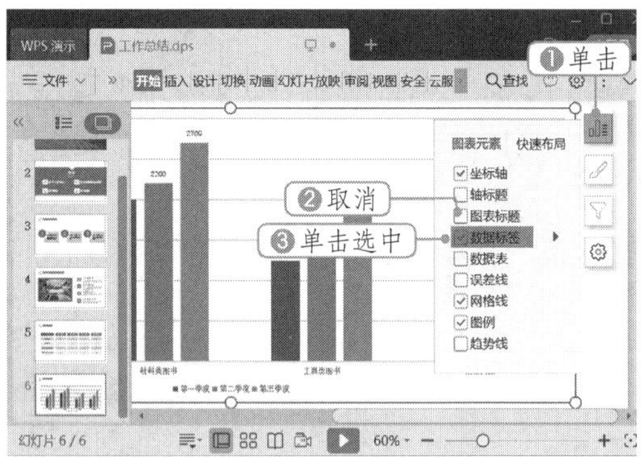

图 9-33　添加图表元素

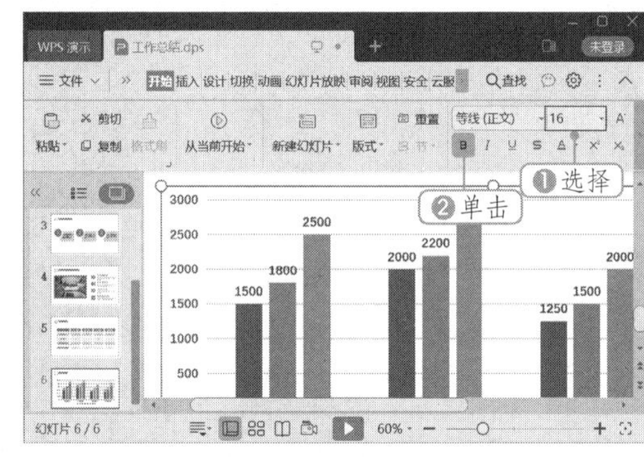

图 9-34　设置图表文本的字体格式

第3部分

9.3 让幻灯片“动”起来

在幻灯片中，除了可添加文本、图片、图形、表格、图表等静止的对象外，还可添加声音、视频、动画等效果，增加幻灯片的视觉表现力，让制作的演示文稿有声有色。

9.3.1 添加切换动画

切换动画是指在幻灯片放映过程中从一张幻灯片切换到下一张幻灯片时出现的动画效果。下面将在“产品展示 .dps”演示文稿中为幻灯片添加切换动画，具体操作如下。

素材所在位置　素材文件 \ 第 9 章 \ 产品展示.dps

效果所在位置　效果文件 \ 第 9 章 \ 产品展示.dps

微课视频

STEP 1　打开“产品展示.dps”演示文稿，在“切换”选项卡的列表框中选择“框”选项，单击“效果选项”按钮，在打开的下拉列表中选择“上方进入”选项，如图 9-35 所示。

STEP 2　保持幻灯片的选中状态，单击“切换效果”按钮，如图 9-36 所示。

STEP 3　打开“幻灯片切换”任务窗格后，在“速度”数值框中输入播放时间，在“声音”下拉列表框中选择“风铃”选项，单击应用于所有幻灯片按钮，如图 9-37 所示。

STEP 4　将第 1 张幻灯片的切换动画应用到演示文稿的其他幻灯片中，并在幻灯片编号中显示代表动画效果的★图标，单击播放按钮，如图 9-38 所示，即可播放幻灯片切换动画。

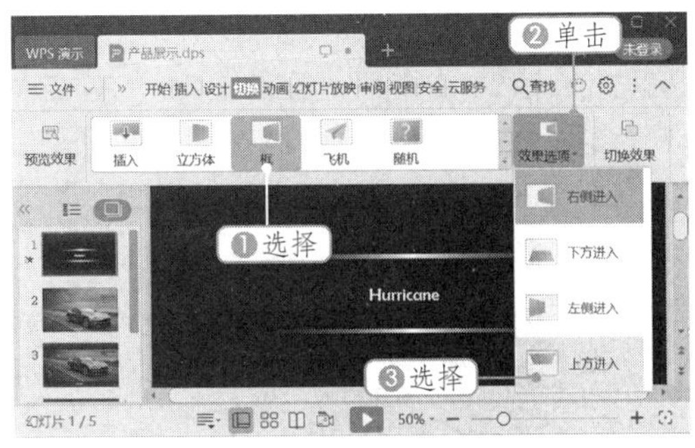

图 9-35　添加切换动画

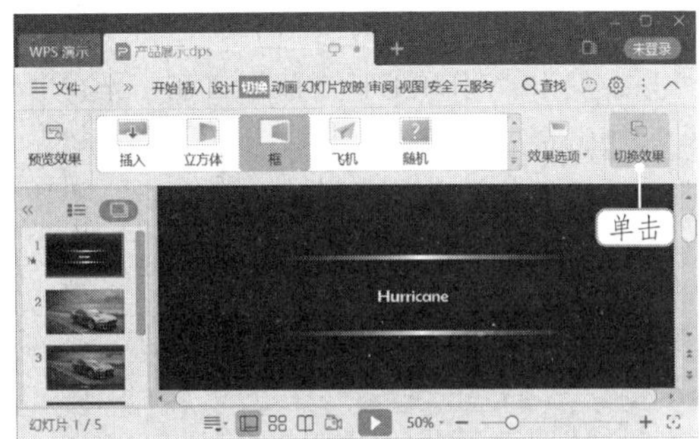

图 9-36　单击“切换效果”按钮

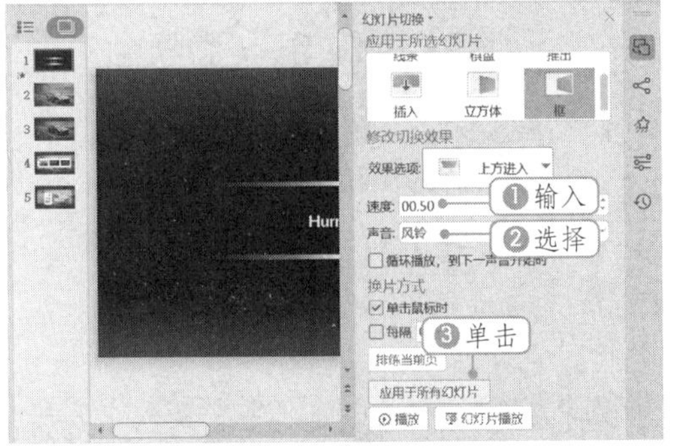

图 9-37　设置切换计时

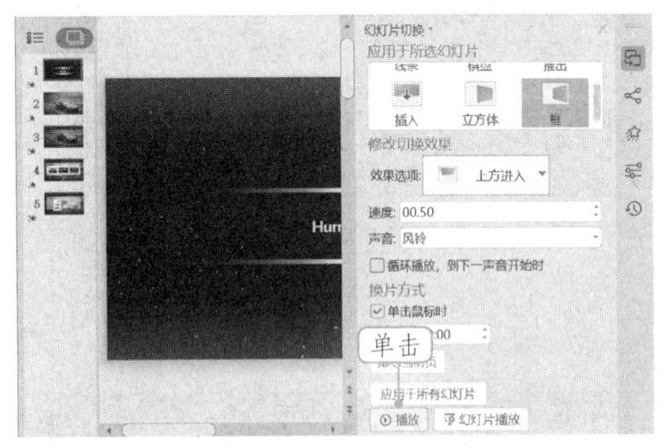

图 9-38　播放切换动画

9.3.2　添加动画效果

动画效果是指为幻灯片中的对象添加的动态效果。为了使不同动画间的衔接更自然，用户还需要设置动画的方向、开始时间、播放时间、播放顺序等。下面继续上例操作，在“产品展示.dps”演示文稿中为第 1 张幻灯片的对象添加需要的动画效果，具体操作如下。

效果所在位置　效果文件 \ 第 9 章 \ 产品展示 1.dps

微课视频

STEP 1　选择第 1 张幻灯片中的两个直线连接符和文本框，在“动画”选项卡的列表框中选择“擦除”动画效果，单击“自定义动画”按钮，如图 9-39 所示。

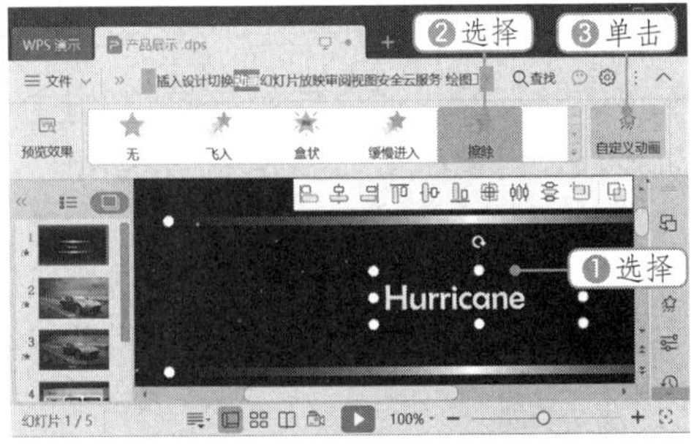

图 9-39　为对象添加动画效果

STEP 2　打开“自定义动画”任务窗格后，在下方的列表框中将显示动画效果选项，选择“直线连接符 17”选项，按住鼠标左键不放向上拖动至“直线连接符 16”选项的上方，如图 9-40 所示。

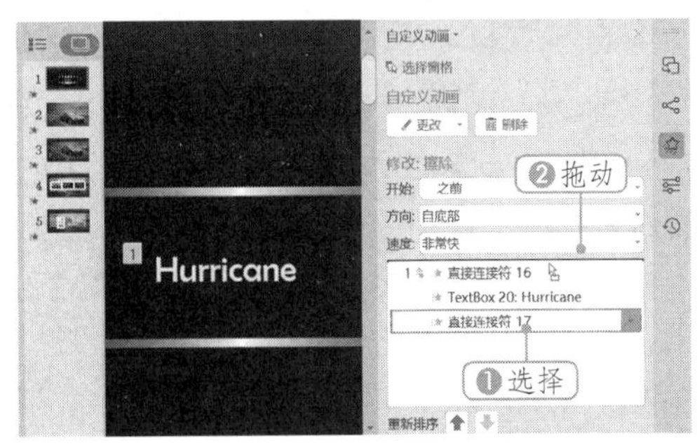

图 9-40　调整动画顺序

STEP 3 所选效果选项将移动到最前面，保持“直线连接符 17”选项的选中状态，在“开始”下拉列表中选择“单击时”选项，在“方向”下拉列表中选择“自左侧”选项，在“速度”下拉列表中选择“快速”选项，如图 9-41 所示。

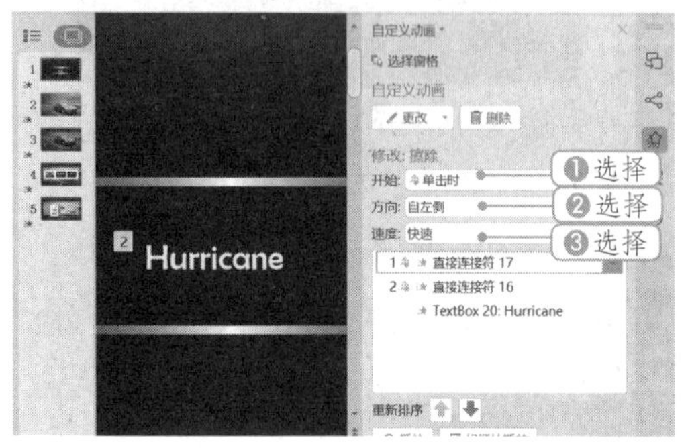

图 9-41 调整动画顺序

STEP 4 选择“直线连接符 16”选项，将其开始时间设置为“之前”，方向设置为“自左侧”，速度设置为“快速”，然后将文本框的开始时间设置为“之后”，方向设置为“自左侧”，速度设置为“非常快”，如图 9-42 所示。

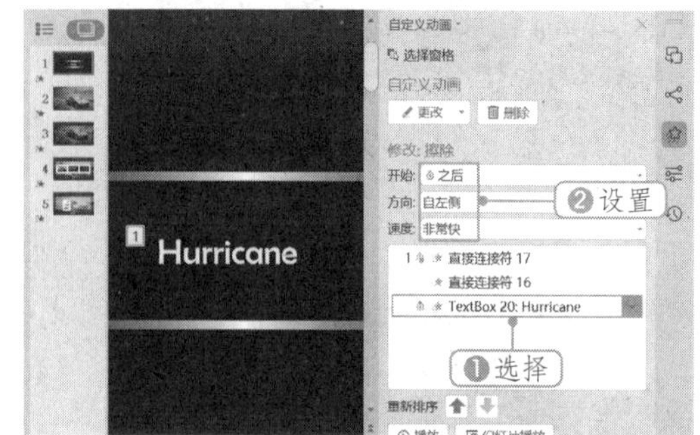

图 9-42 设置动画计时

STEP 5 单击 播放 按钮，播放幻灯片的动画效果，如图 9-43 所示。

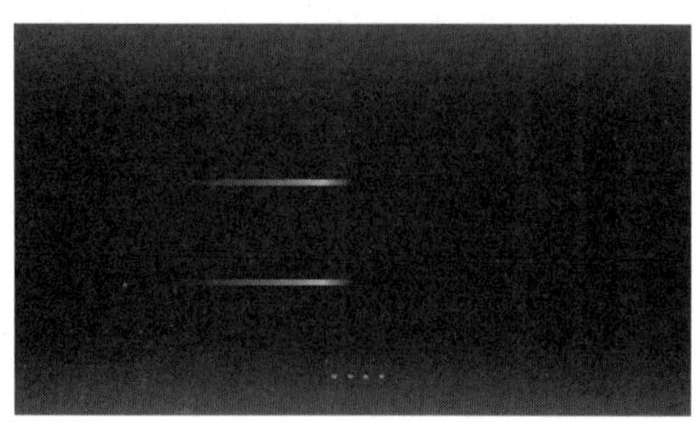

图 9-43 动画播放效果

第3部分

知识补充

自定义绘制动画路径

在“动画”选项卡的列表框中提供了多种进入动画、强调动画、退出动画和动作路径动画，如果提供的动画效果不能满足需要，可先在幻灯片中选择对象，在列表框的“绘制自定义路径”栏中选择需要的选项，此时鼠标指针将变成＋形状，在需要绘制动作路径的开始处拖动鼠标开始绘制动作路径，绘制到合适位置后双击鼠标结束绘制。绘制的动作路径并不是固定的，可根据需要设置该路径的方向、长短等。

9.3.3 插入超链接

WPS 演示为用户提供了超链接功能，用户为幻灯片中的文本、图片、图形等对象添加超链接后，在放映幻灯片时就可实现对象与幻灯片或对象与其他文件之间的交互。在 WPS 演示中，既可链接到演示文稿中的幻灯片，也可链接到计算机中保存的某个文件或网页。其方法是：选择幻灯片中的对象，单击“插入”选项卡中的“超链接”按钮，打开“插入超链接”对话框，在“链接到”栏中选择链接的位置，在右侧设置要链接到的幻灯片、文件或网址等，单击 确定 按钮，如图 9-44 所示。返回幻灯片中，如果是为文本对象添加的超链接，那么添加超链接的文本将自动添加下画线，且文本颜色会发生变化，如图 9-45 所示。

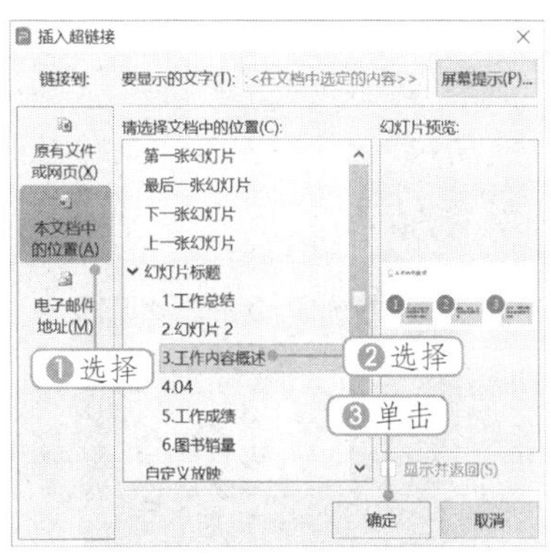

图 9-44　插入超链接

图 9-45　查看超链接

9.3.4　插入多媒体

在 WPS 演示中，多媒体是指音频、视频和 Flash 文件。在幻灯片中插入多媒体，可以让幻灯片更加生动形象。下面将在“汽车介绍”演示文稿中插入音频和视频文件，并根据需要进行设置，其具体操作如下。

素材所在位置　素材文件\第 9 章\汽车介绍.dps、轻音乐.mp3、宣传片.mp4

效果所在位置　效果文件\第 9 章\汽车介绍.dps

微课视频

STEP 1　打开“汽车介绍.dps”演示文稿，选择第 1 张幻灯片，单击“插入”选项卡中的“音频”按钮，如图 9-46 所示。

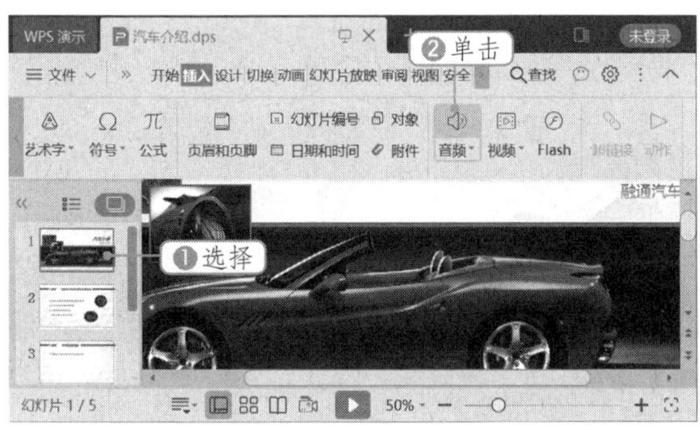

图 9-46　单击“音频”按钮

STEP 2　打开“插入音频”对话框后，选择需要插入的“轻音乐.mp3”音频文件，单击 打开 按钮，如图 9-47 所示。

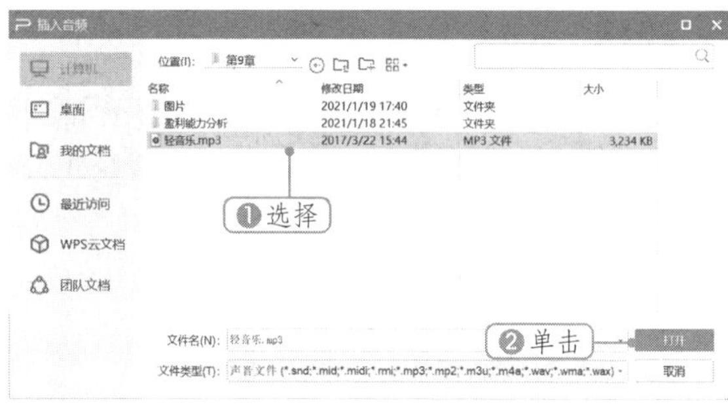

图 9-47　插入音频文件

STEP 3　在幻灯片中添加音频文件图标，选择音频图标，在“音频工具”选项卡中单击选中“跨幻灯片播放：至 5 页停止”单选按钮和“放映时隐藏”复选框，如图 9-48 所示。

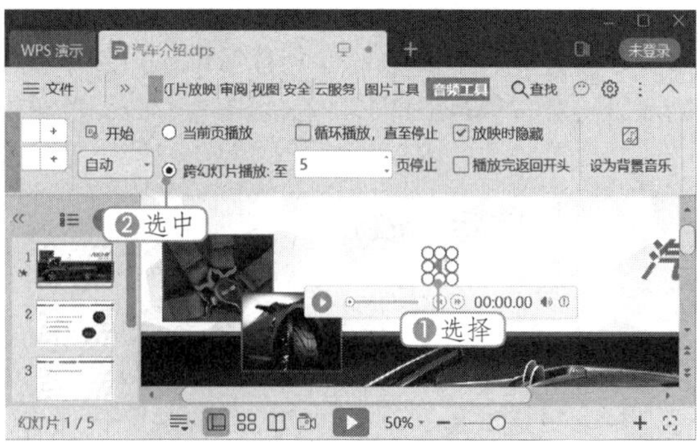

图 9-48　设置音频播放选项

STEP 4　选择第 3 张幻灯片，单击“插入”选项卡中的“视频”按钮，打开“插入视频”对话框，选择需要插入的“宣传片.mp4”视频文件，单击打开按钮，如图 9-49 所示。

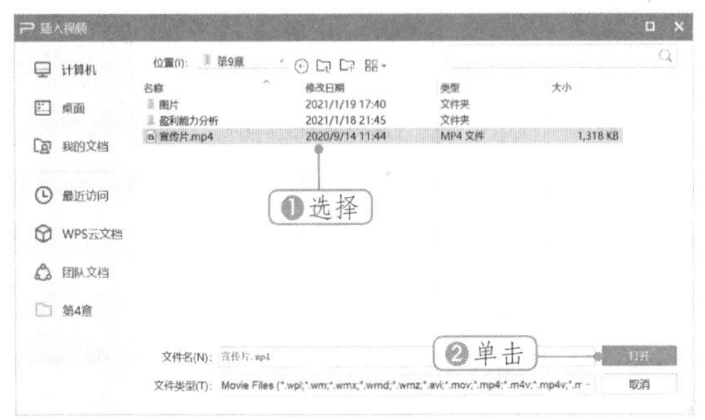

图 9-49　插入视频文件

STEP 5　调整视频图标的大小，选择视频图标，单击“视频工具”选项卡中的“裁剪视频”按钮，如图 9-50 所示。

图 9-50　单击“裁剪视频”按钮

STEP 6　打开“裁剪视频”对话框，设置视频开始时间和结束时间，完成后单击确定按钮，如图 9-51 所示。

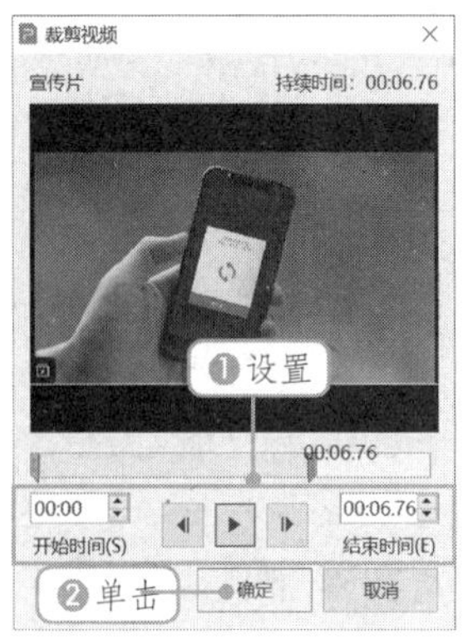

图 9-51　剪辑视频

STEP 7　在“视频工具”选项卡中单击选中“全屏播放”复选框，则播放视频时会全屏放映视频，如图 9-52 所示。

图 9-52　设置视频播放选项

9.4　放映演示文稿

在放映幻灯片前，还需要根据场合和放映要求设置相关参数，并且在放映幻灯片时，还要注意控制幻灯片的放映过程，以便顺利放映幻灯片。

9.4.1　自定义放映

在放映演示文稿时，默认会从头开始放映或从当前幻灯片开始放映，如果只需要放映演示文稿中的某几张连续或不连续的幻灯片，那么可通过 WPS 演示提供的自定义放映功能指定演示文稿中要放映的幻灯片。其方法是：单击“幻灯片放映”选项卡中的“自定义放映”按钮，打开“自定义放映”对话框，单击新建(N)...按钮，打开“定义自定义放映”对话框，设置放映名称，并添加要放映的幻灯片，单击确定按钮，如图 9-53 所示。返回“自定义放映”对话框，单击放映(S)按钮，如图 9-54 所示，即可按要求放映指定的幻灯片。

第3部分

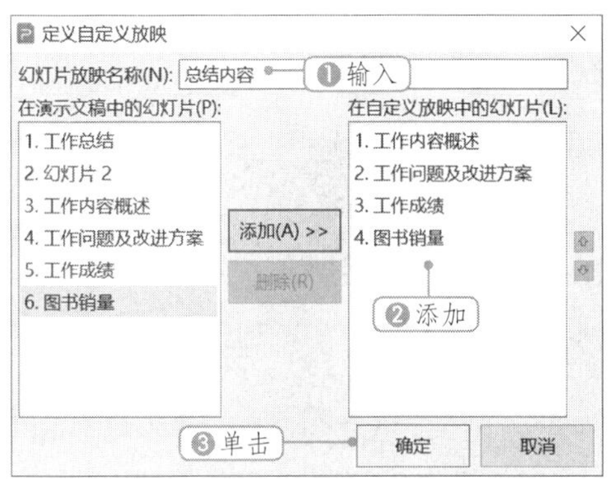

图 9-53 添加要放映的幻灯片

图 9-54 单击“放映”按钮

知识补充

设置放映方式

放映幻灯片前，需要根据放映场合和实际需要，设置放映类型、放映选项、放映的幻灯片及换片方式等。其方法是：单击“幻灯片放映”选项卡中的“设置放映方式”按钮，打开“设置放映方式”对话框，在其中根据需要进行设置，设置完成后单击 确定 按钮。

9.4.2 设置排练计时

排练计时可用于记录演示文稿中每张幻灯片放映时使用的时间，并在放映时，根据录制的时间自动播放每张幻灯片。下面将在“工作总结 3.dps”演示文稿中设置排练计时，具体操作如下。

素材所在位置 素材文件 \ 第 9 章 \ 工作总结 3.dps

效果所在位置 效果文件 \ 第 9 章 \ 工作总结 3.dps

微课视频

STEP 1 打开“工作总结 3.dps”演示文稿，单击“幻灯片放映”选项卡中的“排练计时”按钮，如图 9-55 所示。

图 9-55 单击“排练计时”按钮

STEP 2 进入幻灯片放映状态，并打开“预演”窗格记录第 1 张幻灯片的播放时间，如图 9-56 所示。

图 9-56 录制幻灯片放映时间

STEP 3 第 1 张幻灯片录制完成后，单击鼠标左键，进入第 2 张幻灯片并记录放映时间，直至录制完最后一张幻灯片的播放时间后，再按【Esc】键，打开提示对话框，其中显示了录制的总时间，单击[是(Y)]按钮保存，如图 9-57 所示。

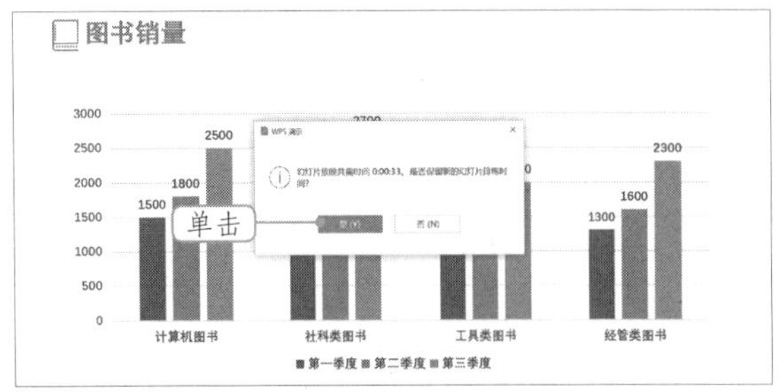

图 9-57 保存排练计时

STEP 4 自动进入幻灯片浏览视图，每张幻灯片下方都会显示录制的时间，如图 9-58 所示。

图 9-58 查看排练计时

9.4.3 放映过程中的控制

在放映幻灯片的过程中，还可以通过右键菜单控制幻灯片的放映过程，如跳转到指定幻灯片放映、为重点内容添加标注、放大显示重要的内容等。下面将控制“工作总结 3.dps”演示文稿的放映过程，具体操作如下。

素材所在位置 素材文件 \ 第 9 章 \ 工作总结 3.dps

效果所在位置 效果文件 \ 第 9 章 \ 工作总结 4.dps

微课视频

STEP 1 打开“工作总结 3.dps”演示文稿，按【F5】键进入幻灯片放映状态，并从头开始放映幻灯片，单击鼠标，开始放映第 1 张幻灯片中的动画效果。放映完成后，单击鼠标右键，在打开的快捷菜单中选择“下一张”命令，如图 9-59 所示。

STEP 2 切换到第 2 张幻灯片，放映完第 2 张幻灯片中的动画后，单击鼠标右键，在打开的快捷菜单中选择“指针选项”命令，在打开的子菜单中选择“荧光笔”命令，如图 9-60 所示。

STEP 3 再次在“指针选项”子菜单中选择“墨迹颜色”命令，在打开的子菜单中选择“红色”选项，如图 9-61 所示。

STEP 4 此时，鼠标指针将变成红色的荧光笔形状，在需要标注的文本下方拖动鼠标以绘制直线突出显示文本内容，如图 9-62 所示。

STEP 5 标注完成后，在“指针选项”子菜单中选择“荧光笔”命令，鼠标指针将恢复到正常的箭头状态。

图 9-59 选择“下一张”命令

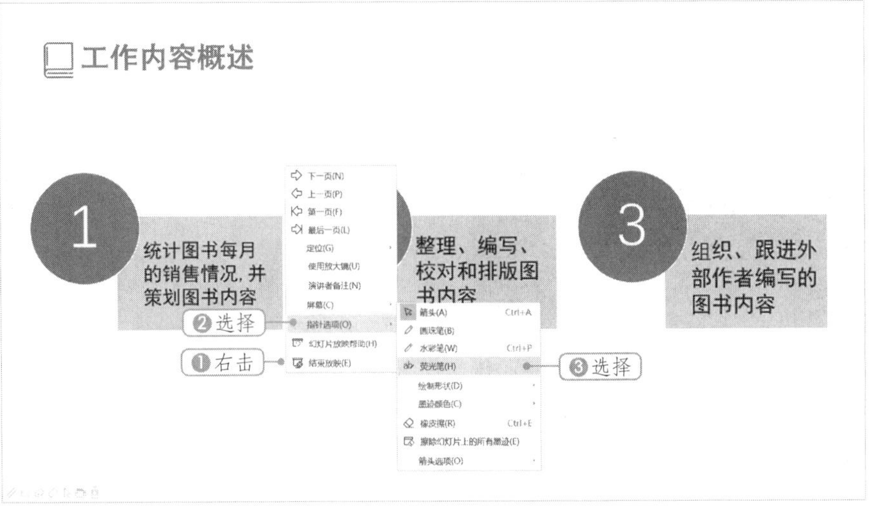

图 9-60　选择指针选项

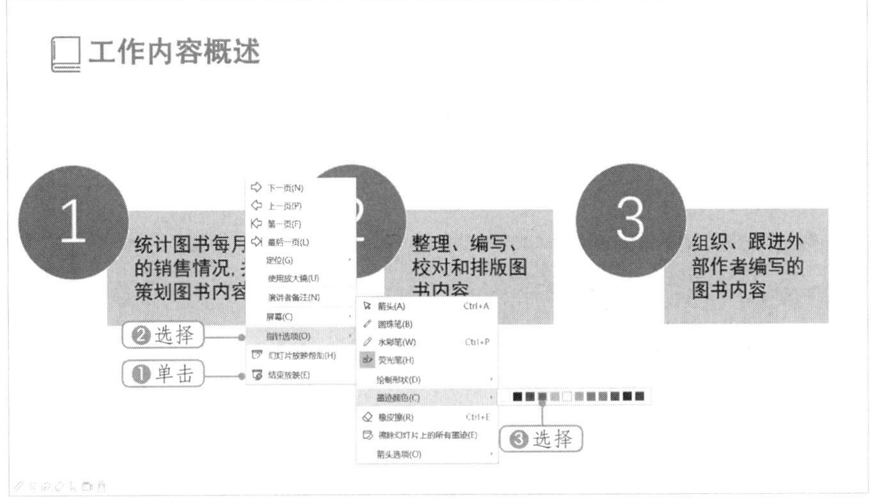

图 9-61　设置荧光笔颜色

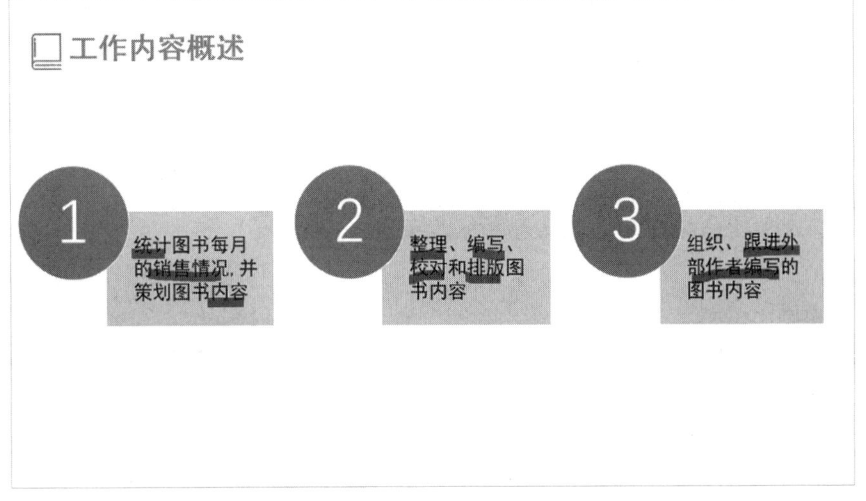

图 9-62　添加标注

STEP 6 继续放映其他幻灯片，放映完成后，按【Esc】键打开提示对话框，提示是否保留墨迹注释，单击 保留(K) 按钮，如图 9-63 所示。

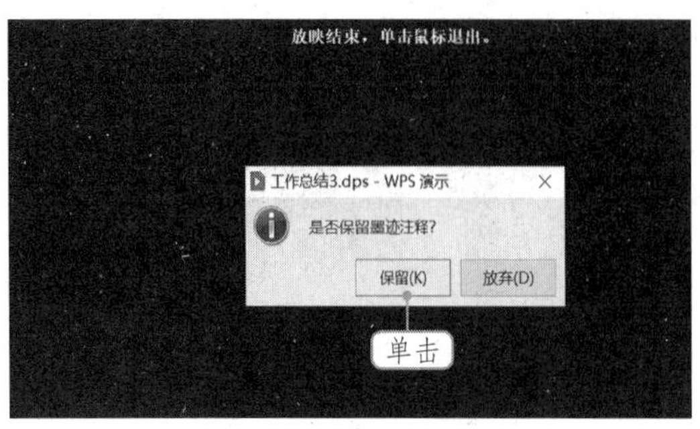

图 9-63　保留墨迹

STEP 7 返回幻灯片普通视图中，可查看保留的墨迹效果，如图 9-64 所示。

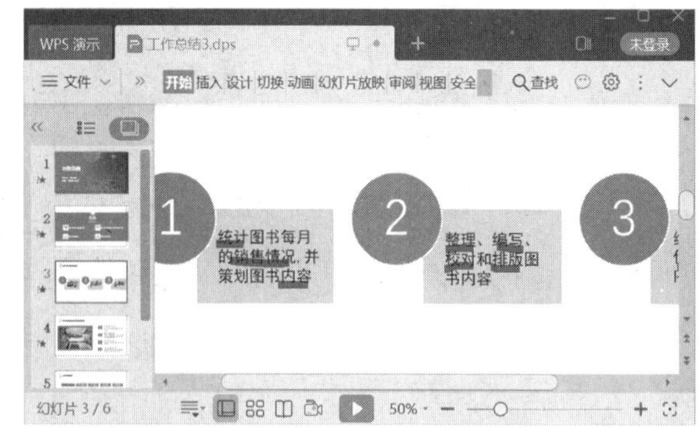

图 9-64　查看墨迹效果

知识补充

放大显示幻灯片内容

在放映幻灯片时，对于比较重要的内容，可以使用放大镜功能放大显示。其方法是：在放映的幻灯片上单击鼠标右键，在打开的快捷菜单中选择“使用放大镜”命令，此时鼠标指针将变成⊕形状，并自带一个半透明框，将半透明框移动到需要放大查看的内容上单击鼠标左键，将放大显示半透明框中的内容；将鼠标指针移动到放映的幻灯片上，鼠标指针将变成✋形状，按住鼠标左键不放，拖动可调整放大显示的区域。

第3部分

9.5 课堂案例：制作“楼盘项目介绍”演示文稿

楼盘项目介绍用于宣传房地产楼盘项目，便于让购房者快速了解楼盘的优势、亮点，进而吸引购房者购买楼盘。

9.5.1 案例目标

本例将完善“楼盘项目介绍”演示文稿中的内容，需要运用 WPS 演示添加、编辑、美化相应的对象。本例制作后的参考效果如图 9-65 所示。

图 9-65　“楼盘项目介绍”演示文稿

素材所在位置 素材文件 \ 第 9 章 \ 楼盘项目介绍.dps

效果所在位置 效果文件 \ 第 9 章 \ 楼盘项目介绍.dps

微课视频

9.5.2 制作思路

“楼盘项目介绍”的制作涉及图片、形状、智能图形、动画等对象的添加与编辑的知识。其具体制作思路如图 9-66 所示。

- 制作思路
  - 完善幻灯片内容
    - 插入与编辑图片
    - 插入与编辑形状
    - 插入与编辑智能图形
  - 添加动画并放映幻灯片
    - 为幻灯片对象添加动画
    - 通过会议分享和放映幻灯片

图 9-66 制作思路

9.5.3 操作步骤

1. 完善幻灯片内容

下面将通过添加图片、形状、智能图形等对象，完善演示文稿第 1 张、第 2 张、第 3 张、第 4 张和第 6 张幻灯片，具体操作如下。

STEP 1 打开“楼盘项目介绍.dps”演示文稿，在第 1 张幻灯片中插入“楼盘项目”文件夹中的“图片 1.jpg”图片文件，将图片调整到与幻灯片相同大小。

STEP 2 绘制一个与图片相同大小的矩形，选择矩形，在“对象属性”任务窗格中将填充色设置为“培安紫，文本 2，深色 25%”，将透明度设置为“27%”，单击选中“无线条”单选按钮，取消形状轮廓，如图 9-67 所示。

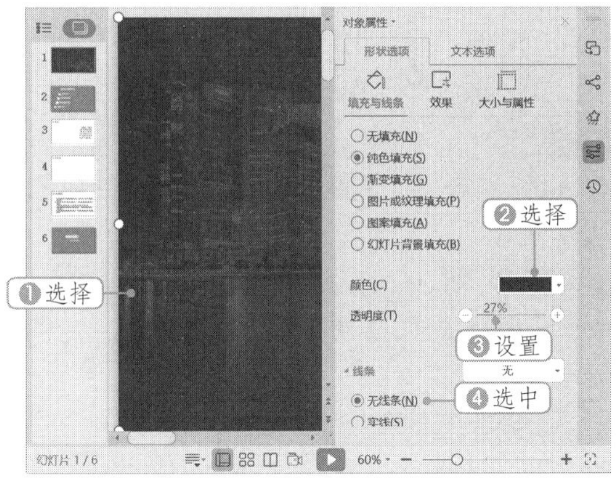

图 9-67 设置形状填充效果

STEP 3 单击“绘图工具”选项卡中的“选择窗格”按钮，打开“选择窗格”任务窗格，选择“矩形 2”选项，多次单击按钮，将矩形调整到文本框下方，如图 9-68 所示，使用相同的方法将“图片 1”调整到“矩形 2”下方。

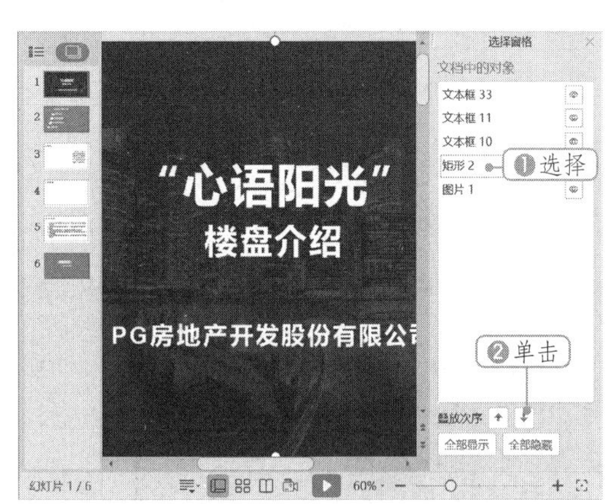

图 9-68 调整对象叠放顺序

STEP 4 在标题文本框旁边绘制一个半闭框形状，将鼠标指针移动到黄色的控制点上，按住鼠标左键不放向左拖动，调整形状上方的粗细，如

图 9-69 所示。

图 9-69　调整形状

STEP 5　使用相同的方法调整形状左边的粗细，选择形状，将鼠标指针移动到控制点，按住鼠标左键不放向右旋转，如图 9-70 所示，旋转到合适角度后释放鼠标，并稍微调整形状的位置。

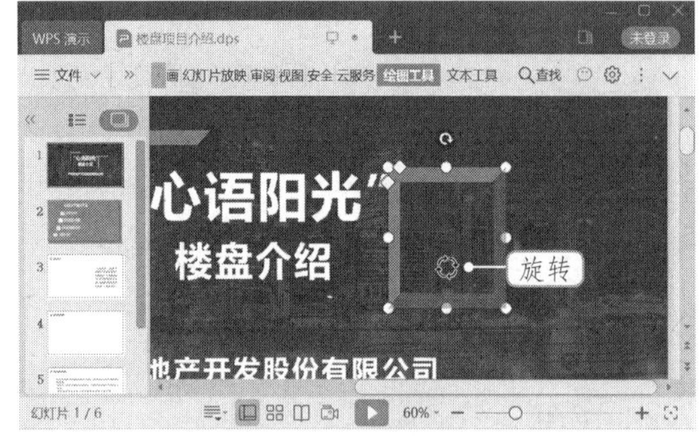

图 9-70　旋转形状

STEP 6　复制图片、矩形和半闭框，将其粘贴到第 6 张幻灯片中，并置于文本框下方。然后复制图片和矩形，将其粘贴到第 2 张幻灯片中。

STEP 7　选择组合框中的“1”文本框，单击“绘图工具”选项卡中的“编辑形状”按钮，在打开的下拉列表中选择“更改形状”选项，在打开的子列表中选择“平行四边形”选项，如图 9-71 所示。

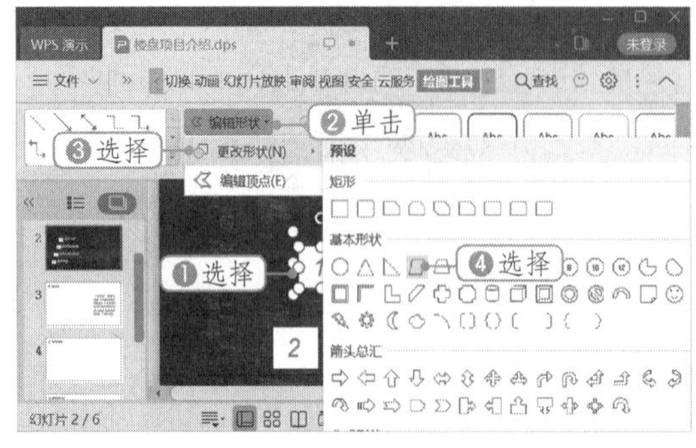

图 9-71　更改形状

STEP 8　将矩形文本框更改为平行四边形，使用相同的方法更改其他数字的文本框。然后绘制一个平行四边形，将其置于文本框下方，设置从上到下的渐变填充效果，并取消轮廓，如图 9-72 所示。

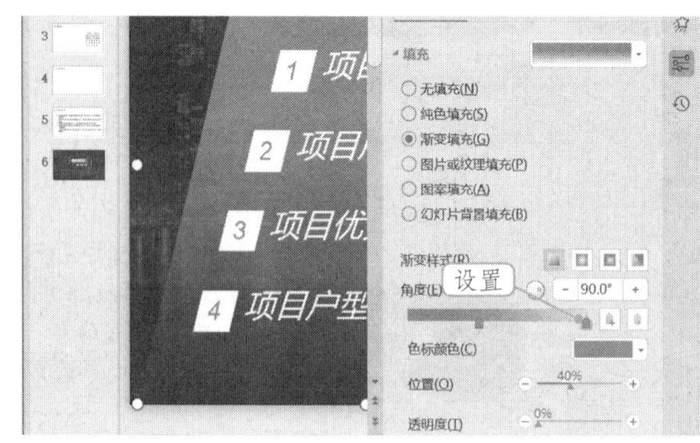

图 9-72　设置形状效果

STEP 9　在第 3 张幻灯片中插入“图片 2.jpg”图片文件，将其调整到合适的位置。

STEP 10　在第 4 张幻灯片中插入“蛇形图片块”智能图形，选择图形中的第 3 个形状，单击“设计”选项卡中的“添加项目”按钮，在打开的下拉列表中选择“在后面添加项目”选项，如图 9-73 所示。

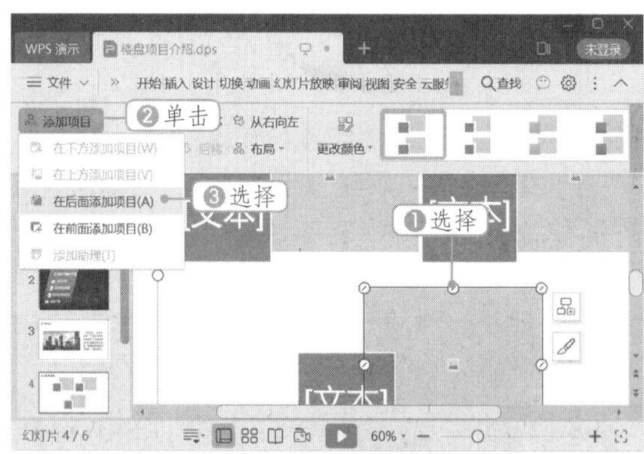

图 9-73　添加项目

STEP 11　在所选形状后面添加一个项目，在文本框中输入相应的文本，单击第一个形状中的图标，如图 9-74 所示。

STEP 12　打开“插入图片”对话框后，选择“小学.jpg”图片文件，单击 打开 按钮，如图 9-75 所示。

STEP 13　在形状中插入图片，在智能图形的其他形状中插入需要的图片，效果如图 9-76 所示。

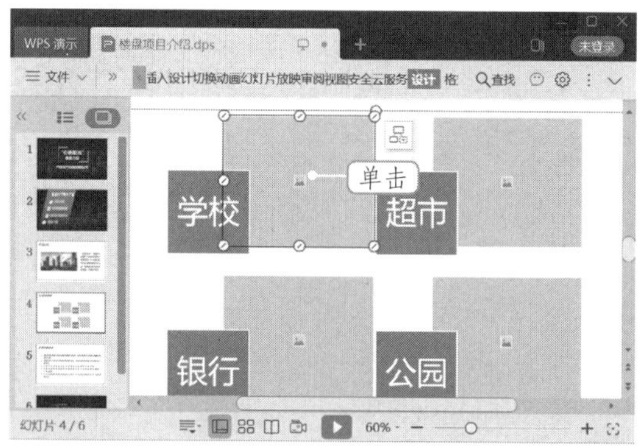

图 9-74 单击图标

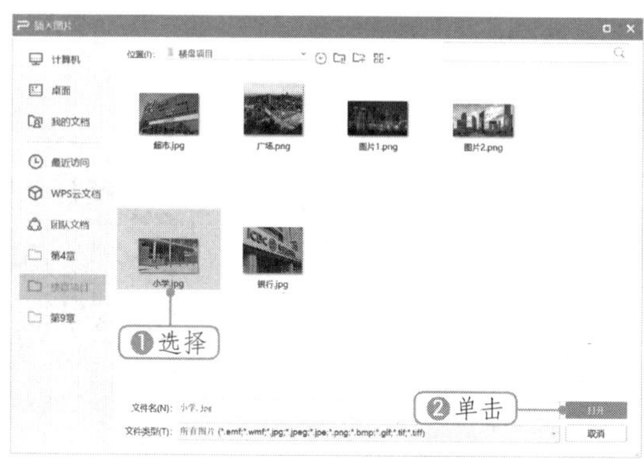

图 9-75 插入图片

图 9-76 完成后的参考效果

2. 添加动画并放映幻灯片

下面将为幻灯片中的对象添加合适的动画效果，并放映幻灯片，具体操作如下。

STEP 1 为第 1 张幻灯片的两个半闭框形状和文本框添加需要的进入动画，在“自定义动画”任务窗格中设置动画开始时间、方向和速度，如图 9-77 所示。

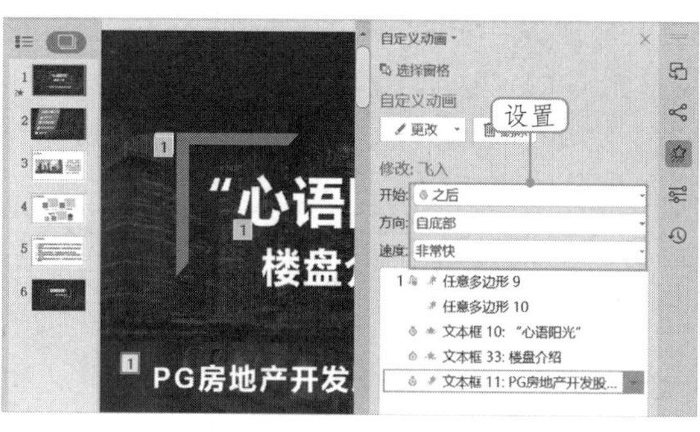

图 9-77 添加动画效果

STEP 2 选择第 2 张幻灯片，为英文字母添加自顶部飞入的动画；选择第 1 个组合框，单击“添加效果”按钮，在打开的下拉列表中选择“绘制自定义路径”栏中的“直线”选项，如图 9-78 所示。

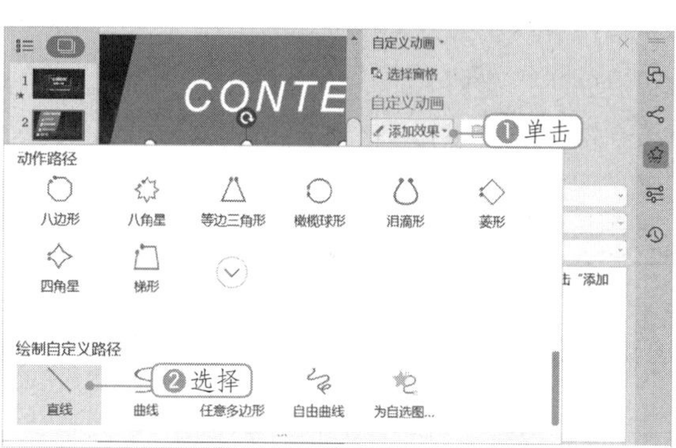

图 9-78 选择“直线”自定义路径

STEP 3 拖动鼠标绘制组合框的动画路径，使用相同的方法为该幻灯片中的其他组合框绘制需要的动画路径，并设置播放时间，如图 9-79 所示。

STEP 4 使用前面添加动画的方法为其他幻灯片内容添加合适的动画效果，然后单击“幻灯片放映”选项卡中的“会议”按钮，如图 9-80 所示。

图 9-79 添加路径动画

图 9-80 单击“会议”按钮

STEP 5 在打开的对话框中将显示邀请二维码，单击 复制二维码 按钮，将复制的二维码发送给要参加会议的人员，参会人员通过扫描二维码可加入会议，单击 开始会议 按钮，如图 9-81 所示。

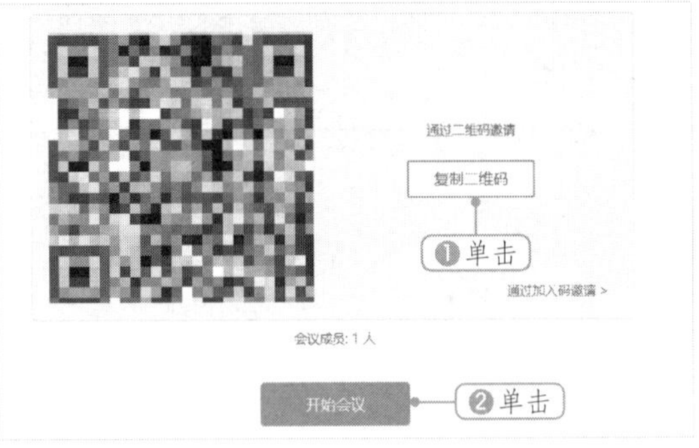

图 9-81 开始会议

STEP 6 开始会议，并全屏放映演示文稿，单击鼠标可放映动画效果，在屏幕上方显示了会议时间、参会人员，参会人员可通过语音发表意见，如图 9-82 所示。

图 9-82 会议过程截图

STEP 7 放映完后，按【Esc】键，在打开的提示对话框中单击 结束会议 按钮，可关闭会议，返回普通视图中。

9.6 强化实训：动态展示“竞聘报告”演示文稿

本章详细介绍了 WPS 演示文稿的美化和放映方法，为了帮助用户快速制作出美观的演示文稿，下面将动态展示“竞聘报告”演示文稿。

竞聘报告是竞聘者因竞聘某个岗位，在竞聘会议上向参会者发表的一种文书，内容主要包括竞聘优势、对竞聘岗位的认识、被聘任后的工作设想及打算等，主要是围绕着竞聘岗位进行阐述。

【制作效果与思路】

本例将动态展示“竞聘报告”演示文稿，其部分效果如图 9-83 所示，具体制作思路如下。

（1）打开演示文稿，为演示文稿中的所有幻灯片添加“抽出”切换动画。

（2）为幻灯片中的部分内容添加合适的动画效果，并设置动画开始时间、速度、方向等，在为第 4 张和第 5 张幻灯片中的文本设置动画时，需要在效果选项上右击鼠标，在打开的快捷菜单中选择“效果选项”命令，然后在打开对话框的“正文文本动画”选项卡中设置组合文本需要的动画选项。

（3）从头开始放映，预览幻灯片中的动画效果，若动画衔接不自然，则返回普通视图中修改。

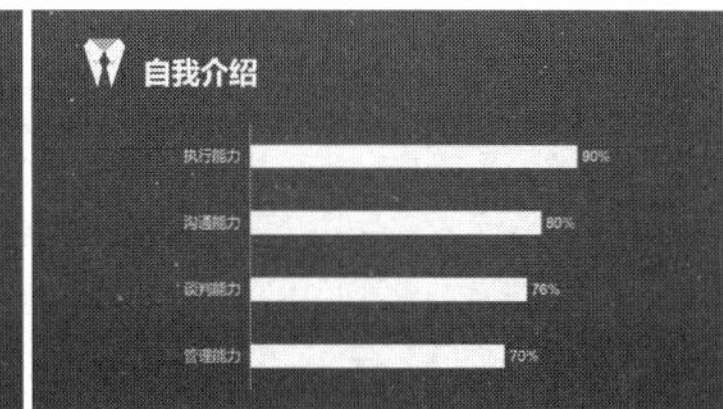

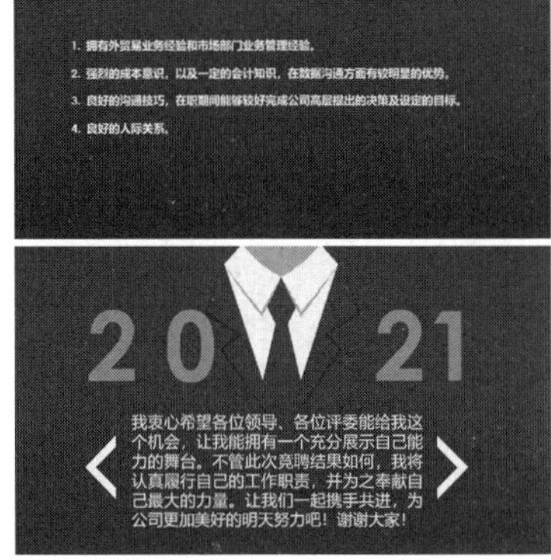

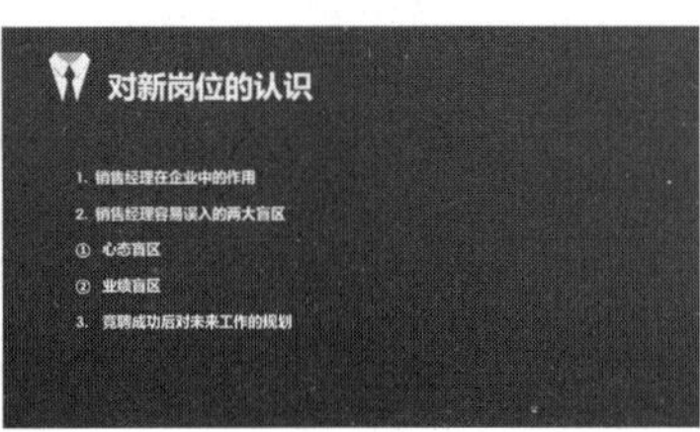

图 9-83 “竞聘报告”演示文稿

素材所在位置 素材文件 \ 第 9 章 \ 竞聘报告.dps

效果所在位置 效果文件 \ 第 9 章 \ 竞聘报告.dps

微课视频

9.7 知识拓展

下面介绍一些 WPS 演示文稿制作的拓展知识，帮助用户更好地制作演示文稿，使制作的演示文稿更加美观。

1. 使用“魔法”功能一键变装

在设计演示文稿的外观时，除了可以通过应用主题、模板等快速更改演示文稿的整体效果外，还可通过 WPS 演示提供的魔法功能快速变装，让制作的演示文稿更加引人注目。其方法是：打开演示文稿，单击“设计”选项卡中的“魔法”按钮，可以随机变换不同效果模板，单击一次，就会变换一次。

2. 将字体嵌入演示文稿中

用户在制作幻灯片时，经常会用到很多网上下载的字体，如果在未安装这些字体的计算机中放映演示文稿，则会使用计算机中默认的字体代替那些未安装的字体，这会影响幻灯片的展示效果。因此，为了保证在其他未安装相关字体的计算机中能正常播放演示文稿，就需要在打包或保存演示文稿时，将所用字体嵌入其中。其方法是：在演示文稿中单击 ≡ 文件按钮，在打开的页面左侧选择“选项”选项，打开“选项”对话框，单击选中“常规与保存”选项卡下的“将字体嵌入文件”复选框，单击 确定 按钮。

3. 添加动作实现交互

通过 WPS 演示提供的动作可为所选对象提供当单击或鼠标悬停时要执行的操作，实现对象与幻灯片或对象与其他文件之间的交互。其方法是：在幻灯片中选择要添加动作的对象，单击“插入”选项卡中的“形状”按钮，选择需要的动作按钮后，自动打开“动作设置”对话框，在“单击鼠标”选项卡中单击选中“超链接到”单选按钮，在下方的下拉列表框中选择动作链接的对象，单击 确定 按钮。放映幻灯片时，单击对象，将打开链接的文件或幻灯片。

9.8 课后练习：制作“盈利能力分析报告”演示文稿

本章主要介绍了 WPS 演示文稿对象的添加、美化和放映操作，本练习将通过制作“盈利能力分析报告 .dps”演示文稿来加强对前述部分知识的应用。制作的文档效果如图 9-84 所示。

素材所在位置 素材文件 \ 第 9 章 \ 盈利能力分析 \

效果所在位置 效果文件 \ 第 9 章 \ 盈利能力分析报告.dps

微课视频

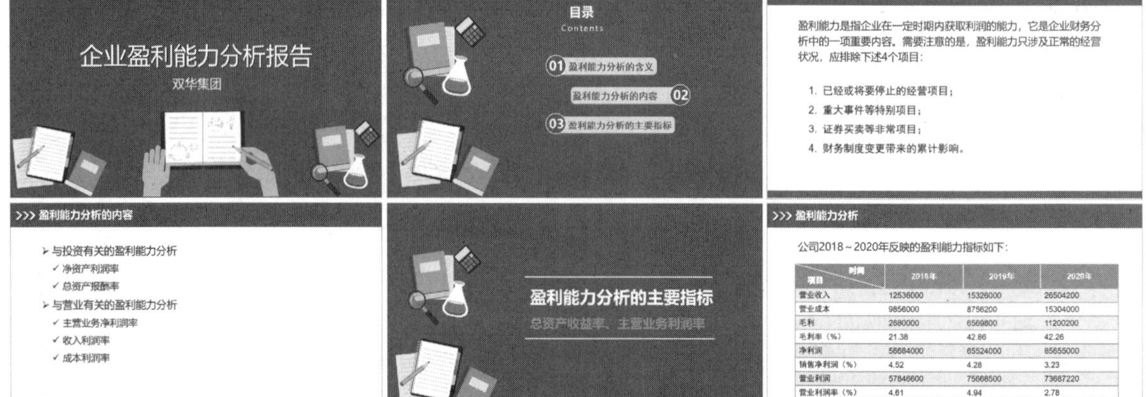

项目 \ 时间	2018年	2019年	2020年
营业收入	12536000	15326000	26504200
营业成本	9856000	8756200	15304000
毛利	2680000	6569800	11200200
毛利率（%）	21.38	42.86	42.26
净利润	56684000	65524000	85655000
销售净利润（%）	4.52	4.28	3.23
营业利润	57846600	75668500	73687220
营业利润率（%）	4.61	4.94	2.78

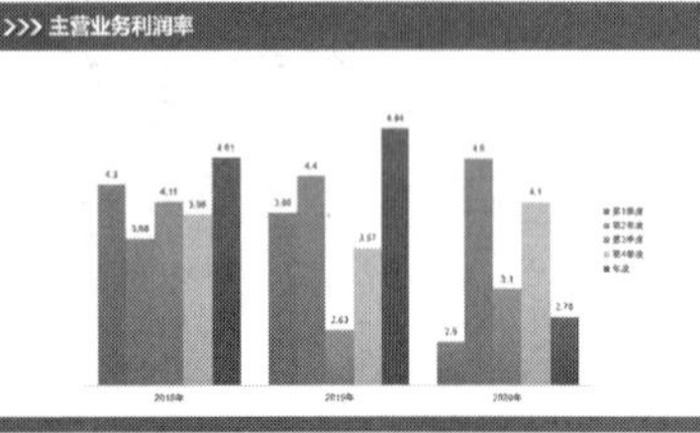

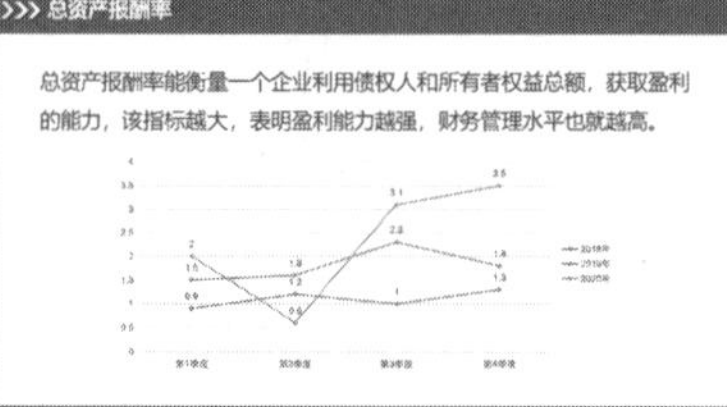

图 9-84 “盈利能力分析报告”演示文稿

操作要求如下。

- 新建“盈利能力分析报告”演示文稿，将幻灯片背景填充为“浅海洋绿（RGB：21，125，168）”，并将该填充色应用于所有幻灯片。
- 在标题幻灯片占位符中输入需要的文本，并设置文本字号和字体颜色，然后在幻灯片中插入提供的 3 张图片，并调整图片的大小和位置。
- 通过添加形状、编辑形状和占位符等操作，制作第 2 ～ 5 张幻灯片。
- 复制幻灯片制作第 6 ～ 9 张幻灯片，然后在第 6 张幻灯片中插入表格，在第 7 张和第 8 张幻灯片中插入图表，并编辑和美化表格及图表的效果。
- 为所有幻灯片添加相同的切换效果，并从头开始放映幻灯片，预览幻灯片效果。

第 3 部分

第4部分

第 10 章

综合实训

/ 本章导读

我们在日常工作中，当制作某个项目的相关文件时，不仅需要使用 WPS 文字制作文档，还需要使用 WPS 表格记录、统计和分析涉及的相关数据，甚至还需要使用 WPS 演示制作会议上可能会用到的演示文稿。本章将制作公司培训可能会涉及的文档、表格和演示文稿，帮助我们巩固前面章节所学的相关知识。

/ 技能目标

使用 WPS 文字制作“员工培训计划方案”文档。

使用 WPS 表格制作“培训成绩统计表”表格。

使用 WPS 演示制作“新员工入职培训”演示文稿。

/ 案例展示

10.1 制作“员工培训计划方案”文档

下面将使用 WPS 文字制作“员工培训计划方案”文档。首先对文档格式进行设置，然后对文档页面效果进行设置。制作完成后的文档部分效果如图 10-1 所示。

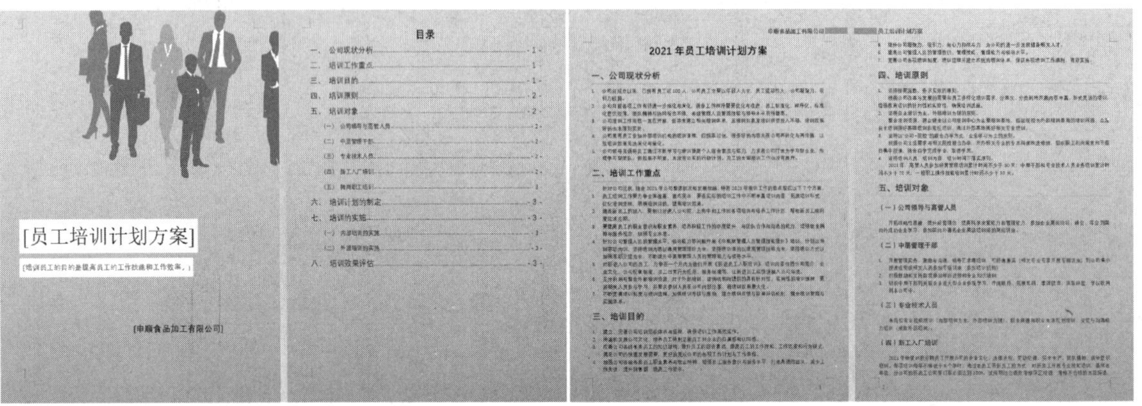

图 10-1 “员工培训计划方案”文档的部分效果

素材所在位置 素材文件\第 10 章\员工培训计划方案.wps、人物.png

效果所在位置 效果文件\第 10 章\员工培训计划方案.wps

微课视频

10.1.1 文档格式设置与排版

下面将在WPS文字中新建和应用样式排版文档内容，具体操作如下。

STEP 1 打开“员工培训计划方案.wps”文档，将文本插入点定位到标题段落中，选择“开始”选项卡中“样式”列表框中的“标题 1”选项，如图 10-2 所示。

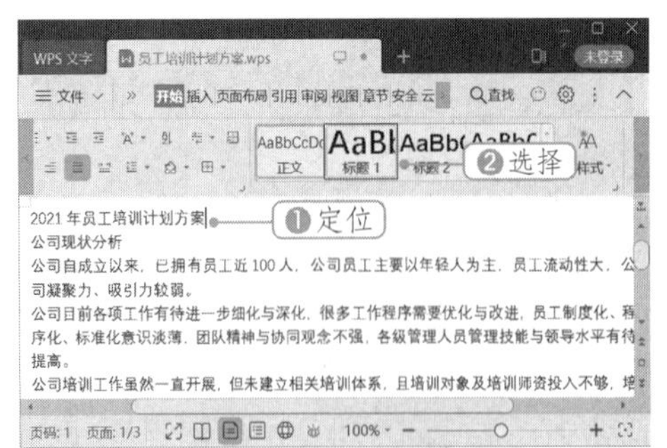

图 10-2 应用内置样式

STEP 2 单击“开始”选项卡中的“新样式”按钮，打开“新建样式”对话框，在“名称”文本框中输入“1 级标题”文本，将字体设置为“方正黑体简体”，字号设置为“小二”，单击 格式(O)· 按钮，在打开的下拉列表中选择“段落”选项，如图 10-3 所示。

图 10-3 选择“段落”选项

STEP 3 打开“段落”对话框后，将“段前”和“段后”间距均设置为“0.5”，在“行距”下拉列表框中选择“1.5 倍行距”选项，单击 确定 按钮，如图 10-4 所示。

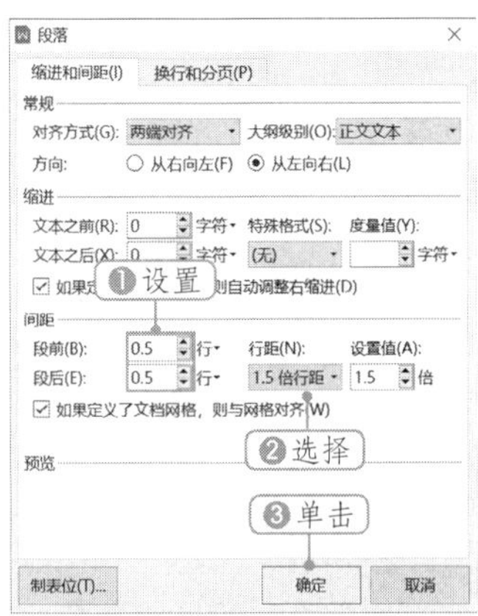

图 10-4　设置样式段落格式

STEP 4　返回“新建样式”对话框，在“格式”下拉列表中选择“编号”选项，打开“项目符号和编号”对话框，在“编号”选项卡中选择第 1 种编号样式，单击确定按钮，如图 10-5 所示。

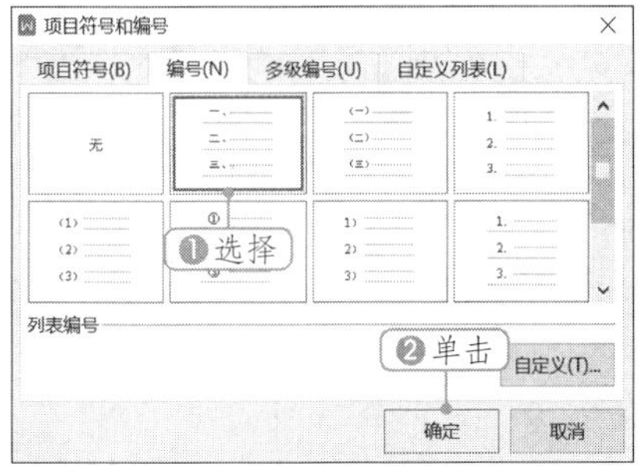

图 10-5　设置编号

STEP 5　返回“新建样式”对话框，在“格式”下拉列表中选择“边框”选项，打开“边框和底纹”对话框，在“边框”选项卡中选择“自定义”选项，将“颜色”设置为“灰色”，单击按钮，再单击选项(O)...按钮，如图 10-6 所示。

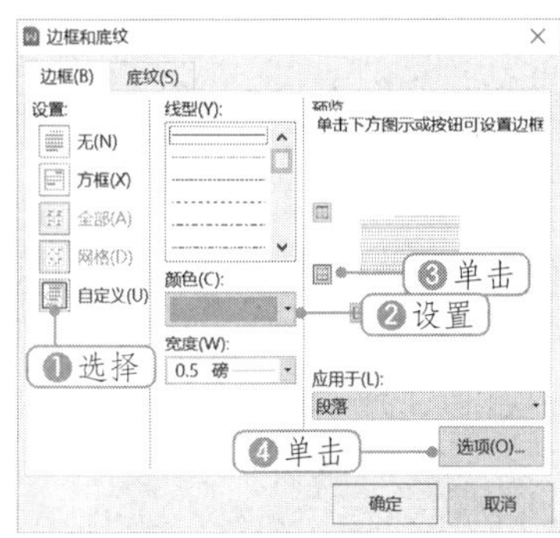

图 10-6　设置边框

STEP 6　打开“边框和底纹选项”对话框后，将“上”“下”“左”“右”的距离均设置为“0”，单击确定按钮，如图 10-7 所示。

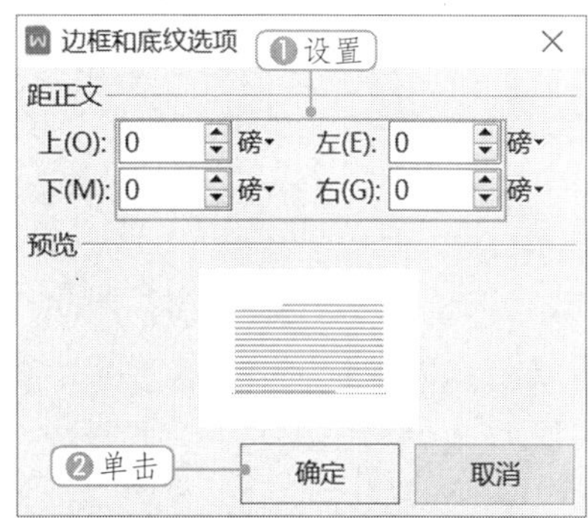

图 10-7　设置边框选项

STEP 7　返回“新建样式”对话框，单击确定按钮，返回文档中，将文本插入点定位到正文第 1 段中，将“开始”选项卡中“样式”列表框中的“1 级标题”样式应用于当前段落，如图 10-8 所示。

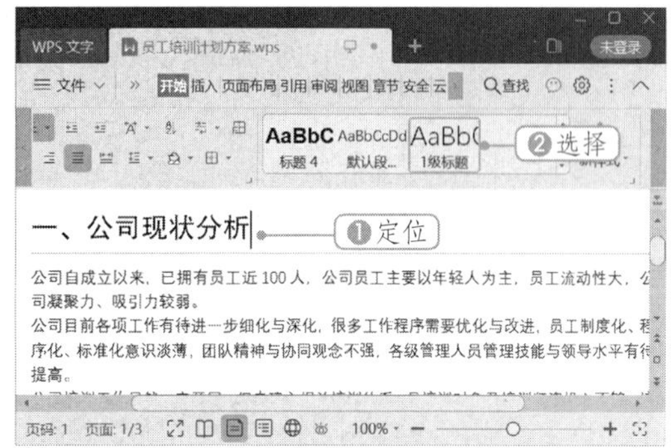

图 10-8　应用样式

STEP 8　使用相同的方法新建“2 级标题”和“编号”样式，并将其应用到文档相应的段落中。

STEP 9　在编号“6”上单击鼠标右键，在打开的快捷菜单中选择“重新开始编号”命令，如图 10-9 所示。

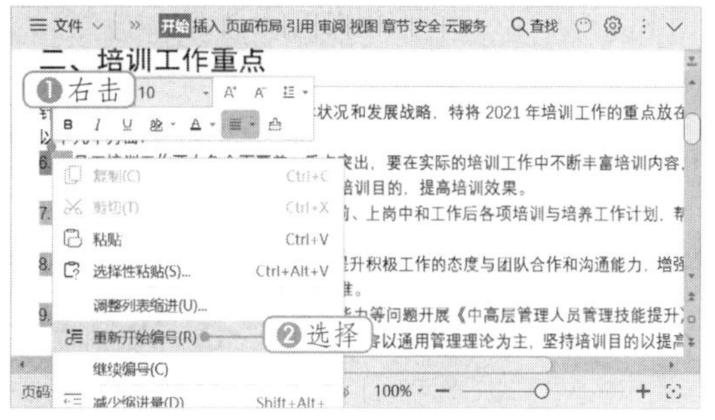

图 10-9　重新开始编号

STEP 10　编号将从“1”开始重新编号，使用相同的方法继续为应用了“2 级标题”和“编号”样式的段落重新编号。

STEP 11 选择需要设置段落缩进的段落，单击“开始”选项卡中的“文字工具”按钮，在打开的下拉列表中选择“段落首行缩进 2 字符”选项，如图 10-10 所示。

STEP 12 所选段落的首行将缩进两个字符，使用相同的方法为没有应用样式的段落设置首行缩进。

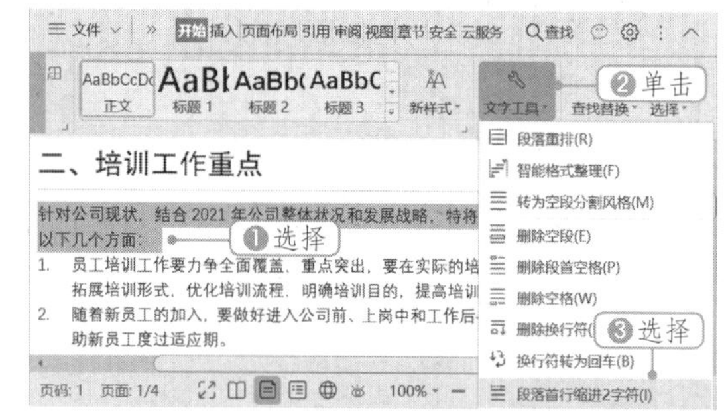

图 10-10 选择文字工具选项

10.1.2 设置文档页面效果

下面将继续上例的操作，在文档中设置文档的页边距、封面、背景、目录、页眉和页脚等，具体操作如下。

STEP 1 在“页面布局”选项卡中的“左”和“右”数值框中均输入“18 毫米”，按【Enter】键调整页边距，如图 10-11 所示。

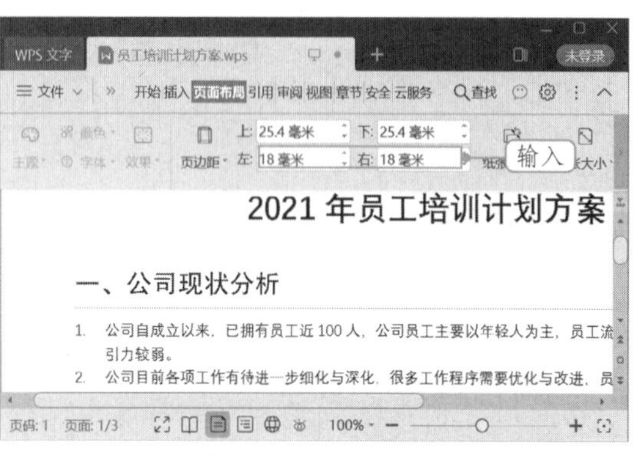

图 10-11 设置页边距

STEP 2 单击“章节”选项卡中的“封面页”按钮，在打开的下拉列表中选择“格纹型”选项，如图 10-12 所示。

图 10-12 选择封面样式

STEP 3 在文档最前面插入封面页，选择封面页中的图片，单击“图片工具”选项卡中的“更改图片”按钮，如图 10-13 所示。

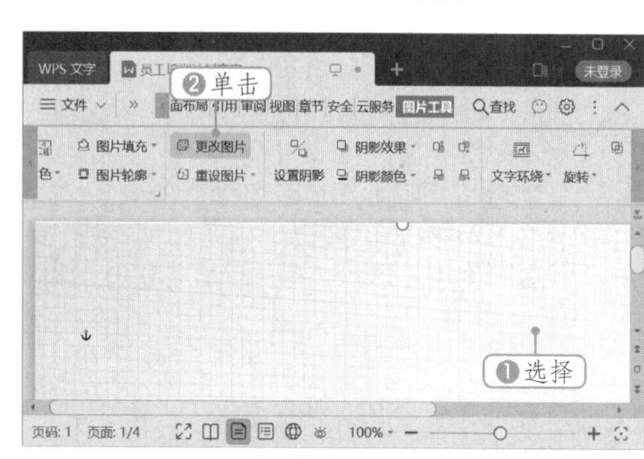

图 10-13 单击“更改图片”按钮

STEP 4 打开“更改图片”对话框后，选择需要插入的“人物 .png”图片文件，单击 打开 按钮，如图 10-14 所示。

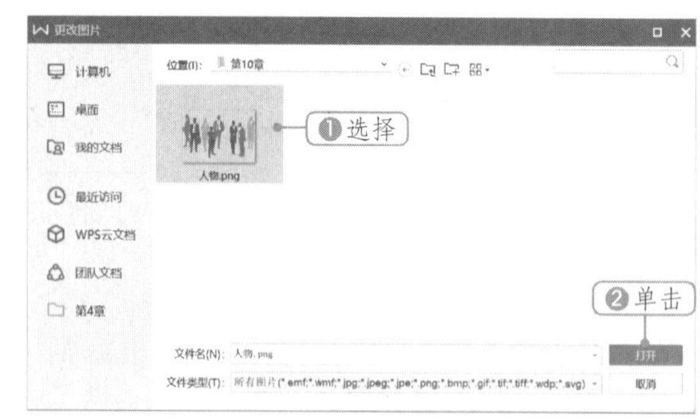

图 10-14 选择图片文件

STEP 5 将图片更改为选择的图片，选择图片，并向右拖动至合适位置，然后在封面文本框中输入相应的文本，并设置文本的字号。

STEP 6 单击“页面布局”选项卡中的“背景”按钮，在打开的下拉列表中选择“其他背景”选项，在打开的子列表中选择“渐变”选项，如图 10-15 所示。

图 10-15 选择“渐变”选项

STEP 7 打开“填充效果”对话框后，在“渐变”选项卡中单击选中“双色”单选按钮，设置颜色 1 和颜色 2，再设置“从”的透明度为“34%”，单击 确定 按钮，如图 10-16 所示。

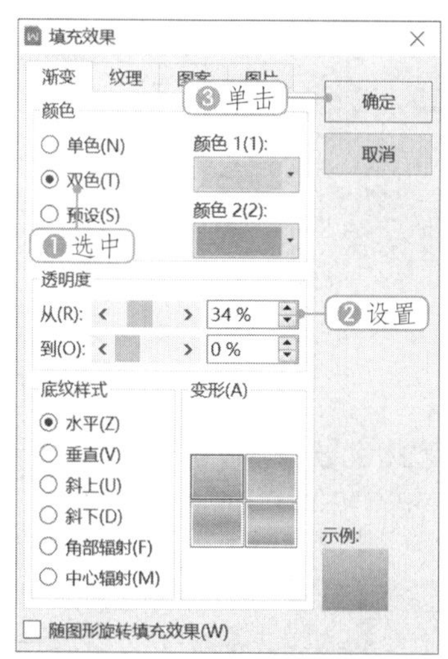

图 10-16 设置渐变效果

STEP 8 将文本插入点定位到正文内容最前面，单击“引用”选项卡中的“目录”按钮，在打开的下拉列表中选择“自定义目录”选项，打开“目录”对话框，将“显示级别”设置为“2”，取消“使用超链接”复选框，单击 选项(O)... 按钮，打开“目录选项”对话框，设置要提取作为目录的段落样式的级别，单击 确定 按钮，如图 10-17 所示。

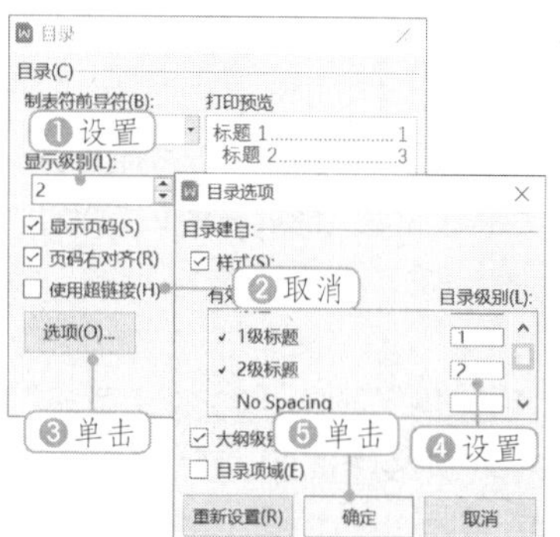

图 10-17 提取目录

STEP 9 在文本插入点处插入目录，将目录第 1 行的内容更改为“目录”，并对其字体进行设置。

STEP 10 将文本插入点定位到目录后面，单击“页面布局”选项卡中的“分隔符”按钮，在打开的下拉列表中选择“下一页分节符”选项，在目录和正文之间插入分节符，使目录单独占一页，如图 10-18 所示。

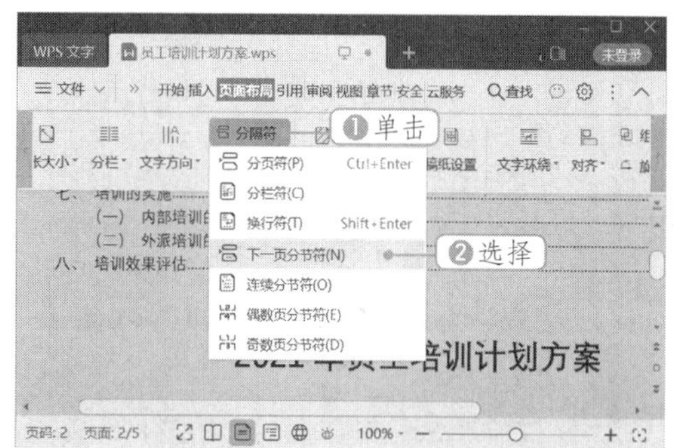

图 10-18 插入分节符

STEP 11 双击页眉或页脚，进入页眉和页脚编辑状态，将文本插入点定位到正文页的页眉处，在“章节”选项卡中单击选中“奇偶页不同”复选框，取消“页眉同前节”和“页脚同前节”复选框，断开与前一节页眉和页脚的链接，如图 10-19 所示。

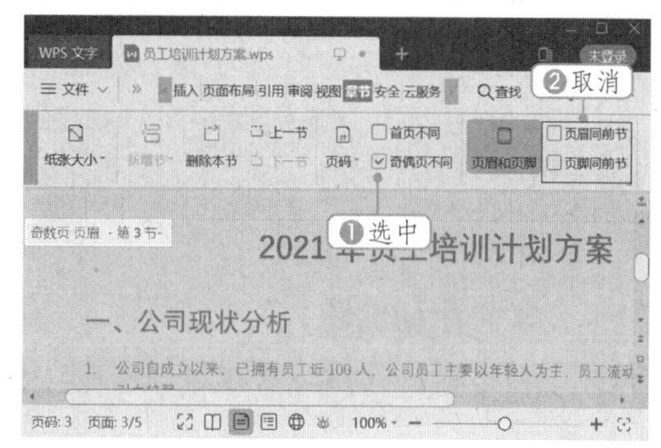

图 10-19 设置页眉和页脚

STEP 12 在页眉处输入公司名称，设置字号和加粗效果，并设置文本对齐方式为“右对齐”，然后在文本右侧绘制一个与文本相同高度的矩形形状，取消形状轮廓，将填充色设置为“暗板岩蓝，文本 2，浅色 60%”。

STEP 13 将文本插入点定位到该页页脚处，单击“页眉和页脚”选项卡中的“页码”按钮，在打开的下拉列表中选择“页码”选项，打开“页码”对话框，设置页码样式和位置，先单击选中“起始页码”单选按钮，并在其后的数值框中输入“1”，再单击选中“本页及之后”单选按钮，单击 确定 按钮，如图 10-20 所示。

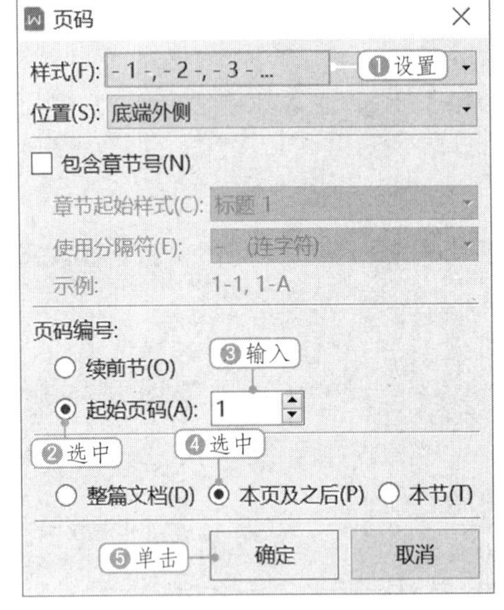

图 10-20 设置页码

STEP 14 插入页码，设置页码的字体格式，然后使用相同的方法设置第 3 节偶数页的页眉和页脚。设置完成后，选择目录页中的页码，单击浮动工具栏中的“删除页码”按钮右侧的下拉按钮，在打开的下拉列表中选择“本页及之前”选项，删除封面和目录页中的页码，如图 10-21 所示。

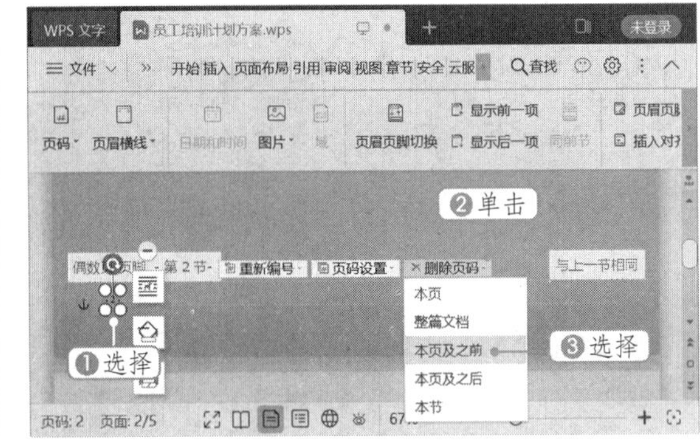

图 10-21 删除页码

STEP 15 退出页眉和页脚编辑状态，选择目录，单击“引用”选项卡中的“更新目录”按钮，打开“更新目录”对话框，保持默认设置不变，单击 确定 按钮，如图 10-22 所示。

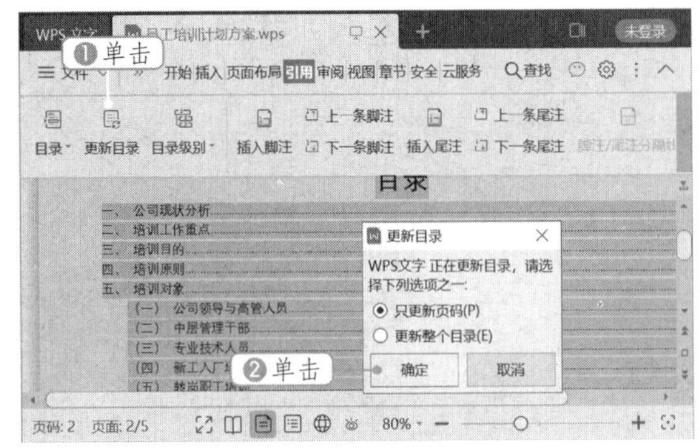

图 10-22 更新目录

STEP 16 更新目录中的页码，然后根据需要设置目录内容的字号大小，完成本例的制作。

10.2 制作“培训成绩统计表”表格

下面将使用 WPS 表格制作“培训成绩统计表”表格，先使用公式和函数计算表格中的数据，然后使用条件格式分析培训成绩。最终的效果如图 10-23 所示。

素材所在位置 素材文件 \ 第 10 章 \ 培训成绩统计表.et

效果所在位置 效果文件 \ 第 10 章 \ 培训成绩统计表.et

新员工培训成绩统计表

编号	姓名	企业文化	产品知识	电脑操作	销售技巧	平均成绩	总成绩	名次	是否通过考核
0001	郭少林	70	67	58	67	65.5	262	16	否
0002	唐红丽	78	89	91	93	87.75	351	2	是
0003	张梅	69	75	76	61	70.25	281	13	是
0004	付梓	67	90	88	75	80	320	8	是
0005	孟小鹿	90	45	93	82	77.5	310	10	否
0006	李乐	93	78	81	94	86.5	346	3	是
0007	左心阳	69	76	56	67	67	268	15	否
0008	郑东成	78	89	63	88	79.5	318	9	是
0009	何雅文	90	83	90	95	89.5	358	1	是
0010	杨辰星	67	51	62	60	60	240	17	否
0011	程静	85	79	80	83	81.75	327	7	是
0012	谢佳	75	62	72	79	72	288	12	是
0013	熊亮宏	81	79	93	91	86	344	4	是
0014	张明	69	60	89	81	74.75	299	11	是
0015	罗鸿亮	76	82	52	64	68.5	274	14	否
0016	宋沛沛	90	76	81	84	82.75	331	6	是
0017	朱小军	88	88	76	80	83	332	5	是

2021年4月

图 10-23 “培训成绩统计表”表格效果

10.2.1 计算表格数据

下面将使用公式和函数计算表格中的数据，具体操作如下。

STEP 1 打开“培训成绩统计表.et”工作簿，选择G3单元格，单击“公式”选项卡中“自动求和”按钮Σ右侧的下拉按钮，在打开的下拉列表中选择“平均值”选项，如图 10-24 所示。

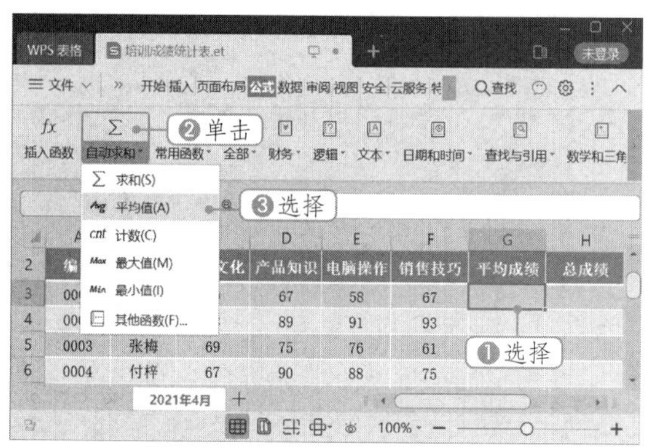

图 10-24 选择“平均值”选项

STEP 2 系统会自动在所选单元格中输入公式“=AVERAGE(C3:F3)”，按【Enter】键计算结果，向下填充至G19单元格，单击“自动填充选项”按钮，在打开的下拉列表中选择“不带格式填充”选项，如图 10-25 所示，将只填充公式，不填充单元格格式。

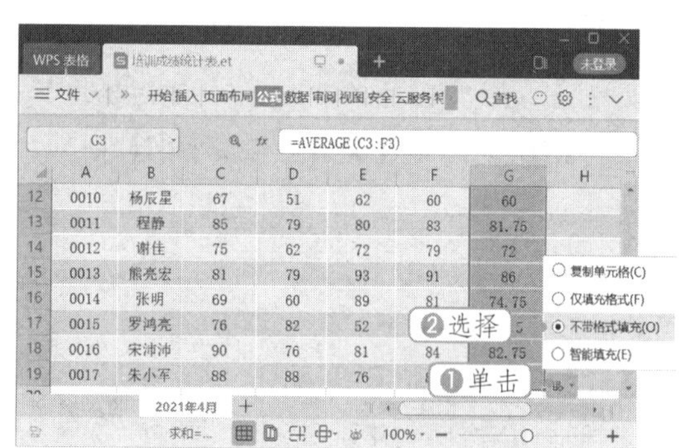

图 10-25 选择填充选项

STEP 3 在H3单元格中输入公式“=SUM(C3:F3)”，按【Enter】键计算结果，向下填充至H19单元格，并设置为“不带格式填充”，计算各培训人员的总成绩，如图10-26所示。

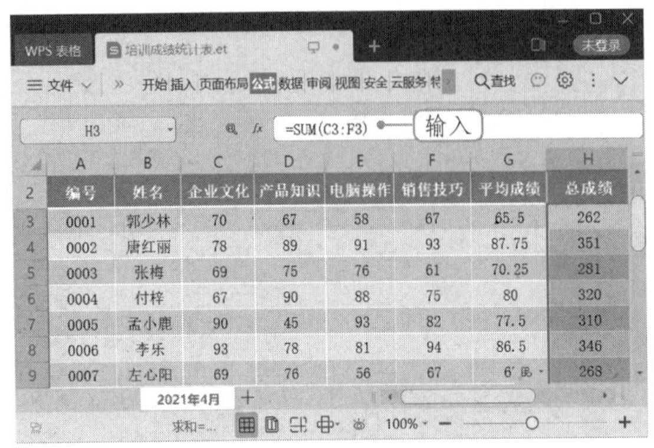

图 10-26 计算总成绩

STEP 4 在I3单元格中输入公式“=RANK(H3,$H$3:$H$19)”，在J3单元格中输入公式“=IF(AND(C3>=60,D3>=60,E3>=60,F3>=60),"是","否")”，计算各培训人员的名次和判断其是否通过了考核，如图10-27所示。

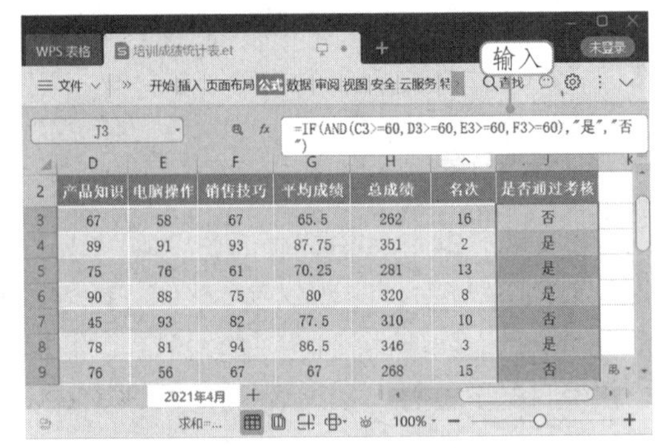

图 10-27 计算名次和判断是否通过考核

10.2.2 使用条件格式分析数据

计算出数据后，还可使用条件格式将满足条件的数据突出显示，具体操作如下。

STEP 1 选择C3:F19单元格区域，单击“开始”选项卡中的“条件格式”按钮，在打开的下拉列表中选择“突出显示单元格规则”选项，在打开的子列表中选择“小于”选项，如图10-28所示。

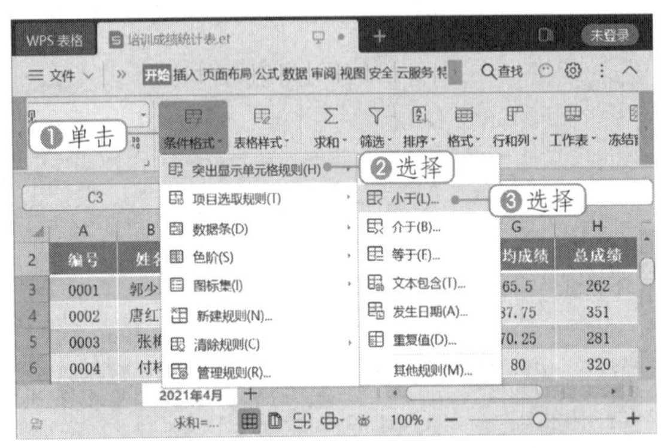

图 10-28 选择突出显示单元格规则

STEP 2 打开“小于”对话框后，在文本框中输入“60”，在“设置为”下拉列表中选择“自定义格式”选项，如图10-29所示。

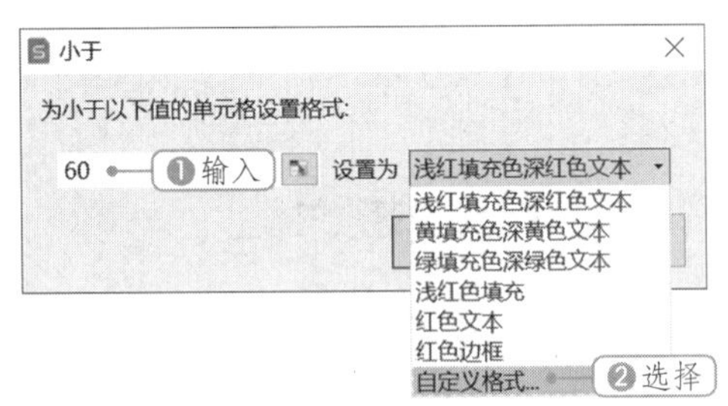

图 10-29 选择“自定义格式”选项

STEP 3 打开“单元格格式”对话框后，单击选择“字体”选项卡，在“字形”列表框中选择“粗体”选项，在“颜色”下拉列表框中选择“红色”选项，单击确定按钮，如图10-30所示。

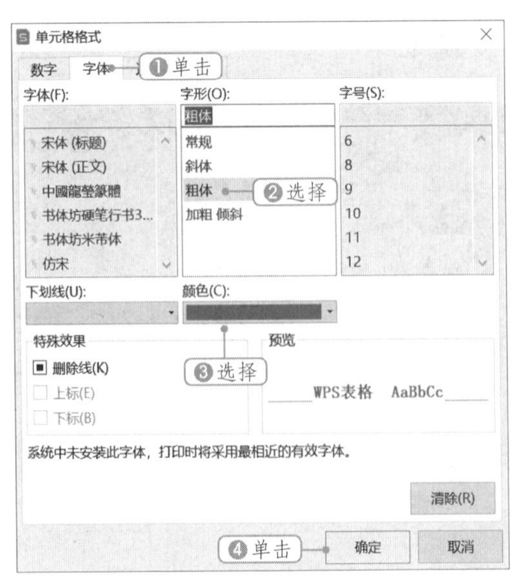

图 10-30 设置字体格式

STEP 4 突出显示低于 60 的数据，保持单元格区域的选中状态，在“条件格式”下拉列表中选择“新建规则”选项，如图 10-31 所示。

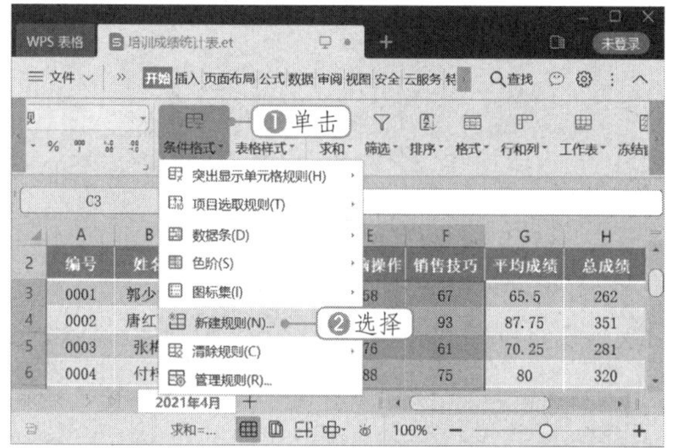

图 10-31　选择“新建规则”选项

STEP 5 打开“新建格式规则”对话框，选择“基于各自值设置所有单元格的格式”规则类型，在“格式样式”下拉列表框中选择“图标集”选项，在“图标”下方的第 1 个下拉列表框中选择红旗选项，在“类型”下拉列表框中选择“数字”选项，在“值”数值框中输入“90”，再设置其他图标、格式和数值，完成后单击 确定 按钮，如图 10-32 所示。

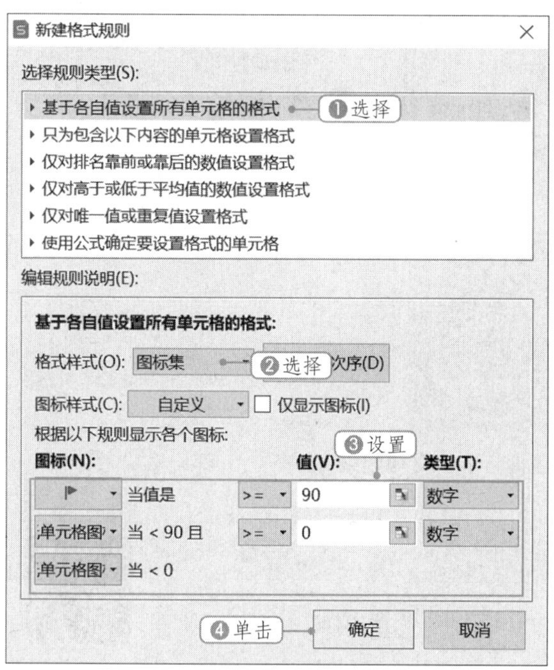

图 10-32　新建图标集规则

STEP 6 返回工作表，选择 I3:I19 单元格区域，打开“新建格式规则”对话框，选择“只为包含以下内容的单元格设置格式”选项，在第 1 个下拉列表框中选择“单元格值”选项，在第 2 个下拉列表框中选择“小于或等于”选项，在其后的数值框中输入“5”，然后单击“格式”按钮，在打开的对话框中将字体格式设置为加粗的红色文字，返回上一级对话框，单击 确定 按钮，如图 10-33 所示。

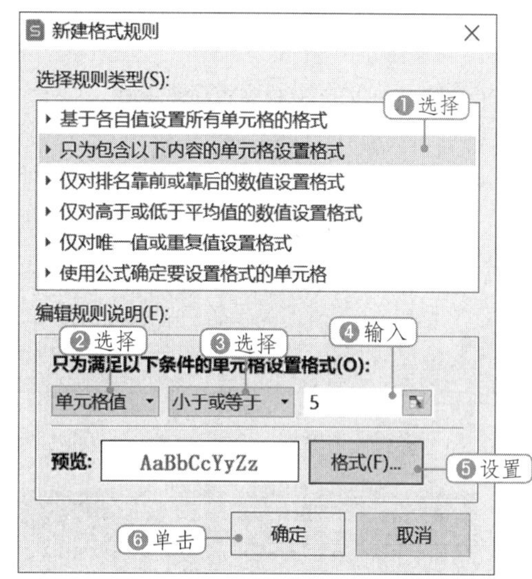

图 10-33　新建格式规则

STEP 7 选择 J3:J19 单元格区域，在“条件格式”下拉列表中选择“突出显示单元格规则”选项，在打开的子列表中选择“文本包含”选项，如图 10-34 所示。

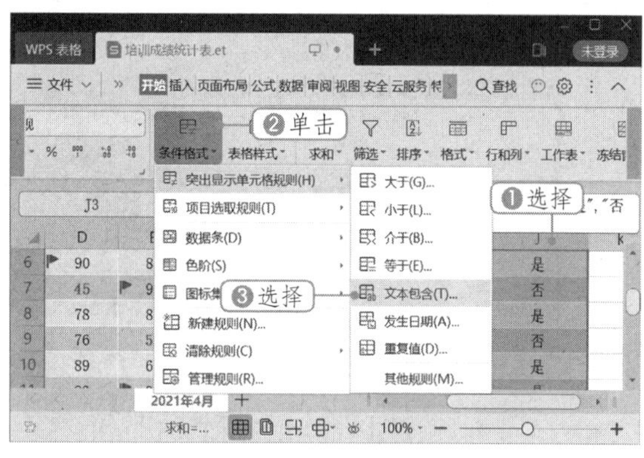

图 10-34　选择“突出显示单元格规则”选项

STEP 8 打开“文本中包含”对话框后，在文本框中输入“否”，在“设置为”下拉列表框中选择“红色文本”选项，单击 确定 按钮，如图 10-35 所示。

STEP 9 返回工作表中，可看到突出显示了含“否”的单元格，如图 10-36 所示，至此就完成了本例的制作。

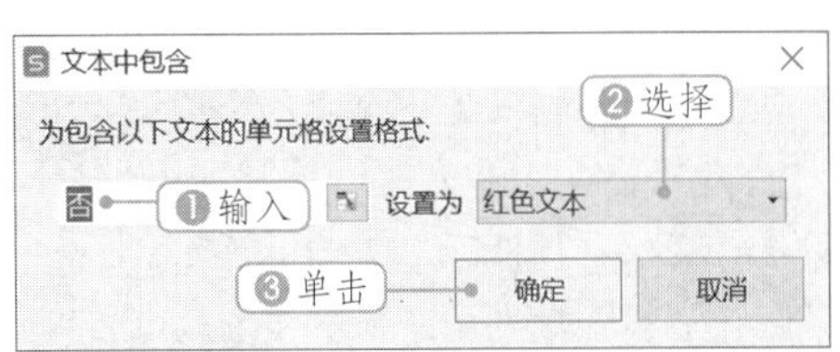

图 10-35　设置文本包含格式

M12

	D	E	F	G	H	I	J
4	89	91	93	87.75	351	2	是
5	75	76	61	70.25	281	13	是
6	90	88	75	80	320	8	是
7	45	93	82	77.5	310	10	否
8	78	81	94	86.5	346	3	是
9	76	56	67	67	268	15	否
10	89	63	88	79.5	318	9	是
11	83	90	95	89.5	358	1	是

2021年4月　100%

图 10-36　查看效果

10.3　制作“新员工入职培训”演示文稿

新员工入职培训一般都是采用“多媒体 + 演示文稿”的形式进行培训，所以对新员工进行培训之前，需要用 WPS 演示制作好培训演示文稿。制作演示文稿时，首先需要对标题页、目录页和内容页的版面效果进行设置，然后在幻灯片中添加需要的文本、形状、图片等内容，最后为幻灯片添加需要的动画效果，并对其进行放映。制作完成后的演示文稿效果如图 10-37 所示。

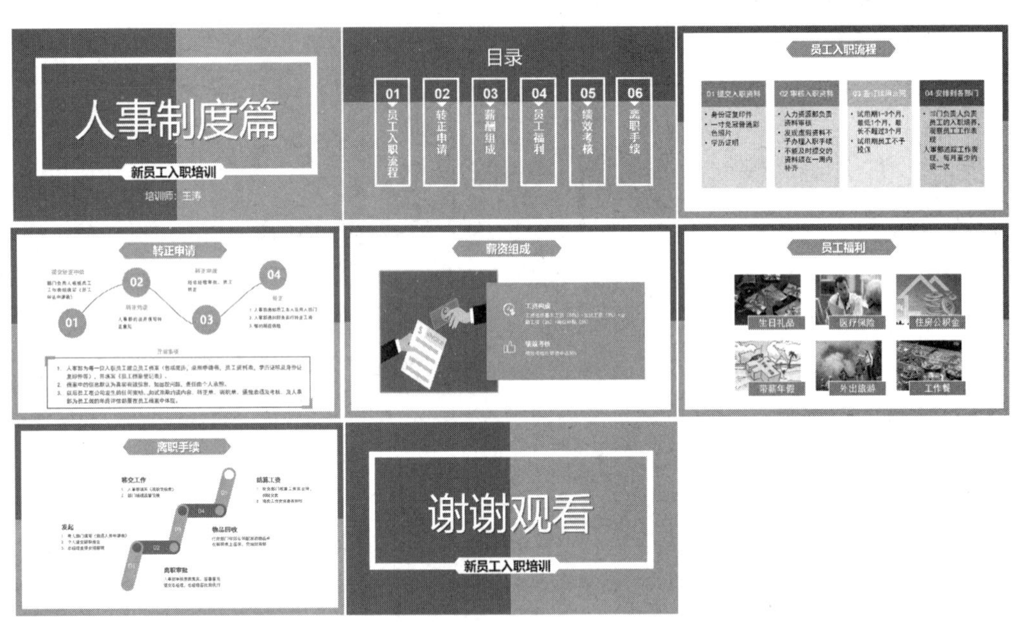

图 10-37　“新员工入职培训”演示文稿效果

素材所在位置　素材文件 \ 第 10 章 \ 新员工培训 \

效果所在位置　效果文件 \ 第 10 章 \ 新员工入职培训.dps

微课视频

10.3.1　设计幻灯片版式

为了统一演示文稿中幻灯片的整体效果，下面将通过幻灯片母版设置标题版式、目录版式和内容页版式，具体操作如下。

STEP 1 启动 WPS Office，新建一个“新员工入职培训.dps”演示文稿，单击“视图”选项卡中的“幻灯片母版”按钮，进入幻灯片母版视图。选择母版版式，在上方绘制一个矩形，将其填充色设置为“蓝色”，轮廓设置为“无线条颜色”，如图 10-38 所示。

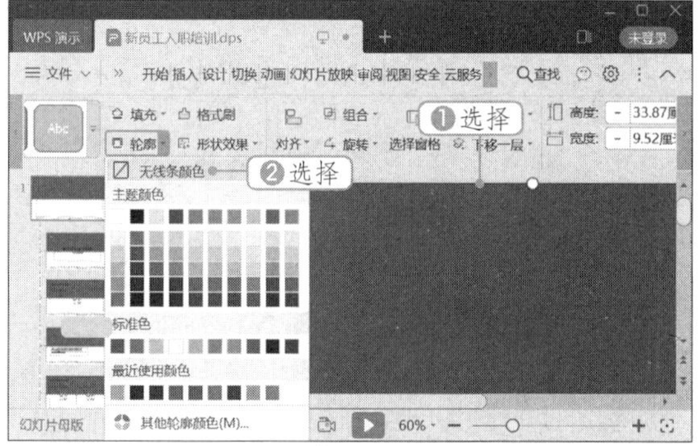

图 10-38　设置填充色和轮廓

STEP 2 选择矩形形状，按【Ctrl+Alt+Shift】组合键，按住鼠标左键不放并向下拖动，在移动矩形形状的同时会复制一个矩形形状，将其填充色设置为“深橙色”，取消轮廓。

STEP 3 在蓝色和橙色矩形上绘制一个白色无轮廓的矩形，在矩形上方绘制两个五边形形状，选择其中的一个五边形，单击“绘图工具”选项卡中的“旋转”按钮，在打开的下拉列表中选择“水平旋转”选项，如图 10-39 所示。

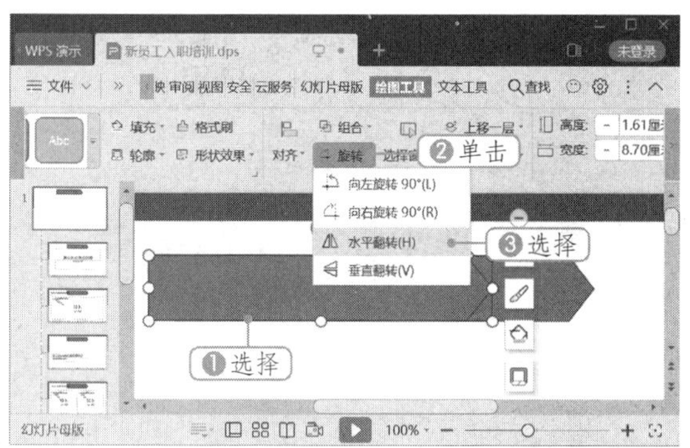

图 10-39　水平旋转

STEP 4 所选形状旋转 180° 后，同时选中两个五边形形状，单击“绘图工具”选项卡中的“合并形状”按钮，在打开的下拉列表中选择“组合”选项，将两个形状合并为一个形状，如图 10-40 所示。

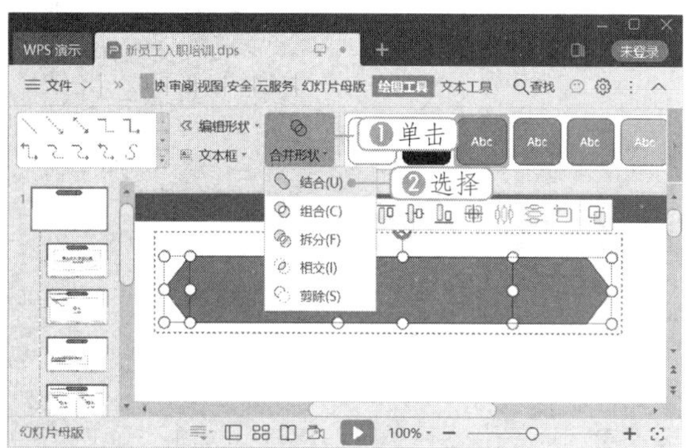

图 10-40　组合形状

STEP 5 将合并的形状设置为“深橙色、无轮廓”，按住【Ctrl】键单击选择母版版式中的所有形状，然后单击“绘图工具”选项卡中“下移一层”按钮右侧的下拉按钮，在打开的下拉列表中选择“置于底层”选项，如图 10-41 所示，将所选形状置于占位符下方。

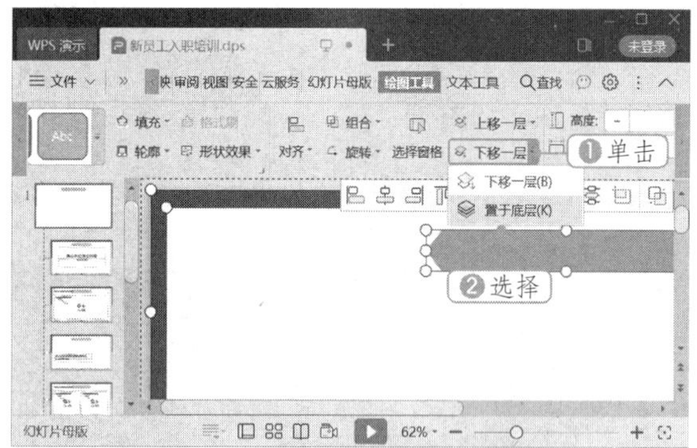

图 10-41　设置形状叠放顺序

STEP 6 选择标题页版式，在“幻灯片母版”选项卡中单击“背景”按钮，打开“对象属性”任务窗格，单击选中“隐藏背景图形”复选框，隐藏标题版式中的母版版式效果。

STEP 7 复制母版版式中的蓝色和橙色矩形形状，粘贴到标题页版式中，将形状置于底层，并调整形状的大小和位置。

STEP 8 选择节标题版式，单击“幻灯片母版”选项卡中的“重命名”按钮，打开“重命名”对话框，在“名称”文本框中输入“目录”，单击 重命名(R) 按钮，如图 10-42 所示。

STEP 9 使用制作标题页版式的方法制作目录页版式，制作完成后的效果如图 10-43 所示，然后关闭幻灯片母版，返回普通视图中。

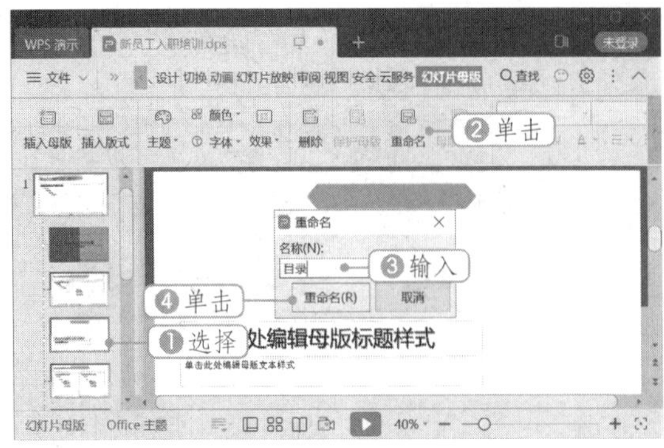

图 10-42　重命名版式

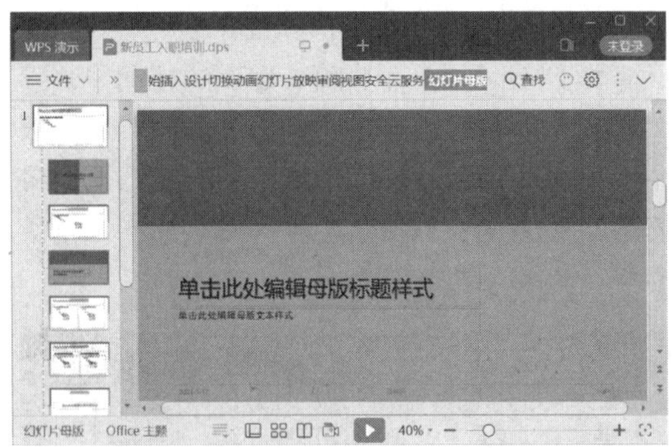

图 10-43　制作目录页版式

10.3.2 添加幻灯片对象

设计好版式后，就可为幻灯片添加需要的内容。下面将继续上例操作，为幻灯片添加文本、图片、形状等内容，并根据需要设置和编辑添加的内容，具体操作如下。

STEP 1 在第 1 张幻灯片占位符中输入需要的文本，并设置文本的字号和字体颜色。

STEP 2 在幻灯片上绘制一个图文框形状，取消形状轮廓，填充为“白色”，将鼠标移动到形状的黄色控制点上，按住鼠标左键不放并向左边拖动，以调整白色区域的大小，如图 10-44 所示。

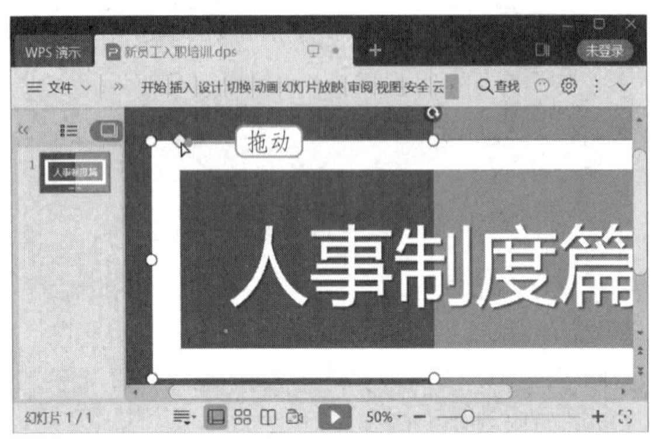

图 10-44　调整形状

STEP 3 复制母版版式中的任意多边形形状，将其粘贴到图文框下方中间位置，深橙色多边形填充设置为“白色”，复制副标题占位符，将其移动到多边形上，并设置字号、加粗效果和字体颜色，如图 10-45 所示。

图 10-45　设置字体格式

STEP 4 按【Enter】键新建一张幻灯片，选择新建的幻灯片，单击“开始”选项卡中的“版式”按钮，在打开的下拉列表中选择“目录”版式，如图 10-46 所示。

图 10-46　更改幻灯片版式

STEP 5 在占位符中输入相应的文本，并设置占位符的位置和字体格式，然后在内容占位符周围绘制一个长矩形，取消形状的填充颜色，并将其轮廓填充设置为“白色”，接着在“轮廓”下拉列表中选择“线型”选项，在打开的子列表中选择“6 磅”选项，如图 10-47 所示。

第4部分

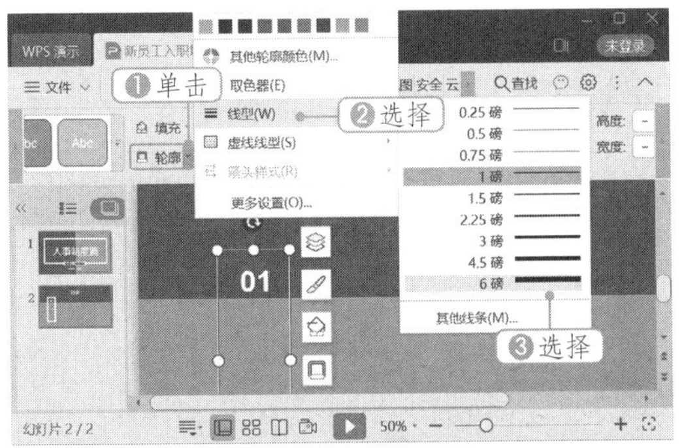

图 10-47 设置轮廓的粗细

STEP 6 单击“插入”选项卡中“文本框”按钮右侧的下拉按钮，在打开的下拉列表中选择“竖向文本框”选项，如图 10-48 所示。

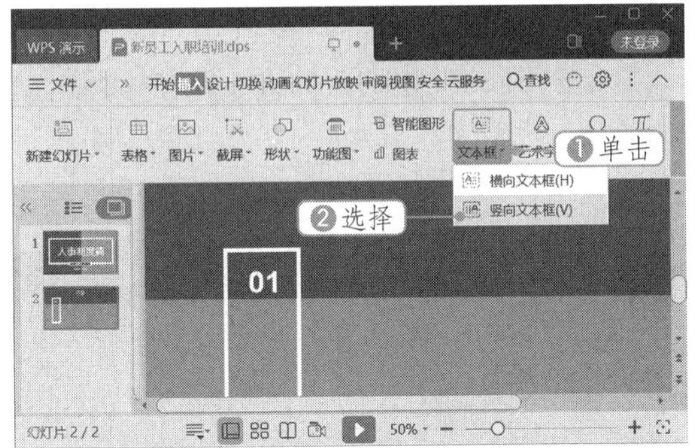

图 10-48 选择“竖向文本框”选项

STEP 7 在长矩形中绘制一个竖向文本框，输入“员工入职流程”文本，并设置字号、加粗和字体颜色。选择文本框和长矩形形状，单击“绘图工具”选项卡中的“对齐”按钮，在打开的下拉列表中选择“水平居中”选项，如图 10-49 所示，将文本框水平居中对齐于长矩形。

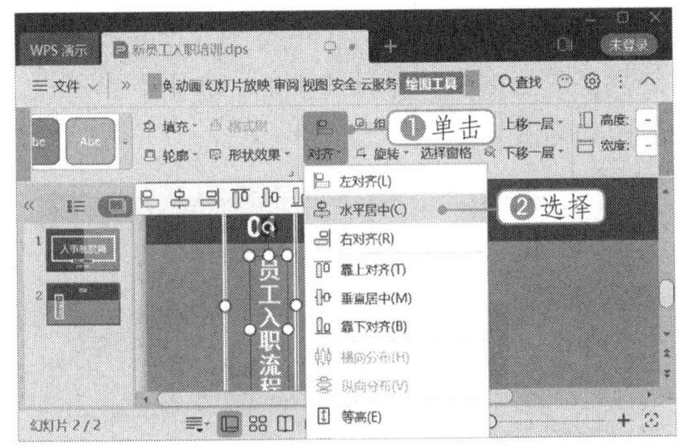

图 10-49 选择对齐方式

STEP 8 在“01”占位符下方绘制一个等腰三角形，设置填充色为“白色”，取消形状轮廓；选择三角形，单击“绘图工具”选项卡中的“旋转”按钮，在打开的下拉列表中选择“垂直翻转”选项，调整三角形的旋转方向，如图 10-50 所示。

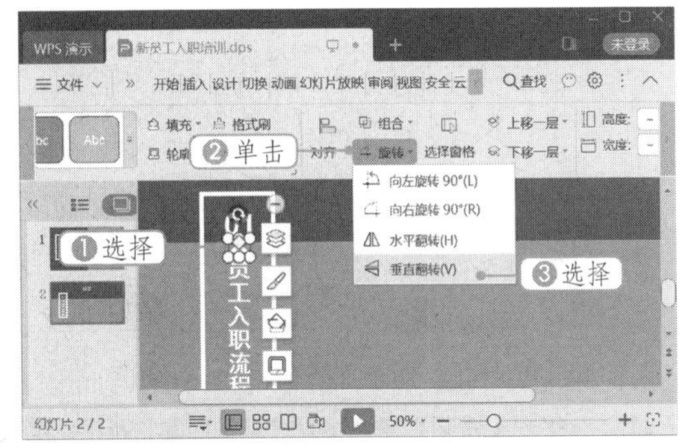

图 10-50 设置旋转方向

STEP 9 选择长矩形、三角形、占位符和文本框，按住【Shift+Ctrl】组合键的同时，按住鼠标左键不放并向右拖动，水平移动的同时复制选择的对象。

STEP 10 修改复制的文字内容，使用相同的方法完成目录页幻灯片的制作。

STEP 11 新建一张幻灯片，将版式更改为“标题和内容”，在标题占位符中输入文本，并设置字号和字体颜色。删除内容占位符，单击“插入”选项卡中的“智能图形”按钮，如图 10-51 所示。

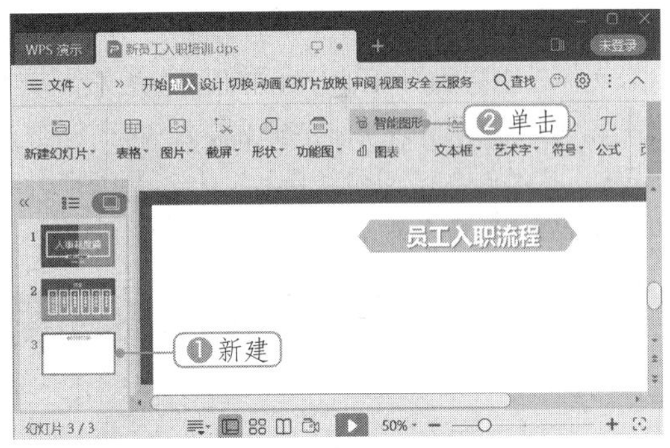

图 10-51 单击“智能图形”按钮

STEP 12 打开“选择智能图形”对话框后，在左侧选择“列表”选项，在中间选择“水平项目符号列表”选项，单击 确定 按钮，如图 10-52 所示。

STEP 13 在插入的智能图形中输入相应的文本，选择智能图形中的最后一个形状，单击“设计”选项卡中的“添加项目”按钮，在打开的下拉列表中选择“在后面添加项目”选项，如图 10-53 所示。

STEP 14 在所选形状后面添加一个项目，输入相应的文本，并设置智能图形的大小和位置，然后将智能图形的颜色更改为彩色。

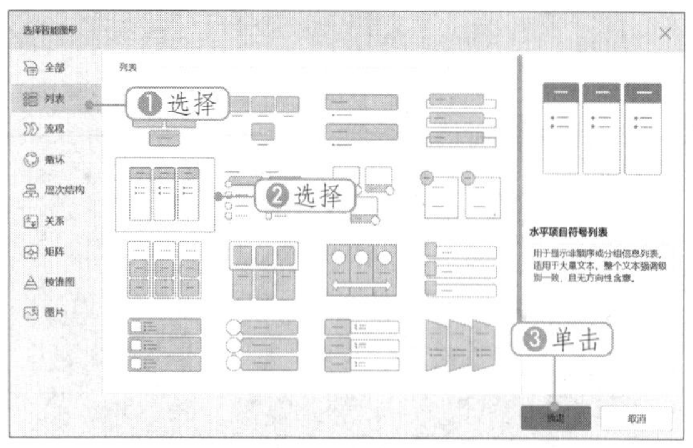

图 10-52 “选择智能图形”对话框

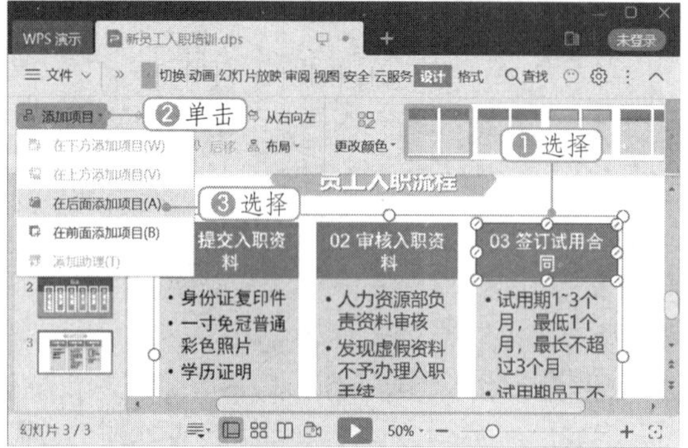

图 10-53 添加项目

STEP 15 使用制作前面幻灯片的方法新建第 4 ～ 8 张幻灯片，并在幻灯片中添加相应的文本和形状内容；选择第 5 张幻灯片中的蓝色矩形，单击“填充”按钮右侧的下拉按钮，在打开的下拉列表中选择“图片或纹理”选项，在打开的子列表中单击选择“本地图片”选项，如图 10-54 所示。

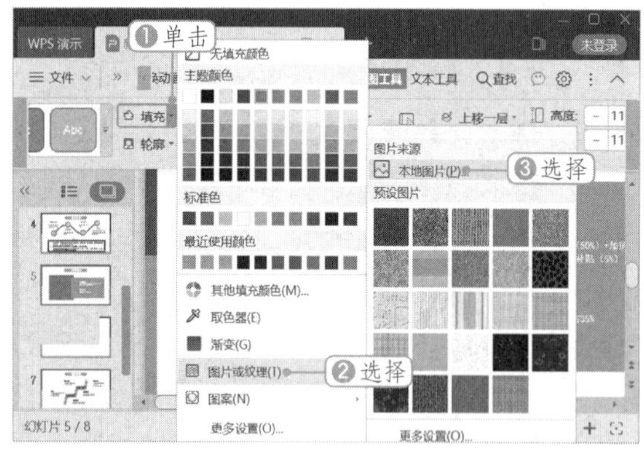

图 10-54 选择形状填充方式

STEP 16 打开“选择纹理”对话框，选择“图片 1.png”图片文件，单击“打开”按钮。选择右侧的橙色矩形，单击“插入”选项卡中的“图片”按钮，打开“插入图片”对话框后，按住【Shift】键选择“图标 1.png”和“图标 2.png”图片文件，单击打开按钮插入，如图 10-55 所示。

图 10-55 选择图片插入

STEP 17 将图片调整到合适位置，然后选择第 6 张幻灯片，插入“蛇形图片题注”智能图形，在图形中增加 4 个项目，并在各个项目中输入相应的文本，单击图形中第一个项目中的图标，如图 10-56 所示。

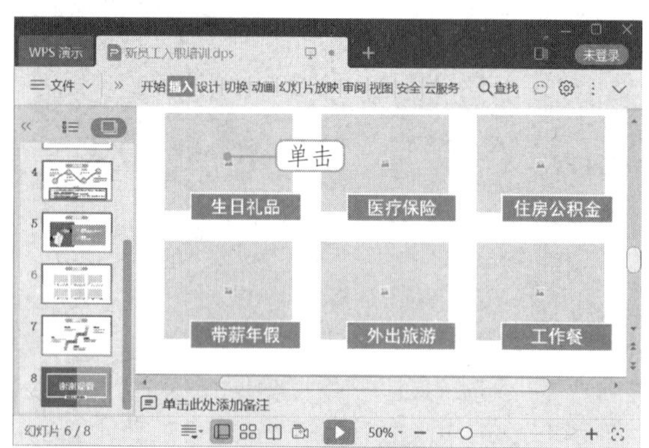

图 10-56 单击图标

STEP 18 打开“插入图片”对话框后，选择“礼物.jpg”图片并插入。使用相同的方法，在智能图形的其他项目中插入相应的图片，并更改智能图形的颜色，效果如图 10-57 所示。

图 10-57 查看效果

10.3.3 添加动画效果

下面继续上例操作，为幻灯片和幻灯片中的对象添加适当的动画效果，使幻灯片放映效果动静结合，具体操作如下。

STEP 1 选择第 1 张幻灯片，单击“切换”选项卡中的“切换效果”按钮，打开“幻灯片切换”任务窗格，在“应用于所选幻灯片”列表框中选择“推出”选项，在“效果选项”下拉列表中选择“向下”选项，其他保持默认设置，单击 应用于所有幻灯片 按钮，将该幻灯片的切换动画应用于演示文稿中的所有幻灯片，如图 10-58 所示。

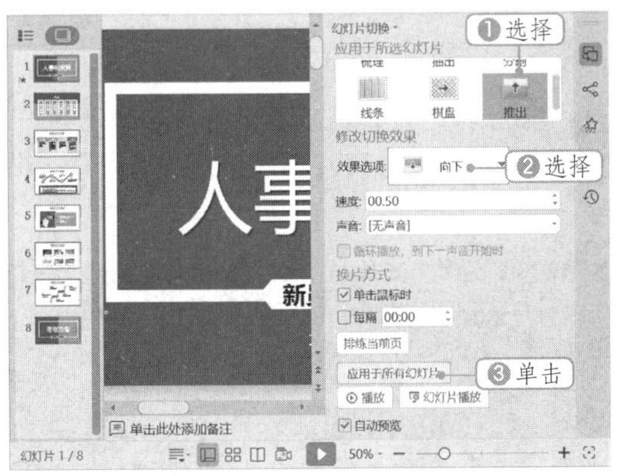

图 10-58 添加切换效果

STEP 2 选择幻灯片中的任意多边形形状，在任务窗格中单击“幻灯片切换”右侧的下拉按钮，在打开的下拉列表中选择“自定义动画”选项，切换到“自定义动画”任务窗格，在“添加效果”下拉列表框中选择“阶梯状”选项，将方向设置为“右下”，如图 10-59 所示。

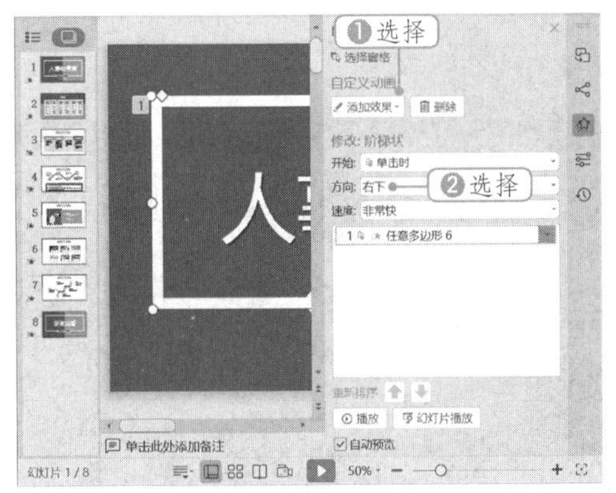

图 10-59 添加动画效果

STEP 3 选择标题占位符，为其添加“飞入”进入动画，将“开始”设置为“之后”，将“速度”设置为“快速”，如图 10-60 所示。

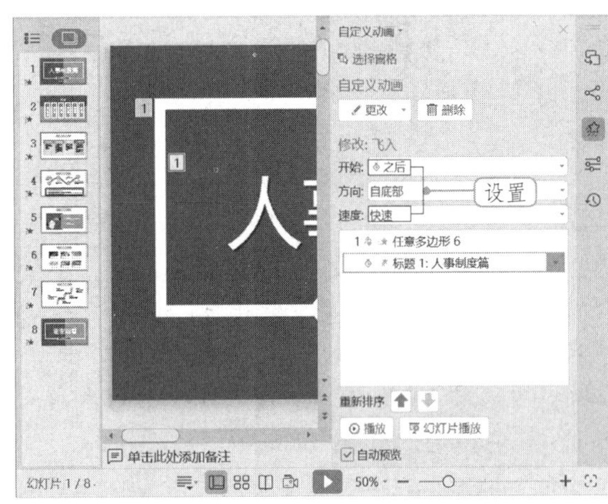

图 10-60 为标题添加动画

STEP 4 使用相同的方法为标题页幻灯片中的其他对象添加合适的动画效果，并设置动画开始时间、动画方向等，如图 10-61 所示。

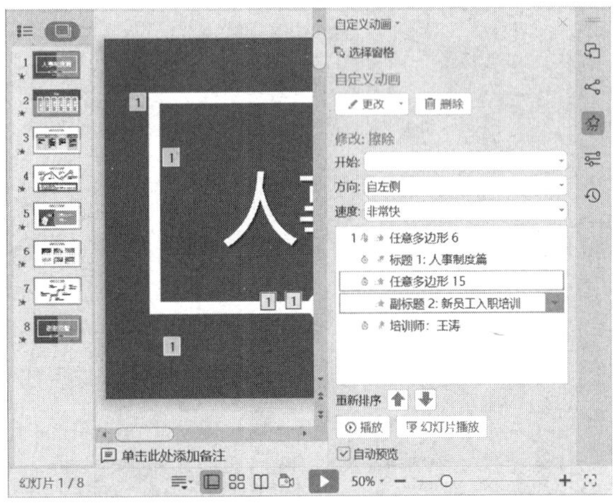

图 10-61 为其他对象添加动画效果

STEP 5 使用相同的方法为其他幻灯片中的对象添加需要的动画效果，并设置动画开始时间、动画方向、计时等。

10.3.4 放映设置与放映演示文稿

制作好演示文稿后，可根据需要设置放映相关参数，并放映演示文稿，以预览演示文稿的整体效果及幻灯片中的动画效果，以便及时修改。具体操作如下。

STEP 1 单击"幻灯片放映"选项卡中的"自定义放映"按钮，如图 10-62 所示。

图 10-62　单击"自定义放映"按钮

STEP 2 打开"自定义放映"对话框后，单击 新建(N)... 按钮，打开"定义自定义放映"对话框，在"幻灯片放映名称"文本框中输入"内容"文本，在左侧的列表框中选择第 3 ~ 7 张幻灯片，单击 添加(A) >> 按钮，将它们添加到右侧的列表框中，再单击 确定 按钮，如图 10-63 所示。

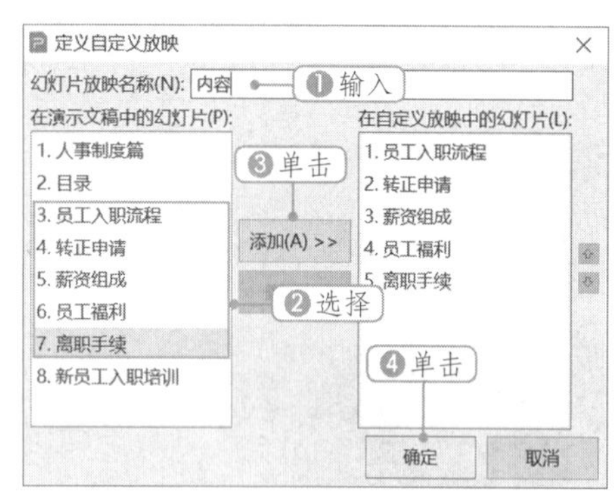

图 10-63　定义自定义放映

STEP 3 返回"自定义放映"对话框，可查看自定义的要放映的幻灯片名称，单击 关闭(C) 按钮关闭对话框。

STEP 4 单击"视图"选项卡中的"阅读视图"按钮，如图 10-64 所示。

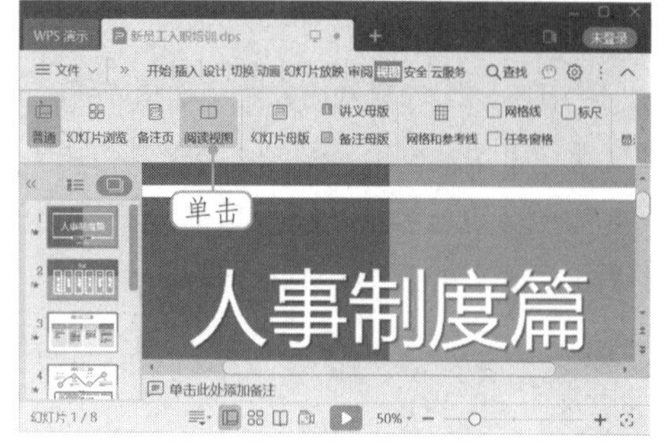

图 10-64　选择视图方式

STEP 5 切换到阅读视图，在幻灯片上单击鼠标左键，如图 10-65 所示。

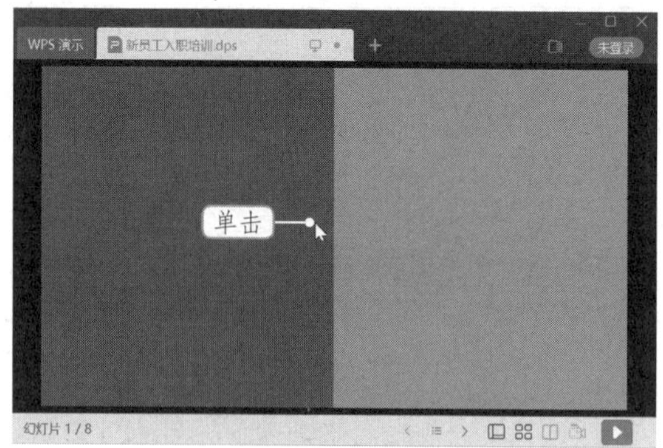

图 10-65　单击鼠标左键

STEP 6 开始放映第 1 张幻灯片的动画效果，放映完成后，单击窗口右下方的"下一页"按钮，如图 10-66 所示。

图 10-66　放映幻灯片

STEP 7 切换到第 2 张幻灯片并放映，放映完成后，单击鼠标左键以继续放映其他幻灯片，放映结束后页面如图 10-67 所示。

图 10-67　放映结束

STEP 8 退出放映，并返回到普通视图中，完成演示文稿的制作与放映。

第4部分

第4部分

第 11 章

项目实训

/ 本章导读

为了培养读者独立完成工作的能力、提高其就业综合素质和思维能力及加强学习的实践性，本章精心挑选了 3 个综合实训，分别围绕“WPS 文档制作”“WPS 表格制作”和“WPS 演示文稿制作”这 3 个主题展开，帮助读者掌握 WPS Office 在办公应用上的使用方法。

/ 技能目标

掌握使用 WPS 文字制作文档的方法。

掌握使用 WPS 表格制作电子表格的方法。

掌握使用 WPS 演示制作演示文稿的方法。

/ 案例展示

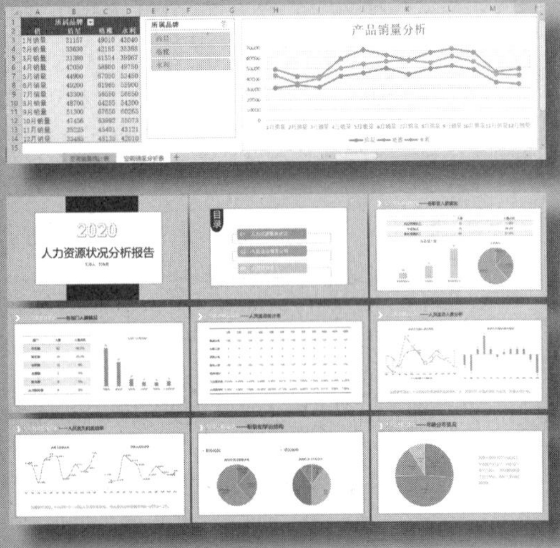

实训 1　用 WPS 文字制作“公司宣传海报”文档

【实训目的】

通过实训掌握 WPS 文档中各对象的插入、编辑和美化等操作，具体要求与实训目的如下。

- 掌握图片和形状的插入、编辑、排列、美化等操作。
- 掌握二维码的制作方法。
- 借助文本框灵活排版。

【实训思路】

（1）在 WPS 文字中新建空白文档，并将其保存为“公司宣传海报”文档。

（2）在文档中插入素材中提供的图片，并设置图片的大小、位置、环绕方式、叠放顺序等。

（3）在文档中绘制矩形，并设置矩形的大小、位置、填充色、轮廓、阴影效果等。

（4）在文档中插入二维码。

（5）绘制文本框，并设置文本框的填充色、轮廓；在文本框中输入需要的文本，并设置文本的字体格式。

【实训参考效果】

本次实训的效果预览如图 11-1 所示，相关素材及参考效果在本书配套资源中。

图 11-1　“公司宣传海报”文档效果

素材所在位置　素材文件 \ 项目实训 \ 海报图片 \

效果所在位置　效果文件 \ 项目实训 \ 公司宣传海报.wps

微课视频

实训 2　用 WPS 表格制作“产品销量分析表”工作簿

【实训目的】

通过实训掌握 WPS 表格的制作与数据管理，具体要求及实训目的如下。

- 掌握 WPS 工作表的新建、重命名及美化等操作。
- 掌握数据的录入和编辑操作，以及字体格式、对齐方式、数字格式、表格样式等的设置方法，使工作表中的数据更便于查看。
- 掌握使用函数计算数据的方法。
- 掌握根据数据源创建数据透视表的方法，以便用户从不同角度分析表格数据。
- 掌握更改数据透视表值名称、使用切片器分析数据透视表的方法。
- 掌握根据透视表数据创建数据透视表图的方法，并根据需要编辑和美化数据透视图，使数据透视图中展示的数据更直观。
- 掌握转换数据透视图中图例项和水平分类轴的方法。

【实训思路】

（1）新建“产品销量分析表”工作簿，在“空调销量统计表”工作表中输入表格数据，并设置数据的字体格式、对齐方式和数字格式等。

（2）使用 SUM 函数计算“总销量”列的表格数据，计算各产品全年的总销量。

（3）调整表格的行高和列宽，为表格套用内置的表格样式，使表格更加美观。

（4）选择表格数据，创建数据透视表，并更改数据透视表的值名称。

（5）设置数据透视表中部分数据的对齐方式，应用内置的数据透视表样式。

（6）插入“所属品牌”切片器，以方便分析数据透视表中的数据。

（7）根据数据透视表创建数据透视图，隐藏数据透视表中的“所有字段”按钮。

（8）在数据透视图中添加需要的元素，并美化数据透视图。

【实训参考效果】

本次实训的效果预览如图 11-2 所示，相关素材及参考效果在本书配套资源中。

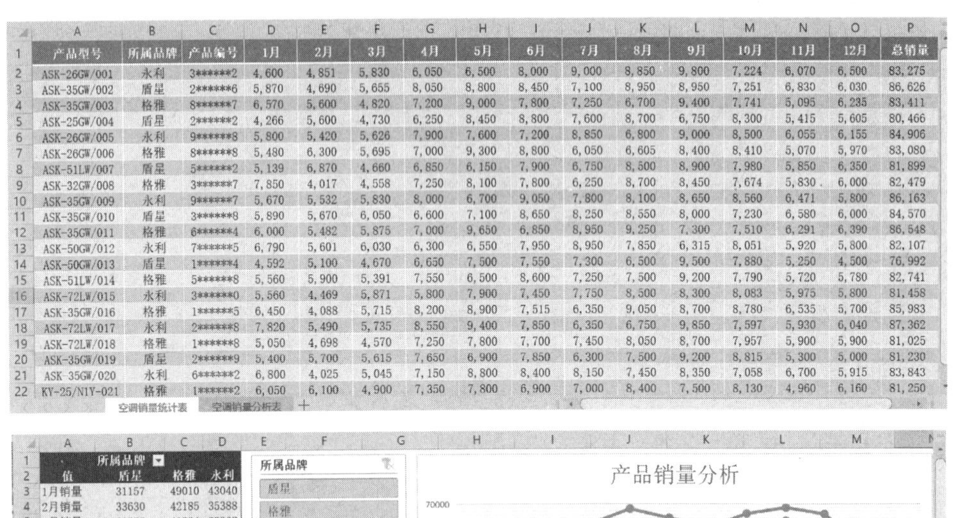

产品型号	所属品牌	产品编号	1月	2月	3月	4月	5月	6月	7月	8月	9月	10月	11月	12月	总销量
ASK-26GW/001	永利	3******2	4,600	4,851	5,830	6,050	6,500	8,000	9,000	8,850	9,800	7,224	6,070	6,500	83,275
ASK-35GW/002	盾星	2******6	5,870	4,690	5,655	8,050	8,800	8,450	7,100	8,950	8,950	7,251	6,830	6,030	86,626
ASK-35GW/003	格雅	8******7	6,570	5,600	4,820	7,200	9,000	7,800	7,250	6,700	9,400	7,741	5,095	6,235	83,411
ASK-25GW/004	盾星	2******2	4,266	5,600	4,730	6,250	8,450	8,800	7,600	8,700	6,750	8,300	5,415	5,605	80,466
ASK-26GW/005	永利	9******8	5,800	5,420	5,626	7,900	7,600	7,200	8,850	6,800	9,000	8,500	6,055	6,155	84,906
ASK-26GW/006	格雅	8******8	5,480	6,300	5,695	7,000	9,300	8,800	6,050	6,605	8,400	8,410	5,070	5,970	83,080
ASK-51LW/007	盾星	5******2	5,139	6,870	4,660	6,850	6,150	7,900	6,750	8,500	8,900	7,980	5,850	6,350	81,899
ASK-32GW/008	格雅	3******7	7,850	4,017	4,558	7,250	8,100	7,800	6,250	8,700	8,450	7,674	5,830	6,000	82,479
ASK-35GW/009	永利	9******7	5,670	5,532	5,830	8,000	6,700	9,050	7,800	8,100	8,650	8,560	6,471	5,800	86,163
ASK-35GW/010	盾星	3******8	5,890	5,670	6,050	6,600	7,100	8,650	8,250	8,550	8,000	7,230	6,580	6,000	84,570
ASK-35GW/011	格雅	6******4	6,000	5,482	5,875	7,000	9,650	6,850	8,950	9,250	7,300	7,510	6,291	6,390	86,548
ASK-50GW/012	永利	7******5	6,790	5,601	6,030	6,300	6,550	7,950	8,950	7,850	6,315	8,051	5,920	5,800	82,107
ASK-50GW/013	盾星	1******4	4,592	5,100	4,670	6,650	7,500	7,550	7,300	6,500	9,500	7,880	5,250	4,500	76,992
ASK-51LW/014	格雅	5******8	5,560	5,900	5,391	7,550	6,500	8,600	7,250	7,500	9,200	7,790	5,720	5,780	82,741
ASK-72LW/015	永利	3******0	5,560	4,469	5,871	5,800	7,900	7,450	7,750	8,500	8,300	8,083	5,975	5,800	81,458
ASK-35GW/016	格雅	1******5	6,450	4,088	5,715	8,200	8,900	7,515	6,350	9,050	8,700	8,780	6,535	5,700	85,983
ASK-72LW/017	永利	2******8	7,820	5,490	5,735	8,550	9,400	7,850	6,350	6,750	9,850	7,597	5,930	6,040	87,362
ASK-72LW/018	格雅	1******8	5,050	4,698	4,570	7,250	7,800	7,700	7,450	8,050	8,700	7,957	5,900	5,900	81,025
ASK-35GW/019	盾星	2******9	5,400	5,700	5,615	7,650	6,900	7,850	6,300	7,500	9,200	8,815	5,300	5,000	81,230
ASK-35GW/020	永利	6******2	6,800	4,025	5,045	7,150	8,800	8,400	8,150	7,450	8,350	7,058	6,700	5,915	83,843
KY-25/N1Y-021	格雅	1******2	6,050	6,100	4,900	7,350	7,800	6,900	7,000	8,400	7,500	8,130	4,960	6,160	81,250

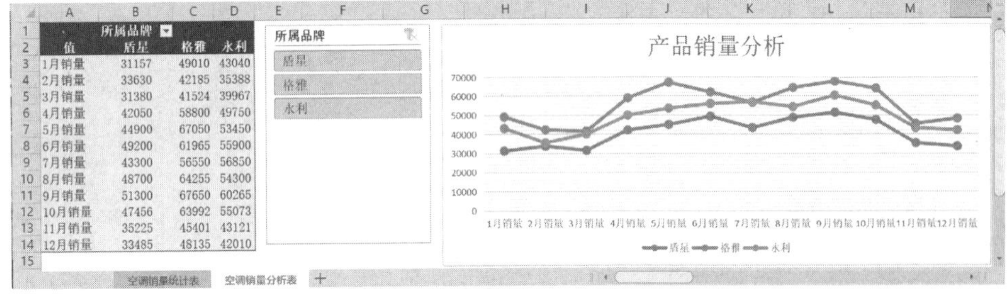

	所属品牌		
值	盾星	格雅	永利
1月销量	31157	49010	43040
2月销量	33630	42185	35388
3月销量	31380	41524	39967
4月销量	42050	58800	49750
5月销量	44900	67050	53450
6月销量	49200	61965	55900
7月销量	43300	56550	56850
8月销量	48700	64255	54300
9月销量	51300	67650	60265
10月销量	47456	63992	55073
11月销量	35225	45401	43121
12月销量	33485	48135	42010

图 11-2 “产品销量分析表”工作簿效果

效果所在位置 效果文件\项目实训\产品销量分析表.et

微课视频

实训 3　用 WPS 演示制作“人力资源分析报告”演示文稿

【实训目的】

通过实训掌握 WPS 演示文稿的制作方法，具体要求及实训目的如下。

- 掌握利用幻灯片母版统一演示文稿整体效果的方法，包括配色方案、排版布局等。
- 掌握新建幻灯片、复制幻灯片等基本操作的方法。
- 掌握在幻灯片中插入形状、排列形状、美化形状等操作的方法。
- 掌握幻灯片切换动画的添加、效果设置、计时设置等操作的方法。

- 掌握为幻灯片中的对象添加动画、调整动画播放顺序、设置动画计时等操作的方法，使动画之间的衔接更加自然。
- 掌握幻灯片放映设置与放映的方法。

【实训思路】

（1）新建空白演示文稿，并将其命名为“人力资源分析报告”，进入幻灯片母版，设置母版背景色为“橙色，着色 4”。

（2）在母版版式上先绘制一个白色无轮廓的矩形，将其置于底层，并为矩形添加阴影效果，以及设置阴影的透明度、大小、模糊等，然后绘制白色无轮廓的燕尾形形状。

（3）选择标题页版式，隐藏背景图形，在中间绘制一个与幻灯片相同高度的黑色无轮廓矩形，复制母版版式中的白色矩形至标题页版式，并调整到合适的大小。

（4）通过复制白色矩形和绘制延期流程图形状制作节标题版式，并编辑延期流程图的旋转角度、填充色、轮廓和顶点。

（5）在普通视图下第 1 张幻灯片的占位符中输入标题并插入艺术字；新建幻灯片，并更改幻灯片版式，在占位符中输入文本和插入智能图形以制作目录内容。

（6）在第 3 张幻灯片中输入文本、插入表格和图表，并设置图表的布局、效果、格式等，然后使用相同的方法继续制作演示文稿中的其他幻灯片。

（7）为演示文稿中的所有幻灯片添加相同的切换效果，并设置切换方向及切换时间等。

（8）从头开始预览演示文稿中的幻灯片，通过放映查看演示文稿的整体效果和幻灯片中的动画效果。

【实训参考效果】

本次实训的部分效果如图 11-3 所示，相关素材及参考效果在本书配套资源中。

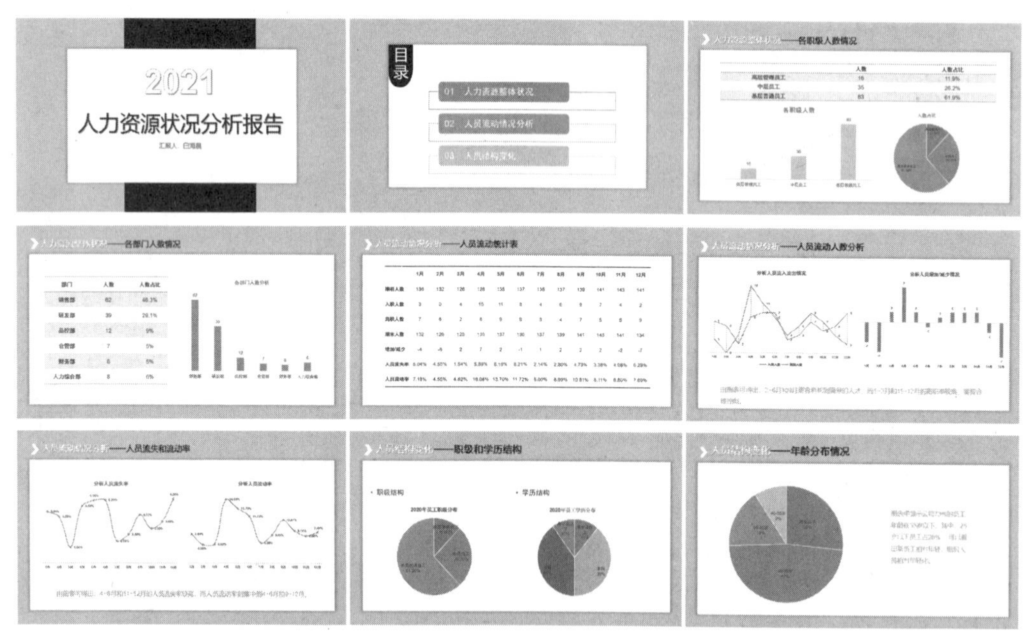

图 11-3 “人力资源分析报告”演示文稿的部分效果

效果所在位置 效果文件\项目实训\人力资源分析报告.dps

微课视频